电子电气基础课程规划教材

电路与电子技术基础

张国平 主 编

刘祝华 付贵阳
　　　　　　　副主编
王 君 饶志明

电子工业出版社

Publishing House of Electronics Industry

北京·BEIJING

内 容 简 介

本书是根据教育部高等学校电工课程教学指导委员会审定的"电工技术"和"电子技术"课程的教学基本要求编写的。全书系统地介绍了电路分析、模拟电子技术、数字电子技术、电工电子技术实践和 EDA 的相关技术，着重讲述了电工电路和电子技术的基本原理和基本分析方法。内容包括：电路分析基础，动态电路的暂态分析，交流电路分析，三相电路，常用半导体器件，基本放大电路，集成运放组成的运算电路，门电路与组合逻辑电路，触发器与时序逻辑电路，电子电路仿真与设计，以及实验与实训。本书特别注重电工电路与电子技术的基础理论，同时兼顾实践实训的基本技能培养，为非电专业学生实践能力的提升提供必要的理论基础。

本书可作为高等工科院校非电类专业本科生或大专生学习电工学课程的教材，也可作为高等职业院校相关专业学生的教材以及相关科技人员的参考书。本书提供配套的电子教案和完整的习题解答。

未经许可，不得以任何方式复制或抄袭本书之部分或全部内容。
版权所有，侵权必究。

图书在版编目（CIP）数据

电路与电子技术基础/张国平主编. —北京：电子工业出版社，2019.8
电子电气基础课程规划教材
ISBN 978-7-121-36807-3

Ⅰ. ①电… Ⅱ. ①张… Ⅲ. ①电路理论－高等学校－教材②电子技术－高等学校－教材 Ⅳ. ①TM13②TN01

中国版本图书馆 CIP 数据核字（2019）第 113251 号

责任编辑：竺南直
印　　刷：河北虎彩印刷有限公司
装　　订：河北虎彩印刷有限公司
出版发行：电子工业出版社
　　　　　北京市海淀区万寿路 173 信箱　邮编 100036
开　　本：787×1 092　1/16　印张：22.25　字数：570 千字
版　　次：2019 年 8 月第 1 版
印　　次：2025 年 8 月第 12 次印刷
定　　价：55.00 元

凡所购买电子工业出版社图书有缺损问题，请向购买书店调换。若书店售缺，请与本社发行部联系，联系及邮购电话：（010）88254888，88258888。

质量投诉请发邮件至 zlts@phei.com.cn，盗版侵权举报请发邮件至 dbqq@phei.com.cn。
本书咨询联系方式：davidzhu@phei.com.cn。

前　言

本书是根据教育部高等学校电工课程教学指导委员会审定的"电工技术"和"电子技术"课程的教学基本要求编写的，以培养应用型人才为目的，以应用、实用为原则，适应知识更新和课程体系改革需要，既便于教师教学参考，又便于学生自学。

全书系统地介绍了电路分析、模拟电子技术、数字电子技术、电工电子技术实践和 EDA 的相关技术，着重讲述了电工电路和电子技术的基本原理和基本分析方法。本书的特点是以电路理论为基础，以电子技术为主干，以培养学生基本应用能力为目标，精选内容，突出重点和要点，有效地节省了学时，适应非电类本科专业的教学要求。

本书内容由浅入深，主要由四部分组成：

（1）电路分析基础：主要介绍了电路模型和电路分析的基本规律，电阻电路、动态电路、正弦稳态电路和三相电路分析的基本方法，电路基本定理及其应用。

（2）模拟电子技术部分：重点阐述常用半导体器件、基本放大电路、集成运放组成的运算电路，并介绍了反馈技术及其应用。

（3）数字电子技术部分：简要介绍了门电路与组合逻辑电路，触发器与时序逻辑电路。

（4）实验与实训部分：简要介绍了电路与电子技术测量理论，重点介绍了基本电路实验、模拟电子技术实验和数字电子技术实验，以及电工实训的基本项目。

本书可作为高等工科院校非电类专业本科生或大专生学习电工学课程的教材，也可作为高等职业院校相关专业学生的教材以及相关科技人员的参考书。作为本科生教材时，参考学时为理论 48 学时，实验 32 学时。为方便教学，本书配有教学课件和全部习题解答，需要者可以登录华信教育资源网（www.hxedu.com.cn）免费注册下载。

全书共分 11 章，江西师范大学的张国平编写第 10、11 章并负责全书的统稿工作，刘祝华编写第 8、9 章，付贵阳编写第 1、2、3 章，王君编写第 4、5、6、7 章，饶志明主要负责全书电路图的编辑和部分文字的修改工作。

江西师范大学"电路与电子技术基础"课程是学校重点建设课程，是江西师范大学非电气类专业课程体系中的基础核心课程。本书部分内容系江西省重点教改课题（课题编号：JXJG-17-2-6）的阶段性研究成果。非常感谢江西省教育厅和江西师范大学对课程建设的大力支持。衷心感谢电子工业出版社的编辑为本书出版付出的辛勤劳动。

限于编者水平，加之新的电工应用技术不断发展，书中难免有疏漏或不完善之处，恳请广大读者批评指正。

编者
2019 年 6 月

目　　录

第 1 章　电路分析基础 (1)
1.1　电路基本概念 (1)
1.1.1　电路及电路模型 (1)
1.1.2　集中参数假设 (2)
1.1.3　电路的基本变量和关联参考方向 (2)
1.2　电路的基本元件 (6)
1.2.1　二端电阻元件 (6)
1.2.2　二端电感元件 (7)
1.2.3　二端电容元件 (7)
1.2.4　独立电源 (8)
1.2.5　受控电源 (9)
1.3　电路的基本定律 (11)
1.3.1　欧姆定律 (11)
1.3.2　基尔霍夫定律 (11)
1.4　电阻电路分析的一般方法 (14)
1.4.1　支路电流分析法 (14)
1.4.2　节点电压分析法 (16)
1.4.3　网孔电流分析法 (19)
1.5　电路的常用定理 (22)
1.5.1　线性电路和叠加定理 (22)
1.5.2　替代定理 (25)
1.5.3　戴维南定理与诺顿定理 (27)
1.5.4　最大功率传输定理 (30)
1.6　含受控电源电路的分析 (32)
1.6.1　含受控电源简单电路的分析 (32)
1.6.2　含受控电源电路的等效变换 (34)
习题 1 (34)

第 2 章　动态电路的暂态分析 (46)
2.1　动态电路的初始条件 (46)
2.2　一阶 RC 电路的响应 (48)
2.2.1　一阶 RC 电路的电路方程 (48)
2.2.2　一阶 RC 电路的零输入响应 (48)
2.2.3　一阶 RC 电路的零状态响应 (50)
2.3　一阶 RL 电路的响应 (52)

  2.3.1 一阶 RL 电路的电路方程 …………………………………………………………（52）
  2.3.2 一阶 RL 电路的零输入响应 …………………………………………………（52）
  2.3.3 一阶 RL 电路的零状态响应 …………………………………………………（53）
 2.4 一阶电路分析的三要素法 …………………………………………………………（55）
 2.5 微分电路和积分电路 ………………………………………………………………（57）
  2.5.1 微分电路 ………………………………………………………………………（57）
  2.5.2 积分电路 ………………………………………………………………………（58）
 习题 2 ………………………………………………………………………………………（59）

第 3 章 交流电路分析 …………………………………………………………………（65）

 3.1 正弦稳态分析基础 …………………………………………………………………（65）
  3.1.1 正弦量及其三要素 ……………………………………………………………（65）
  3.1.2 复数基础知识简介 ……………………………………………………………（68）
  3.1.3 基尔霍夫定律的相量形式 ……………………………………………………（72）
 3.2 正弦稳态电路的分析 ………………………………………………………………（74）
  3.2.1 三种基本元件（R、L 和 C）的 VCR 的相量形式 …………………………（74）
  3.2.2 阻抗和导纳 ……………………………………………………………………（78）
 3.3 复杂正弦稳态混联电路的分析 ……………………………………………………（81）
  3.3.1 应用基尔霍夫定律的相量形式 ………………………………………………（82）
  3.3.2 戴维南定理和诺顿定理的应用 ………………………………………………（83）
  3.3.3 正弦稳态电路的相量图求解法 ………………………………………………（84）
 3.4 正弦交流电路中的功率 ……………………………………………………………（85）
  3.4.1 二端网络的瞬时功率 …………………………………………………………（85）
  3.4.2 二端网络的平均功率 …………………………………………………………（86）
  3.4.3 二端网络的无功功率 …………………………………………………………（87）
  3.4.4 二端网络的视在功率 …………………………………………………………（87）
  3.4.5 二端网络的功率因数 …………………………………………………………（88）
 习题 3 ………………………………………………………………………………………（89）

第 4 章 三相电路 …………………………………………………………………………（95）

 4.1 三相电路的连接 ……………………………………………………………………（95）
  4.1.1 三相电源 ………………………………………………………………………（95）
  4.1.2 三相电源的连接方式 …………………………………………………………（96）
  4.1.3 三相电路中负载的连接方式 …………………………………………………（97）
 4.2 三相电路的功率及测量 ……………………………………………………………（100）
  4.2.1 对称三相电路的功率、功率因数 ……………………………………………（100）
  4.2.2 三相功率的测量 ………………………………………………………………（101）
 4.3 安全用电 ……………………………………………………………………………（102）
  4.3.1 安全用电常识 …………………………………………………………………（102）
  4.3.2 常见触电形式 …………………………………………………………………（103）
  4.3.3 电气设备安全用电措施 ………………………………………………………（104）
 习题 4 ………………………………………………………………………………………（105）

第5章 常用半导体器件 (109)

- 5.1 半导体基础知识 (109)
  - 5.1.1 本征半导体 (109)
  - 5.1.2 杂质半导体 (109)
- 5.2 PN结及其特性 (110)
  - 5.2.1 PN结的形成 (111)
  - 5.2.2 PN结的单向导电性 (111)
- 5.3 半导体二极管 (112)
  - 5.3.1 二极管的基本结构 (112)
  - 5.3.2 二极管的伏安特性 (113)
  - 5.3.3 二极管的主要参数 (114)
  - 5.3.4 二极管的等效模型 (114)
  - 5.3.5 稳压二极管 (116)
  - 5.3.6 其他特殊二极管 (117)
- 5.4 半导体三极管 (118)
  - 5.4.1 三极管的类型及结构 (118)
  - 5.4.2 三极管的工作原理 (119)
  - 5.4.3 三极管的特性曲线 (120)
  - 5.4.4 三极管的主要参数 (123)
- 5.5 场效应管 (124)
  - 5.5.1 结型场效应管 (124)
  - 5.5.2 绝缘栅场效应管 (126)
  - 5.5.3 场效应管与三极管的比较 (129)
- 习题 5 (130)

第6章 基本放大电路 (135)

- 6.1 放大电路的组成和性能指标 (135)
  - 6.1.1 放大电路的基本概念 (135)
  - 6.1.2 共发射极放大电路的组成 (135)
  - 6.1.3 放大电路的主要性能指标 (136)
- 6.2 放大电路的基本分析方法 (138)
  - 6.2.1 直流通路和交流通路 (138)
  - 6.2.2 放大电路的静态分析 (138)
  - 6.2.3 放大电路的动态分析 (143)
- 6.3 多级放大电路 (146)
  - 6.3.1 放大电路的级间耦合方式 (147)
  - 6.3.2 多级放大电路的分析 (148)
- 习题 6 (149)

第7章 集成运放组成的运算电路 (155)

- 7.1 集成运放电路应用基础 (155)

  7.1.1 集成运放模型 ……………………………………………………………………（155）
  7.1.2 理想运放的主要性能 ……………………………………………………………（156）
 7.2 放大电路中的负反馈技术 ……………………………………………………………（156）
  7.2.1 反馈的基本概念及反馈类型的判断 ……………………………………………（156）
  7.2.2 负反馈放大电路的分析 …………………………………………………………（158）
 7.3 运算放大电路 …………………………………………………………………………（161）
  7.3.1 比例运算电路 ……………………………………………………………………（161）
  7.3.2 加减运算电路 ……………………………………………………………………（162）
  7.3.3 积分运算和微分运算电路 ………………………………………………………（163）
习题7 ……………………………………………………………………………………………（165）

第8章 门电路与组合逻辑电路 …………………………………………………………（170）

 8.1 数制与码制 ……………………………………………………………………………（170）
  8.1.1 进位计数制 ………………………………………………………………………（170）
  8.1.2 数制间的转换 ……………………………………………………………………（171）
  8.1.3 数码和字符的代码表示 …………………………………………………………（172）
 8.2 逻辑代数基础 …………………………………………………………………………（175）
  8.2.1 逻辑变量与逻辑函数 ……………………………………………………………（175）
  8.2.2 基本逻辑运算 ……………………………………………………………………（175）
  8.2.3 逻辑代数的定律及规则 …………………………………………………………（178）
  8.2.4 逻辑函数的表示方法 ……………………………………………………………（180）
  8.2.5 逻辑函数的化简 …………………………………………………………………（181）
 8.3 组合逻辑电路的分析与设计 …………………………………………………………（187）
  8.3.1 组合逻辑电路的特点 ……………………………………………………………（187）
  8.3.2 组合逻辑电路的分析 ……………………………………………………………（188）
  8.3.3 组合逻辑电路的设计 ……………………………………………………………（189）
 8.4 常用中规模集成组合逻辑电路及应用 ………………………………………………（191）
  8.4.1 算术运算电路 ……………………………………………………………………（191）
  8.4.2 编码器 ……………………………………………………………………………（194）
  8.4.3 译码器 ……………………………………………………………………………（197）
  8.4.4 数据选择器 ………………………………………………………………………（200）
  8.4.5 数据比较器 ………………………………………………………………………（202）
  8.4.6 中规模集成组合逻辑电路应用 …………………………………………………（204）
习题8 ……………………………………………………………………………………………（208）

第9章 触发器与时序逻辑电路 …………………………………………………………（212）

 9.1 触发器 …………………………………………………………………………………（212）
  9.1.1 基本触发器 ………………………………………………………………………（212）
  9.1.2 其他结构触发器 …………………………………………………………………（217）
  9.1.3 触发器逻辑功能的转换 …………………………………………………………（218）
 9.2 时序逻辑电路 …………………………………………………………………………（220）

9.2.1　时序逻辑电路的表示方法 …………………………………………………（220）
　　　9.2.2　时序逻辑电路的分析方法 …………………………………………………（220）
　　　9.2.3　常用时序逻辑电路 …………………………………………………………（224）
　　　9.2.4　时序逻辑电路设计 …………………………………………………………（231）
　9.3　555定时器及应用 ……………………………………………………………………（234）
　　　9.3.1　555定时器电路结构及工作原理 …………………………………………（235）
　　　9.3.2　555定时器的应用 ……………………………………………………………（236）
习题9 ……………………………………………………………………………………………（240）

第10章　电子电路仿真与设计 ………………………………………………………………（246）
　10.1　计算机辅助设计技术简介 …………………………………………………………（246）
　10.2　Multisim 2001仿真软件基础 ………………………………………………………（247）
　　　10.2.1　Multisim 2001仿真软件简介 ……………………………………………（247）
　　　10.2.2　Multisim 2001仿真软件的电路应用实例 ………………………………（249）
　10.3　Multisim 2001仿真软件在电路分析中的基本应用 ………………………………（252）
　10.4　Multisim 2001仿真软件在电路分析中的高级应用 ………………………………（257）
　　　10.4.1　直流工作点的分析 …………………………………………………………（258）
　　　10.4.2　瞬态分析 ……………………………………………………………………（259）
　　　10.4.3　交流分析 ……………………………………………………………………（260）
　　　10.4.4　扫描分析 ……………………………………………………………………（262）
习题10 …………………………………………………………………………………………（268）

第11章　实验与实训 …………………………………………………………………………（271）
　11.1　电路与电子技术测量理论简介 ……………………………………………………（271）
　　　11.1.1　电路与电子技术实验的基本要求 …………………………………………（271）
　　　11.1.2　测量误差 ……………………………………………………………………（274）
　　　11.1.3　实验数据的表示 ……………………………………………………………（275）
　　　11.1.4　实验数据的记录与整理 ……………………………………………………（277）
　11.2　常用电子元件的识别与检测 ………………………………………………………（279）
　11.3　基尔霍夫定律和叠加定理的验证 …………………………………………………（282）
　11.4　电压源与电流源的等效变换及受控电源特性的研究 ……………………………（285）
　11.5　戴维南定理 …………………………………………………………………………（291）
　11.6　一阶电路实验 ………………………………………………………………………（294）
　11.7　单级放大电路 ………………………………………………………………………（296）
　11.8　负反馈放大器 ………………………………………………………………………（298）
　11.9　门电路的应用 ………………………………………………………………………（302）
　11.10　译码显示与计数 …………………………………………………………………（304）
　11.11　用电安全与实训 …………………………………………………………………（308）
　11.12　常用电工工具及仪器仪表的使用 ………………………………………………（315）
　11.13　导线的连接与绝缘的恢复 ………………………………………………………（318）
　11.14　白炽灯的常用开关控制 …………………………………………………………（322）

11.15　单相电度表直接安装电路 …………………………………………………（326）
　　11.16　照明线路的安装及白炽灯的常用控制方法 ……………………………（329）
　　11.17　单相电动机正反转控制综合实训 …………………………………………（331）
　　11.18　单相电度表间接安装实验 …………………………………………………（333）
　　11.19　三相异步电动机的直接启动 ………………………………………………（335）
　　11.20　常用低压电器的使用及三相电动机的正反转控制综合实训 …………（337）
　习题 11 ……………………………………………………………………………………（343）
参考书目 …………………………………………………………………………………（344）

第 1 章 电路分析基础

电路理论根据电路模型探讨各种电路的分析（计算）方法和设计方法，并在此基础上，研究电路的电气特性。电路理论包括两方面的内容：一是电路分析；二是电路综合设计。

电路分析是电气信息类专业的一门基础学科。它的任务是在给定电路模型的情况下计算电路中各部分的电流 i 和（或）电压 u。电路模型包括电路的拓扑结构、无源元件电阻 R、储能元件电容 C 及电感 L 的大小、激励源（电流源或电压源）的大小及变化形式，如直流、单一频率的正弦波、周期性交流等。电路分析分为稳态分析和暂态分析两大部分。电路模型的状态始终不变（在 $-\infty < t < \infty$ 的范围内）时的电路分析谓之稳态分析；如果在某一瞬时（如 $t=0$）电路模型的状态突然改变，例如激励源的突然接通或切断等，这时的电路分析谓之暂态分析。本章首先介绍电路分析的一些基本概念，包括电路及电路模型、电路分析中涉及的一些基本物理量、组成电路的几种理想元件、分析电路的基本定律即基尔霍夫定律等内容；然后介绍电路分析中常用的一些分析方法，包括支路电流法、网孔电流法和节点电压法；最后介绍电路分析中常用的一些定理，我们可以通过应用这些定理来分析电路、简化电路，从而求得电路响应。本章着重以直流电路为例讨论电路分析的一般方法和定理的应用，这些分析方法和定理不仅适用于直流电路的求解，也适用于交流电路稳定响应的求解。第 2 章介绍动态电路的基本概念，换路定则及动态电路初始值的求解，着重介绍一阶动态电路的暂态响应。第 3 章介绍正弦信号与相量，电阻、电容和电感的相量模型，着重介绍应用相量法分析正弦稳态电路的稳态响应。第 1 章以直流电路为例来分析电路的响应，介绍的一些基本分析方法、定理也可以应用于第 3 章交流电路的分析。这两章的内容属于电路的稳态分析；第 2 章动态电路部分属于电路的暂态分析。

电路综合设计是在给定电路系统的输入（激励）与输出（响应）之间的规律（或技术指标）基础上，研究如何设计电路的形式并计算电路元件的参数，从而确定电路的结构。

1.1 电路基本概念

1.1.1 电路及电路模型

电路是为了某种需要由若干电路器件按照一定方式连接组成的总体。简单地说，电路是电流的通路或电流所流过的路径。电路器件指电源、电阻器、电容器、电感器、变压器、开关、晶体管等。在我们日常生活中，可以看到一个个实际的电路，如电力系统、话筒、计算机等。

电路的作用是多种多样的，一个重要作用是实现能量的传输和转换。电力系统是典型的例子：发电厂的发电机将各种形式的非电能（如燃料的化学能、流水的动能和势能等）转换为电能，通过输配电系统，将电能输送到分布在各地的用电部门。各种各样的用电器，又将电能转换成声、光、热、机械能等各种其他形式的非电能。

电路的另一种作用是信号处理。在某些电路中，电压、电流都携带着一定的信息，如话筒。话筒的驻极体将声音转换成电信号，通过放大电路放大后，驱动扬声器发声。计算机控制系统中，将采集到的现场情况信号进行处理、运算，产生新的输出信号以进行实时控制。

概括地说，电路由 4 部分组成：电源、开关、连接导线和用电器。电源是提供电能的设备。电源的功能是把非电能转变成电能。例如，电池是把化学能转变成电能；发电机是把机械能转变成电能。由于非电能的种类很多，转变成电能的方式也很多。电源分为电压源与电流源两种。在电路中使用电能的各种设备统称为负载。负载的功能是把电能转变为其他形式能。例如，电炉把电能转变为热能；电动机把电能转变为机械能。通常使用的照明器具、家用电器、机床等都可称为负载。连接导线用来把电源、负载和其他辅助设备连接成一个闭合回路，起着传输电能的作用。

实际电路都是根据人们的需要将实际的电路元件或器件搭接起来，以完成人们的预想要求。为了便于用数学方法分析电路，一般要将实际电路模型化，用足以反映其电磁性质的理想电路元件或组合来模拟实际电路中的器件，从而构成与实际电路相对应的电路模型。理想电路元件是指在一定条件下，突出其主要电磁性，忽略次要因素，将实际电路元件理想化。由理想电路元件所组成的电路，就是实际电路的电路模型。同一个实际电器件可用不同的模型来表示，比如电阻器在低频应用时，可用一电阻元件作为其模型；在高频应用时，必须考虑电阻器引线电感和寄生电容的影响。理想电路元件主要有电源元件、电阻元件、电感元件和电容元件等。本书主要根据已建立的电路模型，研究电路的电压、电流和电功率等电气特性，如图 1.1.1 所示。

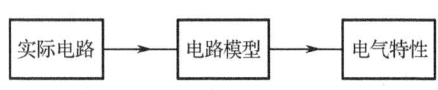

图 1.1.1　研究电路电气特性的建模过程

1.1.2　集中参数假设

根据实际电路的几何尺寸 l 与其工作信号波长 λ 之间的关系，可以将电路分为两大类：集中参数电路和分布参数电路。满足 $\lambda \gg l$（如 $\lambda \geq 100l$）条件的电路称为集中参数电路，而不满足 $\lambda \gg l$ 条件的电路则称为分布参数电路。本书只讨论集中参数电路。

例 1.1.1　GSM900/1800 双频手机的工作信号频率为 900MHz 和 1800MHz，试判别该手机电路是否满足集中参数假设。

解　因为

$$\lambda = \frac{c}{f}$$

所以

$$\lambda(900) = 0.33\,\text{m},\ \lambda(1800) = 0.17\,\text{m}$$

在集成电路中，元器件的尺寸一般在微米级别。因而当手机电路采用大规模集成电路时，满足集中参数假设的要求。

1.1.3　电路的基本变量和关联参考方向

电路的特性是由电流、电压和电功率等物理量来描述的。电路分析的基本任务是计算电路中的电流、电压和电功率。

当电路中电流的方向不随时间发生变化时，称电路为直流电路；当电路中电流的方向随时间发生变化时，称电路为交流电路。依照国家标准，直流量用大写字母表示，例如，直流电压、电流、电功率分别表示为 U、I、P。交流量用小写字母表示,例如,交流电压、电流、电功率分别表示为 u、i、p。

1. 电流和电流的参考方向

带电粒子(电子、离子)定向移动形成电流,其定义为:电流大小为单位时间内通过导体横截面的自由电子电荷量,电流方向为自由电子运动方向的反方向。其数学表达式为:

$$i(t) = \frac{\mathrm{d}q(t)}{\mathrm{d}t} \tag{1.1.1}$$

电荷的单位为库仑(C),电流的基本单位为安培(A),1A=1C/s。实用中,电流的单位还有 kA、mA、μA:

$$1\mathrm{A} = 10^{-3}\,\mathrm{kA} = 10^{3}\,\mathrm{mA} = 10^{6}\,\mathrm{\mu A}$$

大小和方向均不随时间变化的电流,称为恒定电流,简称为直流(dc 或 DC);大小和方向随时间变化的电流,称为时变电流,工程上把大小和方向周期性变化且平均值为零的时变电流称为交流(ac 或 AC)。

在分析电路时,往往不能事先确定电流的实际方向。而且时变电流或者交流电流的实际方向又随时间不断变化,不能够在电路图上标出适合于任何时刻的电流实际方向。为了电路分析和计算的需要,我们任意假定一个电流参考方向,用箭头标在电路图上。若电流实际方向与参考方向相同,则电流取正值;若电流实际方向与参考方向相反,则电流取负值。例如,在分析电路如图 1.1.2 所示之前,我们事先在电路图上假设电流的参考方向,电流参考方向如图 1.1.2 所示,可以任意假设。

假设电路经过计算得到 $I_1 = 5\mathrm{A}$,则表示电流的实际方向与参考方向一致,电流从 a 流向 b;若电路经过计算得到 $I_1 = -5\mathrm{A}$,则表示电流的实际方向与参考方向相反,电流从 b 流向 a。

电流的参考方向可以用两种方式表示:①用箭头标在电路图上,如图 1.1.2 所示;②采用双下标表示电流参考方向,如 I_{ab}。

例 1.1.2 图 1.1.3 所示元件 N,当 $t \leqslant 6\mathrm{s}$ 时,其上电流大小为 1.2A,方向为从 a 流向 b;当 $t > 6\mathrm{s}$ 时,电流大小为 3.0A,方向为从 b 流向 a。根据图示参考方向,写出电流 i 的数学表达式。

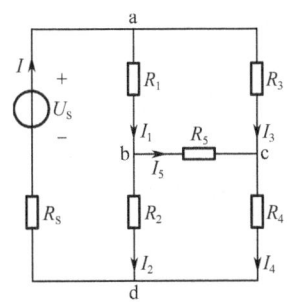

图 1.1.2 电流的参考方向　　　　　图 1.1.3 例 1.1.2 电路

解 $t \leqslant 6\mathrm{s}$ 时,i 的数学表达式为

$$i = 1.2\mathrm{A}$$

$t>6\text{s}$ 时，i 的数学表达式为

$$i=-3.0\text{A}$$

负号表示电流的实际方向与图示参考方向相反。

2．电压和电压的参考方向

电场力把单位正电荷从电路的一点移到另一点所做的功称为电路中两点间电压，即

$$u(t)=\frac{\text{d}W(t)}{\text{d}q} \quad (1.1.2)$$

电压的基本单位为伏特（V），1V=1J/C。实用中，电压的单位还有 kV、mV、μV：

$$1\text{V}=10^{-3}\text{kV}=10^{3}\text{mV}=10^{6}\mu\text{V}$$

大小和方向均不随时间变化的电压，称为恒定电压或直流电压，一般用符号 U 表示；大小和方向随时间变化的电压，称为时变电压，一般用符号 u 表示。大小和方向周期性变化且平均值为零的时变电压，称为交流电压。

物理中高电位通常用正极表示，低电位通常用负极表示，则习惯上电压的方向："+"表示正极，"-"表示负极。电压的实际方向：从高电位指向低电位。

与电流类似，在分析电路时，电路中各电压的实际方向或极性往往不能事先确定。所以，在分析电路时，必须规定电压的参考方向。假设在图 1.1.2 中，R_1 的电压为 U_1，其参考方向设定为上正下负，如果计算出来的结果 $U_1=10\text{V}$，则表示电压的实际方向与参考方向一致，a 点电位高于 b 点电位；如果计算出来的结果 $U_1=-10\text{V}$，则表示电压的实际方向与参考方向相反，b 点电位高于 a 点电位。

电压的参考方向可以用两种方式表示：①用"+""-"号在电路元件两端或者支路两端表示；②采用双下标表示电压参考方向，例如图 1.1.2 中电阻 R_1 的电压为 U_{ab}。

电动势在数值上等于将单位电量正电荷从电源负极移到正极的过程中，其他形式的能量转化成的电能的多少，其正方向规定为电位升的方向；而电压在数值上等于移动单位电量正电荷时电场力做的功，就是将电能转化成的其他形式能量的多少，其正方向规定为电压降的方向。

在图 1.1.2 中，将电路中任一点作为参考点，把 a 点到参考点的电压称为 a 的电位，用符号 U_a 表示。如果电路中参考点变了，则 U_a 就会随着变化。电路中 a 点到 b 点的电压，就是 a 点电位与 b 点电位之差，即 $U_{ab}=U_a-U_b$。

例 1.1.3 电路如图 1.1.4 所示，已知 $U_{ab}=1.5\text{V}$，$U_{bc}=1.5\text{V}$。求

（1）以 a 点为参考点，求 b、c 两点的电位及 U_{ac}；

（2）以 b 点为参考点，求 a、c 两点的电位及 U_{ac}。

解（1）以 a 点为参考点，$U_a=0$

$$U_{ab}=U_a-U_b \rightarrow U_b=U_a-U_{ab}=-1.5\text{V}$$

$$U_{bc}=U_b-U_c \rightarrow U_c=U_b-U_{bc}=-1.5-1.5=-3\text{V}$$

$$U_{ac}=U_a-U_c=0-(-3)=3\text{V}$$

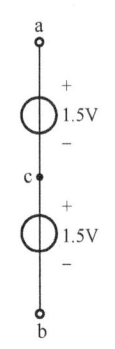

图 1.1.4 例 1.1.3 电路

（2）以 b 点为参考点，$U_b = 0$

$$U_{ab} = U_a - U_b \rightarrow U_a = U_b + U_{ab} = 1.5\text{V}$$
$$U_{bc} = U_b - U_c \rightarrow U_c = U_b - U_{bc} = -1.5\text{V}$$
$$U_{ac} = U_a - U_c = 1.5 - (-1.5) = 3\text{V}$$

结论：电路中电位参考点可任意选择。当选择不同的电位参考点时，电路中各点电位将改变，但任意两点间电压保持不变。

3．关联参考方向

为了分析计算方便，规范统一，电流与电压往往采用关联参考方向。电压和电流的关联参考方向：当参考电流从参考电压的正极（+）流入，负极（−）流出，则为关联参考方向；否则为非关联参考方向。图 1.1.5（a）表示元件上的电压和电流取关联参考方向，图 1.1.5（b）表示元件上的电压和电流为非关联参考方向。

（a）关联参考方向　　　　　　（b）非关联参考方向

图 1.1.5　电压和电流的参考方向

4．电功率

电功率（简称功率）是电路在单位时间内吸收的能量。其定义为：

$$p(t) = \frac{dW(t)}{dt} \tag{1.1.3}$$

功率的单位为瓦特（W）。实用中，功率的单位还有 kW、mW：

$$1\text{W} = 10^{-3}\text{kW} = 10^3\text{mW}$$

当 u、i 取关联一致的参考方向时，电路元件吸收的电功率可表示为

$$p(t) = \frac{dW(t)}{dt} = u(t)i(t) \tag{1.1.4}$$

当 u、i 取非关联一致参考方向时，电功率可表示为

$$p(t) = -u(t)i(t) \tag{1.1.5}$$

不管 u、i 采取关联参考方向还是非关联参考方向，当 $p > 0$ 时，表示元件吸收功率，当 $p < 0$ 时，表示元件发出功率。

例 1.1.4　电路如图 1.1.6 所示，$U_1 = 10\text{V}$，$U_2 = 5\text{V}$。分别求电源、电阻的功率。

解　$I = U_R / 5 = (U_1 - U_2)/5 = (10-5)/5 = 1\text{A}$

$P_{R吸} = U_R I = 5 \times 1 = 5\text{W}$，电阻吸收功率 5W

$P_{U_1吸} = -U_1 I = -10 \times 1 = -10\text{W}$，电源 U_1 发出功率 10W

$P_{U_2吸} = U_2 I = 5 \times 1 = 5\text{W}$，电源 U_2 吸收功率 5W

结论：电路中所有元件吸收的功率等于所有元件发出的功率，功率守恒。

例 1.1.5　电路元件情况如图 1.1.7 所示。

(1)若元件 A 吸收的功率为 10W,求电压 u_A;
(2)若元件 B 发出的功率为 12W,求电流 i_B。

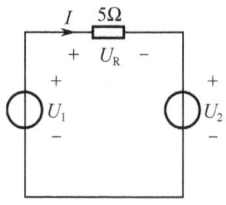

图 1.1.6 例 1.1.4 电路   图 1.1.7 例 1.1.5 电路

解 (1)对图 1.1.7(a)所示的元件 A 来说,电压、电流参考方向关联,所以

$$u_A = \frac{p_A}{i_A} = \frac{10}{2} = 5V$$

(2)对图 1.1.7(b)所示的元件 B 来说,电压、电流参考方向非关联,所以

$$p_B = -u_B i_B \rightarrow i_B = -\frac{p_B}{u_B} = -\frac{-12}{3} = 4A$$

1.2 电路的基本元件

按电路元件与外电路连接端点的数目,电路元件可分为二端元件、三端元件、四端元件等。本节介绍电路分析中 6 种常见的电路元件,包括电阻、电容、电感、理想电压源、理想电流源和受控电源。

1.2.1 二端电阻元件

一个二端元件,如果在任一时刻 t,其端电压 $u(t)$ 与端电流 $i(t)$ 之间的关系可用代数方程表示,则此二端元件称为电阻元件,简称电阻。这里只讨论线性电阻。线性电阻是这样的理想元件:当电压与电流取关联参考方向时,在任一时刻,其两端的电压 $u(t)$ 与通过它的电流 $i(t)$ 成正比,用公式表达为:

$$u(t) = Ri(t) \tag{1.2.1a}$$

或

$$i(t) = Gu(t) \tag{1.2.1b}$$

式(1.2.1)就是欧姆定律公式。式中参数 R 称为电阻,单位是欧[姆](Ω);G 是 R 的倒数,称为电导,单位是西[门子](S)。R 和 G 都是与电压 u 和电流 i 无关的常量。

线性电阻的电路符号和伏安关系如图 1.2.1 所示。

对线性时不变电阻来说,其瞬时电功率为:

$$p = Ri^2 = Gu^2 \tag{1.2.2}$$

显然,瞬时功率总为正值,在从 $-\infty$ 到 t 的时间内,电阻消耗的能量为:

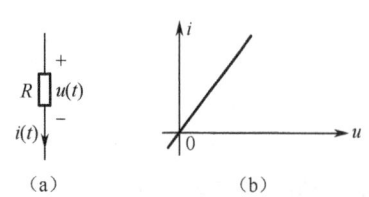

图 1.2.1 线性电阻的电路符号和伏安关系

$$W = R\int_{-\infty}^{t} i^2(\tau)d\tau = G\int_{-\infty}^{t} u^2(\tau)d\tau \geq 0 \tag{1.2.3}$$

所以线性时不变电阻是一种耗能元件。

1.2.2 二端电感元件

电感元件是物理中电感线圈的理想模型，其电路符号如图 1.2.2 所示。当线圈中通以电流 i，在线圈中就会产生磁通。假设 1 匝线圈的磁力线数为 Φ，电感元件线圈匝数为 N，则电感元件的总磁通叫磁通链，记为 Ψ，则有：

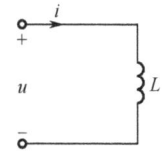

图 1.2.2 二端电感元件的电路符号

$$\Psi = N\Phi \tag{1.2.4}$$

对于线性电感，磁通链、电流和电感之间的关系是

$$\Psi = Li \tag{1.2.5}$$

磁通和磁通链的单位是韦伯，用 Wb 表示；电感的单位是韦/安，称为亨[利]（H）。实际上常取毫亨（1mH=10^{-3}H）或微亨（1μH=10^{-6}H）作单位。可见，当线圈通以 1A 电流时，若所激发的磁通为 1Wb，则此线圈具有 1H 的电感。

当线圈通过的磁通链随时间变化时，线圈两端将产生感应电压，感应电压的大小等于磁通链的变化率，即

$$u = \frac{d\Psi}{dt} \tag{1.2.6}$$

将式（1.2.5）代入式（1.2.6）可得

$$u = \frac{d(Li)}{dt} = L\frac{di}{dt} \tag{1.2.7}$$

式（1.2.6）为电感的伏安关系。式（1.2.6）表明：电感电压与通过电感的电流变化率成正比，如果通过电感的电流是恒稳直流电流 I，它对时间的导数为零，则此时电感两端电压等于零。因此在直流电路中，电感元件可以用一根理想导线来替代。

电感元件在任一时间内的储能可用下式计算

$$W(t) = \int_{-\infty}^{t} uidt = G\int_{0}^{i(t)} Lidi = \frac{1}{2}Li^2(t) \geq 0 \tag{1.2.8}$$

因此，电感是一种储能元件，其储存的磁场能只与该时刻电流的大小有关。

1.2.3 二端电容元件

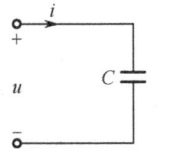

图 1.2.3 二端电容元件的电路符号

电容元件是一种表征储存电荷特性的理想元件，其电路符号如图 1.2.3 所示。电容原始模型为由两块金属极板中间用绝缘介质隔开的平板电容器。当在两极板上加上电压 u 后，极板上分别积聚着等量的正负电荷 q，在两个极板之间产生电场。在两极板所加电压越大，则极板上积聚的电荷越多，所形成的电场就越强，电容元件所储存的电场能也就越大。这里只讨论线性电容，则

$$q = Cu \tag{1.2.9}$$

式中参数 C 称为电容，其单位是法[拉]（F），实用上常以微法（1μF=10^{-6}F）或皮法（1pF=10^{-12}F）作单位。

电容的伏安关系可由电流的定义推出：

$$i = \frac{dq}{dt} \tag{1.2.10}$$

将式（1.2.9）代入式（1.2.10）可得

$$i = \frac{dq}{dt} = C\frac{du}{dt} \tag{1.2.11}$$

上式说明电容器在某一时刻 t 的电流值取决于同一时刻电压的变化率。在直流电路中，电源为恒定的，所以流过电容的电流为零，电容相当于开路。在直流电路中，若将电容从电路中去掉，不影响电路中电压、电流的计算，电容电压等于和它并联的电阻的电压。

任意时刻，线性电容的瞬时功率为

$$p(t) = u(t)i(t) = Cu(t)\frac{du(t)}{dt}$$

而 t 时刻电容获得的总能量为

$$W(t) = \int_{t_0}^{t} p(\xi)d\xi = \frac{1}{2}C[u^2(t) - u^2(t_0)] = \frac{1}{2C}[q^2(t) - q^2(t_0)] \tag{1.2.12}$$

设 $u(-\infty) = 0$，前面已说明 C 是正的，故由式（1.2.12）可见，从任一时刻来看，从外界输入电容的能量总和总是大于或等于零：

$$W(t) = \frac{1}{2}Cu^2(t) = \frac{1}{2C}q^2(t) \geq 0 \tag{1.2.13}$$

这种能量储存在电容元件的电场中，电容元件也只是储存能量而没有消耗能量，所以电容是另一种储能元件。其与电感的差别在于电容储存的是电场能而不是磁场能。

1.2.4 独立电源

按功能的不同，电源一般分为两类：一类是为电路提供能量的能量源，如干电池、蓄电池和发电机等；另一类是向电路输入的信号，称为信号源，如电子电路中的交流信号源。无论是能量源还是信号源，它们都是电路的激励，统称为激励源，又称为独立电源。根据电源元件的不同特性，激励源有两种电路模型：一种用电压形式来表示，称为电压源；另一种用电流形式来表示，称为电流源。

1. 理想电压源

理想电压源是一个二端元件，其端电压为一恒定值 U_S 或是某一时变的函数 $u_S(t)$，与流过它的电流无关。其电路符号如图 1.2.4（a）所示。在图 1.2.4（a）所示的参考方向下，对任意端电流 $i(t)$，理想电压源的端电压 $u(t)$ 为

$$u(t) = u_S(t) \tag{1.2.14}$$

式（1.2.14）为理想电压源的伏安关系，如图 1.2.4（b）所示。

电压源的特点是其电压由电压源本身特性确定，与所接外电路无关；流过电压源的电流则需由与之相连的外电路共同确定。

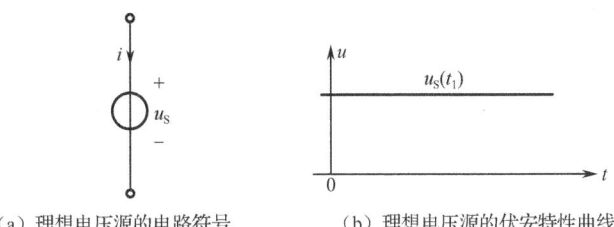

(a)理想电压源的电路符号　　　　(b)理想电压源的伏安特性曲线

图 1.2.4　理想电压源的电路符号及伏安关系特性曲线

2．理想电流源

理想电流源是另一种理想电源。它是从实际电源抽象出来的一种模型。电压源是一种能产生电压的装置，而电流源则是一种能产生电流的装置。

理想电流源是一个二端元件，其输出电流为一恒定值 I_S 或某一时变的函数 $i_S(t)$，与端电压无关。其电路符号如图 1.2.5（a）所示。在图 1.2.5（a）所示的参考方向下，对任意端电压 $u(t)$，理想电流源的端电流为

$$i(t) = i_S(t) \tag{1.2.15}$$

式（1.2.15）为理想电流源的伏安关系，如图 1.2.5（b）所示。

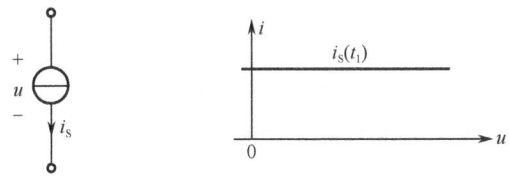

(a)理想电流源电路符号　　　　(b)理想电流源的伏安特性曲线

图 1.2.5　理想电流源的电路符号及伏安特性曲线

电流源的特点是其输出电流由电流源本身特性确定，与所接外电路无关；电流源两端的电压则由与之相连的外电路共同确定。

1.2.5　受控电源

前面研究的两种电源模型：电压源和电流源，其源电压或源电流都不受外电路的影响而独立存在，所以是独立电源。在电子电路中，还常常遇到另一类型的电源，它们的源电压或源电流并不独立存在，而受电路中另一处的电压或电流控制，称之为受控电源。

受控电源是一种双口电路元件。它含有两条支路：控制支路和受控支路。受控支路的电压或电流受控制支路电压或电流的控制。

受控电源是从实际的电子器件如晶体管、真空管等抽象出来的数学模型。从表面上看，受控电源与电源有类似之处，但它们却有本质的区别。电源的电压或电流是独立存在的，不论它是否接入电路，该电压或电流始终存在；而受控电源单独存在时并无输出。

例如，晶体管的输入输出信号之间的关系，就可用带有受控电源的等效电路来表示。图 1.2.6 所示晶体管中，b 是基极，e 是发射极，c 是集电极。

在基极和发射极间输入信号，可得下列简化关系式：

$$u_{be} = r_{be}i_b$$
$$i_c = \beta i_b$$

据此便可获得图 1.2.7 所示等效电路，其中 βi_b 便是一个电流控制电流源，β 称为晶体管的电流放大倍数。

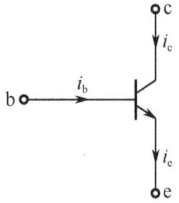
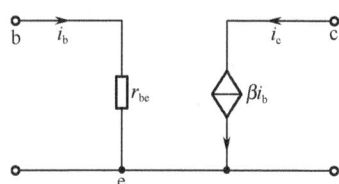

图 1.2.6　NPN 晶体三极管电路符号　　　图 1.2.7　晶体三极管简化电路模型

根据受控电源在电路中呈现的是电压还是电流，以及这一电压或电流是受电路中另一处的电压还是电流所控制，受控电源可分为电压控制电压源（VCVS）、电流控制电压源（CCVS）、电压控制电流源（VCCS）及电流控制电流源（CCCS）等 4 种类型，如图 1.2.8 所示。

电压控制电压源（VCVS），简称压控电压源。它的电路模型如图 1.2.8（a）所示，其描述方程为

$$\left.\begin{array}{l}i_1 = 0 \\ u_2 = \mu u_1\end{array}\right\} \qquad (1.2.16)$$

式中，$\mu = u_2/u_1$，称为电压放大系数或电压传输系数。

电流控制电压源（CCVS），简称流控电压源。它的电路模型如图 1.2.8（b）所示，其描述方程为

$$\left.\begin{array}{l}u_1 = 0 \\ u_2 = \gamma_m i_1\end{array}\right\} \qquad (1.2.17)$$

式中，$\gamma_m = u_2/i_1$，称为转移电阻或跨阻。

电压控制电流源（VCCS），简称压控电流源。它的电路模型如图 1.2.8（c）所示，其描述方程为

$$\left.\begin{array}{l}i_1 = 0 \\ i_2 = g_m u_1\end{array}\right\} \qquad (1.2.18)$$

式中，$g_m = i_2/u_1$，称为转移电导或跨导。

电流控制电流源（CCCS），简称流控电流源。它的电路模型如图 1.2.8（d）所示，其描述方程为

$$\left.\begin{array}{l}u_1 = 0 \\ i_2 = \alpha i_1\end{array}\right\} \qquad (1.2.19)$$

式中，$\alpha = i_2/i_1$，称为电流放大系数或电流传输系数。

上述 4 类受控电源中，μ、α 的量纲为常量，γ_m、g_m 分别具有电阻和电导的量纲。当这些系数为常数时，被控制量与控制量成正比，这些受控电源为线性受控电源。

受控电源与独立电源的特性完全不同，它们在电路中所起的作用也完全不同。独立电源是电路的输入或激励，它为电路提供按给定时间函数变化的电压和电流，从而在电路中产生

电压和电流。受控电源则描述电路中两条支路电压和电流间的一种约束关系，它的存在可以改变电路中的电压和电流，使电路特性发生变化。

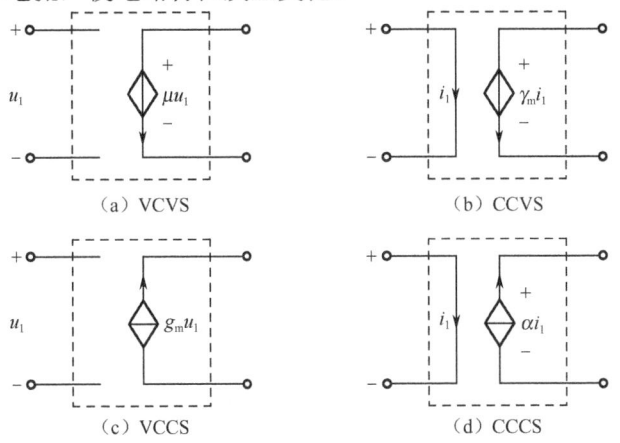

图 1.2.8　4 种受控电源的电路模型

例 1.2.1　电路如图 1.2.9 所示，已知 $R_1=6\Omega$，$R_2=2\Omega$，$i_S=14A$，求电路中电压 u。

解　图 1.2.9 所示电路中的独立电流源与受控电流源并联，根据分流公式可得

$$i_S + 2i_1 = i_1 + \frac{u}{2}$$

根据欧姆定律可得

$$i_1 = \frac{u}{6}$$

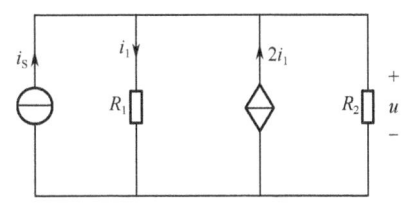

图 1.2.9　例 1.2.1 电路

则

$$i_S = -i_1 + \frac{u}{2} = -\frac{u}{6} + \frac{u}{2}$$

将 $i_S=14A$ 代入上式，得

$$u = 3i_S = 3 \times 14 = 42V$$

1.3　电路的基本定律

电路分析的基本依据是电路的基本定律，即欧姆定律和基尔霍夫定律。

1.3.1　欧姆定律

欧姆定律反映了电阻元件上电压与电流的约束关系。当电阻上的电压和电流采用关联参考方向时，表示为：

$$u = Ri \tag{1.3.1}$$

1.3.2　基尔霍夫定律

电路的基本规律包含两方面的内容。一是电路作为一个整体来看，应服从什么规律；二

是电路的各个组成元器件（含电路的功能单元），具有何种电气特性？这两方面都是不可缺少的。因为，电路是由元件组成的，整个电路表现如何，既要看这些元件是怎样连接而构成一个整体的，又要看每个元件各具有什么特性。电气元件的特性可通过元件的电压与电流的伏安关系来描述，而电路整体的基本规律，可通过基尔霍夫定律来描述。

对于任何集中参数电路，都要受到两类约束：拓扑约束和元件约束。两类约束决定了电路中各元件的电流与电压的大小，这两类约束是相互独立的。本节首先讨论基尔霍夫定律。

1. 电路的常用名词

为了便于描述基尔霍夫定律，先介绍几个电路的常用名词，以图 1.3.1 所示电路为例，其中方框符号表示一个广义的元件（可以是电阻、电容、电感、独立电源或受控电源等），把具有两个端钮和外电路连接的元件叫作二端元件，每一个二端元件都是一个最简单的二端电路。

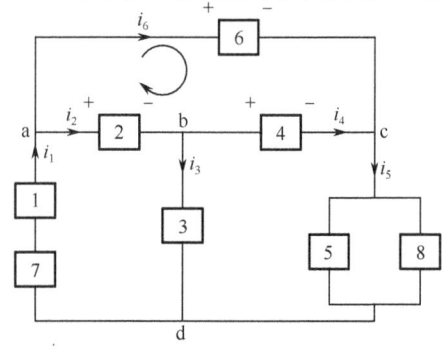

图 1.3.1　常用电路名词的说明

工程上把首尾相接、成串相连的二端元件叫作串联元件，串联元件中流过的电流相等，如图 1.3.1 中的元件 1 和 7 就是串联元件；把首尾分别相接的二端元件叫作并联元件，并联元件两端的电压相等，如图 1.3.1 中的元件 5 和 8。

（1）支路：一个二端元件就是一条支路。我们也可以将流过相同电流的几个串联二端元件看作一条支路。如图 1.3.1 中的元件 1～8 分别组成了 8 条支路。有时候也把几个串联元件的组合称为一条支路，如图 1.3.1 中的元件 1 和 7 组成一条支路。支路两端的电压及流过该支路的电流分别称为支路电压和支路电流。

（2）节点：电路中两条或两条以上支路的连接点，如图 1.3.1 中的 a、b、c 和 d。

（3）回路：电路中由几条支路组成的闭合路径，如图 1.3.1 中的 {2,4,6}、{1,2,3,7}、{1,2,4,5,7} 等都是回路。

（4）网孔：当一个电路可以画在平面上而不出现交叉支路时，称之为平面电路。在平面电路中有一些回路由单孔回路组成，这种内部不含有其他回路的单孔回路（最小的回路）叫作网孔。如图 1.3.1 中的 {5,8}、{2,4,6}、{3,4,5} 和 {1,2,3,7} 等都是网孔。

2. 基尔霍夫电流定律

基尔霍夫电流定律（KCL）：在任一时刻 t，对于集中参数电路中的任一节点，流出该节点的所有支路电流的代数和等于零。

$$\sum_{k=1}^{b} i_k(t) = 0 \qquad (1.3.2)$$

式中，b 为与某节点相连的支路数，$i_k(t)$ 为第 k 条支路的电流。

把基尔霍夫电流定律应用到某一节点时，首先要指定每一支路电流的参考方向。在支路电流的代数和中，我们可以设电流参考方向：离开节点的电流取正号，指向节点的电流取负号。例如在图 1.3.1 所示的电路中，将 KCL 应用到节点 b，可以得到

$$-i_2 + i_3 + i_4 = 0$$

这是因为支路电流 i_3 和 i_4 的参考方向是离开节点的,而支路电流 i_2 的参考方向则是指向节点的。同样,将 KCL 应用到节点 c,可以得到

$$-i_4 + i_5 - i_6 = 0$$

式中第 1、3 项带负号,是因为电流 i_4 和 i_6 的参考方向指向节点 c。

例 1.3.1 求图 1.3.2 电路中的电流 i_1、i_2、i_3、i_4。

解 对节点 c,由 KCL,得
$$i_4 = 5\text{A}$$

对节点 d,由 KCL,得
$$i_3 = 3\text{A}$$

对节点 a,由 KCL,得
$$i_2 = 4\text{A}$$

对节点 e,由 KCL,得
$$i_1 = -1\text{A}$$

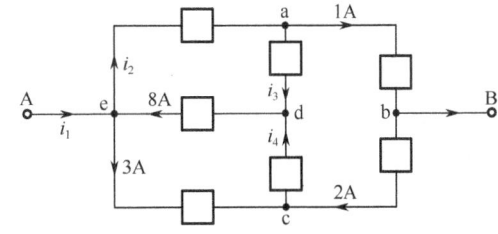

图 1.3.2 例 1.3.1 电路

基尔霍夫电流定律是非常重要的电路定律。我们需要强调:

(1) KCL 给支路电流加上了线性约束。换句话说,KCL 给出的电路方程是以支路电流为变量的常系数线性齐次代数方程。

(2) KCL 只适用于集中参数电路,不适用于分布参数电路。KCL 仅仅是对集中参数电路中任意节点的一种线性拓扑约束,与各支路元件的性质无关。对于一个具有 n 个节点,b 条支路的电路来说,独立的 KCL 方程只有 $n-1$ 个。

(3) 由于某支路电流也是量度该支路中电荷流过的速率,因而 KCL 断言了在任何节点上都不能有电荷的累积,即 KCL 揭示了在每一节点上电荷的守恒。

(4) 基尔霍夫电流定律还可以推广到任一高斯面(习惯称为广义节点),所以 KCL 又可以表述为:对于任一集中参数电路中的任一广义节点,在任一时刻,流出广义节点的所有支路电流的代数和为零。

例 1.3.2 电路如图 1.3.3 所示,求电流 I_2。

解 作封闭曲面如图 1.3.3 中的虚线所示,对该广义节点应用 KCL 可得:
$$I_2 = 0,$$

本题的结果表明:当两个单独的电路只用一条导线相连接时,此导线中的电流 i 必定为零。

例 1.3.3 在图 1.3.4 所示的晶体管放大器中,广义节点 S 的电流应满足 $I_e = I_b + I_c$,这正是晶体管的电流分配关系。

3. 基尔霍夫电压定律

基尔霍夫电压定律(KVL):在任一时刻 t,对于集中参数电路中的任一回路,沿着该回路的所有支路电压的代数和等于零。

$$\sum_{k=1}^{m} u_k(t) = 0 \tag{1.3.3}$$

式中,m 为某回路包含的支路数,$u_k(t)$ 为第 k 条支路的电压。

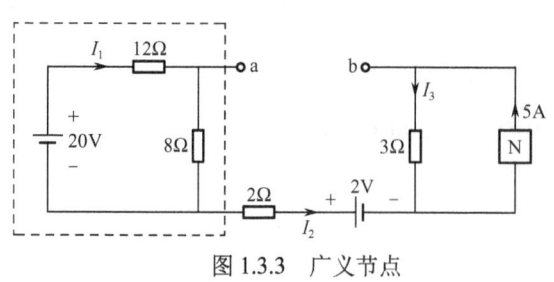

图 1.3.3 广义节点

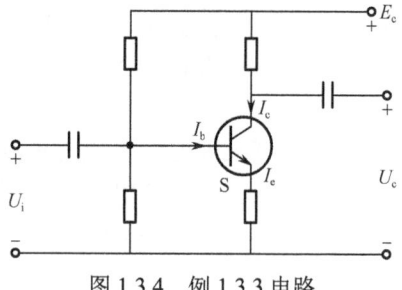

图 1.3.4 例 1.3.3 电路

为了应用 KVL，我们要指定回路的参考方向。习惯上，在表达 KVL 的代数和中，当支路电压的参考方向和回路的参考方向一致时，取为正号；当支路电压的参考方向和回路的参考方向相反时取为负号。

讨论图 1.3.1 所示的电路。对于由支路 2、4、6 所构成的回路，如果指定顺时针方向为回路的参考方向，且每个元件上电流与电压取关联的参考方向，则应用 KVL 可得

$$u_6 - u_4 - u_2 = 0$$

基尔霍夫电压定律是非常重要的定律。我们需要强调：

（1）KVL 给支路电压加上了线性约束。换句话说，KVL 给出的电路方程是以支路电压为变量的常系数线性齐次代数方程。

（2）KVL 只适用于集中参数电路，不适用于分布参数电路。KVL 仅仅是对集中参数电路中任意回路的一种线性拓扑约束，与各支路元件的性质无关。对于一个具有 n 个节点，b 条支路的电路来说，独立的 KVL 方程只有 $b-n+1$ 个，KVL 方程是一个以+1、0、-1 为系数的线性齐次方程，±1 和 0 仅仅表示支路电压与回路的关联关系，而与本身数值的正负无关。

（3）根据电磁学原理，支路电压是量度电场力做功的物理量。因而，KVL 是能量守恒定律的体现。

（4）基尔霍夫电压定律还可以推广到广义回路，所以 KVL 又可以表述为对于任一集中参数电路中的任一广义回路，在任一时刻，沿着该回路的所有支路电压的代数和等于零。

例 1.3.4 电路如图 1.3.3 所示，求电压 u_{ab}。

解 设电流 I_1、I_2、I_3，并作封闭曲面如图 1.3.3 中的虚线所示，由 KCL 推广可知：

$$I_2 = 0A, \quad I_3 = 5A$$

由 KVL 和欧姆定律得：

$$I_1 = \frac{20}{12+8} = 1A$$

则有

$$u_{ab} = 8I_1 + 2I_2 + 2 - 3I_3 = 8 \times 1 + 2 \times 0 + 2 - 3 \times 5 = -5V$$

1.4 电阻电路分析的一般方法

1.4.1 支路电流分析法

支路电流分析法是线性电路中一个系统的、直观的电路分析方法，也是最基本的分析方

法。所谓支路电流法是以支路电流为求解对象，根据 KCL 列写独立节点电流方程，根据 KVL 列写独立回路电压方程，再用消元法、行列式或矩阵求逆等方法求解。

对于一个有 n 个节点 b 条支路构成的平面电路而言，可以得到 $n-1$ 个 KCL 独立电流方程和 $b-n+1$ 个独立电压方程，因此可以得到 b 个独立方程。这些方程的数目恰好是待求的 b 条支路的支路电流的数目。这就是支路电流法的理论基础。下面通过具体的电路来介绍支路电流法求解电路支路电流（或支路电压和元件的功率）的过程。

例 1.4.1 用支路电流法求图 1.4.1 电路中各支路的电流和电压。

解 分析：将电阻及与之串联的电压源看作一条支路，该电路有 6 条支路（支路 R_3，支路 R_4，支路 R_5，支路 R_6，支路 R_1、u_{S1} 和支路 R_2、u_{S2}，4 个节点，7 个回路。为简单起见我们选择三个最小的回路来作为分析对象。

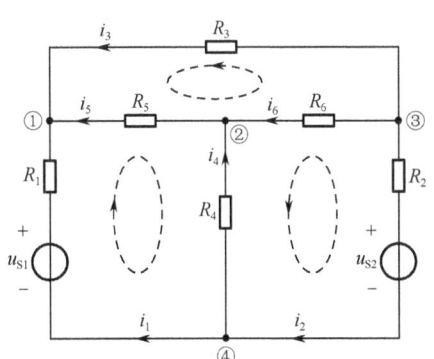

图 1.4.1 例 1.4.1 电路图

采用支路电流法解题步骤如下：

（1）任意选择一个节点作为参考节点，我们选择节点④作为参考节点。

（2）任意选择各个支路电流的参考方向，假设各个支路电流方向分别如图 1.4.1 所示。

（3）任意选择回路（网孔）的环绕方向。为方便起见我们选择网孔作为分析对象，如图 1.4.1 所示。

（4）对除参考节点以外的 3 个节点（$n-1=3$）列写 KCL 独立的电流方程，对某个节点而言假设流入节点的电流为正，流出节点的电流为负（也可以做相反的规定），即：

节点①　　　　　　　　　$i_1 + i_3 + i_5 = 0$　　　　　　　　　　（1）
节点②　　　　　　　　　$i_4 - i_5 + i_6 = 0$　　　　　　　　　　（2）
节点③　　　　　　　　　$-i_2 - i_3 - i_6 = 0$　　　　　　　　　（3）

（5）沿着每个回路的绕行方向列写 3 个（$b-n+1=3$）KVL 独立电压方程。设沿着每个回路的绕行方向，如果元件的电位升高则在该元件的电压前写正号，否则写上负号（也可以做相反的规定）。所以可以列出三个 KVL 电压方程如下：

$$-i_3 R_3 + i_5 R_5 + i_6 R_6 = 0 \quad (4)$$
$$-i_1 R_1 + i_4 R_4 + i_5 R_5 + u_{S1} = 0 \quad (5)$$
$$i_2 R_2 + i_4 R_4 - i_6 R_6 + u_{S2} = 0 \quad (6)$$

（6）解方程组。联立求解上述方程（1）～（6），即可得到各个支路电流。

（7）由支路电流还可以求出其他待求的电量。如可以求元件的功率：

电源 u_{S1} 的功率　　　　　　　　$p_{S1} = -i_1 u_{S1}$
电阻 R_5 的功率　　　　　　　　　$p_5 = i_5^2 R_5$

其他元件的功率不再一一列写出来。

支路电流法原则上对任何电路都是适用的，所以是求解电路的一般方法。如果电路中有只含电流源的支路而且该电流源的支路电流为已知时，应用支路电流法时必须先假设该电流源两端的电压；如果电路中含有受控电源时，可以把受控电源当作独立电源处理，但必须把受控电源的控制量用支路电流来表示。

例 1.4.2 在图 1.4.2 中，R_1、R_2、R_3、R_4 和 R_5 分别为 1Ω、2Ω、3Ω、4Ω 和 5Ω，$U_S = 1V$，$I_S = 1A$。求各支路电流。

解 设各支路电流方向如图所示，对电路的 4 个节点可列出 3 个独立的电流方程，其中：

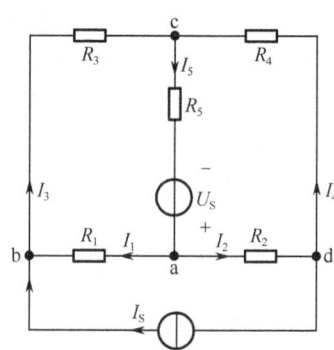

图 1.4.2 例题 1.4.2 电路

节点 a：　　　　$-I_1 - I_2 + I_5 = 0$　　　（1）

节点 b：　　　　$I_1 + I_S - I_3 = 0$　　　（2）

节点 c：　　　　$I_3 + I_4 - I_5 = 0$　　　（3）

再列出两个电压方程，其中：

abca 回路：　　　$I_1 + 3I_3 + 5I_5 - 1 = 0$　　　（4）

acda 回路：　　　$2I_2 + 4I_4 + 5I_5 - 1 = 0$　　　（5）

对上述式（1）～式（5）5 个方程联立求解可得：

$I_1 = -0.635A$，$I_2 = 0.743A$，$I_3 = 0.365A$，$I_4 = -0.257A$，$I_5 = 0.108A$

用支路电流（电压）法列方程的思路最简单，但方程比较多，计算比较烦琐，因而并不是一个实用的电路分析方法。

1.4.2 节点电压分析法

选择电路中的任意一个节点作为参考节点（电位取为零），其他节点和参考节点之间的电压叫作节点电压。节点电压法，就是以电路中的节点电压为待变量，按照 KCL 列写电流方程，然后联立求解所列写的电流方程组得出节点电压，进而进一步根据实际情况得出各个元件（或各个支路）的电压、电流以及功率等参数的一种电路分析方法。节点电压法由于所列方程的规整性而普遍应用于电路的计算机辅助分析中。

对于一个具有 n 个节点的电路，假设某个节点为参考节点，根据其余的 $(n-1)$ 个节点列写的 $(n-1)$ 个 KCL 方程组则一定是独立的，由此而确定的节点电压也是唯一确定的。

节点电压法的实质是结合支路的伏安关系，对除参考节点以外的节点列 KCL 独立电流方程组。下面结合具体电路推导节点电压方程的一般形式。

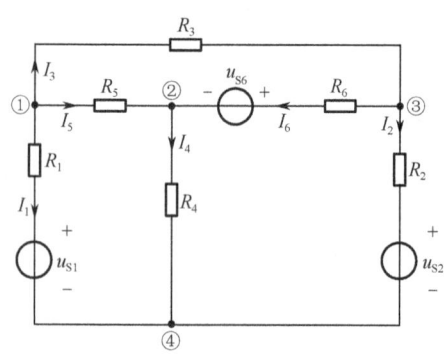

图 1.4.3 例题 1.4.3 电路

例 1.4.3 电路如图 1.4.3 所示，列出电路的节点电压方程。

解 在图 1.4.3 电路中，共有 4 个节点。

（1）选节点④为基准（参考）节点，则其他三个节点电压分别为 u_{n1}、u_{n2} 和 u_{n3}。

（2）对①、②、③三个节点列写 KCL 方程，分别如下：

节点①　　　$I_1 + I_3 + I_5 = 0$　　　（1）

节点②　　　$I_4 - I_5 - I_6 = 0$　　　（2）

节点③　　　$-I_2 - I_3 + I_6 = 0$　　　（3）

列写出六条支路电流，分别为：

$$I_1 = (u_{n1} - u_{s1})/R_1 \quad (4)$$

$$I_2 = (u_{n2} - u_{s2})/R_2 \quad (5)$$

$$I_3 = (u_{n1} - u_{n3})/R_3 \quad (6)$$

$$I_4 = u_{n2}/R_4 \quad (7)$$

$$I_5 = (u_{n1} - u_{n2})/R_5 \quad (8)$$

$$I_6 = (u_{n3} - u_{n2} - u_{s6})/R_6 \quad (9)$$

将式（4）～式（9）代入式（1）～式（3），得：

节点① $\quad G_{11}u_{n1} + G_{12}u_{n2} + G_{13}u_{n3} = G_1 u_{S1}$ （10）

节点② $\quad G_{21}u_{n1} + G_{22}u_{n2} + G_{23}u_{n3} = -G_6 u_{S6}$ （11）

节点③ $\quad G_{31}u_{n1} + G_{32}u_{n2} + G_{33}u_{n3} = G_2 u_{S2} + G_6 u_{S6}$ （12）

其中

$$G_{11} = \frac{1}{R_1} + \frac{1}{R_3} + \frac{1}{R_5}, \quad G_{22} = \frac{1}{R_4} + \frac{1}{R_5} + \frac{1}{R_6}, \quad G_{33} = \frac{1}{R_2} + \frac{1}{R_3} + \frac{1}{R_6}$$

$$G_{12} = G_{21} = -\frac{1}{R_5}, \quad G_{13} = G_{31} = -\frac{1}{R_3}, \quad G_{23} = G_{32} = -\frac{1}{R_6}$$

$$G_1 = \frac{1}{R_1}, \quad G_2 = \frac{1}{R_2}, \quad G_6 = \frac{1}{R_6}$$

通过上述分析可以得到节点电压方程的一般规律：

（1）G_{11}、G_{22} 和 G_{33} 为与节点①、②、③相连的所有自电导之和，恒取"+"号。

（2）两相邻节点之间，G_{12}、G_{21} 相等，为节点①、②之间所有互电导之和，恒取"−"号，类似的结论在 G_{13}、G_{31} 之间，G_{23}、G_{32} 之间同样适用。

（3）对于等式右边，如有节点与电压源与之相连，则应将电压源等效为电流源，等式右边为与该节点相连的所有电流源代数和，如果等效后的电流源是流入该节点的，则恒取"+"号，否则恒取"−"号。

例 1.4.4 如图 1.4.4 所示电路中，试用节点电压法求各个电流源两端的电压和 2Ω 电阻中流过的电流。

解 在图 1.4.4 电路中，电路仅含有独立电流源，因而直接利用节点电压法分析该电路将非常方便。该电路共有 3 个节点，选节点 3 为基准（参考）节点，对节点 1 和节点 2（相应节点电压为 u_{n1} 和 u_{n2}）列写节点方程。

$$\begin{cases} \left(\dfrac{1}{2} + \dfrac{1}{4}\right)u_{n1} - \dfrac{1}{4}u_{n2} = 5 \\ -\dfrac{1}{4}u_{n1} + \left(\dfrac{1}{4} + \dfrac{1}{6}\right)u_{n2} = 10 - 5 \end{cases}$$

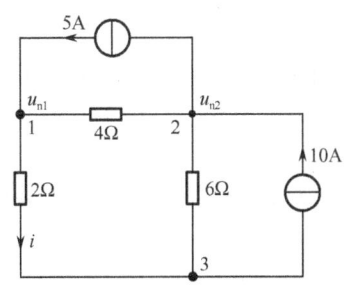

图 1.4.4　例 1.4.4 电路图

整理后得：

$$\begin{cases} 3u_{n1} - u_{n2} = 20 \\ -3u_{n1} + 5u_{n2} = 60 \end{cases}$$

对方程组采用消元法求解，得

$$u_{n1}=13.33\text{V}, \quad u_{n2}=20\text{V}$$

如果电流与电压取关联的参考方向，则 5A 电流源两端的电压为

$$u_{n2}-u_{n1}=6.67\text{V}$$

10A 电流源两端的电压为

$$u_{n2}=20\text{V}$$

2Ω 电阻中流过的电流为

$$i=\frac{u_{n1}}{2}=6.67\text{A}$$

通过上述分析可以知道：其他支路电流和电压都可以非常方便求得。在实际电路分析中，有时候必然会遇到含有受控电源或者遇到电路中含有电压源的情况。下面通过具体的示例来分析节点电压法解题的方法和技巧。

例 1.4.5 如图 1.4.5 所示电路中，试用节点电压法求解节点电压。

解 在图 1.4.5 电路中，电路含有独立电流源和电流控制电流源（受控电流源）。在分析时可以把电流控制电流源视作独立电流源。然后根据节点电压和控制量的关系补充一个方程。该电路共有 4 个节点，选节点 4 为基准（参考）节点，对节点 1、2 和节点 3（相应节点电压为 u_{n1}、u_{n2} 和 u_{n3}）分别列写节点方程。

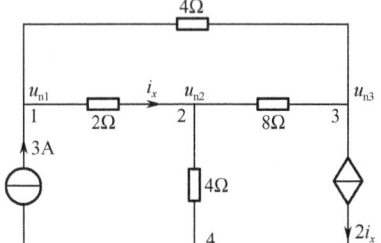

图 1.4.5　例 1.4.5 电路图

$$\left(\frac{1}{2}+\frac{1}{4}\right)u_{n1}-\frac{1}{2}u_{n2}-\frac{1}{4}u_{n3}=3 \tag{1}$$

$$-\frac{1}{2}u_{n1}+\left(\frac{1}{2}+\frac{1}{4}+\frac{1}{8}\right)u_{n2}-\frac{1}{8}u_{n3}=0 \tag{2}$$

$$-\frac{1}{4}u_{n1}-\frac{1}{8}u_{n2}+\left(\frac{1}{4}+\frac{1}{8}\right)u_{n3}=-2i_x \tag{3}$$

针对受控电流源列一个补充方程：

$$i_x=\frac{1}{2}(u_{n1}-u_{n2}) \tag{4}$$

将补充方程代入上述方程组并整理后得：

$$3u_{n1}-2u_{n2}-u_{n3}=12 \tag{5}$$

$$-4u_{n1}+7u_{n2}-u_{n3}=0 \tag{6}$$

$$2u_{n1}-3u_{n2}+u_{n3}=0 \tag{7}$$

解方程组（5）～（7）得

$$u_{n1}=4.8\text{V}, \quad u_{n2}=2.4\text{V}, \quad u_{n3}=-2.4\text{V}$$

通过以上例题我们对节点电压法的相关问题归纳如下：

（1）任意选一个节点作为参考节点，标定其余（n-1）独立节点。如果题目没有给出参考节点，一般都必须事先选取参考节点，当仅有一个电压源跨接在两个节点之间时，选取电源的负极作为参考节点是比较方便的，这样就有一个节点电压等于电源电压。

（2）如果电路中含有受控电源，设法把控制量用节点电压表示，可以把受控电源视作独立电源处理。

（3）如果电路中同时含有两个理想电压源（可以是受控电压源），有的文献把它称为无伴电压源，而且它们的一端没有接到同一个节点上。通常有两种比较简便的处理方法（如例1.4.5）：一是设定电压源（可以是受控电压源）支路电流为 i，把电压源（或受控电压源）当作电流源看，补充相应的方程；二是选取一个高斯面把电压源（或受控电压源）封闭作为广义节点再列写广义节点电压方程（实质是 KCL 方程）。

（4）如果电路中同时含有实际电压源（可以是受控电压源），可以把实际电压源等效变换成实际电流源，受控电流源也当作独立电流源对待列写节点电压方程。

（5）对节点方程所形成的方程组联立求解，求出各节点电压，进而根据题目的要求求解支路电流或其他电路参量。

1.4.3 网孔电流分析法

在支路电流分析法中，对于 n 个节点 b 条支路的平面电路，由于要列 b 个方程求解 b 个支路电流变量，方程数目较多，在实际手工计算中较少采用这种方法。事实上，在电路分析中，除采用节点电压作为待求变量列方程求解的节点电压分析法外，还经常选取一组"适当的电流变量"作为待求变量列方程求解电路。在平面电路中，选取网孔电流为待求的电路变量，根据 KVL 列写电路方程求解电路的方法称为网孔电流法。网孔电流法仅适用于平面电路。所谓网孔电流是指沿着网孔边界环行的一种假想的电流。网孔电流是可以替代实际的支路电流的，每个支路电流等于流经该支路的网孔电流的代数和。支路电流和网孔电流关系如图1.4.6所示。从 KCL 的角度来看，各网孔电流是线性无关的，因此可以把网孔电流作为一组独立的电流变量。

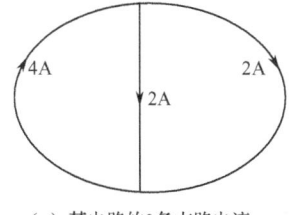 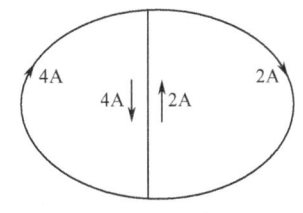 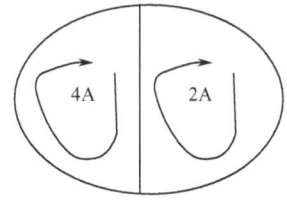

（a）某电路的3条支路电流　　（b）图（a）的等效　　（c）网孔电流替代支路电流

图1.4.6　支路电流和网孔电流关系

对于 n 个节点 b 条支路的平面电路，设网孔数目是 l 个，则在任何情况下都满足：$l=b-n+1<b$，所以求解网孔电流所需要列写的网孔方程数目总是少于求解支路电流所需要列写的方程数目，而且网孔方程的结构和节点方程一样都很规整，容易记忆也比较适合计算机分析。我们以图1.4.7的电路为例，讨论如何用网孔电流法分析电路。

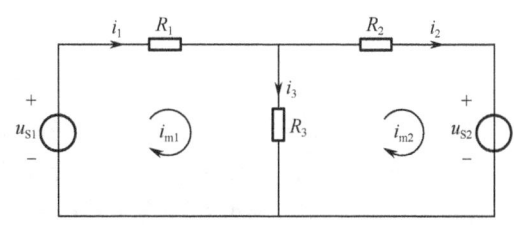

图1.4.7　网孔电流法分析电路

图1.4.7的电路有2个网孔，3条支路。设网孔电流分别为 i_{m1} 和 i_{m2}，不妨选取网孔电流

的环绕方向同为顺时针。支路电流分别为 i_1、i_2 和 i_3。根据网孔电流和支路电流的关系可以知道：

$$i_1 = i_{m1}, \quad i_2 = i_{m2}, \quad i_3 = i_{m1} - i_{m2}$$

对两个网孔沿着网孔电流方向分别列写 KVL 方程：

$$u_{S1} - i_1 R_1 - i_3 R_3 = 0$$
$$-u_{S2} - i_2 R_2 + i_3 R_3 = 0$$

将支路电流分别用网孔电流替代并整理后得：

$$\begin{cases} (R_1 + R_3) i_{m1} - R_3 i_{m2} = u_{S1} \\ -R_3 i_{m1} + (R_2 + R_3) i_{m2} = -u_{S2} \end{cases}$$

或者写成：

$$\begin{cases} R_{11} i_{m1} + R_{12} i_{m2} = u_{Sm1} \\ R_{21} i_{m1} + R_{22} i_{m2} = u_{Sm2} \end{cases}$$

以上的方程组就是由两个网孔方程组成的，其中：

（1）R_{11} 和 R_{22} 分别叫作网孔 1 和网孔 2 的自电阻，分别等于每一个网孔所有的电阻之和。例如：$R_{11}=R_1+R_3$，注意自电阻是正的。

（2）R_{12} 和 R_{21} 叫作网孔 1 和网孔 2 的互电阻，当相关网孔电流的参考方向选取一致时（同为顺时针或同为逆时针），互电阻等于两个相关网孔公共电阻的负值。如本例中的 $R_{12}=R_{21}=-R_3$，满足 $R_{12}=R_{21}$ 的关系。

（3）u_{Sm1} 与 u_{Sm2} 分别为网孔 1 和网孔 2 的所有电压源的代数和，沿着网孔电流的参考方向，电压升高写"+"号，电压降低写"-"号，如本例中的网孔 1 沿着网孔电流的参考方向，电压源 u_{S1} 从负到正表示电压升高。

下面通过一个具体的电路来看网孔电流法解题的一般步骤。

例 1.4.6 电路如图 1.4.8 所示，已知 $R_1 = R_2 = 2\Omega$，$R_3 = 4\Omega$，$R_4 = R_5 = 10\Omega$，$U_{S1} = 6V$，$U_{S2} = 10V$，$U_{S3} = 12V$，$U_{S4} = 20V$。试用网孔电流法求解各支路电流以及电压源 U_{S4} 的功率 P_4。

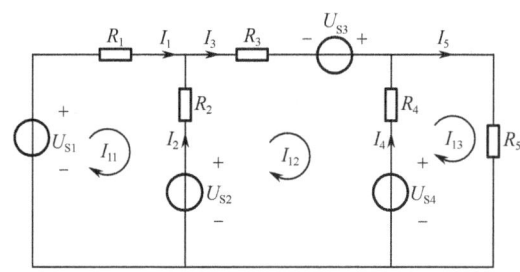

图 1.4.8　例 1.4.6 电路图

解　（1）此电路网孔数 $m=3$，设定各支路电流参考方向如图 1.4.8 所示，三个网孔电流方向均取顺时针方向，则根据网孔电流方程的规律公式可得：

$$\begin{cases} (R_1 + R_2) I_{11} - R_2 I_{12} = U_{S1} - U_{S2} \\ -R_2 I_{11} + (R_2 + R_3 + R_4) I_{12} - R_4 I_{13} = U_{S2} + U_{S3} - U_{S4} \\ -R_4 I_{12} + (R_4 + R_5) I_{13} = U_{S4} \end{cases}$$

（2）将电路参数代入上面网孔电流方程中，得：

$$\begin{cases} 4I_{11} - 2I_{12} = -4 \\ -2I_{11} + 16I_{12} - 10I_{13} = 2 \\ -10I_{12} + 20I_{13} = 20 \end{cases}$$

（3）求解网孔电流方程组，解出各网孔电流为：

$$I_{11} = -0.5\text{A}，\quad I_{12} = 1\text{A}，\quad I_{13} = 1.5\text{A}$$

（4）根据各支路电流与网孔电流之间的关系，可求出各支路电流为：

$I_1 = I_{11} = -0.5\text{A}$，$I_2 = I_{12} - I_{11} = 1.5\text{A}$，$I_3 = I_{12} = 1\text{A}$，$I_4 = I_{13} - I_{12} = 0.5\text{A}$，$I_5 = I_{13} = 1.5\text{A}$

电压源 U_{S4} 的功率为：$P_4 = -U_{S4}I_4 = -10\text{W}$，此电源为发出功率。

例 1.4.7 如图 1.4.9 所示电路中，试用网孔电流法求解支路电流 i_0。

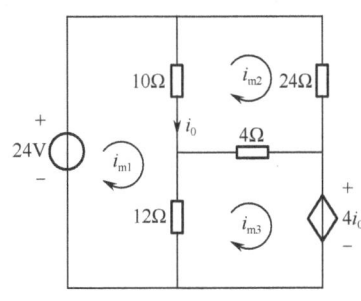

图 1.4.9 例 1.4.7 电路图

解：电路中含有独立电压源和受控电压源，处理时可以把受控电压源当作独立电压源，但必须根据控制量补充一个方程，即把控制量用网孔（或回路）电流和支路电阻来表示。如图假设，对应的三个网孔方程如下：

网孔 1：$\quad (12+10)i_{m1} - 10i_{m2} - 12i_{m3} = 24$

网孔 2：$\quad -10i_{m1} + (10+24+4)i_{m2} - 4i_{m3} = 0$

网孔 3：$\quad -12i_{m1} - 4i_{m2} + (12+4)i_{m3} = -4i_0$

根据控制量补充一个方程：

$$i_0 = i_{m1} - i_{m2}$$

代入上式则三个网孔方程整理后得：

$$\begin{cases} 11i_{m1} - 5i_{m2} - 6i_{m3} = 12 \\ -5i_{m1} + 19i_{m2} - 2i_{m3} = 0 \\ -i_{m1} - i_{m2} + 2i_{m3} = 0 \end{cases}$$

解得：

$$i_{m1} = 2.25\text{A}，\quad i_{m2} = 0.75\text{A}，\quad i_{m3} = 1.5\text{A}$$

所以

$$i_0 = 1.5\text{A}$$

通过以上例题我们对网孔电流分析方法的相关问题归纳如下：

（1）网孔电流分析方法，仅仅适用于平面电路，首先任意选定各个网孔电流的环绕方向，一般同选为顺时针或逆时针方向。

（2）如果电路中含有受控电源，设法把控制量用网孔电流表示，可以把受控电源视为独立电源处理。

（3）如果电路中含有电流源与电阻的并联组合，可以先把它们等效变换成实际电压源（即电压源与电阻的串联组合）。

（4）如果电路中某支路仅仅含有理想电流源（即该支路的电流源不直接和电阻并联，但允许该电流源和电阻串联），处理时可以假设独立电流源上的电压为 u，暂时把独立电流源当作电压源看。

（5）对网孔方程和补充的电流方程所形成的方程组联立求解出网孔电流，进而根据题目的要求求解支路电流或其他电路参量。

1.5 电路的常用定理

1.5.1 线性电路和叠加定理

只包含线性元件、线性受控电源和独立电源的电路称为线性电路。线性电路有两个非常重要的性质，就是叠加性和齐次性。叠加性是指具有多个独立电源的线性电路，其任一条支路的电流或电压等于各个独立电源单独作用时在该支路产生的电流或电压的代数和。齐次性是指当所有独立电源都增大为原来的 K 倍时，各支路的电流或电压也同时增大为原来的 K 倍；如果只是其中一个独立电源增大为原来的 K 倍，则只是由它产生的电流分量或电压分量增大为原来的 K 倍。

下面以图 1.5.1 所示电路为例进行讨论。求如图 1.5.1 所示电路的电流 i。

根据网孔电流法建立方程如下：

$$(R_1+R_2)i_1 - R_2i_2 = u_{S1}$$
$$-R_2i_1 + (R_2+R_3)i_2 + R_3i_S = 0$$
$$i_3 = i_S$$

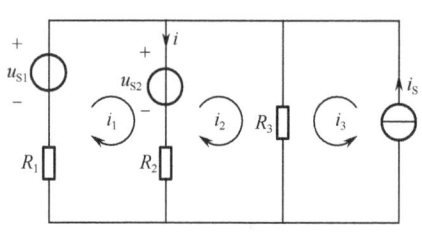

图 1.5.1 叠加定理

上述两式联立就可以求解出 i_1、i_2 的表达式，即

$$i_1 = \frac{R_2+R_3}{R_1R_2+R_2R_3+R_3R_1}u_{S1} + \frac{R_3}{R_1R_2+R_2R_3+R_3R_1}u_{S2} + \frac{-R_2R_3}{R_1R_2+R_2R_3+R_3R_1}i_S$$

$$i_2 = \frac{R_2}{R_1R_2+R_2R_3+R_3R_1}u_{S1} + \frac{-R_1}{R_1R_2+R_2R_3+R_3R_1}u_{S2} + \frac{-R_3(R_1+R_2)}{R_1R_2+R_2R_3+R_3R_1}i_S$$

由图 1.5.1 可知，$i = i_1 - i_2$，故有

$$i = \frac{R_3}{R_1R_2+R_2R_3+R_3R_1}u_{S1} + \frac{R_1+R_3}{R_1R_2+R_2R_3+R_3R_1}u_{S2} + \frac{R_1R_3}{R_1R_2+R_2R_3+R_3R_1}i_S$$

从电流 i 的表达式可以看出，i 的结果分别包含了激励源 u_{S1}, u_{S2}, i_S 三个分量，是三者单独作用结果的线性组合。当 u_{S1} 单独作用时，令 $u_{S2}=0$，$i_S=0$；当 u_{S2} 单独作用时，令 $u_{S1}=0$，$i_S=0$；当 i_S 单独作用时，令 $u_{S1}=0$，$u_{S2}=0$。即三个激励源同时作用产生的电流 i 等于各激励源单独作用时在该支路产生的电流之和。

叠加定理可以叙述为：在任何线性电阻性网络中，多个激励源共同作用时引起的响应（电路中各处的电流、电压）可由各个激励源单独作用时所引起的响应代数和得到。当某一独立电源单独作用时，将所有其他独立电压源短路、独立电流源开路。

我们可以图示的方式对图 1.5.1 所示各激励源单独作用时的电路加以描述，如图 1.5.2 所示。当电压源不作用时，即电压源置零时，用短路线代替；当电流源不作用时，即电流源置零时，用开路线代替。

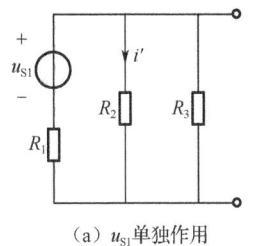 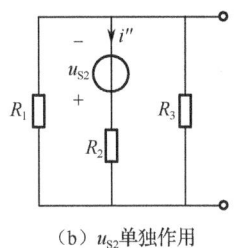 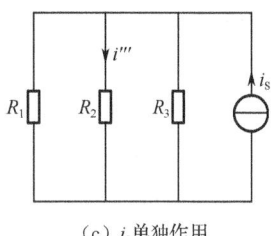

（a）u_{S1}单独作用　　　　　（b）u_{S2}单独作用　　　　　（c）i_S单独作用

图 1.5.2　叠加定理分解示意图

如果一个电路中有 n 个电压源、m 个电流源，那么电路中某条支路的电流 i_l 由叠加定理可以表示为

$$i_l = \sum_{k=1}^{n} k_{lk} u_{Sk} + \sum_{j}^{m} k_{lj} i_{Sj} \tag{1.5.1}$$

其中，系数 k_{lk} 与 k_{lj} 取决于电路的参数和结构，与激励源无关。如果电路中的电路元件均为线性且非时变的，则系数 k_{lk} 与 k_{lj} 为常数。电路中的各支路电压同样具有与式（1.5.1）相同形式的表达式。

应用叠加定理求解电路的步骤如下：

① 在原电路中标出所求量（总量）的参考方向；
② 画出各电源单独作用时的电路，并标明各分量的参考方向；
③ 分别计算各分量；
④ 将各分量叠加。若分量与总量的参考方向一致取正，否则取负。

例 1.5.1　如图 1.5.3 所示，确定电流源 i_x 的最大值，保证每个电阻上的功率不因超过额定值而过热。

解　首先，每个电阻额定的最大功耗（率）为 1/4W，即 250mW。100Ω 电阻所能承受的最大电流为

$$i_{max} = \sqrt{\frac{P_{max}}{R}} = \sqrt{\frac{0.25}{100}} = 50\text{mA}$$

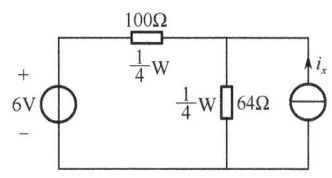

图 1.5.3　例 1.5.1 电路图

同样，流过 64Ω 电阻上的电流必须小于 62.5mA。

利用叠加定理画出每个独立电源单独作用时的电路图，如图 1.5.4 所示。

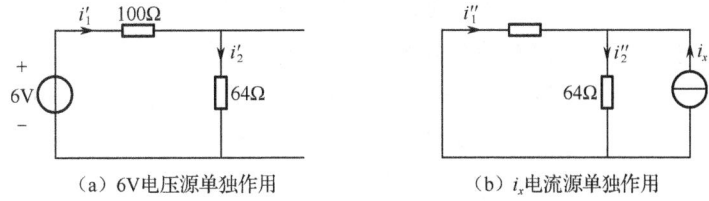

（a）6V电压源单独作用　　　　　（b）i_x电流源单独作用

图 1.5.4　各独立电源单独作用分解图

由图 1.5.4（a）可得

$$i_1' = \frac{6}{100+64} = 36.59\text{mA} < 50\text{mA}$$

所以 6V 电源单独作用时,两个电阻都不会有过热问题。

由图 1.5.4(b)可知电路为分流器结构,注意 100Ω 电阻流过的电流方向与图 1.5.4(a)中的相反。根据电阻的最大功耗允许流过的电流,可以得到:

$$i_1'' = 50-(-36.59) = 86.59\text{mA}, \quad i_2'' = 62.5 - 36.59 = 25.91\text{mA}$$

100Ω 电阻对电流源 i_x 的限制如下:

$$i_x < (86.59 \times 10^{-3}) \times \left(\frac{100+64}{64}\right) \approx 221.9\text{mA}$$

64Ω 电阻则要求:

$$i_x < (25.91 \times 10^{-3}) \times \left(\frac{100+64}{64}\right) \approx 42.49\text{mA}$$

为了满足两个限制条件,$i_x < 42.49\text{mA}$。如果电流增大,64Ω 电阻会远在 100Ω 电阻之前过热。这是因为 i_x 与 6V 电源在 100Ω 电阻上产生的电流相反,而与 6V 电源在 64Ω 电阻上产生的电流相同。因此是 64Ω 电阻的功耗影响了 i_x 的选择。

例 1.5.2 电路如图 1.5.5(a)所示,各支路电流和电压参考方向如图所标。已知 $U_{S1} = 60\text{V}$,$U_{S2} = 90\text{V}$,$I_S = 3\text{A}$,$R_1 = 20\Omega$,$R_2 = 40\Omega$,$R_3 = 10\Omega$,试用叠加定理求解各支路电流及电流源的端电压 U,并求电阻 R_1 所消耗的功率。

解 本例电路中有三个独立电源,根据叠加定理,电路的总响应可等效为 3 个独立电源单独作用时的响应之和。三个电源单独作用时的分电路如图 1.5.5(b)、(c)和(d)所示。

(1)从图 1.5.5(b)所示电路可求出电压源 U_{S1} 单独作用时产生的分电流和分电压为:

$$I_1' = I_2' = \frac{U_{S1}}{R_1 + R_2} = \frac{60}{20+40} = 1\text{A}, \quad I_3' = 0$$

$$U' = R_3 I_3' + R_2 I_2' = 40\text{V}$$

(2)从图 1.5.5(c)所示电路可求出电压源 U_{S2} 单独作用时产生的分电流和分电压为:

$$I_1'' = I_2'' = -\frac{U_{S2}}{R_1 + R_2} = -\frac{90}{20+40} = -1.5\text{A}, \quad I_3'' = 0$$

$$U' = R_3 I_3'' - R_1 I_1'' = 30\text{V}$$

(3)从图 1.5.5(d)所示电路可求出电流源 I_S 单独作用时产生的分电流和分电压为:

$$I_1''' = -\frac{R_2}{R_1+R_2}I_S = -2\text{A}, \quad I_2''' = \frac{R_1}{R_1+R_2}I_S = 1\text{A}, \quad I_3''' = I_S = 3\text{A}$$

$$U''' = R_3 I_3''' + R_2 I_2''' = 70\text{V}$$

(4)应用叠加定理,可得出总的各支路电流和电压 U 为

$$I_1 = I_1' + I_1'' + I_1''' = -2.5\text{A}, \quad I_2 = I_2' + I_2'' + I_2''' = 0.5\text{A}, \quad I_3 = I_3' + I_3'' + I_3''' = 3\text{A}$$

$$U = U' + U'' + U''' = 140\text{V}$$

电阻 R_1 所消耗的功率为:$P = R_1 I_1^2 = 125\text{W}$

显然,$P = R_1 I_1'^2 + R_1 I_1''^2 + R_1 I_1'''^2 = 20 + 45 + 80 = 145\text{W} \neq 125\text{W}$。所以,叠加定理不适用于功率的计算。

叠加定理应用的限制条件:

(1)它仅适用于线性响应。

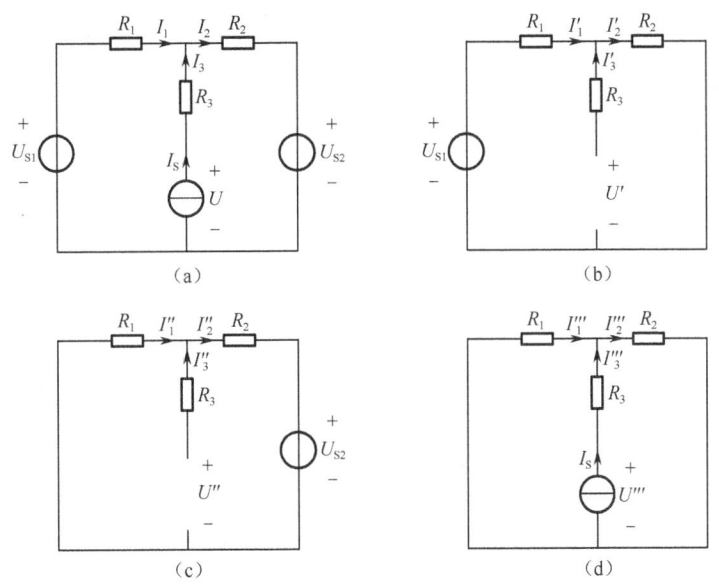

图 1.5.5 例 1.5.2 电路图

（2）叠加对象：只能是电流、电压（包括支路电流、节点电压等），但不能是功率。最常见的非线性响应——功率，不是叠加定理的应用范围。

例如，考虑两个 1V 的电池与 1Ω电阻的串联电路，显然，提供给电阻的功率应为 $p=U^2/R=(1+1)^2/1=4W$，但是如果错误地应用叠加定理会得到每个电池单独作用提供 1W，所以总功率为 2W。这是一个很容易犯的错误。

（3）叠加时注意电压、电流的参考方向。最后结果叠加时，要注意方向一致性的判断。例如电流分量与参考方向一致时，叠加前取"+"号，反之取"-"号。

（4）电源单独作用指的是独立电源，受控电源不能单独作用。受控电源应始终保留在电路中，不参与"单独"作用与叠加。并且保证每一个独立电源只能参与叠加一次。

（5）当电压源不作用时，即电压源置零时，用短路线代替；当电流源不作用时，即电流源置零时，用开路线代替。

叠加定理可用于具体电路的分析，使一个复杂问题的分析转化成多个简单问题分析。这种方法对某些电路分析是有效的，但对有些电路而言，这种方法虽然使每个问题变得简单，但同时也增加了分析计算工作量。

1.5.2 替代定理

替代定理又被称为置换定理，可表述如下：在任意电路（线性、非线性、时变、非时变）中，如其第 k 条支路的端电压 u_k 或电流 i_k 已知，那么这条支路可以用电压为 u_k 的理想电压源或电流为 i_k 的理想电流源替代，也可以用阻值为 u_k/i_k（当 u_k 与 i_k 方向关联时）替代；替代后，电路各支路的电流和电压的数值保持不变。

替代定理的正确性在于上述的替代并不改变被替代支路端口的工作条件，因此不会影响电路中其他部分的工作状态。假设某电路共由 b 条支路构成，各支路电流分别为 $i_1,i_2,\cdots i_k,\cdots,i_b$，各支路电压分别为 $u_1,u_2,\cdots u_k,\cdots,u_b$，这些电流和电压分别满足 KCL 和

KVL。把电路中的第 k 条支路用电流为 i_k 的电流源替代后，各支路的电流与替代前完全相同；替代后的第 k 条支路为电流源，它两端的电压由外电路确定，由于第 k 条支路以外的各支路电流数值不变，故它们的支路电压也不会变化，而各支路电压仍受 KVL 的约束，所以第 k 条支路的电压仍为替代前的电压 u_k。

替代定理可用图 1.5.6 来说明。

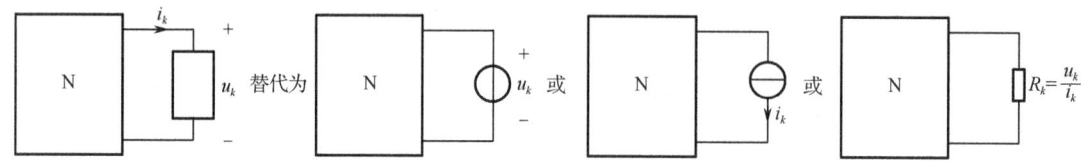

图 1.5.6　替代定理图示说明

替代定理不仅适用于线性非时变电路，而且适用于时变电路及非线性电路。不同的是，对于时变电路，定理只表征某个时刻的情况；而对于非线性电路，定理只描述某个电压值与某个电流值相对应时的情况。

例 1.5.3　在图 1.5.7（a）所示电路中，已知 u=9V，求电阻 R。

解　（1）先应用替代定理将 R 用电流源 $i_S = u/R = -9/R$ 替代，如图 1.5.7（b）所示，采用网孔分析法列出方程：

$$\begin{cases} (4+12)i_1 - 12i_2 = 18 \\ (6+R+12)i_2 - 12i_1 = 0 \\ i_2 = i_S = \dfrac{u}{R} \end{cases}$$

联立求解得：　$\dfrac{13.5}{9+R} = \dfrac{9}{R} \Rightarrow R = 18\Omega$

（2）也可以应用替代定理将 R 用 9V 电压源替代，选择参考点 a 点，如图 1.5.7（c）所示。

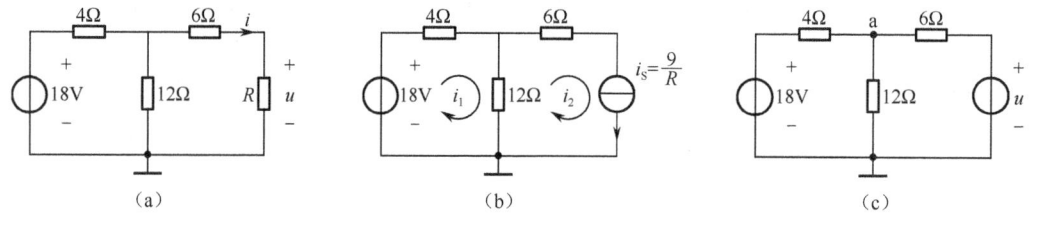

(a)　　　　　　　　(b)　　　　　　　　(c)

图 1.5.7　例 1.5.3 电路图

由图 1.5.7（c）所示电路列写节点方程为

$$\left(\frac{1}{6} + \frac{1}{4} + \frac{1}{12}\right) u_a = \frac{18}{4} + \frac{9}{6}$$

解之得：

$$u_a = 12\text{V}$$

$$i = \frac{u_a - 9}{6} = \frac{12-9}{6} = 0.5\text{A}$$

再由欧姆定律可得电阻

$$R = \frac{u}{i} = \frac{9}{0.5} = 18\Omega$$

以上采用了两种替代对象来简化电路，从结果的一致性来看，替代定理所采用的替代不影响电路的电流、电压特性。

1.5.3 戴维南定理与诺顿定理

戴维南定理与诺顿定理在电路分析中占有极其重要的地位。两个定理本质概念相同，仅表现形式不一样。前者是由从事电信研究的法国工程师 M.L.戴维南发现并于 1883 年发表的戴维南定理；后者可以认为是前者的推论，是曾在贝尔电话实验室工作的科学家 E.L.诺顿提出的。

1. 戴维南定理

戴维南定理可表述为：任何一个含有独立电源的线性一端口网络 N_S，对外电路来说，总可以等效为一个电压源 u_S 和一个电阻 R_0 的串联，该电压源电压等于原一端口网络的开路电压 u_{OC}，串联电阻 R_0 等于该网络中独立电源置零后端口处的等效电阻。图 1.5.8 即为戴维南定理的图示。

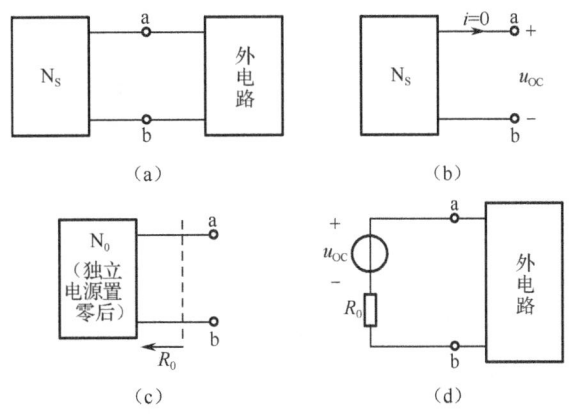

图 1.5.8 戴维南定理图示说明

网络 N_S 的开路电压 u_{OC} 由图 1.5.8（b）所示电路在端口开路（输出电流 $i=0$）时求得或测得；图 1.5.8（c）是等效电阻 R_0 的求解电路，网络 N_0 是网络 N_S 中独立电源置零后的自伴网络；图 1.5.8（d）中端口 a、b 左侧电路是图 1.5.8（a）网络 N_S 的等效电路，也就是说，当该等效电路与网络 N_S 作用于相同的外电路时，就外电路而言，二者的效果完全相同。戴维南定理可以用叠加定理和替代定理来证明。

假设网络 N_S 的端口上加有电流源 i，如图 1.5.9（a）所示。现在要计算出端口电压 u_O，以确定端口的伏安特性。利用叠加定理求 u_O 的方法如图 1.5.9（c）、（d）所示。

先让 N_S 内部独立电源单独作用，则如图 1.5.9（c）电流源为零值，相当于端口开路，得到开路电压 u_{OC}。再让电流源单独作用，将 N_S 内部独立电源置零，如图 1.5.9（d）所示，由线性电路的齐次性，可知 u_1 与 i 呈线性关系，$u_1=iR_0$，即自伴 N_0 相当于一个电阻（戴维南等

效电阻）。由叠加定理可知，当电流源与 N_S 内部独立电源同时作用时端口上的电压为

$$u_O = iR_0 + u_{OC}$$

根据这个电压电流关系可知 N_S 可以等效为图 1.5.9（b）所示的 R_0 与 u_{OC} 串联等效电路。戴维南定理不仅指出了网络 N_S 可以等效成什么电路，而且指出了求等效电路的方法。求 u_{OC} 时，必须将 N_S 与外电路断开后，再求 a、b 的端口电压；求 R_0 的方法，可以用上述方法，还可以用开路短路法，也就是先求出网络 N_S 端口的开路电压 u_{OC}，再求出网络 N_S 端口的短路电流 i_{SC}，则等效电阻 R_0 为

$$R_0 = \frac{u_{OC}}{i_{SC}} \tag{1.5.2}$$

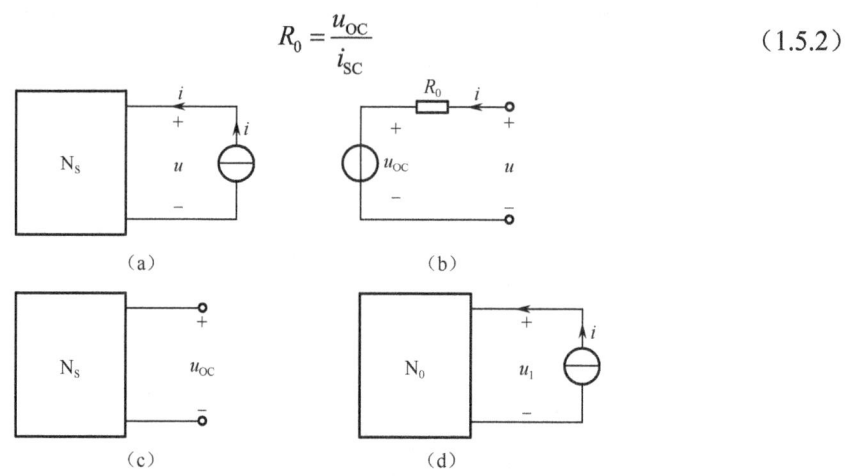

图 1.5.9 用叠加定理证明戴维南定理

2．诺顿定理

根据 1.5.2 节的替代定理，我们也可以把电压源与电阻串联的支路等效转换为电流源与电阻并联的支路。这其实是诺顿定理与戴维南定理最主要的区别。

诺顿定理描述如下：任何一个含有独立电源的线性一端口网络，对外电路来说，总可以等效为一个电流源 i_S 和一个电阻 R_0 的并联，该电流源电流等于原一端口网络端口处的短路电流 i_{SC}，电阻 R_0 等于该网络中独立电源置零后在端口处的等效电阻。

图 1.5.10（b）所示电路即为图 1.5.10（a）所示网络 N_S 的诺顿等效电路。由诺顿定理得到的电流源和电阻的并联组合称为诺顿等效电路。和戴维南定理类似，可以用叠加定理证明诺顿等效电路的正确性。

首先，电压源替代外电路网络，如图 1.5.11（b）所示。根据叠加定理，当网络 N_S 中的独立电源作用时，如图 1.5.11（c）所示，此时有

$$i' = i_{SC}, \quad u' = 0$$

当电压源 $u_S = u$ 作用，网络 N_S 中独立电源置零时，如图 1.5.11（d）所示，即

$$i'' = -\frac{u_S}{R_{ab}} = -\frac{u_S}{R_0} = -\frac{u}{R_0}, \quad u'' = u$$

根据叠加定理，图 1.5.11（a）所示电路的端口电流为

$$i = i' + i'' = i_{SC} - \frac{u}{R_0}$$

由上式可得出如图 1.5.11（b）所示等效电路。

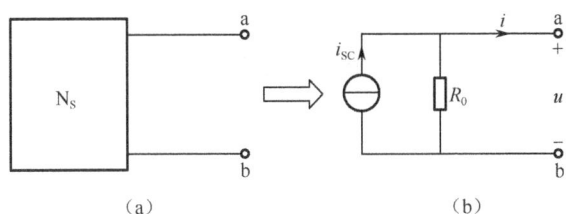

图 1.5.10　诺顿等效电路

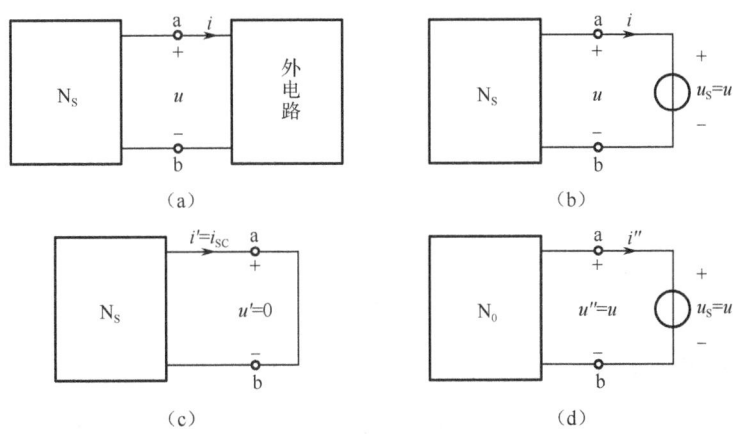

图 1.5.11　诺顿定理的证明

3．定理应用分析

对于同一个线性含源一端口网络，戴维南等效电路与诺顿等效电路应该是等效互换的。但是两个情况下不能相互转换：若等效电阻 $R_0=0$ 时，只能等效为戴维南电路，实际上等效为一个理想电压源；若等效电阻 $R_0=\infty$ 时，只能等效为诺顿电路，该电路等效为一个理想电流源。

线性电路的诺顿等效电路是诺顿电流源 i_{SC} 与戴维南等效电阻 R_0 的并联，那么两者的关系可以通过下式表示：

$$i_{SC}=\frac{u_{OC}}{R_0} \quad \text{或} \quad u_{OC}=i_{SC}R_0$$

例 1.5.4　求图 1.5.12（a）中 1kΩ 电阻所连接网络的戴维南和诺顿等效电路。

解　由题意可知，1kΩ 的电阻所在的支路可以看作外电路网络，而网络 N_S 则是电路的剩余部分。电路中没有受控电源，求戴维南等效电路最简单的方法就是直接确定无源网络的 R_0，接着计算 u_{OC} 或者 i_{SC}。

首先确定开路电压 u_{OC}，由叠加定理可求得。当电压源工作时，开路电压 $u'_{OC}=4\text{V}$；当仅由 2mA 电流源工作时，开路电压为 $u''_{OC}=2\text{mA}\times 2\text{k}\Omega=4\text{V}$（当 1kΩ 电阻断开后，没有电流流过 3kΩ 电阻）。所以，当两个独立电源同时工作时，$u_{OC}=u'_{OC}+u''_{OC}=4+4=8\text{V}$。

现在要将 N_S 中的独立电源置零，则 4V 电压源短路，2mA 电流源开路，如图 1.5.12（b）

所示，结果是3kΩ和2kΩ电阻的串联，则等效电阻 $R_0 = 5Ω$。

由此可得到如图 1.5.12（c）所示的戴维南等效电路。

根据戴维南等效电路和诺顿等效电路的相互转换特点，由图 1.5.12（c）也可以很快得到诺顿等效电路，如图 1.5.12（d）所示。

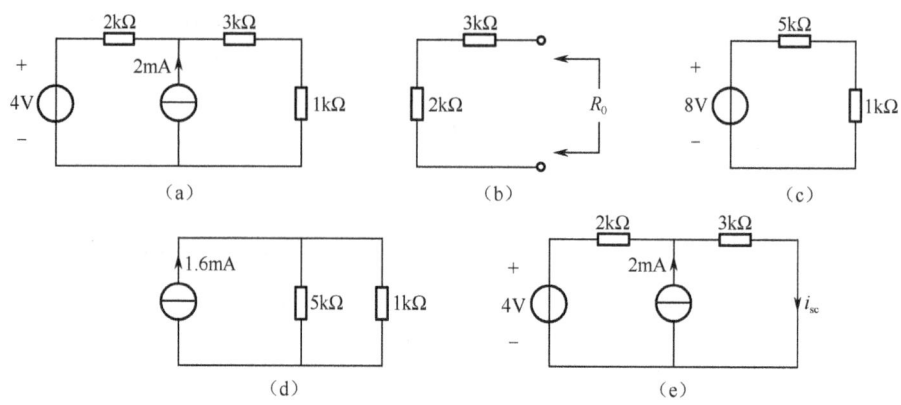

图 1.5.12　例 1.5.4 电路图

作为检验，将图 1.5.12（a）中的 1kΩ 电阻所在支路短接［见图 5.12（e）］，求短路电流 i_{SC}，利用叠加和分流的原理可得：

$$i_{SC} = i'_{SC}|_{4V} + i''_{SC}|_{2mA} = \frac{4}{2+3} + 2 \times \frac{2}{2+3} = 0.8 + 0.8 = 1.6\text{mA}$$

$$= \frac{u_{OC}}{R_0} = \frac{8}{5} = 1.6\text{mA}$$

由上式可以验证，两者的等效电路是一致的。

1.5.4　最大功率传输定理

最大功率传输定理用于讨论如何使负载电阻获得最大功率。应用戴维南定理或诺顿定理，可以描述和解决任意线性含源一端口网络在外接可变负载上获得最大功率的问题。

最大功率传输定理：在给定的任意线性含源一端口网络电阻电路中，在其戴维南等效电压 u_{OC} 和内阻 R_0 不变，而外接负载电阻 R_L 可变的情况下，当 $R_L = R_0$ 时，则电路负载电阻可以获得最大功率，即

$$P = \frac{u_{OC}^2}{4R_0} \tag{1.5.3}$$

任意一个线性含源一端口网络 N，等效成电压源和电阻串联的戴维南等效电路，如图 1.5.13 所示。

设 u_{OC} 和 R_0 不变，负载电阻 R_L 的值可变，则获得的功率也不同，获得的功率表示为

$$P = i^2 R_L$$

R_L 从零开始增大，功率值也随之增大，但是当 R_L 增加至无穷大时，电路的电流几乎为零，此时获得的功率也趋向零，则说明功率应有最大值，出现极点，对上式求导：

$$\frac{dP}{dR_L}=0$$

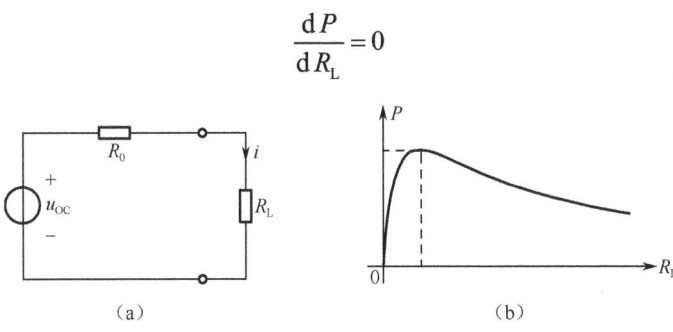

图 1.5.13 最大功率传输定理图示

而

$$i^2=\frac{u_{OC}^2}{(R_0+R_L)^2}$$

得

$$\frac{dP}{dR_L}=u_{OC}^2\frac{(R_0+R_L)^2-2R_L(R_0+R_L)}{(R_0+R_L)^4}=0$$

如果功率有极值,则应有

$$(R_0+R_L)^2-2R_L(R_0+R_L)=0$$

即

$$R_L=R_0$$

由二阶导数小于零,可知当 $R_L=R_0$ 时,负载功率有最大值。负载电阻等于等效内阻时将获得最大功率,这就是最大功率传输定理,此时称电路实现了"功率匹配"。

注意:当电源和等效内阻不变,而负载电阻可变时,负载电阻等于等效内阻时获得最大功率;如果电源和负载电阻不变,而等效内阻可变时,等效内阻越小,负载电阻获得的功率越大;当等效内阻为零时,负载电阻获得的功率最大,这说明理想电源能够提供最大的功率输出。实际上,很少有内阻为零的理想电源。

满足最大功率传输的条件是 $R_L=R_0$,即 R_0 消耗的功率与 R_L 消耗的功率相等。对电压源 u_{OC} 来说,功率传输效率 $\eta=50\%$,在电力系统中,获得最大功率传输是十分重要的,而不在乎功率传输效率。因此,最大功率传输定理在弱电系统中获得了广泛的应用。

例 1.5.5 电路如图 1.5.14 所示,若 R_L 可变,求:

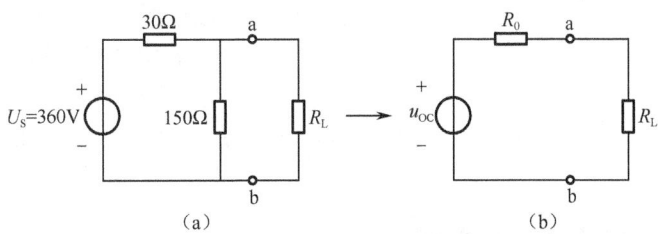

图 1.5.14 例 1.5.5 电路图

(1) R_L 取何值时其功率最大?

（2）R_L 可获得的最大功率 P_{Lmax}？

（3）R_L 获得最大功率时，电压源 U_S 的功率及传送给 R_L 的百分比。

解 （1）先求得从 a、b 端口往左看进去的戴维南等效电路：

$$u_{OC} = \frac{U_S}{30+150} \times 150 = 300\text{V}, \quad R_0 = 30//150 = 25\Omega$$

根据最大功率传输定理，当 $R_L = R_0 = 25\Omega$ 时，负载获得最大功率。

（2）R_L 获得的最大功率为：

$$P_{Lmax} = \frac{u_{OC}^2}{4R_0} = \frac{300^2}{4 \times 25} = 900\text{W}$$

（3）R_L 获得最大功率时，电压源 U_S 获得的功率：$P_{U_S} = \frac{U_S^2}{30+150//25} = 2520\text{W}$

所以电压源 U_S 产生的功率传送给负载 R_L 的百分比为：

$$\eta = \frac{P_{Lmax}}{P_{U_S}} = \frac{900}{2520} \times 100\% = 35.71\%$$

总结：最大功率传输定理是戴维南定理的具体应用。若一个线性有源一端口网络为负载提供最大功率，其条件是负载电阻应与线性有源一端口网络内部独立电源置零后的等效电阻相等，此时为最大功率匹配状态。

1.6 含受控电源电路的分析

在电子电路中广泛使用各种晶体管、运算放大器等多端器件。这些多端器件的某些端钮的电压或电流受到另一些端钮电压或者电流的控制。电路分析时，常使用受控电源来模拟多端器件各电压、电流间的这种耦合关系。从事电子、通信类专业的工作人员，应掌握含受控电源的电路分析。

受控电源由两条支路组成，第一条支路是控制支路，控制量可以是电压量或者电流量；第二条支路是受控支路，受控量可以是电压量或者电流量，受控支路的电压或者电流受控制支路电压或电流的控制。受控电源用来描述电路中两条支路电压和电流间的一种约束关系，它的存在可以改变电路中的电压和电流。例如晶体管在一定条件下可以用图 1.6.1 所示的模型来表示。这个模型由一个受控电流源和一个电阻构成，控制支路为电阻 r_{be} 两端电压 u_{be}，受控支路为流过 ce 端的电流 i_c，两条支路之间的控制关系为：

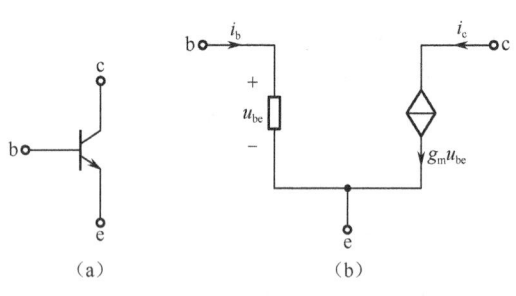

图 1.6.1 晶体管等效电路模型

$i_c = g_m u_{be}$。

1.6.1 含受控电源简单电路的分析

由线性二端电阻和线性受控电源构成的电阻一端口网络，就端口特性而言，可等效为一个线性二端电阻，其等效电阻值常使用外加独立电源计算一端口网络 VCR 方程的方法求得。

现举例加以说明。

例 1.6.1 求图 1.6.2 所示一端口网络的等效电阻。

解 设想在端口外加电流源 i，写出端口电压 u 的表达式

$$u = \mu u_1 + u_1 = (\mu+1)u_1 = (\mu+1)Ri = R_0 i$$

求得一端口的等效电阻

$$R_0 = \frac{u}{i} = (\mu+1)R$$

由于受控电压源的存在，使端口电压增加了 $\mu u_1 = \mu Ri$，导致一端口网络等效电阻增大到 $(\mu+1)$ 倍。若控制系数 $\mu=-2$，则一端口网络等效电阻 $R_0 = -R$，这表明该电路可将正电阻变换为一个负电阻。

例 1.6.2 求图 1.6.3（a）所示一端口网络的等效电阻。

解 设想在端口外加电压源 u，写出端口电流 i 的表达式为

$$i = \alpha i_1 + i_1 = (\alpha+1)i_1 = \frac{\alpha+1}{R}u = G_0 u$$

由此求得一端口网络的等效电导为

$$G_0 = \frac{i}{u} = (\alpha+1)/R = (\alpha+1)G$$

该电路将电导 G 增大到原值的 $(\alpha+1)$ 倍，若 $\alpha=-2$，则 $G_0 = -G$，这表明该电路也可将一个正电阻变换为负电阻。

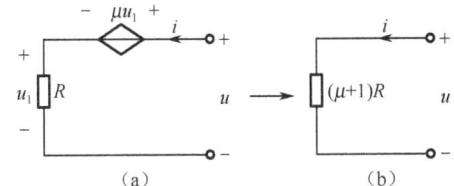

图 1.6.2 例 1.6.1 电路图

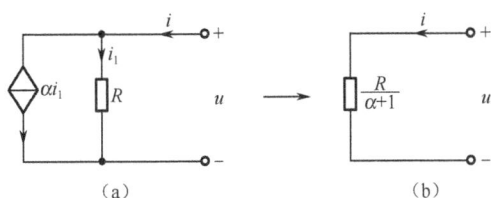

图 1.6.3 例 1.6.2 电路图

例 1.6.3 求图 1.6.4（a）所示一端口网络的等效电路。

解 用外加电源法，求得一端口网络 VCR 方程为

$$u = 4u_1 + u_1 = 5u_1$$

其中 $u_1 = 2\times(i+2)$

求得一端口网络 VCR 方程为 $u = 10i + 20$ 或 $i = 0.1u - 2$

以上两式对应的等效电路为 10Ω 电阻和 $20V$ 电压源的串联，如图 1.6.4（b）所示；或 10Ω 电阻和 2A 电流源的并联，如图 1.6.4（c）所示。

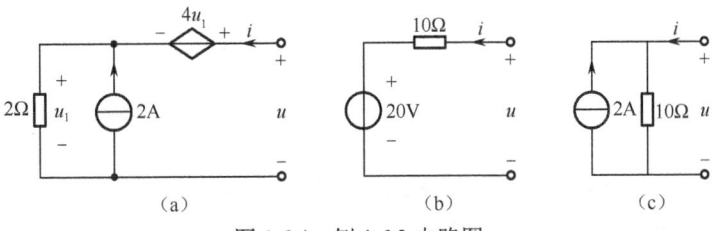

图 1.6.4 例 1.6.3 电路图

1.6.2　含受控电源电路的等效变换

独立电压源和电阻串联的一端口网络可以等效变换为独立电流源和电阻并联的一端口网络。与此相似，一个受控电压源（仅指其受控支路，以下同）和电阻串联的一端口网络，可以等效变换为一个受控电流源和电阻并联的一端口网络；反过来，一个受控电流源和电阻并联单口网络，可以等效变换为一个受控电压源和电阻串联单口网络，如图 1.6.5 所示。

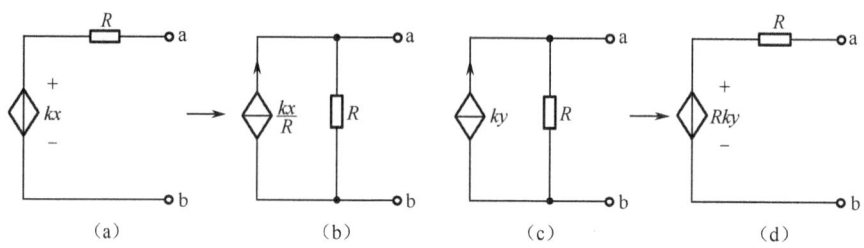

图 1.6.5　受控电压源与受控电流源等效变换

例 1.6.4　图 1.6.6（a）电路中，已知转移电阻 $r=3\Omega$。求一端口网络的等效电阻。

解　先将受控电压源和 2Ω 电阻的串联的一端口网络等效变换为受控电流源 $0.5ri$ 和 2Ω 的并联的一端口网络，如图 1.6.6（b）所示。将 2Ω 和 3Ω 并联等效电阻 1.2Ω 和受控电流源 $0.5ri$ 并联，等效变换为 1.2Ω 电阻和受控电压源 $0.6ri$ 的串联，如图 1.6.6（c）所示。由此求得

$$u = (5+1.2)i + 0.6ri = 8i$$

单口网络等效电阻为：

$$R_0 = \frac{u}{i} = 8\Omega$$

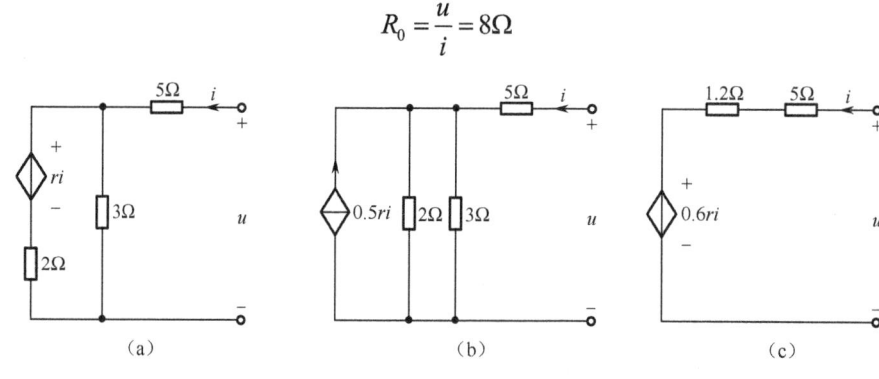

图 1.6.6　例 1.6.4 电路图

习题 1

一、选择题

1.1　理想电阻、理想电压源、理想电流源等理想元件是（　　）。
　　a．实际中存在的元件

b. 根据实际元件抽象出来的数学模型

c. 人类用高科技如超导技术制造的标准元件

d. 是人们臆想出来的并不存在的电路元件

1.2 电路分析中的电压、电流的参考方向是（　　）。
   a. 实际方向
   b. 计算前人为设定的"假想方向"
   c. 参考方向必须依据实际方向来设定
   d. 参考方向不能任意假定

1.3 在电路分析中，电阻上的功率一般是（　　）。
   a. 正值
   b. 负值
   c. 可正可负
   d. 不确定

1.4 u,i 为关联的参考方向，按照 $p=ui$ 计算的电压源上的功率一般是（　　）。
   a. 正值
   b. 负值
   c. 可正可负

1.5 一个实际的电源，可以表示为（　　）。
   a. 一个理想的电压源和理想电阻的串联
   b. 一个理想的电压源和理想电阻的并联
   c. 一个理想电压源
   d. 一个理想电流源

1.6 理想电压源外接电阻越大，电路中的电流（　　）。
   a. 越大
   b. 越小
   c. 不变
   d. 无法确定

1.7 理想电压源和理想电流源之间（　　）等效互换。
   a. 可以
   b. 不可以
   c. 在某些条件下可以

1.8 电路如题图 1.8 所示，电压 U 等于（　　）。
   a. 5V
   b. 14V
   c. 4V
   d. -4V

1.9 电路如题图 1.9 所示，电流 I 等于（　　）。
   a. 1A
   b. 2A
   c. 3A
   d. 4A

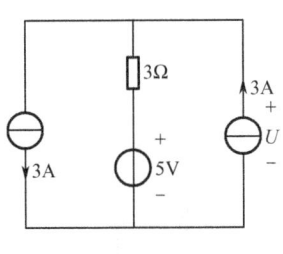

题图 1.8

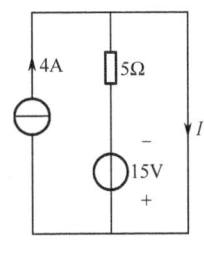

题图 1.9

1.10 电路如题图 1.10 所示，电压源 U_S 产生的功率为（　　）。
   a. -9W
   b. 12W

c. -12W
d. 9W

1.11 电路如题图 1.11 所示，电流 I_S 等于（ ）。
    a. 1.5A   b. -1.5A
    c. 3A   d. -3A

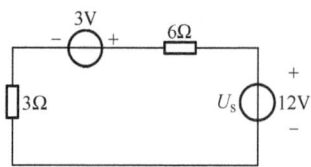
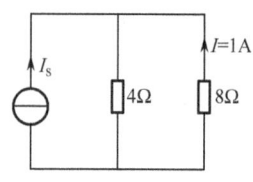

题图 1.10   题图 1.11

1.12 电路如题图 1.12 所示，电流 I 等于（ ）。
    a. 1A   b. -1A
    c. 0.6A   d. -0.6A

1.13 电路如题图 1.13 所示，使电流 I 为零的电阻 R 等于（ ）。
    a. 1.2Ω   b. 2Ω
    c. 1.5Ω   d. 3Ω

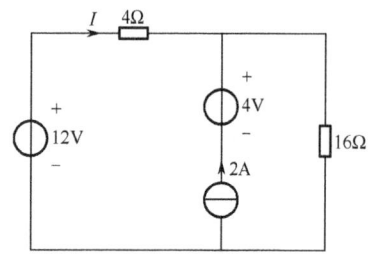
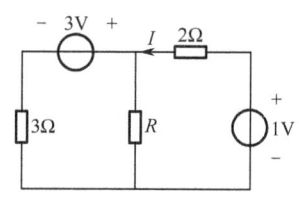

题图 1.12   题图 1.13

1.14 电路如题图 1.14 所示，电压 U_{ab} 等于（ ）。
    a. 1V   b. 2V
    c. 3V   d. 4V

1.15 电路如题图 1.15 所示，a 点电位 U_a 等于（ ）。
    a. -1V   b. 2V
    c. 1V   d. 3V

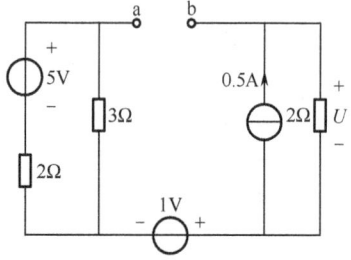
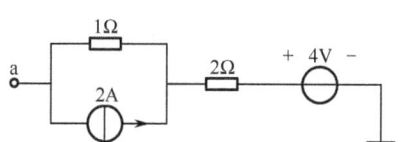

题图 1.14   题图 1.15

1.16 电路如题图 1.16 所示，电压 U 等于（　　）。
  a．-4V   b．-2V
  c．2V   d．4V

1.17 电路如题图 1.17 所示，电流源 I_S 产生的功率等于（　　）。
  a．10W   b．-10W
  c．100W   d．-100W

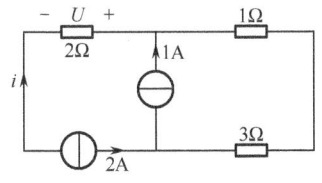
题图 1.16

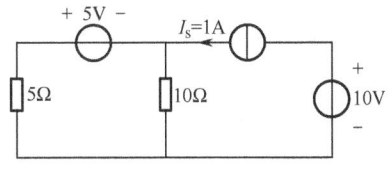
题图 1.17

1.18 电路如图 1.18 所示，已知其开路电压为 10V，则电压源 U_S 等于（　　）。
  a．10V   b．20V
  c．30V   d．40V

1.19 在有 n 个节点，b 条支路的电路中，可以列出独立 KCL 方程和独立 KVL 方程的个数分别为（　　）。
  a．n；b b．$b-n+1$；$n+1$
  c．$n-1$；$b-1$ d．$n-1$；$b-n+1$

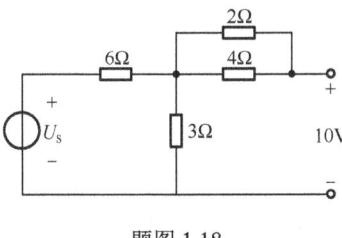
题图 1.18

1.20 等效互换的"等效"是对（　　）而言的。
  a．外电路   b．互换的电路内部

1.21 网孔电流法（　　）的求解。
  a．可方便求解任意线性电路中任意支路电流量
  b．只适用于不含受控电源的电路
  c．可方便直接求解任意线性电路中电压量
  d．不适用于含理想电流源的电路

1.22 节点电压法（　　）的求解。
  a．可方便直接求解任意线性电路中任意节点电位
  b．不适用于含受控电源的电路
  c．不适用于两节点间连接有理想电压源的电路
  d．不适用于含理想电流源的电路

1.23 叠加定理（　　）的分析。
  a．只适用于不含受控电源的电路
  b．适用于含多个独立电源的线性电路
  c．适用于非线性电路
  d．适用于电路的功率计算

1.24 直流电路中应用叠加定理时，每个电源单独作用时，其他电源应怎么处理？（　　）

a. 电压源作短路处理、电流源作开路处理
b. 电压源、电流源都作开路处理
c. 电压源作开路处理、电流源作短路处理
d. 电压源、电流源都作短路处理

1.25 戴维南定理和诺顿定理（　　）
　　a. 只适用于线性电路　　　　　　　　b. 适用于非线性电路
　　c. 只适用于不含受控电源的线性电路

1.26 电路如题图 1.26 所示，已知 $U_S=15V$，I_S 单独作用时 $I=-2A$，当 U_S、I_S 共同作用时 I 等于（　　）
　　a. 1A　　　　　　　　　　　　　　　b. 3A
　　c. 3.75A　　　　　　　　　　　　　 d. −3A

1.27 电路如题图 1.27 所示，a、b 端的诺顿等效电路为（　　）。
　　a. 2A，4Ω　　　　　　　　　　　　　b. 2A，8Ω
　　c. 4A，4Ω　　　　　　　　　　　　　d. 4A，8Ω

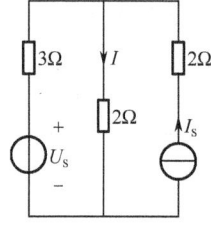

题图 1.26

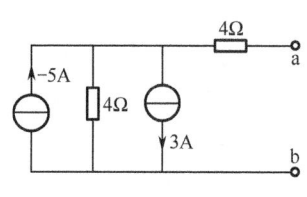

题图 1.27

1.28 题图 1.28 所示有源一端口网络，其戴维南等效电路中的电压源 u_{OC} 为（　　）。
　　a. 24V　　　　　　　　　　　　　　 b. 28V
　　c. 32V　　　　　　　　　　　　　　 d. −8V

1.29 题图 1.29 所示一端口网络的输入电阻 R_{ab} 为（　　）。
　　a. 4Ω　　　　　　　　　　　　　　　b. 0.8Ω
　　c. −4Ω　　　　　　　　　　　　　　d. $\frac{4}{3}$Ω

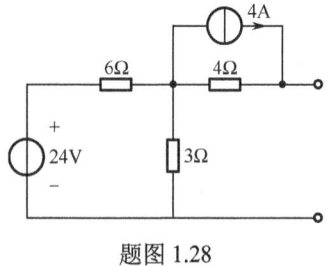

题图 1.28

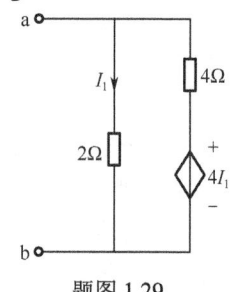

题图 1.29

二、填空题

1.30 实际电路的几何尺寸＿＿＿＿＿＿＿工作信号波长，这种电路称为集总参数电路。

1.31 电动势是指外力克服电场力把_____从负极经电源内部移到正极所做的功称为电源的电动势。

1.32 如题图 1.32 所示，若已知元件 A 吸收功率 6W，则电压为_____V。

1.33 电路如题图 1.33 所示，则电阻的吸收功率为_____。

1.34 电压与电流为关联参考方向是指_____。

1.35 如题图 1.35 所示，u 和 i 是_____参考方向，当 p=-ui＜0 时，其实际上是_____功率。

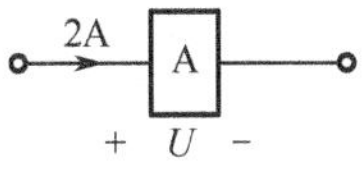

题图 1.32 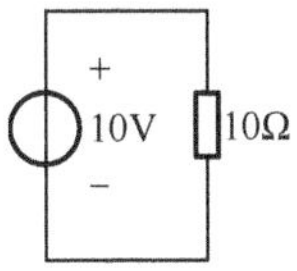　　　　　题图 1.33 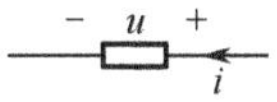　　　　　题图 1.35

1.36 当选择不同的电位参考点时，电路中各点电位将_____，但任意两点间电压_____。

1.37 实验室中的交流电压表和电流表，其读数是交流电的_____。

1.38 电感两端的电压跟_____成正比。

1.39 理想电压源电压由_____决定，流过电压源电流大小由电压源输出电压和_____决定。

1.40 电压源两端的电压与流过它的电流及外电路_____。（填写有关/无关）

1.41 流过电压源的电流与外电路_____。（填写有关/无关）

1.42 独立电流源输出电流的大小与外电路_____。（填写有关/无关）

1.43 实际电压源模型"20V，1Ω"等效为电流源模型时，其电流源 I_S=_____A，内阻 R_i=_____Ω。

1.44 根据不同控制量与被控制量共有 4 种受控电源：_____、_____、_____、_____。

1.45 对于一个具有 n 个节点，b 条支路的电路，若运用支路电流法分析，则需列出_____个独立的 KVL 方程。

1.46 以各支路电流为未知量列写电路方程分析电路的方法称为_____法。

1.47 电路如题图 1.47 所示，节点 a 的节点电压方程为_____。

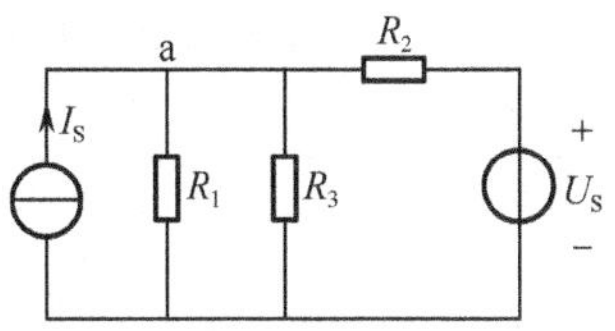

1.48 在叠加定理中，不作用的电压源_____处理，不作用的电流源_____处理。

1.49 对于一个具有唯一解的线性电阻电路，当电路中所有的独立电源变化 k 倍，那么电路中各支路电流、任意两点间的电压变化_____倍。

题图 1.47

1.50 将含源一端口网络用戴维南等效电路来代替，其参数为 U_{OC} 和 R_{eq}，当 R_L 与 R_{eq} 满足_____时，R_L 将获得最大功率，最大功率 P_{max} 为_____。

三、解答计算题

1.51 如题图 1.51 所示电路,求电流比 i_A/i_B。

1.52 电路如题图 1.52 所示,求电压 u。

1.53 2C 电荷由 a 移动到 b 点,能量改变为 6J,求以下情况下的电压 u_{ab} 和 u_{ba}。

(1) 正电荷,失去能量;(2) 正电荷,得到能量;

(3) 负电荷,失去能量;(4) 负电荷,得到能量。

1.54 如题图 1.54 所示电路,求电源的功率 P。

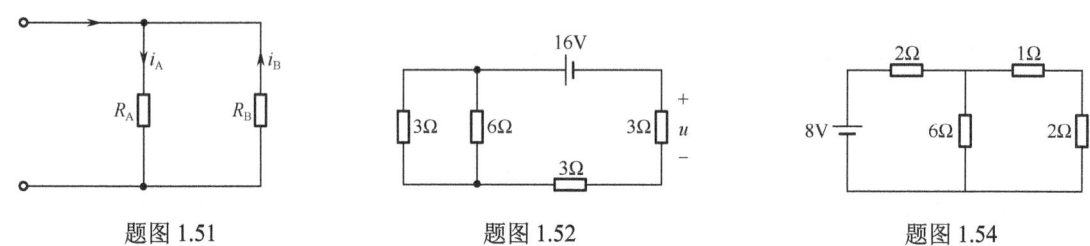

题图 1.51　　　题图 1.52　　　题图 1.54

1.55 在题图 1.55(a)电路中,6Ω 电阻上的电压波形如题图 1.55(b)所示。

(1) 求电阻 R 上吸收功率的表达式并画出图形。

(2) 求从 $t=0$ 到 $t=3s$ 区间电阻 R 上消耗的能量。

1.56 对题图 1.56 所示电路,在以下两种情况下:(1) 若 R_1,R_2,R_3 值不定;(2) $R_1 = R_2 = R_3$。尽可能多地确定其他各电阻中的未知电流。

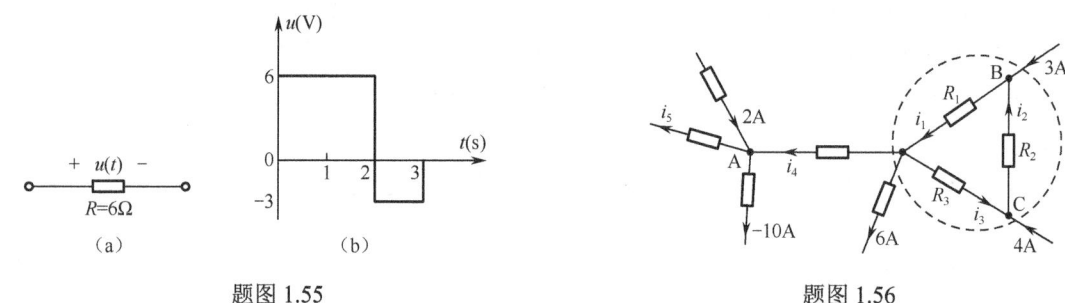

(a)　　　(b)

题图 1.55　　　　　题图 1.56

1.57 电路如题图 1.57 所示,求电压 u_{ab}。

1.58 如题图 1.58 所示电路,已知 $i=0$,求电阻 R 的值。

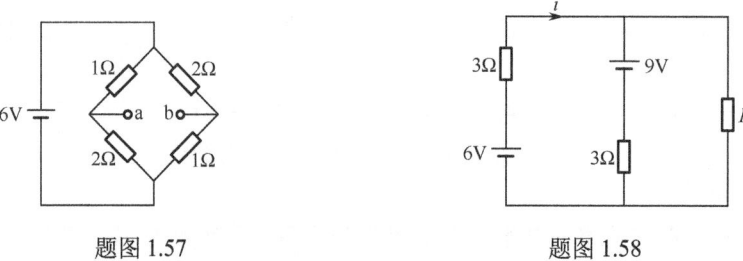

题图 1.57　　　题图 1.58

1.59 电路如题图 1.59 所示,求 a 点电位 u_a。

1.60 求题图 1.60 电路中开关 S 打开与闭合时 c、e 两端的电压 u_{ce}。

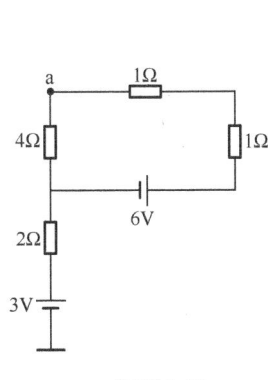

题图 1.59   题图 1.60

1.61 题图 1.61（a）电路，若使电流 $i=(2/3)$A，求电阻 R；题图 1.61（b）电路，若使电压 $u=(2/3)$V，求电阻 R。

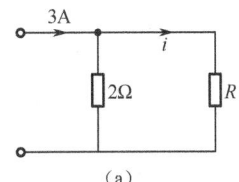 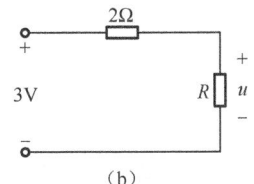

（a）   （b）

题图 1.61

1.62 求题图 1.62 所示各一端口网络的等效电阻 R_{ab}，其中图题 1.62（b）应分别在 S 打开和闭合时求解。

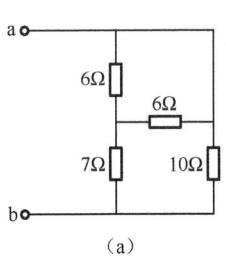 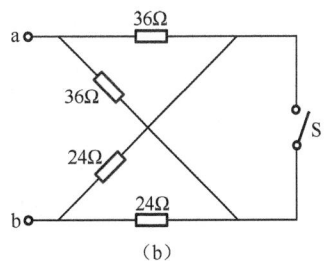

（a）   （b）

题图 1.62

1.63 题图 1.63（a）中 L=4H，且 $i(0)$=0，电压的波形如图题 1.63（b）所示。试求当 t=1s，t=2s 和 t=4s 时的电感电流 i。

1.64 如题图 1.64（a）所示电容。
（1）设电压如图（b）所示，求出电流 i。
（2）设电流如图（c）所示，且 t=0 时已存有 0.5C 的电荷，求出 t=3.5s 时的电压 u。

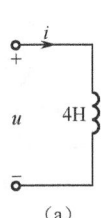 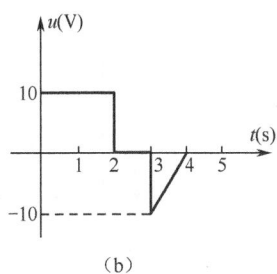

（a）   （b）

题图 1.63

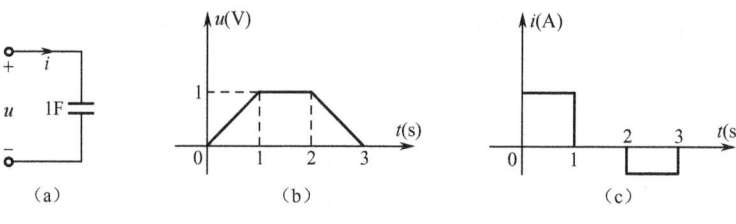

题图 1.64

1.65 求题图 1.65 所示电路的电压 u。

1.66 电路如题图 1.66 所示，已知 $u_S=13\text{V}$，$i_{S1}=1\text{A}$，$R_1=10\Omega$，$R_2=5\Omega$，$R_3=2\Omega$，$R_4=4\Omega$，试求：（1）i_4；（2）分析 i_{S2} 发出和吸收电功率的条件。

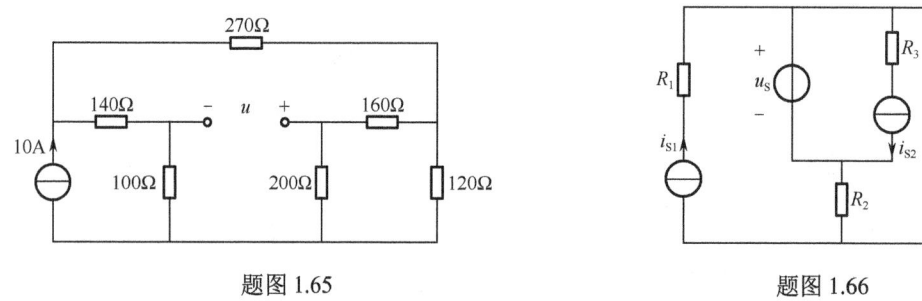

题图 1.65　　　　　　　　题图 1.66

1.67 如题图 1.67 所示电路，$u_S=6\text{V}$，$i_{S1}=6\text{V}$，$i_{S2}=2\text{V}$，$R_1=R_2=R_3=2\Omega$，$R_4=7\Omega$，利用电源变换求 R_4 中的电流 i。

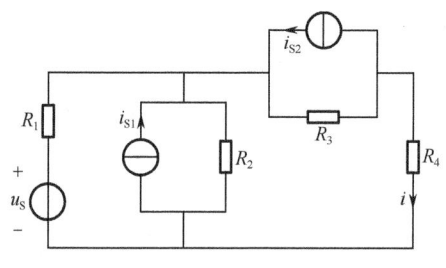

题图 1.67

1.68 电路如题图 1.68 所示，试求：（1）图题 1.68（a）中电流 i_1 和 u_{ab}；（2）图题 1.68（b）中电压 u_{cb}。

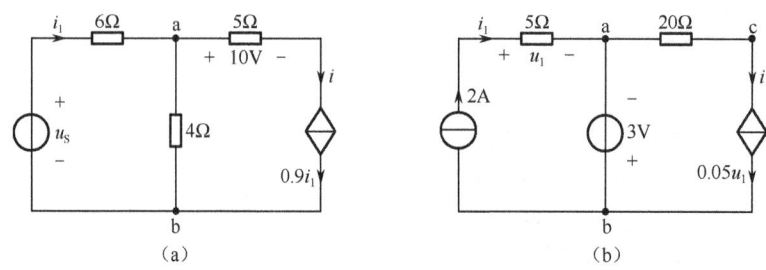

题图 1.68

1.69 电路如题图 1.69 所示,(1) 已知在图题(a)中电流 $i=1A$,求电压 u_{ab},电流源 i_S 的功率;(2) 在图题(b)中,电压 $u=4V$,求电流 i,电压源 u_S 的功率。

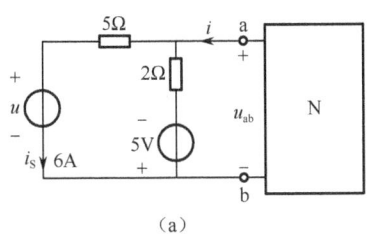
(a)

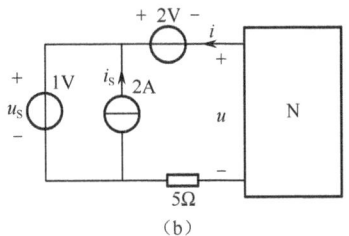
(b)

题图 1.69

1.70 图题 1.70 为一电桥电路,已知 $R_1=30\Omega$,$R_2=10\Omega$,$R_3=20\Omega$,$R_4=40\Omega$,$R_5=50\Omega$,$u_S=6V$,用支路电流法求解通过对角线 bd 支路的电流 i_5。

1.71 如题图 1.71 所示电路,已知 $R_1=2\Omega$,$R_2=2\Omega$,$R_3=2\Omega$,$R_4=4\Omega$,用支路电流法求解各条支路的电流。

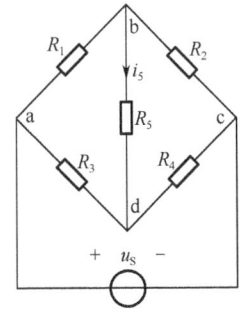

图题 1.70

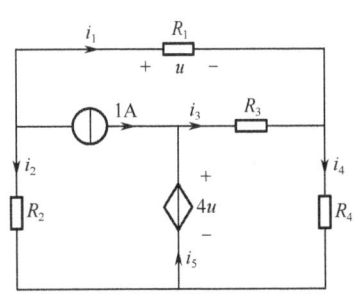

图题 1.71

1.72 如题图 1.72 所示电路中,试用网孔法求解支路电流 i_1、i_2 和 i_3。

1.73 如题图 1.73 所示电路中,试用网孔法求解支路电流 i。

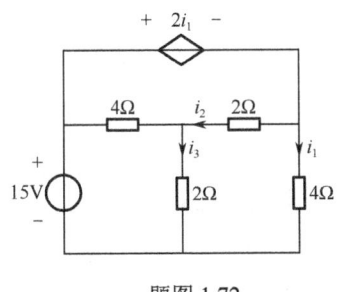

题图 1.72

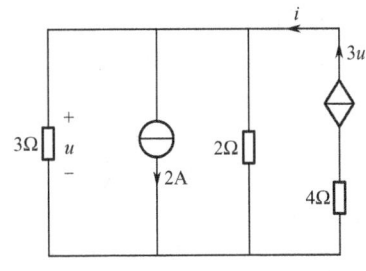

题图 1.73

1.74 如题图 1.74 所示电路为某大型电路的一部分,用节点电压法求解电流 I_1 和 I_2。

1.75 用节点电压法求题图 3.7 所示电路中的电位 u_1 和 u_2。

1.76 如题图 1.76 所示电路,用节点电压法求电压 u_{ab}。

1.77 如题图 1.77 所示电路为非平面电路,用节点电压法求电压 u_{ab}。

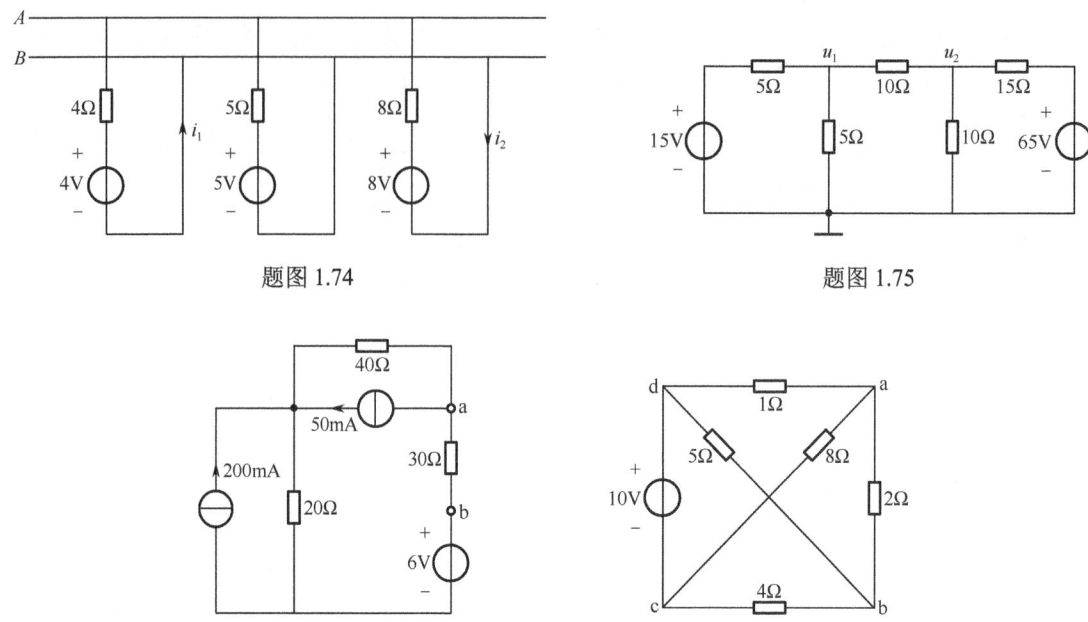

题图 1.74　　　　　　　　　题图 1.75

题图 1.76　　　　　　　　　题图 1.77

1.78　应用叠加定理求题图 1.78 电路中 u_x 的值。

1.79　如题图 1.79 电路所示，(1) 用叠加定理求支路电流 i_2；(2) 计算 5 个电路元件中每个吸收的功率。

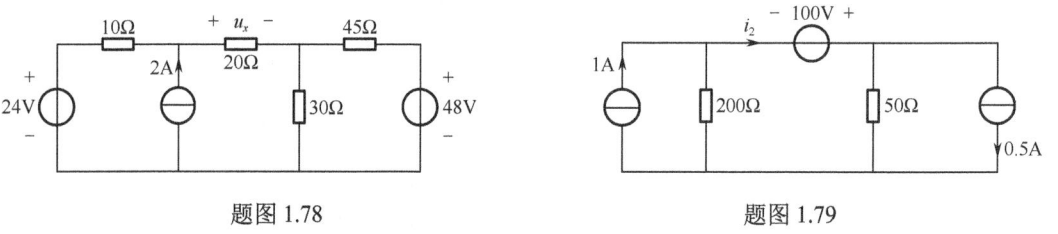

题图 1.78　　　　　　　　　题图 1.79

1.80　电路如题图 1.80 所示，已知 $u_y=2V$，试用替代定理求电压 u_x。

1.81　电路如题图 1.81 所示，开关 S 断开时测得电压 $u=13V$；S 接通时测得电流 $i=3.9A$。求含源电阻网络的戴维南等效电路。

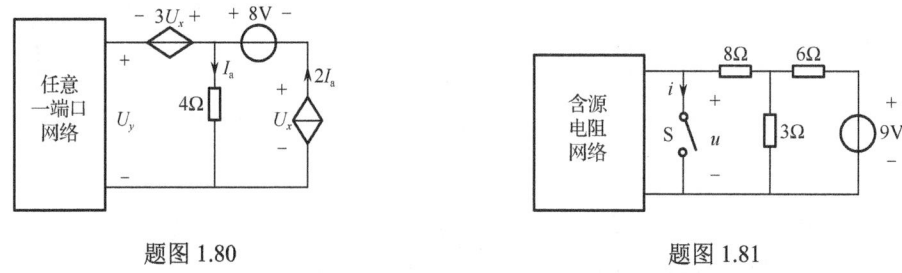

题图 1.80　　　　　　　　　题图 1.81

1.82　求题图 1.82 网络中端点 a 和 b 的戴维南等效电路。如果连接到端点 a 和 b 的电阻 R_{ab} 等于 50Ω，提供给该电阻的功率是多少？

1.83 试画出题图 1.83 所示一端口网络的诺顿等效电路。

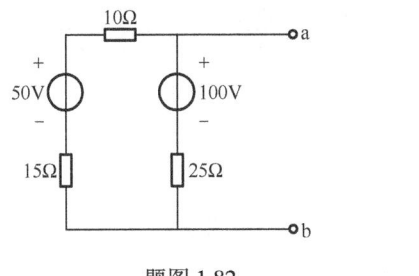

题图 1.82

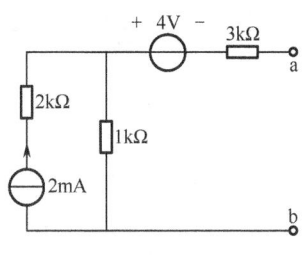

题图 1.83

1.84 某一实际直流电压源在瞬间短路时可以提供 2.5A 电流，且可以向 20Ω负载提供 80W 功率。

求：（1）开路电压；（2）对于最佳选择的 R_L 所能提供的最大功率；（3）这时 R_L 的值为多少？

1.85 题图 1.85 所示电路是一个两级电路。选择合适的 R_1 使第一级传给第二级的功率最大。

1.86 求题图 1.86 所示电路的输入电阻。

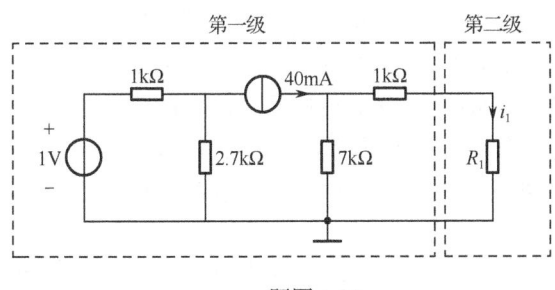

题图 1.85

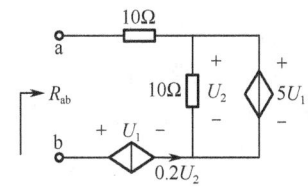

题图 1.86

第 2 章　动态电路的暂态分析

在许多实际电子电路中，为了实现能量交换和电信号的转换与控制，不可避免地要应用电容和电感等动态元件，含有动态元件的电路称为动态电路。在动态电路中，动态元件的能量储存和释放都不是即刻完成的，具有电磁惯性。当电信号突然接入或断开，电路结构或元件参数突然改变时，由于动态元件的存在，电路中的电流或电压一般要经过一个变化过程才能达到稳定，把从一种稳态转变成另一种稳态的中间过程称为暂态过程或过渡过程。电路产生过渡过程的原因是含有动态元件，条件是动态电路的换路操作。

动态电路过渡过程虽然短暂，但在电子技术中的应用相当广泛，研究动态电路过渡过程是正确认识和应用现代电路理论的基础。分析过渡过程常用的方法是根据 KCL、KVL 及元件的 VCR 来建立微分方程。

2.1　动态电路的初始条件

在动态电路中，电感电流 $i_L(t)$ 和电容电压 $u_C(t)$ 分别与电感和电容的储能直接相关，它们共同反映电路的能量状态，通常所说电路的状态，就是通过 $i_L(t)$，$u_C(t)$ 来表达的。

动态电路的动力学过程，任一时刻都应毫无例外地遵循基尔霍夫定律和元件上的电压电流关系，即电路方程，此时，这些方程将是微分方程。如果元件都是线性的，而且其参数 R、L、C 又都是常量，则电路方程将是线性常系数微分方程。本章研究动态电路的过渡过程是以时间 t 为自变量，在时间域内进行的，故称为时域分析。

为了求解微分方程，我们首先要关注电路状态参变量电流与电压的初始值。电路条件的突然变更，诸如开关动作、参数及电源的变动等都将使电路的状态出现新的变动，称为电路发生换路。工程上常把出现这种新过程的瞬间称为初始时刻，此刻电路的状态 $u_C(0_+)$，$i_L(0_+)$ 就是初始状态。从电路的微分方程来看，就是初始条件。

动态电路在换路瞬间，当电路中电容的电流为有限值和电感两端的电压为有限值时，电容上的电压和电感中的电流保持连续，即不发生突变，这一规律称为换路定则。换路定则一般可表达为

$$u_C(0_+) = u_C(0_-) \tag{2.1.1a}$$

$$i_L(0_+) = i_L(0_-) \tag{2.1.1b}$$

由于磁通 $\psi_L = Li_L$ 和电荷量 $q_C = Cu_C$，故上述条件也可改写为

$$q_C(0_+) = q_C(0_-) \tag{2.1.2a}$$

$$\psi_L(0_+) = \psi_L(0_-) \tag{2.1.2b}$$

由此可见：电路中有几个独立的动态元件（即 L、C），便可利用式 (2.1.1) 或式 (2.1.2) 决定几个初始值，并且通过它们来确定电路微分方程通解中的积分常数。

动态电路中电流与电压初始值的求法和步骤如下。

（1）求出 $t=0_-$ 时，电感电流与电容电压的值。

画出换路前终了时刻 $t=0_-$ 的电路。对于直流电路，当电路已处稳态（$i_C=0$，$u_L=0$）时，根据图 2.1.1（a），则电容可用开路替代，电感用短路替代；独立电源、电阻、受控电源保持不变，得到 $t=0_-$ 时刻的等效电路——特殊的电阻电路。由此电路求出 $u_C(0_-)$ 和 $i_L(0_-)$。对于正弦交流电路，则用相量法求出换路前正弦稳态电路的电容电压相量和电感电流相量，然后把电容电压相量和电感电压相量还原成时间函数 $u_C(t)$ 和 $i_L(t)$，代入 $t=0_-$，求出 $u_C(0_-)$ 和 $i_L(0_-)$。

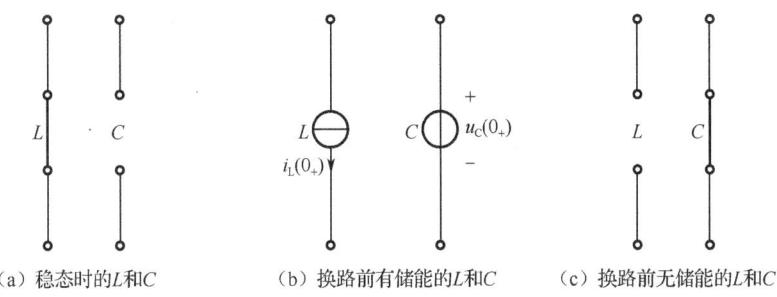

（a）稳态时的 L 和 C　　（b）换路前有储能的 L 和 C　　（c）换路前无储能的 L 和 C

图 2.1.1　电容与电感在稳态和换路后的等效模型

（2）求 $t=0_+$ 时，电感电流与电容电压的值。

由式（2.1.1）的换路定则，求出电感电流与电容电压在 $t=0_+$ 的值，即
$$u_C(0_+)=u_C(0_-)，\quad i_L(0_+)=i_L(0_-)$$

（3）$u_L(0_+)$、$i_C(0_+)$、$i_R(0_+)$、$u_R(0_+)$ 初始值的确定。

① 画出换路后初始时刻 $t=0_+$ 的电路，电容用电压为 $u_C(0_+)$ 的电压源替代，电感用电流 $i_L(0_+)$ 的电流源替代，受控电源和电阻不变，独立电压源和电流源的电压和电流取其在 $t=0_+$ 时的值，电源性质不变。由此得到 $t=0_+$ 时刻的等效电路——特殊的电阻电路。

② 在 $t=0_+$ 等效电路中，应用 KCL、KVL 和欧姆定律等电阻电路的求解方法，即可求出 $u_L(0_+)$、$i_C(0_+)$、$i_R(0_+)$、$u_R(0_+)$ 等物理量的初始值。

例 2.1.1　电路如图 2.1.2 所示，已知 $u_S=20\text{V}$，$R=10\Omega$，$u_C(0_-)$ 及 $i_L(0_-)=0$。当开关 S 于 $t=0$ 时闭合后，试求 $i(0_+)$、$i_L(0_+)$、$i_C(0_+)$ 及 $u_C(0_+)$ 的数值。

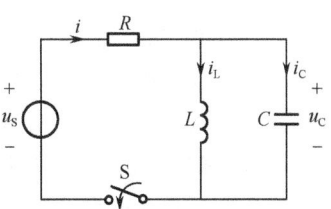

图 2.1.2　例 2.1.1 电路

解　换路瞬间，根据换路定则有
$$i_L(0_+)=i_L(0_-)=0,\ u_C(0_+)=u_C(0_-)=0$$
电阻上的电压
$$u_R(0_+)=u_S-u_C(0_+)=u_S=20\text{V}$$
则
$$i(0_+)=\frac{u_R(0_+)}{R}=\frac{u_S}{R}=\frac{20}{10}=2\text{A}$$
电容支路的电流
$$i_C(0_+)=i(0_+)-i_L(0_+)=2\text{A}$$

2.2 一阶 RC 电路的响应

2.2.1 一阶 RC 电路的电路方程

一阶 RC 电路如图 2.2.1 所示。

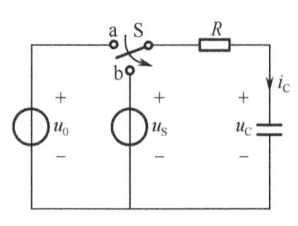

图 2.2.1 一阶 RC 电路

$t<0$，开关接在 a 端且电路处于稳态。$t=0$ 时，开关倒向 b 端。因而，开关倒向 b 端之前电容器已经充电至 u_0，故 $u_C(0_-)=u_0$。该电路满足的微分方程为

$$RC\frac{du_C(t)}{dt}+u_C(t)=u_S \quad (t>0) \tag{2.2.1a}$$

根据换路定则

$$u_C(0_+)=u_C(0_-)=u_0 \tag{2.2.1b}$$

根据一阶微分方程的求解方法，可得此微分方程的通解为

$$u_C(t)=u_{Cp}(t)+u_{Ch}(t)=u_S+Ke^{-t/RC} \tag{2.2.2}$$

式中，$u_{Cp}(t)$ 为一阶微分方程的特解，$u_{Ch}(t)$ 为一阶微分方程的齐次解。

根据初始条件

$$u_C(0_+)=u_C(0_-)=u_0$$

得待定系数

$$K=u_0-u_S$$

则电路满足初始条件的解为

$$u_C(t)=u_S+(u_0-u_S)e^{-t/RC} \quad (t\geq 0) \tag{2.2.3}$$

上式表示 $u_C(t)$ 由两个分量组成：其中第一项为稳态分量，第二项为暂态分量。我们也可以把式（2.2.3）改写成

$$u_C(t)=u_0e^{-t/RC}+u_S(1-e^{-t/RC}) \quad (t>0) \tag{2.2.4}$$

式中第一项称为零输入响应，它是电路在没有独立电源作用下，仅由初始储能引起的响应；第二项称为零状态响应，它是电路在初始储能为零，仅由独立电源引起的响应。响应 $u_C(t)$ 等于零输入响应与零状态响应之和，这是叠加原理在线性动态电路中的体现。

因此，根据叠加原理，在求解响应 $u_C(t)$ 时，可以把非零初始值的电容电压和非零初始值的电感电流也看作是一种"电压源"和"电流源"，利用叠加定理将这些"电源"与外加电源分别单独作用，计算出零输入响应和零状态响应，然后将其结果叠加起来就可以得到电路的响应。

2.2.2 一阶 RC 电路的零输入响应

前已指出，电路没有独立电源的作用，仅由初始储能引起的响应，称为零输入响应。我们现在讨论一阶 RC 电路的零输入响应的电气特性。

当 $u_S=0$ 时，由式（2.2.4）得：

$$u_C(t)=u_0e^{-t/RC} \quad (t>0) \tag{2.2.5}$$

根据电容器上电流与电压的关系

$$i_C(t) = C\frac{du_C}{dt}$$

得到放电电流

$$i_C(t) = C\frac{du_C}{dt} = -\frac{u_0}{R}e^{-t/RC} \quad (t>0) \quad (2.2.6)$$

由式（2.2.5）和式（2.2.6）可见：RC 电路的零输入响应 $u_C(t)$ 与 $i_C(t)$ 都是随时间衰减的指数函数，而且按同一指数规律衰减到零。$u_C(t)$ 和 $i_C(t)$ 随时间变化的曲线如图 2.2.2（a）和图 2.2.2（b）所示。衰减的速率决定于式中指数上的常量 RC（$=\tau$）。

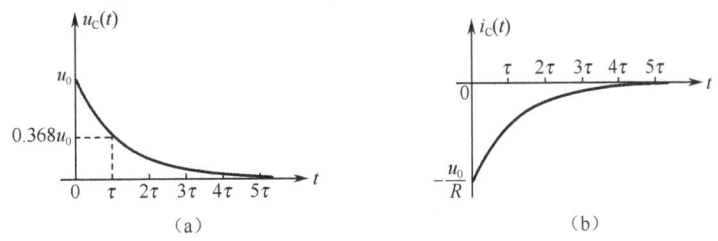

图 2.2.2　一阶 RC 电路的零输入响应

如图 2.2.2（b）所示，在 $t=0$ 时（即换路时），电流由零一跃而变为 $-u_0/R$，产生跃变，这正是电容电压不能跃变所决定的。我们令

$$\tau = RC \quad (2.2.7)$$

由于

$$\tau = RC = \frac{u}{i} \times \frac{q}{u} = \frac{it}{i} = t$$

τ 具有时间的量纲，称之为时间常数。下面，我们以电压 $u_C(t)$ 为例来说明时间常数的意义。

令 $t=0$，则 $u_C(0) = u_0$；再令 $t=\tau$，则 $u_C(\tau) = 0.368u_0$，这就是说经过时间 $\tau = RC$ 之后，电压下降到初始值的 36.8%；同样可以算出当 $t=2\tau, 3\tau, \cdots$ 时的电压值，将计算结果列入表 2.2.1 中。

表 2.2.1　不同时刻 $u_C(t)$ 的值

t	0	τ	2τ	3τ	4τ	5τ	$\cdots$	∞
$u_C(t)$	u_0	$0.368u_0$	$0.135u_0$	$0.05u_0$	$0.018u_0$	$0.007u_0$	$\cdots$	0

由表 2.2.2 可见：从理论上讲需要经历无限长时间，暂态过程才能结束，但实际上只要经过 $3\tau \sim 5\tau$ 的时间，电压（电流）已衰减到可忽略不计的程度，此时暂态过程就可以认为已经基本结束。显然，时间常数反映了暂态过程实际持续的时间。

RC 串联电路的时间常数 $\tau = RC$，可知时间常数仅由电路参数决定，与电路的初始状态无关。R、C 的值越大，时间常数也越大。这可从物理概念来理解：在一定初始电压下，电阻 R 越大，放电的电流就越小，也就是电荷释放过程进行得越缓慢；而电容 C 越大，在同样初始电压 u_0 下，电容器原先所储存的电荷 $q(0) = Cu_0$ 就越多，因此放电的时间也就越长。

由初始条件可知，电容器中原先储存的电场能量为

$$W_e = \frac{1}{2}Cu_0^2$$

电阻在电容放电过程中消耗的全部能量为

$$W_R = \int_0^\infty R i^2 dt = \frac{u_0^2}{R}\int_0^\infty e^{-2t/(RC)}dt = \frac{1}{2}Cu_0^2 = W_e$$

上述计算结果证明了电容在放电过程中释放的能量的确全部转换为电阻消耗的能量。电阻消耗能量的速率直接影响电容电压衰减的快慢，可以从能量消耗的角度来说明放电过程的快慢。例如在电容电压初始值 u_0 不变的条件下，增加电容 C，就增加电容的初始储能，使放电过程的时间加长；若增加电阻 R，流过电阻的电流减小，电阻消耗能量减少，使放电过程的时间加长。这就可以解释当时间常 $\tau = RC$ 变大，电容放电过程会加长的原因。

由以上分析可知，RC 电路的零输入响应由电容的初始电压 u_0 和时间常数 $\tau = RC$ 确定。在换路前，电路处于一种稳态，即 $u_C(0_-) = u_0$，$i_C(0_-) = 0$；在换路后，当 $t \to \infty$ 时电路处于另一种稳态，即 $u_C(\infty) = 0$，$i_C(\infty) = 0$。这两种稳态之间的转换过程便是过渡过程。

例 2.2.1 电路如图 2.2.3 所示，$u_S = 6\text{V}$，$R_1 = 8\text{k}\Omega$，$R_2 = 3\text{k}\Omega$，$R_3 = 6\text{k}\Omega$，$C = 5\mu\text{F}$。$t = 0$ 时，开关由 a 倒向 b，求 $t > 0$ 的电容电压与电流。

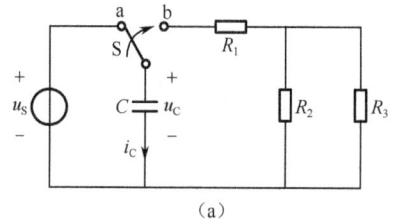
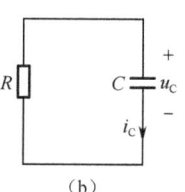

图 2.2.3 例 2.2.1 电路

解 在开关切换时刻，电容电压不能跃变，有
$$u_C(0_+) = u_C(0_-) = 6\text{V}$$
从电容两端看的等效电阻为
$$R = R_1 + (R_2 // R_3) = 10\text{k}\Omega$$
故
$$\tau = RC = 5\times 10^{-2}\text{s}$$
由式（2.2.4）得：
$$u_C(t) = 6e^{-20t}\text{V}$$
$$i_C(t) = C\frac{du_C}{dt} = -0.6e^{-20t}\text{mA}$$

2.2.3 一阶 RC 电路的零状态响应

电路初始储能为零，仅在外加激励作用下引起的响应，称为零状态响应。下面讨论一阶 RC 电路的零状态响应的电气特性。

因为此时，$u_0 = 0$，$u_C(0_+) = u_C(0_-) = u_0 = 0$，由式（2.2.4）得
$$u_C(t) = u_S(1 - e^{-t/RC}) \quad (t > 0) \tag{2.2.8}$$
$$i_C(t) = C\frac{du_C(t)}{dt} = \frac{u_S}{R}e^{-t/RC} \quad (t > 0) \tag{2.2.9}$$

这就是一阶 RC 电路电容器上的电压与电流随时间的变化关系，根据它们可以研究电路的电气特性。$u_C(t)$，$i_C(t)$ 随时间变化的曲线如图 2.2.4 所示。

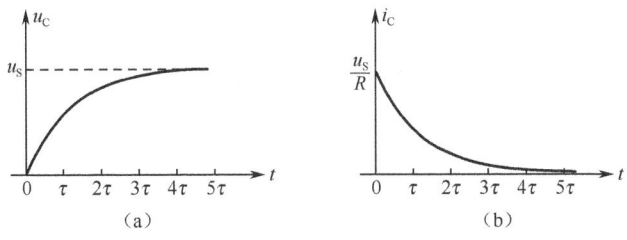

图 2.2.4 一阶 RC 电路的零状态响应

$u_C(t)$ 是从零值开始按指数规律上升而趋于稳态值 $u_C(\infty) = u_S$，其时间常数 $\tau = RC$。τ 越小，上升越快；τ 越大，上升越慢。由图 2.2.4 可知，当 $t > 4\tau$ 时，$u_C(t)$ 与稳态值 u_S 之差已小于 1.84%，因而可以认为电路已达到了稳态。$i_C(t)$ 是由零跃变到 $i_S = u_S/R$ 后再按指数规律衰减到零，衰减的时间常数仍为 RC，当 $t > 4\tau$ 时，$i_C(t)$ 可近似认为衰减到稳态值 $i_C(\infty) = 0$。

我们也可以从物理概念上阐明换路后 $i_C(t)$ 的变化趋势。在换路前 C 被开关 S 短路，所以 $u_C(0_-) = 0$，$i_C(0_-) = 0$，$i_R(0_-) = 0$，电路处于初始稳态。在换路后初始瞬间，电容电压不会跃变，即 $u_C(0_+) = u_C(0_-) = 0$，电容如同短路，输入电压全部加在电阻 R 上；电流从零突变为 $i(0_+) = u_S/R$。随着时间的推移，由于电容器不断充电，电容电压逐渐上升，而电流逐渐减小。当 $t = \infty$ 时，电容电压 $u_C(\infty) = u_S$，输入电压全部加在电容器上，而电流 $i(\infty) = 0$，充电停止，此时电容器相当于开路。于是电容电压不再变化，电路达到新的稳态。

例 2.2.2 将图 2.2.5 的阶跃信号作用到一阶 RC 电路上，求响应 $u_C(t)$ 和 $i_C(t)$。

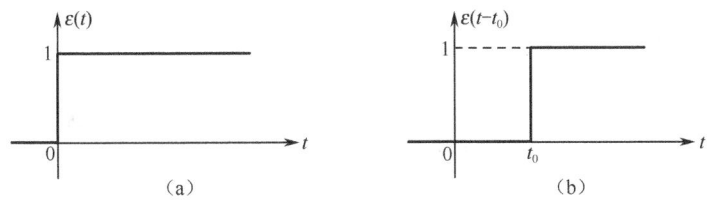

图 2.2.5 一阶 RC 电路的阶跃响应

解 这是关于一阶 RC 电路的阶跃响应。当图 2.2.5 阶跃电压 $\varepsilon(t)$ 作用于电路时，其响应与上述分析结果相同，利用单位阶跃函数 $\varepsilon(t)$ 的含义，由式（2.2.8）和式（2.2.9）得

$$u_C(t) = (1 - e^{-t/RC}) \cdot \varepsilon(t), \quad i_C(t) = \frac{1}{R} e^{-t/RC} \cdot \varepsilon(t)$$

当激励是一延时阶跃电压 $\varepsilon(t - t_0)$ 信号时，如图 2.2.5（b）所示，这时电路的单位阶跃响应也相应地延时 t_0。此时，电压与电流的响应可表示为

$$u_C(t) = (1 - e^{-(t-t_0)/RC}) \cdot \varepsilon(t - t_0), \quad i_C(t) = \frac{1}{R} e^{-(t-t_0)/RC} \cdot \varepsilon(t - t_0)$$

2.3 一阶 RL 电路的响应

2.3.1 一阶 RL 电路的电路方程

一阶 RL 电路如图 2.3.1 所示。设在 $t=0$ 时，S_1 迅速倒向 b，S_2 同时断开，这样电感 L 便与电阻 R 相连接。虽然电感 L 已与电源相脱离，但由于电感电流不能突变，电感中存在初始电流 $i_L(0_+) = i_L(0_-) = i_0$（根据换路定则），即电感中储存磁场能。

设 $G = R^{-1}$，$t<0$ 时，开关 S_1 接在 a 端且电路处于稳态，$i_L(0_-) = i_0$。$t = 0$ 时，开关 S_1 倒向 b 端，同时开关 S_2 断开。因而，电路的微分方程为

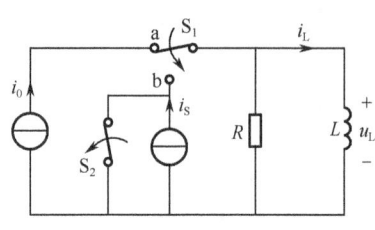

图 2.3.1 一阶 RL 电路

$$\frac{L}{R}\frac{di_L(t)}{dt} + i_L(t) = i_S \quad (t>0) \tag{2.3.1a}$$

根据换路定则

$$i_L(0_+) = i_L(0_-) = i_0 \tag{2.3.1b}$$

此微分方程的通解为

$$i_L(t) = i_{LP}(t) + i_{Lh}(t) = i_S + Ke^{-t/(GL)} \tag{2.3.2}$$

根据初始条件 $i_L(0_+) = i_L(0_-) = i_0$，得

$$K = i_0 - i_S$$

则电路满足初始条件的特解为

$$i_L(t) = i_S + (i_0 - i_S)e^{-t/(GL)} \quad (t \geq 0) \tag{2.3.3}$$

上式表示 $i_L(t)$ 由两个分量组成：其中第一项为稳态分量，第二项为暂态分量。我们也可以把上式写成

$$i_L(t) = i_0 e^{-t/GL} + i_S(1 - e^{-t/GL}) \quad (t>0) \tag{2.3.4}$$

式中第一项称为零输入响应，它是电路在没有独立电源作用下，仅由初始储能引起的响应；第二项称为零状态响应，它是电路在初始储能为零，仅由独立电源引起的响应。电流的响应等于零输入响应与零状态响应之和。

2.3.2 一阶 RL 电路的零输入响应

当 $i_S = 0$，$i_L(0_+) = i_L(0_-) = i_0$ 时，可以得到电感中的电流

$$i_L(t) = i_0 e^{-t/\tau} \tag{2.3.5}$$

式中，

$$\tau = L/R \tag{2.3.6}$$

是电路的时间常数。电感电压 $u_L(t)$ 则为

$$u_L(t) = L\frac{di_L}{dt} = -Ri_0 e^{-t/\tau} \quad (t>0) \tag{2.3.7}$$

电感上的电压为负,这是因为电流下降,电感电压 $u_L(t)$ 的实际方向与电流方向相反。

电流和电压随时间变动的曲线如图 2.3.2 所示。随着时间的推移,电流逐渐减小;电感中原先所储存的磁场能量 $W_m = Li_0^2/2$ 在电阻中全部消耗之后,电流便等于零。这个过程,从理论上看需要经历无限长的时间,实际上也只需经过 $3\tau \sim 5\tau$ 就可以认为基本结束。电阻越大使能量消耗得越快,而电感越大,表明原先储存的能量越多,因此可以理解为什么 RL 电路的时间常数 τ 与电阻成反比,而与电感成正比。

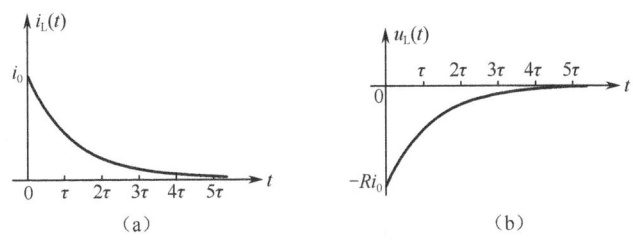

图 2.3.2 一阶 RL 电路的零输入响应

总结一阶 RC 电路和一阶 RL 电路的零输入响应的分析,可知求解零输入响应的规律如下:

从物理意义上说,零输入响应是在零输入时非零初始状态下产生的,它取决于电路的初始状态,也取决于电路的特性。对一阶电路来说,它是通过时间常数 τ 或电路固有频率来体现的。

从数学意义上说,零输入响应就是线性齐次常微分方程在非零初始条件下的解。

在激励为零时,线性电路的零输入响应与电路的初始状态呈线性关系,初始状态可看作是电路的"激励"或"输入信号"。若初始状态增大 A 倍,则零输入响应也增大 A 倍,这种关系被称为"零输入线性"。

2.3.3 一阶 RL 电路的零状态响应

当 $i_0 = 0$ 时,将此值代入式(2.3.5)得电流

$$i_L(t) = i_S \left(1 - e^{-\frac{1}{GL}t}\right) \quad (t > 0) \tag{2.3.8}$$

电感的端电压

$$u_L(t) = L\frac{di(t)}{dt} = \frac{i_S}{G}e^{-\frac{1}{GL}t} \quad (t > 0) \tag{2.3.9}$$

在图 2.3.3 中给出了 $i_L(t)$ 与 $u_L(t)$ 随时间变化的曲线。整个动态过程就是在电感中建立电流的过程。由于电感中电流不能突变,在我们讨论的情况下,电流从零开始逐渐增长。当 $t = 0_+$ 时,电流为零,电流源的电流全部经过电阻,使电感电压跃变为 Ri_S,它与电感的感应电压相平衡,故初始时刻电感相当于开路。当 $t = \infty$ 时,电流达到稳态值 $i(\infty) = i_S$,此时电感电压 $u_L(\infty) = 0$,故电感在稳态时相当于短路。这与前面所讨论的 RC 电路的性质正相反,电容在初始时刻相当于短路,而在稳态时相当于开路。这一概念对分析某些实际电路问题很有用处。

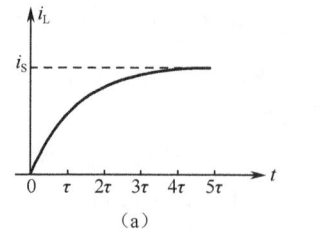
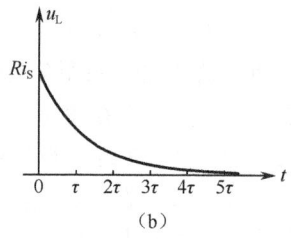

图 2.3.3　一阶 RL 电路的零状态响应

总结一阶 RC 电路和一阶 RL 电路的零状态响应，其规律如下：

从物理意义上说，电路的零状态响应是由外加激励和电路特性决定的。一阶电路零状态响应反映的物理过程，实质上是动态元件的储能从无到有逐渐增加的过程，电容电压或电感电流都是从零值开始按指数规律上升到稳态值，上升的快慢由时间常数 τ 决定。

从数学意义上说，零状态响应就是线性非齐次常微分方程在零初始条件下的解。

当系统的起始状态为零时，线性电路的零状态响应与外施激励呈线性关系，即激励增大到 A 倍，响应也增大到 A 倍。多个独立电源作用时，总的零状态响应为各独立电源分别作用的响应的总和，这就是所谓的"零状态线性"。

例 2.3.1　电路如图 2.3.4 所示，在 $t=0$ 时开关 S 闭合，闭合前电路已处于稳态（已知 $R_1 = 3\text{k}\Omega$，$R_2 = 2\text{k}\Omega$，$u_S = 10\text{V}$，$L = 10\text{mH}$）。

求：（1）开关闭合后的全响应；

（2）开关闭合后 $t = 5\mu\text{s}$ 时的电流值。

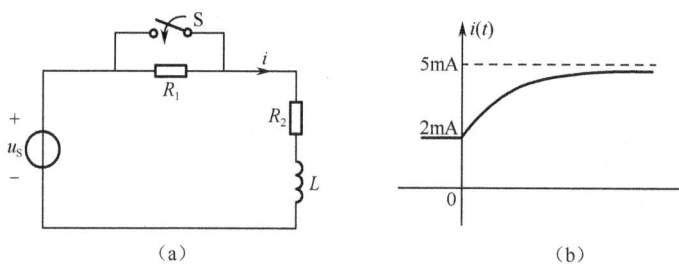

图 2.3.4　例 2.3.1 电路图

解　（1）$t > 0$ 时，电路方程为

$$L\frac{\mathrm{d}i(t)}{\mathrm{d}t} + R_2 i(t) = u_S \tag{1}$$

$t = 0_+$ 时，由换路定则得

$$i(0_+) = i(0_-) = \frac{10}{3+2} = 2\text{mA} \tag{2}$$

在初始条件（2）下，方程（1）的解为

$$i(t) = 5 - 3\mathrm{e}^{-0.2t} \text{ mA}$$

（2）当 $t = 5\mu\text{s}$ 时，

$$i(5) = 5 - 3\mathrm{e}^{-1} = 5 - 3 \times 0.368 = 3.9\text{mA}$$

电流响应波形见图 2.3.4（b）。

2.4 一阶电路分析的三要素法

前面我们分析了只包含一个储能元件和一个电阻的最简单的一阶电路的暂态过程。当一个电路虽包含多个电阻和电源支路，但仍只有一个独立储能元件时，依然属于一阶电路的范畴。对任意复杂的一阶电路而言，总可以把储能元件支路单独分出来，而使其他部分归并成一个电阻性的含源一端口网络，如图 2.4.1（a）和图 2.4.1（b）所示。

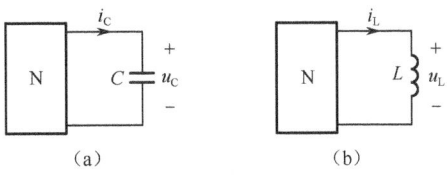

图 2.4.1　任意一阶电路模型

由前面的讨论可知，动态电路的响应由独立电源和动态元件的储能共同产生。仅由动态元件初始条件引起的响应称为零输入响应；仅由独立电源引起的响应称为零状态响应。动态电路分析的基本方法是建立微分方程，然后用数学方法求解微分方程，得到电压、电流响应的表达式。

这样，只要用戴维南等效电路（或诺顿等效电路）来代替图 2.4.1 中的含源一端口网络 N，图 2.4.1 等效电路的微分方程则为一阶非齐次微分方程。电路的时间常数 $\tau = RC$ 或 $\tau = L/R$，R 为一端口网络 N 的戴维南等效电阻。同一电路中各个变量（电压和电流）的暂态分量的时间常数相同，只是稳态分量和积分常数不同。现在我们设 $f(t)$ 表示电路中任意支路的电压或电流，满足如下的微分方程

$$\frac{\mathrm{d}f(t)}{\mathrm{d}t} + \frac{1}{\tau}f(t) = g(t) \tag{2.4.1}$$

该微分方程的解为：

$$f(t) = f_\mathrm{p}(t) + K\mathrm{e}^{-t/\tau} \tag{2.4.2}$$

$f_\mathrm{p}(t)$ 为式（2.4.1）的一个特解，其形式与 $g(t)$ 相似；τ 为时间常数。若已知初始值为 $f(0_+)$，将 $t=0$ 代入上式，则得

$$f(0_+) = f_\mathrm{p}(0_+) + K \tag{2.4.3}$$

所以待定系数为

$$K = f(0_+) - f_\mathrm{p}(0_+)$$

将此 K 值代入式（2.4.2），得

$$f(t) = f_\mathrm{p}(t) + [f(0_+) - f_\mathrm{p}(0_+)]\mathrm{e}^{-t/\tau} \tag{2.4.4}$$

$f(t)$ 代表电路中某支路的电压或者电流。其中 $f(0_+)$ 为初始值，$f_\mathrm{p}(t)$ 为稳态解，τ 为时间常数。一般来说，只要能确定 $f(0_+)$、$f_\mathrm{p}(t)$、τ 这三个要素，我们就能够确定一阶电路中某支路电流或电压的时间响应表达式。

式（2.4.4）是计算一阶电路中任意电压或电流响应的一般公式。只要求得 $f(0_+)$、$f_\mathrm{p}(t)$ 和 τ 这三个"要素"，就能直接写出电路暂态过程中的电流和电压，这称为分析一阶电路的三要素法。对于含直流电源的一阶电路，特解 $f_\mathrm{p}(t) = f(\infty)$，此时响应的表达式为

$$f(t) = f(\infty) + [f(0_+) - f(\infty)]\mathrm{e}^{-t/\tau} \tag{2.4.5}$$

由此可见，对于直流电源作用下的一阶电路的完全响应，是由 $f(0_+)$、$f(\infty)$、τ 三个要素决定的，只要求出这三个要素，即可求得一阶电路在恒定输入信号激励下的完全响应。在直流电源的作用下，这三个要素的求解为：

（1）$f(0_+)$ 为电压或电流初始值，它由 $t = 0_+$ 时的等效电路决定。应由 $t < 0$ 时的电路求出 $u_C(0_-)$ 或 $i_L(0_-)$，然后由换路定则求得 $u_C(0_+)$ 或 $i_L(0_+)$，再由 $t = 0_+$ 时的电路求得 $f(0_+)$。

（2）$f(\infty)$ 为电压或电流稳定值，因稳态时 $u_C(t)$ 及 $i_L(t)$ 不变，即有

$$i_C(\infty) = C\left.\frac{du_C(t)}{dt}\right|_{t=\infty} = 0 , \quad u_L(\infty) = L\left.\frac{di_L(t)}{dt}\right|_{t=\infty} = 0$$

所以稳态值 $f(\infty)$ 可在 $t \geq 0$ 时的电路中令 $t = \infty$，此时电容开路和电感短路，由此求得 $f(\infty)$。

（3）τ 为电路的时间常数，同一电路只有一个时间常数，$\tau = RC$ 或 $\tau = GL$，其中 R 应理解为从动态元件两端看进去的戴维南或诺顿等效电路中的等效电阻 R，C 或 L 是独立的电容或独立的电感。

以下列举一些具体电路来阐明如何运用三要素法分析其中的动态过程。

例 2.4.1 电路如图 2.4.2 所示，已知电源电压为直流 24V，$R = 2\text{k}\Omega$，$C = 50\mu\text{F}$，在 $t = 0$ 时将电路与电源接通，试求：（1）最大充电电流；（2）电路的时间常数；（3）电容上的电压响应 $u_C(t)$ 和电流响应 $i(t)$。

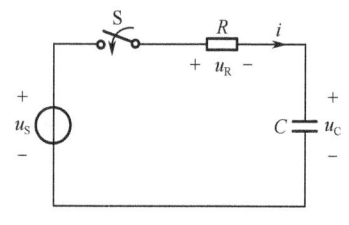

图 2.4.2 例 2.4.1 电路

解 （1）根据换路定则 $u_C(0_+) = u_C(0_-) = 0\text{V}$，根据零状态下 RC 电路响应的特点，可知 $t = 0_+$ 时充电电流最大，为

$$i_{\max} = \frac{u_S - u_C(0_+)}{R} = \frac{24}{2} = 12\text{mA}$$

（2）时间常数

$$\tau = RC = 2 \times 10^3 \times 50 \times 10^{-6} = 0.1\text{s}$$

（3）电路中电容电压的初始值与稳态值分别为

$$u_C(0_+) = 0\text{V} , \quad u_C(\infty) = 24\text{V}$$

所以，根据三要素法，电压与电流的响应为：

$$u_C(t) = u_C(\infty) + [u_C(0_+) - u_C(\infty)]\text{e}^{-t/\tau}$$
$$= 24(1 - \text{e}^{-10t})\text{V}$$

$$i(t) = C\frac{du_C(t)}{dt} = \frac{u_S}{R}\text{e}^{-t/\tau} = 12\text{e}^{-10t}\text{mA}$$

例 2.4.2 电路如图 2.4.3（b）所示，已知 $R_1 = 3\Omega$，$R_2 = 6\Omega$，$L = 2\text{H}$，$i_L(0_-) = 0$，输入电压 u_i 如图 2.4.3（a）所示，求 $i_L(t)$ 和 $u_L(t)$ 的表示式，并画出 $i_L(t)$ 和 $u_L(t)$ 的波形图。

解 本题输入电压为阶跃电压，因此有两个暂态过程。

（1）u_i 由 0V 跃变到 3V 时，

$$i_L(0_+) = i_L(0_-) = 0\text{A}$$

$$i_L(\infty) = \frac{u_i}{R_1 // R_2} = 1\text{A}$$

$$\tau = \frac{L}{R_1 // R_2} = 1\text{s}$$

由三要素法，可得

$$i_L(t) = i_L(\infty) + [i_L(0_+) - i_L(\infty)]e^{-t/\tau} = 1 - e^{-t}\text{A}$$

$$u_L(t) = L\frac{di_L(t)}{dt} = 2e^{-t}\text{V}$$

（2）u_i 由 3V 跃变到 0V，u_i 相当于短路，为零输入响应。此时

$$i_L(\tau_+) = i_L(\tau_-) = 1 - e^{-\tau} = 0.632\text{A}$$

$$i_L(\infty) = 0\text{A}$$

$$\tau = \frac{L}{R_1 // R_2} = 1\text{s}$$

由三要素法，可得

$$i_L(t) = i_L(\infty) + [i_L(\tau_+) - i_L(\infty)]e^{-\frac{(t-1)}{\tau}} = 0.632e^{-(t-1)}\text{A}$$

$$u_L(t) = L\frac{di_L(t)}{dt} = -1.264e^{-(t-1)}\text{V}$$

波形如图 2.4.3（c）所示。

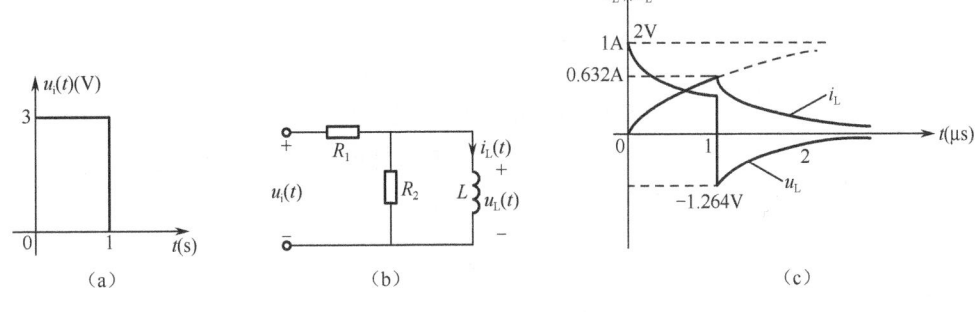

图 2.4.3　例 2.4.2 电路

2.5 微分电路和积分电路

微分电路与积分电路是矩形脉冲激励下的 RC 电路。当 RC 电路选取不同的时间常数，选取不同的元件作为输出端，就可构成输出电压波形与输入电压波形之间的特殊（微分与积分）的关系。在电子技术中，常用微分电路将矩形脉冲变换为尖脉冲，以其作为触发信号；常用积分电路将矩形脉冲变换为锯齿波，以其作为示波器、显示器等电子设备中的扫描电压。

2.5.1 微分电路

1. 电路

RC 微分电路如图 2.5.1（a）所示，输入 u_i 为一个如图 2.5.1（b）所示的脉宽为 t_p 和幅度为 U 的周期性矩形脉冲信号。

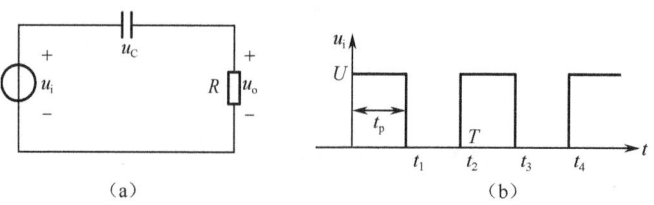

图 2.5.1 RC 微分电路与矩形脉冲信号

2. 条件

（1）电阻 R 上的输出电压 u_o；
（2）电路时间常数 τ 远小于 t_p。

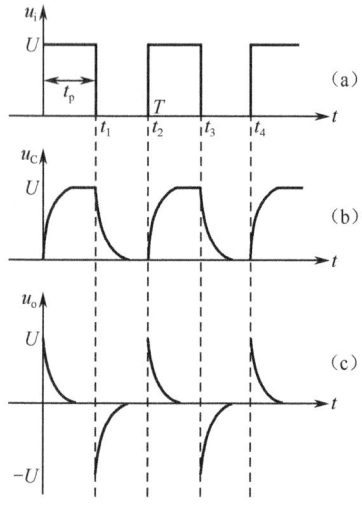

图 2.5.2 RC 微分电路工作波形

3. 波形分析

在 $0 < t < t_p$ 时，电路响应相当于在直流电压 U 作用下的零状态响应。由于 τ 相对于 t_p 很小，电容上电压 u_C 从零很快被充电到 U。当 $t = t_p$ 时，$u_C(t_p) = U$。在 $t > t_p$（$< T$）时，电压源相当于被短路，电路响应为在 $u_C(t_p)$ 作用下的零输入响应，u_C 从 U 很快被放电到零。u_C 的波形如图 2.5.2（b）所示。

对图 2.5.1（b）所示电路，由 KVL 得 $u_i = u_C + u_o$，故由 u_i 和 u_C 的波形可得如图 2.5.2（c）所示 u_o 的波形，为正、负尖脉冲。在周期性矩形脉冲作用下，输出电压波形就是周期性正、负相间的尖脉冲。

4. 数学关系

比较 u_C、u_o 和 u_i 波形可知，$u_C \approx u_i$，故

$$u_o = Ri = RC\frac{du_C}{dt} \approx RC\frac{du_i}{dt}$$

输出电压波形与输入电压波形成微分关系。

2.5.2 积分电路

1. 电路

RC 积分电路如图 2.5.3（a）所示，输入 u_i 为一个如图 2.5.3（b）所示的脉宽为 t_p 和幅度为 U 的周期性矩形脉冲信号。

2. 条件

（1）电容 C 上的输出电压 u_o；
（2）电路时间常数 τ 远大于 t_p。

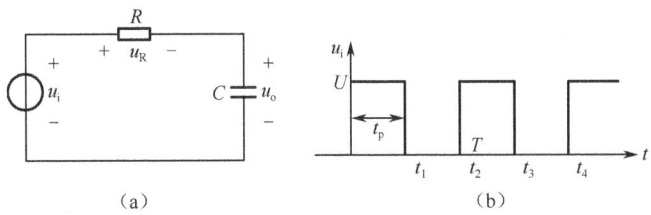

（a） （b）

图 2.5.3　RC 积分电路与矩形脉冲信号

3. 波形分析

在 $0 < t < t_p$ 时，电路响应相当于在直流电压 U 作用下的零状态响应。由于 τ 远大于 t_p，电容上电压 u_o 从零被充电至 $t = t_p$ 时 $u_o(t_p) < U$。在 $t > t_p$ ($< T$) 时，电压源相当于被短路，电路响应为在 $u_o(t_p)$ 作用下的零输入响应，电容从 $u_o(t_p)$ 放电。RC 积分电路的工作波形如图 2.5.4 所示，u_o 的波形为三角波。在周期性矩形脉冲作用下，输出电压波形就成为锯齿波。

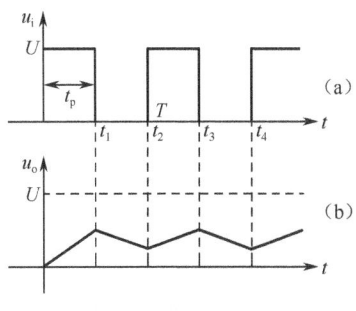

图 2.5.4　RC 积分电路工作波形

4. 数学关系

由于 τ 远大于 t_p，在整个脉冲过程中，u_o 的增长与衰减都很慢，所以 u_o 很小，u_o 远小于 u_R，故对图 2.5.3（b）所示电路，$u_i = u_R + u_o \approx u_R = Ri$，有

$$u_o = \frac{1}{C}\int_{-\infty}^{t} i(\xi)\mathrm{d}\xi \approx \frac{1}{RC}\int_{-\infty}^{t} u_i(\xi)\mathrm{d}\xi$$

输出电压波形与输入电压波形成积分关系。

习题 2

一、选择题

2.1　电路如题图 2.1 所示，开关在 $t=0$ 时闭合，闭合前电路已处于稳态，则 $u_C(0_+)$ 为（　　）。

　　a. 4V　　　　　　　　　　　　b. 2V
　　c. 8V　　　　　　　　　　　　d. 12V

2.2　电路如题图 2.2 所示，开关在 $t=0$ 时闭合，闭合前电路已处于稳态，则 $i(0_+)$ 为（　　）。

　　a. -1A　　　　　　　　　　　　b. 2A
　　c. 0.5A　　　　　　　　　　　　d. 1A

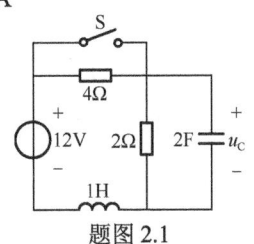

题图 2.1

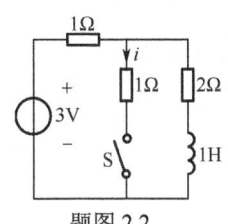

题图 2.2

2.3 电路如题图 2.3 所示,在开关 S 闭合瞬间,不发生跃变的量是（ ）。
   a. i_L 和 i_C
   b. i_L 和 u_C
   c. i_R 和 i_L
   d. i_C 和 i

2.4 电路如题图 2.4 所示,开关在 $t=0$ 时断开,断开前电路已处于稳态,则 $i(0_+)$ 为( )。
   a. 0A
   b. 1A
   c. 2A
   d. −2A

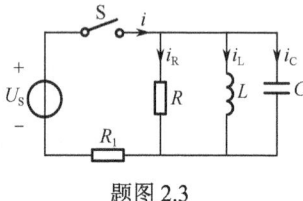

题图 2.3   题图 2.4

2.5 电路如题图 2.5 所示,开关在 $t=0$ 时闭合,闭合前电路已处于稳态,则 $i(0_+)$ 为( )。
   a. 0.1A
   b. 0.05A
   c. 0.25A
   d. 0A

2.6 电路如题图 2.6 所示,在开关 S 断开后的时间常数 τ 值为（ ）。
   a. 0.1ms
   b. 0.25ms
   c. 0.5ms
   d. 0.1s

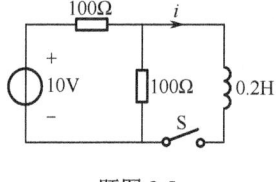

题图 2.5   题图 2.6

2.7 电路如题图 2.7 所示，$u_C(0_-)=0$，则 $t \geq 0$ 时，$u_C(t)$ 为（ ）。
   a. $-100e^{-100t}$V
   b. $-100(1-e^{-100t})$V
   c. $50(1-e^{-100t})$V
   d. $-50(1-e^{-100t})$V

2.8 电路如题图 2.8 所示,开关在 $t=0$ 时打开,则 $t \geq 0$ 时，$u(t)$ 为（ ）。
   a. $-15e^{-6t}$V
   b. $30e^{-6t}$V
   c. $20e^{-6t}$V
   d. 0V

2.9 电路如题图 2.9 所示,则电路的时间常数 τ 为（ ）。
   a. 3s
   b. 6s

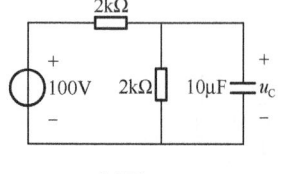
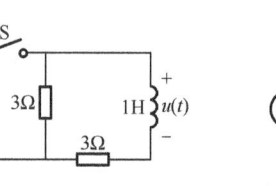
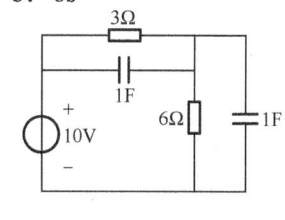

题图 2.7   题图 2.8   题图 2.9

   c. 9s
   d. 4s

2.10 电路的初始储能为零，仅由外加激励作用于电路引起的响应称为（   ）。
   a．稳态响应 b．暂态响应
   c．零输入响应 d．零状态响应

2.11 电路外部激励为零，而由初始储能引起的响应称为（   ）。
   a．零输入响应 b．零状态响应
   c．稳态响应 d．暂态响应

2.12 由元件初始储能和外部激励共同引起的响应称为（   ）。
   a．零输入响应 b．零状态响应
   c．全响应 d．暂态响应

2.13 一阶动态电路三要素法求解公式 $f(t)=f(\infty)+[f(0_+)-f(\infty)]e^{-t/\tau}$ 中，$f(\infty)$ 指的是（   ）。
   a．换路前的稳态值 b．换路后的稳态值
   c．换路后的初始状态值 d．换路后的暂态值

2.14 一阶动态电路三要素法求解公式 $f(t)=f(\infty)+[f(0_+)-f(\infty)]e^{-t/\tau}$ 中，$f(0_+)$ 指的是（   ）。
   a．换路前的稳态值 b．换路后的稳态值
   c．换路后的初始状态值 d．换路后的暂态值

2.15 以下哪个不是一阶电路全响应求解三要素法中的三要素？（   ）
   a．换路后的稳态值 b．初始值
   c．时间常数 d．外加激励

二、填空题

2.16 在电路中，电源的突然接通或断开，电源瞬时值的突然跳变，某一元件的突然接入或被移去等，统称为_____。

2.17 直流稳态时，电容相当于_____，电感相当于_____。

2.18 根据换路定则：$t=0_+$ 时刻，$u_C(0_+)=$_____，$i_L(0_+)=$_____。

2.19 电容储能计算公式如下：$W_C(t)=\frac{1}{2}Cu^2(t)$，这说明电容的储能只与当时的_____值有关，在换路瞬间，由于能量不能跃变，所以_____不能跃变。

2.20 电感储能计算公式如下：$W_m(t)=\frac{1}{2}Li^2(t)$，这说明电感的储能只与当时的_____值有关，在换路瞬间，由于能量不能跃变，所以_____不能跃变。

2.21 对于电感电流和电容电压不能跃变的电路，若电路的初始储能为零，则在 $t=0_+$ 时，电容相当于_____；电感相当于_____。

2.22 动态电路中，若电感电流 $i_L(0_-)$ 为2A，且电感电流又不跃变，则在 $t=0_+$ 的等效电路中，该电感元件可等效为_____。

2.23 动态电路中，若电容电压 $u_C(0_-)$ 为3V，且电容电压又不跃变，则在 $t=0_+$ 的等效电路中，该电容元件可等效为_____。

2.24 电感电流在其电压为有限时不能跃变的实质是电感的_____不能跃变。

2.25 用直接求微分方程分析过渡过程的方法称为_____法。

2.26 一阶 RC 电路的时间常数 τ=_____；一阶 RL 电路的时间常数 τ=_____。

2.27 由时间常数公式可知，RC 一阶电路中，C 一定时，R 值越大过渡过程进行的时间就越_____；RL 一阶电路中，L 一定时，R 值越大过渡过程进行的时间就越_____。

2.28 工程上认为 $R=25\Omega$、$L=100\text{mH}$ 的串联电路中发生暂态过程时将持续_____s。

2.29 电容 C_1 与 C_2 串联，其等效电容 C 等于_____。电容 C_1 与 C_2 并联，其等效电容 C 等于_____。

2.30 电感 L_1 与 L_2 串联，其等效电感 L 等于_____。电感 L_1 与 L_2 并联，其等效电感 L 等于_____。

2.31 题图 2.21 所示电路中，电压源电压恒定，电流源电流恒定，电感无初始电流，$t=0$ 时开关 S 闭合，则 $i_L(t)$ =_____。

2.32 一阶电路全响应求解三要素法中的三要素是指待求支路量的_____值、_____值和_____。

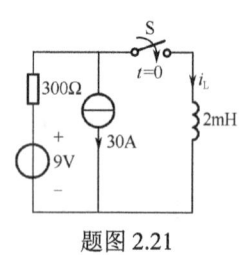

题图 2.21

三、解答计算题

2.33 求题图 2.33 所示电路中电压电流的初始值 $u_1(0_+)$、$i_1(0_+)$、$i_L(0_+)$，已知 $t=0_-$ 时开关闭合，闭合前电路处于稳态。

2.34 题图 2.34 所示电路，求开关闭合瞬间各电压、电流的初值。已知开关闭合前电路已处于稳态。

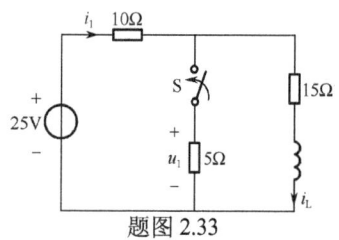

题图 2.33

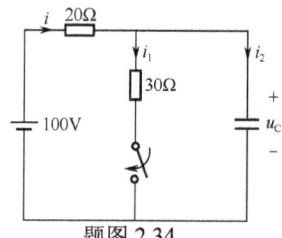

题图 2.34

2.35 如题图 2.35 所示电路，在 $t=0$ 时闭合开关 S。在闭合开关 S 前，$u_{C1}=2\text{V}$，$u_{C2}=0\text{V}$，求 $i_{C1}(0_+)$ 为多少。

2.36 题图 2.36 所示电路原处于稳态，$t=0$ 时打开开关 S。求 $t=0_+$ 时，u_{C1}、u_{C2}、i_{C2}、i_L 的值。

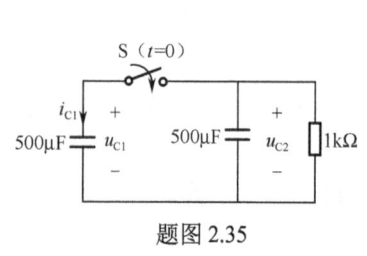

题图 2.35

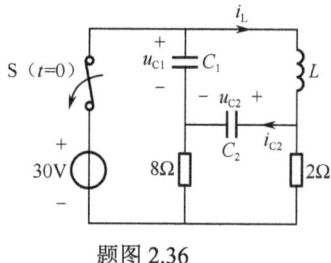

题图 2.36

2.37 题图 2.37 所示电路，开关 S 闭合前电路已处于稳态。在 $t=0$ 时将开关 S 闭合，试求 $i(0_+)$。

2.38 如题图 2.38 所示电路，当 $t<0$ 时，开关 S_1 断开，S_2 闭合，电路处于稳态。当 $t=0$

时，开关 S_1 闭合，S_2 断开。求 $t \geq 0$ 时的电压 $u_C(t)$ 与 $i(t)$ 的零输入响应和零状态响应。

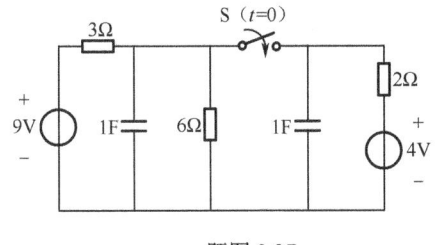

题图 2.37

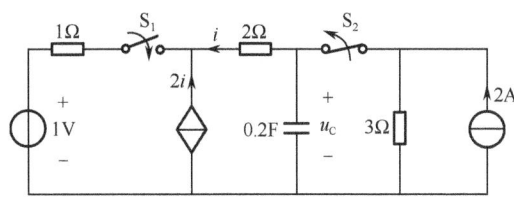

题图 2.38

2.39 题图 2.39 所示电路原来处于稳定状态，$t=0$ 时打开开关 S，求 $t>0$ 后的电感电流 i_L 和电压 u_L 的零输入响应和零状态响应。

2.40 如题图 2.40 所示电路中，$t<0$ 时处于稳态，$t=0$ 时开关突然断开，$R_1=2\Omega, R_2=3\Omega$, $R_3=2\Omega, R_4=4\Omega, R_5=\dfrac{8}{3}\Omega, C=1\text{F}, U_S=8\text{V}$，求 $t>0$ 时的响应 $u_C(t)$。

2.41 题图 2.41 所示电路中，$u_S=40\text{V}, L=1\text{H}, R_1=R_2=20\Omega$。换路前电路已处稳态，开关 S 在 $t=0$ 时刻接通，求 $t \geq 0_+$ 的电感电流 $i_L(t)$。

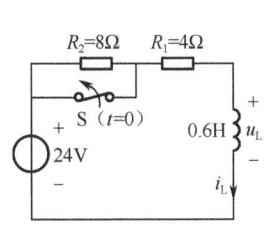

题图 2.39

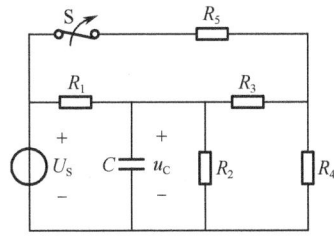

题图 2.40

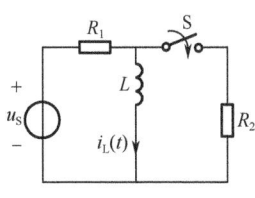

题图 2.41

2.42 如题图 2.42（a）所示电路，$C=1\text{F}$，以 $u_C(t)$ 为输出。

（1）求阶跃响应；

（2）若输入信号 $u_S(t)$ 如题图 2.42（b）所示，求 $u_C(t)$ 的零状态响应。

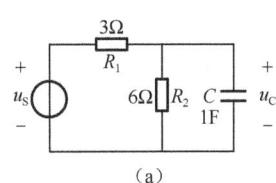
(a)

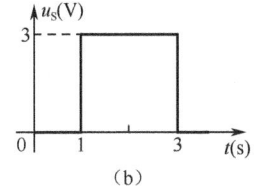
(b)

题图 2.42

2.43 题图 2.43（a）所示电路中的电压 $u_S(t)$ 的波形如题图 2.43（b）所示，试求电流 $i_L(t)$，并画出其波形图。

2.44 在题图 2.44 所示电路中，$t<0$ 时处于稳态，$t=0$ 时开关突然断开。用三要素法求解公式求 $t>0$ 时的电压 u。

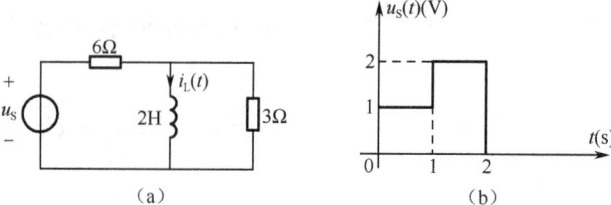

题图 2.43

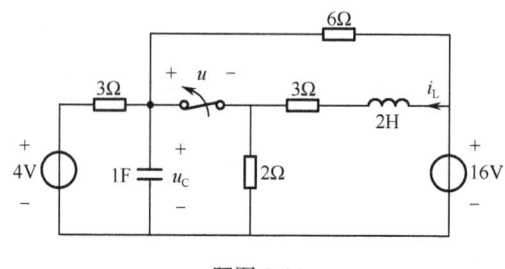

题图 2.44

第 3 章　交流电路分析

3.1　正弦稳态分析基础

在动态电路的时域分析中，求出的响应是时间的函数，该响应可以分为暂态响应和稳态响应两个部分，其中暂态响应分量随时间衰减很快，在很短的时间内就趋近于零。在许多实际问题中，人们有时更加关心电路的稳态响应（或者说关心电路的长期工作状态），在这种情况下就可以暂时忽略暂态响应而仅仅考虑稳态响应。在正弦信号作用下，电路的稳态响应是描述电路的微分方程的特解。本章介绍的相量分析方法就是将电路的正弦稳态分析由求微分方程的特解变换为求解复代数方程，进而将第 1 章介绍的电阻电路的一般分析方法推广到正弦稳态的分析，使复杂电路的正弦稳态分析大大简化。

3.1.1　正弦量及其三要素

交流电是指大小和方向都随时间周期性变化，而在一个周期内的平均值等于零的电压或电流。一般所说的交流电，如无特别说明，都是指大小和方向都随时间按正弦规律周期性变化的电压或电流（相应地称为正弦电压或正弦电流）。交流电瞬时值含有两个意义：一是指交流电在该瞬间的大小（绝对值）；二是指该瞬间电压或电流的方向（相对参考方向），用瞬时值的正负来表示。

正弦交流电路中，正弦交流电动势、正弦交流电压和正弦交流电流都按正弦规律变化，可以统称它们为正弦量。正弦量的特征表现在变化的快慢、大小和初始值三个方面，这三个方面分别用频率（周期）、幅值（有效值）和初相位来表示。频率（角频率或周期）、幅值（有效值或最大值）和初相位为正弦量的三要素。三要素确定后，正弦量就被唯一确定。如图 3.1.1 所示，按正弦规律变化的电流是一个周期性的信号，用正弦函数表示为：

$$i(t) = I_m \sin(\omega t + \varphi) \qquad (3.1.1)$$

式中，I_m 为最大值，ω 为角频率，φ 为初相位（$-\pi \leqslant \varphi \leqslant \pi$）。

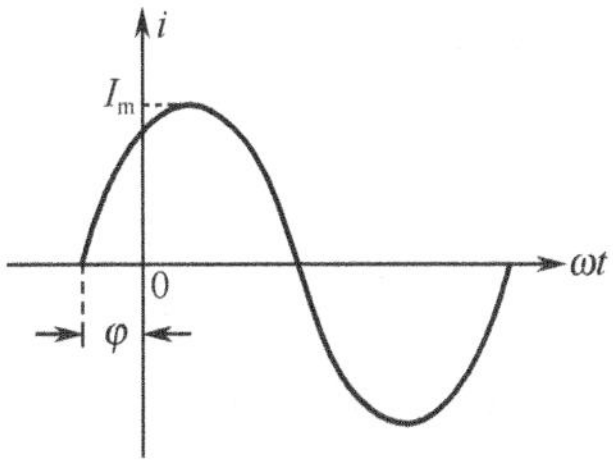

图 3.1.1　正弦电流

1. 频率（周期）

正弦量变化一次所需要的时间称为周期 T。每秒内变化的次数称为频率(单位是赫兹 Hz)。周期的倒数就是频率，即 $f = 1/T$。我国和大多数国家都采用 50 赫兹作为电力电源的频率标准，由于它是工业上应用最为广泛的频率，所以也叫工业频率，简称工频。有些国家，如美国、日本等，采用 60 赫兹作为电力电源的频率标准。正弦量变化的快慢也可以用角频率（或角速度）ω 来表示，当时间增加一个周期时，相应的弧度增加 2π，即：

$$\omega T = 2\pi$$

则得到：

$$\omega = \frac{2\pi}{T} = 2\pi f \quad (3.1.2)$$

角频率（或角速度）ω 的单位是弧度/秒（rad/s），式（3.1.2）反映了周期、频率和角频率三者之间的关系。

2．幅值和有效值

正弦量瞬时值中的最大值称为正弦量的幅值、振幅或最大值，一般用带有下角标的大写字母表示，如 I_m。由于正弦量的大小是随着时间周期性变化的，它虽然也能够表示正弦量的大小，但是在实际使用时不方便，所以常常采用有效值（或均方根值）来表示正弦量。

正弦量的有效值是根据电流的热效应来定义的。当某一交流电流 $i(t)$ 通过一个电阻 R 在一个周期内所产生的热量和某一直流电流 I 通过同一电阻在相同时间内产生的热量相等时，则这一直流电流 I 的数值就称为该交流电流的有效值。根据有效值的定义得到：

$$I^2 RT = \int_0^T i^2(t) R dt$$

$$I = \sqrt{\frac{1}{T}\int_0^T i^2(t) dt} \quad (3.1.3)$$

式（3.1.3）是周期信号有效值的一般定义式。周期量的有效值等于它的瞬时值的平方在一个周期内的平均值的平方根，所以也叫作均方根值。式（3.1.3）适用于任何周期量，但是不适用于非周期量。电压的有效值也有类似于式（3.1.3）的结果，这里不再列出。下面根据有效值的一般定义式推导正弦量的有效值和最大值的关系。

将式（3.1.1）代入式（3.1.3）中得：

$$I = \sqrt{\frac{1}{2\pi}\int_0^{2\pi} I_m^2 \sin^2(\omega t + \varphi) dt} = \frac{1}{\sqrt{2}} I_m$$

从上式可以看出，正弦量的有效值和最大值之间存在一个固定的数值关系，即最大值等于有效值的 $\sqrt{2}$ 倍，而且有效值的大小与电信号的频率和初相位无关。引入有效值的概念以后，式（3.1.1）的电流 $i(t)$ 的表达式也可以写成

$$i(t) = \sqrt{2} I \sin(\omega t + \varphi)$$

例 3.1.1 求图 3.1.2 所示的矩形波电流的有效值。

解 根据周期量有效值的定义，得：

$$I = \sqrt{\frac{1}{T}\int_0^T i^2(t) dt}$$
$$= \sqrt{\frac{1}{T}\left(\int_0^{0.5T} I_m^2 dt + \int_{0.5T}^T (-I_m)^2 dt\right)}$$
$$= 10 \text{mA}$$

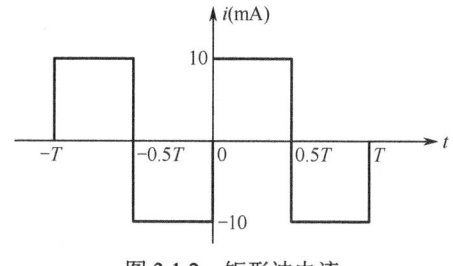

图 3.1.2 矩形波电流

由于正弦量的有效值和最大值之间存在一个固定的数值关系，所以有效值有时候也可以作为正弦量的一个要素。在使用有效值的相关概念时要注意以下几点：

（1）最大值等于有效值的 $\sqrt{2}$ 倍的关系仅仅适用于正弦量，其他非正弦的周期信号不能照搬这个关系式；

（2）工程上所说的正弦电压和电流的大小都是指有效值；
（3）一般电压表和电流表的刻度都是按有效值来标定的；
（4）交流电气设备铭牌上所标定的电压、电流值都是有效值，如"220V，100W"的白炽灯，是指它的额定电压的有效值是220V。

3．初相位和相位差

在正弦电流 $i = I_m \sin(\omega t + \varphi_i)$ 的解析式中，$(\omega t + \varphi_i)$ 称为正弦量的相位角（简称相位），它的大小反映了该正弦量的变化进程。$t = 0$ 时的相位称为初相位，如该正弦量的电流初相（位）角为 φ_i。

如果电压和电流的正弦量的解析式分别为：
$$u(t) = \sqrt{2}U\sin(\omega_1 t + \varphi_u), \quad i(t) = \sqrt{2}I\sin(\omega_2 t + \varphi_i)$$

则电压 $u(t)$ 和电流 $i(t)$ 的相位差为：
$$\varphi = (\omega_1 t + \varphi_u) - (\omega_2 t + \varphi_i)$$

当电压 $u(t)$ 和电流的频率相等时，相位差就等于初相角之差，即 $\varphi = \varphi_u - \varphi_i$。如果相位差大于零，则称电压超前电流 φ 角，或者说电流滞后电压 φ 角。如果相位差 $\varphi = 0°$，则称电压 $u(t)$ 和电流 $i(t)$ 同相。当相位差 $\varphi = \pm 180°$ 时，则称电压 $u(t)$ 和电流 $i(t)$ 反相。

注意：①以后不作特别说明，本章仅仅讨论同频率的正弦量；②在求两个正弦量的相位差时，一定要把这两个正弦量化为标准的同名函数（即同为正弦量或同为余弦量），幅值前面是正号。

例3.1.2 已知两个电流正弦量的解析式如下：
$$i_1(t) = 300\sin(\omega t + 45°), \quad i_2(t) = -500\cos(\omega t - 45°)$$
求它们的振幅之比和相位差。

解：首先把两个正弦量化为标准的同名函数，如把 $i_2(t)$ 化为标准的正弦函数，即：
$$i_2(t) = -500\cos(\omega t - 45°) = 500\sin(\omega t - 135°)$$
于是求得它们的振幅之比为
$$\frac{I_{m1}}{I_{m2}} = \frac{300}{500} = 0.6$$

二者的相位差
$$\varphi = 45° - (-135°) = 180°$$

这两个正弦量电流是反相的。

根据数学理论，正弦量的微分和积分仍然是正弦量，对于任意一个线性时不变电路（可以含有线性电容、线性电感元件）来说，输入某一频率的正弦电压（或电流）信号 $f(t) = F_m \cos(\omega t + \varphi)$，则该电路的输出也必然是同频率的正弦量。所以在研究正弦稳态电路时，只要知道正弦量三要素中的两个（如振幅和初相角）就可以了。为了能够方便地求解振幅和初相角，德国工程师斯坦梅茨提出了相量的概念，使得正弦稳态电路的分析和计算大大简化。

相量是正弦量的一种复数的表示方法，相量法就是用复数来表示正弦量的有效值和初相角。根据欧拉公式

$$e^{j\alpha} = \cos\alpha + j\sin\alpha$$

则一个正弦量（或余弦量）可以表示为一个复数的实部或虚部：

$$\cos\alpha = \text{Re}(e^{j\alpha}), \quad \sin\alpha = \text{Im}(e^{j\alpha})$$

3.1.2 复数基础知识简介

复数通常可以表示为指数式（或叫极坐标式）、代数式（也叫直角坐标式）和三角函数式几种形式。复数在复平面上可以用有向线段表示，即用向量表示。如图3.1.3所示，复数 A 用有向线段 $\overrightarrow{OA}$ 表示。

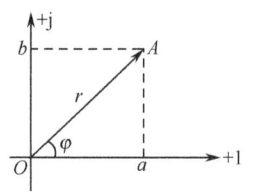

图3.1.3 复数 A 在复平面上的表示

复数的直角坐标式是

$$A = a + jb$$

式中，a、b 都是实数，a 叫作复数 A 的实部，b 叫作复数 A 的虚部；$j = \sqrt{-1}$，叫作复数的虚数单位（由于 i 在电工电路中已经用来表示电流，就不再用来表示虚数单位，而用 j 来表示虚数单位）。

复数的极坐标式是

$$A = re^{j\varphi}$$

式中，r 叫作该复数的模，φ 叫作该复数的辐角。在电工电路中，复数的极坐标式习惯上写为

$$A = r\underline{/\varphi}$$

读作"r 在一角度 φ"。利用欧拉公式：$e^{j\varphi} = \cos\varphi + j\sin\varphi$ 可以把复数的极坐标式化为三角函数的形式：

$$A = r(\cos\varphi + j\sin\varphi)$$

所以一个复数可以表示为：

$$A = a + jb = re^{j\varphi} = r\underline{/\varphi} = r\cos\varphi + jr\sin\varphi$$

显然：

$$r = \sqrt{a^2 + b^2}, \quad \varphi = \arctan\frac{b}{a}$$

$$a = \text{Re}[A] = \text{Re}[a + jb], \quad b = \text{Im}[A] = \text{Im}[a + jb]$$

其中 Re 和 Im 分别为取实部和虚部的符号。

1. 正弦量与相量

设某正弦量电压为

$$u(t) = \sqrt{2}U\sin(\omega t + \varphi_u)$$

可以用一个复指数函数

$$\sqrt{2}Ue^{j(\omega t + \varphi_u)}$$

与该正弦量对应，根据复数表达形式的指数式与三角函数式的转换关系，有：

$$\sqrt{2}Ue^{j(\omega t + \varphi_u)} = \sqrt{2}Ue^{j\omega t} \cdot e^{j\varphi_u} = \sqrt{2}U\cos(\omega t + \varphi_u) + j\sqrt{2}U\sin(\omega t + \varphi_u) \tag{3.1.4}$$

因此,一个实数范围的正弦时间函数可以用一个复数范围的复指数函数来表示。上面的正弦量电压可表示为:

$$u(t) = \text{Re}[\sqrt{2}Ue^{j(\omega t+\varphi_u)}] = \text{Re}[\sqrt{2}Ue^{j\omega t} \cdot e^{j\varphi_u}] \tag{3.1.5}$$

从复指数函数的表达式来看,该式包含了相对应的正弦量的三要素,而该复指数函数的复常数部分 $\sqrt{2}Ue^{j\varphi_u}$ 则包含了相对应的正弦量的有效值和初相角。我们把这个复数(复常数部分)叫作正弦量的相量,并且采用下列记法:

$$\dot{U}_m = \sqrt{2}U\,e^{j\varphi_u} = \sqrt{2}U\underline{/\varphi_u} = \sqrt{2}U\cos\varphi_u + j\sqrt{2}U\sin\varphi_u \tag{3.1.6}$$

$$\dot{U} = U\,e^{j\varphi_u} = U\underline{/\varphi_u} = U\cos\varphi_u + jU\sin\varphi_u \tag{3.1.7}$$

式(3.1.6)叫作最大值(或幅值)相量,其模为该正弦量的最大值,辐角为该正弦量的初相;
式(3.1.7)叫作有效值相量,其模为该正弦量的有效值,辐角也为该正弦量的初相。

注意,相量用大写字母上面加一点来表示,以便和普通的复数相区别。但相量运算和普通的复数一样,同样遵守普通复数的加、减、乘、除的运算规则。相量和普通的复数一样也可以在复平面上用一有向线段(即向量)来表示,表示这种相量的图称为相量图。

式(3.1.4)中的复指数函数的另一部分 $e^{j\omega t}$ 是时间的复函数,在复平面上,它相当于一个旋转因子。它可以表示为以坐标原点为中心,以角速度 ω 旋转的单位复数向量。如果选取有向线段 $\overline{OA}$ 的长度等于某正弦量为 $u(t) = \sqrt{2}U\sin(\omega_1 t + \varphi_u)$ 的最大值 $\sqrt{2}U$,相量 $\dot{U}_m$ 的初始位置和正实轴的夹角等于该正弦量的初相 φ_u,$\dot{U}_m$ 以等于该正弦量 $u(t)$ 的角频率 ω 绕着坐标原点逆时针旋转。这样在引入了旋转相量 $\dot{U}_m e^{j\omega t}$ 后,一个用余弦函数(或正弦函数)表示的正弦量在任何时刻的瞬时值就等于该旋转相量(最大值)在同一时刻在实轴(或虚轴)上的投影,如图 3.1.4 所示。所以在复平面上的一个旋转相量可以完整地表示关于时间的正弦函数。

图 3.1.4 描述了旋转相量与正弦量(余弦)的对应关系,即正弦量和它的相量之间的关系是一一对应关系。如果知道了正弦量就可以写出和它对应的相量;反之,如果知道了相量就可以写出和它对应的正弦量。

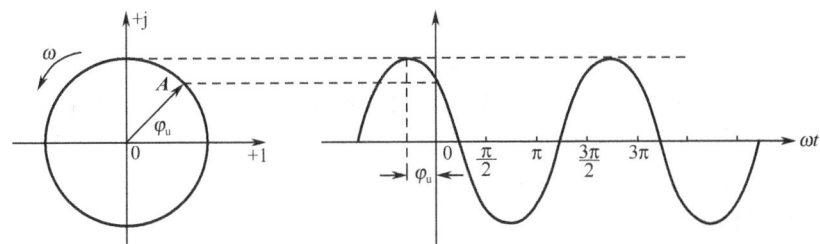

图 3.1.4 旋转相量与正弦量(余弦)的对应关系

在相同频率的正弦信号作用下的线性时不变电路,其各处的稳态响应(电压响应和电流响应)均为同频率的正弦量。在相量图中表示正弦量的时候,频率就不反映出来了,仅仅反映幅值和初相角的不同。在图 3.1.4 中,如果有两个(或多个)相量均以角速度 ω 逆时针方向在复平面上旋转,则它们的相对位置是保持不变的,即相位差保持不变。因此在相量图中,如果角频率 ω 已知,则不需要考虑其瞬时相位 $\omega t + \varphi$,仅仅需要考虑各个正弦量之间的相位差就可以了。

2. 同频率相量的基本性质

具有相同频率的相量具有以下几个性质：

（1）唯一性。当且仅当两个同频率的正弦量（对所有时刻）能用相同的相量表示时，它们则是相等的。

$$\mathrm{Re}[\dot{A}_1 \mathrm{e}^{\mathrm{j}\omega t}] = \mathrm{Re}[\dot{A}_2 \mathrm{e}^{\mathrm{j}\omega t}] \Leftrightarrow \dot{A}_1 = \dot{A}_2 \quad (3.1.8)$$

（2）线性。两个（或多个）正弦量的线性组合的相量等于表示各个正弦量相量的同一线性组合。

设 $\dot{A}_1$ 和 $\dot{A}_2$ 为任意的相量，a_1 和 a_2 为任意实数，则

$$\mathrm{Re}[\dot{A}_1 + \dot{A}_2] = \mathrm{Re}[\dot{A}_1] + \mathrm{Re}[\dot{A}_2] \quad (3.1.9)$$

$$\mathrm{Re}[a_1\dot{A}_1 + a_2\dot{A}_2] = a_1\mathrm{Re}[\dot{A}_1] + a_2\mathrm{Re}[\dot{A}_2] \quad (3.1.10)$$

（3）微分性。若相量 $\dot{A}$ 为给定的正弦量 $A_\mathrm{m}\cos(\omega t + \varphi)$ 的相量，则 $\mathrm{j}\omega\dot{A}$ 为该正弦量导数的相量，$\dfrac{1}{\mathrm{j}\omega}\dot{A}$ 为该正弦量积分的相量。

$$\frac{\mathrm{d}}{\mathrm{d}t}\mathrm{Re}[\dot{A}\mathrm{e}^{\mathrm{j}\omega t}] = \mathrm{Re}\left[\frac{\mathrm{d}}{\mathrm{d}t}\dot{A}\mathrm{e}^{\mathrm{j}\omega t}\right] = \mathrm{Re}[\mathrm{j}\omega\dot{A}\mathrm{e}^{\mathrm{j}\omega t}] \quad (3.1.11)$$

$$\int_{-\infty}^{t}\mathrm{Re}[\dot{A}\mathrm{e}^{\mathrm{j}\omega t}]\mathrm{d}t = \mathrm{Re}\left[\int_{-\infty}^{t}\dot{A}\mathrm{e}^{\mathrm{j}\omega t}\mathrm{d}t\right] = \mathrm{Re}\left[\frac{1}{\mathrm{j}\omega}\dot{A}\mathrm{e}^{\mathrm{j}\omega t}\right] \quad (3.1.12)$$

从以上性质不难得出一个推论：任意个同频率的正弦量以及任意个同频率正弦量的任意阶导数的代数和仍然是一个同频率的正弦量。

以上的性质是相量分析法的理论基础，应用这些性质也可以简化正弦交流电路微分方程特解的求解过程。

相量分析法在应用中应该注意的问题：

（1）相量是复数，在复平面上用向量（时间向量）来表示，但不用向量这个名词，要与力学中的空间向量区别。正弦量可以用旋转向量（相量）来表示，但正弦量不等于相量。

（2）理论上，同频率的几个正弦量仅仅需要考虑各个正弦量之间的相位差就可以了，相应地用它们的初始时刻的向量来表示。

（3）相量分析法的实质是一种变换，通过相量把时域里求微分方程的正弦稳态解的问题变换为频域里解复数代数方程的问题。

（4）相量法的适用范围：(a) 只限于正弦信号作为激励源的电路，其他非正弦信号作为激励源的电路不能直接用相量法；(b) 只能用于正弦稳态过程的分析，不能用于求解电路的暂态过程；(c) 只能用于单一频率的正弦信号，不同频率的正弦信号作为激励源的电路不能用相量法相加。

（5）本书根据国家标准，统一采用 cosine 函数表示正弦量，即采用 $1\underline{/0°} \Leftrightarrow \cos\omega t$。读者在看其他参考书的时候要注意，有的作者采用 $1\underline{/0°} \Leftrightarrow \sin\omega t$。

例 3.1.3 写出下列正弦电压（或电流）对应的相量。（1）$i_1(t) = 10\sqrt{2}\cos(314t + 30°)\mathrm{A}$；
（2）$i_2(t) = 10\sqrt{2}\sin(314t + 30°)\mathrm{A}$；（3）$u_1(t) = -10\sqrt{2}\cos(314t + 60°)\mathrm{V}$。

解 （1）$i_1(t)$ 对应的相量为

$$\dot{I}_1 = 10e^{j30°} = 10\underline{/30°}\,\text{A}$$

（2）$i_2(t) = 10\sqrt{2}\sin(314t + 30°) = 10\sqrt{2}\cos(314t - 60°)\,\text{A}$，因此 $i_2(t)$ 对应的相量为

$$\dot{I}_2 = 10e^{-j60°} = 10\underline{/-60°}\,\text{A}$$

（3）$u_1(t) = -10\cos(314t + 60°) = 10\cos(314t - 120°)$，因此 $u_1(t)$ 对应的相量为

$$\dot{U}_1 = \frac{10}{\sqrt{2}}e^{-j120°} = \frac{10}{\sqrt{2}}\underline{/-120°} = -3.54 - j6.12\,\text{V}$$

例 3.1.4 已知 $\omega = 314\,\text{rad/s}$，求下列振幅（最大值）相量对应的正弦量。（1）$\dot{I}_{1m} = 6 - j8\,\text{A}$；（2）$\dot{U}_{1m} = -8 - j6\,\text{V}$；（3）$\dot{U}_{2m} = j10\,\text{V}$。

解：（1）由于 $\dot{I}_{1m} = 6 - j8 = 10\underline{/-53.1°}\,\text{A}$，对应的正弦量为

$$i_1(t) = 10\cos(314t - 53.1°)\,\text{A}$$

（2）由于 $\dot{U}_{1m} = -8 + j6 = 10\underline{/143.1°}\,\text{V}$，对应的正弦量为

$$u_1(t) = 10\cos(314t + 143.1°)\,\text{V}$$

（3）由于 $\dot{U}_{2m} = -j10 = 10\underline{/90°}\,\text{V}$，对应的正弦量为

$$u_1(t) = 10\cos(314t - 90°)\,\text{V}$$

例 3.1.5 已知两个同频率的正弦电流分别为：$i_1(t) = 5\sqrt{2}\cos(3t + 30°)\,\text{A}$，$i_2(t) = 10\sqrt{2}\cos(3t - 30°)\,\text{A}$，求 $2i_1 + \dfrac{di_2}{dt}$。

解法 1 先对 $i_2(t) = 10\sqrt{2}\cos(3t - 30°)\,\text{A}$ 求导，再利用三角函数公式求和进行化简即可以求得结果，但步骤比较烦琐（请读者结合微分知识和三角函数公式自己完成）。

解法 2 利用前面介绍的具有相同频率的相量具有的微分性质，即式（3.1.11）可以非常方便地求得结果。首先，写出两个正弦量对应的相量形式如下：

$$\dot{I}_1 = 4.33 + j2.5\,\text{A}，\quad \dot{I}_2 = 5\underline{/30°}\,\text{A} = 8.66 + j5\,\text{A}$$

设

$$i = i_1 + \frac{di_2}{dt}$$

根据"若相量 $\dot{A}$ 为给定的正弦量 $A_m\cos(\omega t + \varphi)$ 的相量，则 $j\omega\dot{A}$ 为该正弦量导数的相量"的性质，可以得出 $\dot{I} = 2\dot{I}_1 + j\omega\dot{I}_2$，所以：

$$\dot{I} = 2\dot{I}_1 + j\omega\dot{I}_2 = 23.66 + j30.98 = 38.98\underline{/52.6°}\,\text{A}$$

得

$$i = i_1 + \frac{di_2}{dt} = 38.98\sqrt{2}\cos(3t + 52.6°)\,\text{A}$$

从本例题可以看出，相量分析法的实质是一种计算方法的变换，当采用相量分析法时，可以免去求导（或积分）和复杂的三角函数运算（包括三角函数的积化和差与和差化积），而仅仅进行复数的代数运算就可以了。本章的正弦稳态将全部采用相量形式进行运算。

例 3.1.6 已知正弦量 $u = 28.28\sin(\omega t + 30°)\,\text{V}$，$i = 14.14\sin(\omega t - 60°)\,\text{A}$，试写出它们的有

效值相量式，画出相量图，并由相量图说明 u 与 i 的相位关系。

解 在画相量图时，应将相量用其指数形式或极坐标来表示。u 与 i 的有效值分别为：

$$U = \frac{28.28}{\sqrt{2}} = 20\text{V} , \quad I = \frac{14.14}{\sqrt{2}} = 10\text{A}$$

所以正弦电压 u 和电流 i 的有效值相量为：

$$\dot{U} = 20\underline{/30°}\text{V} , \quad \dot{I} = 10\underline{/-60°}\text{A}$$

由极坐标形式相量可画出相量图，如图 3.1.5 所示。

由相量图可见，在相位上电压 u 超前 i 一个角度 φ，$\varphi = 30° - (-60°) = 90°$。

3.1.3 基尔霍夫定律的相量形式

1. 基尔霍夫电流定律（KCL）的相量形式

任意线性时不变电路在单一频率的正弦信号的激励下，电路进入稳态后，各支路电压、电流为同频率的正弦量，电路中的任意一个节点在任意时刻的电流相量的代数和为零。相量形式的基尔霍夫电流定律用公式可以表述为：

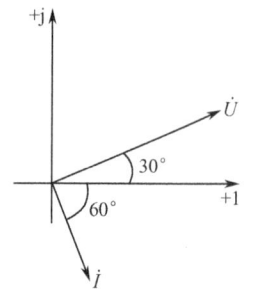

图 3.1.5 例 3.1.6 相量图

$$\sum_{k=1}^{b} \dot{I}_{km} = 0 \qquad (3.1.13\text{a})$$

或

$$\sum_{k=1}^{b} \dot{I}_{k} = 0 \qquad (3.1.13\text{b})$$

式（3.1.13）就是基尔霍夫电流定律（KCL）的相量形式，其中 b 为该节点所连接的支路数，$\dot{I}_{km}$ 和 $\dot{I}_{k}$ 分别为第 k 条支路正弦电流的最大值相量和有效值相量。

相量形式的基尔霍夫电流定律推导如下：根据基尔霍夫电流定律的时域表达式知道

$$\sum_{k=1}^{b} i_k(t) = 0$$

设

$$i_k(t) = \sqrt{2} I_k \cos(\omega t + \varphi)$$

代入式（3.1.13）得：

$$\sum_{k=1}^{b} \sqrt{2} I_k \cos(\omega t + \varphi) = \sum_{k=1}^{b} \text{Re}(\sqrt{2} \dot{I}_k e^{j\omega t}) = 0$$

根据复数的运算规则，复数实部之和等于复数之和的实部，则上式可以写成

$$\text{Re} \sum_{k=1}^{b} (\sqrt{2} \dot{I}_k e^{j\omega t}) = 0 \qquad (1)$$

注意式（1）对任意时刻都成立，不妨设 $t' = t + \frac{1}{4}T$（其中 T 为该正弦量的周期），则式（1）可以写成：

$$\operatorname{Re}\sum_{k=1}^{b}(\sqrt{2}\dot{I}_k \mathrm{e}^{\mathrm{j}\omega t}) = \operatorname{Re}\sum_{k=1}^{b}\left(\sqrt{2}\dot{I}_k \mathrm{e}^{\mathrm{j}\omega t} \times \mathrm{e}^{\mathrm{j}\omega \times \frac{T}{4}}\right) = 0 \quad (2)$$

因为 $\mathrm{e}^{\mathrm{j}\omega \times \frac{T}{4}} = \mathrm{j}$，所以式（2）变为：

$$\operatorname{Re}\sum_{k=1}^{b}\left(\sqrt{2}\dot{I}_k \mathrm{e}^{\mathrm{j}\omega t} \times \mathrm{e}^{\mathrm{j}\omega \times \frac{T}{4}}\right) = \operatorname{Re}\sum_{k=1}^{b}(\mathrm{j}\sqrt{2}\dot{I}_k \mathrm{e}^{\mathrm{j}\omega t}) = \mathrm{I}_m\sum_{k=1}^{b}(\sqrt{2}\dot{I}_k \mathrm{e}^{\mathrm{j}\omega t}) = 0 \quad (3)$$

根据式（1）和式（3）可以知道复指数 $\sum_{k=1}^{b}(\sqrt{2}\dot{I}_k \mathrm{e}^{\mathrm{j}\omega t})$ 的实部和虚部都等于零，即：

$$\sum_{k=1}^{b}(\sqrt{2}\dot{I}_k \mathrm{e}^{\mathrm{j}\omega t}) = 0$$

所以有

$$\sum_{k=1}^{b}\dot{I}_k = 0 \quad \text{或} \quad \sum_{k=1}^{b}\dot{I}_{km} = 0$$

例 3.1.7 设某电路中的一个节点如图 3.1.6 所示，三条支路电流分别为：$i_1(t)=10\sqrt{2}\cos(\omega t+60°)\mathrm{A}$，$i_2(t)=5\sqrt{2}\cos(\omega t-30°)\mathrm{A}$，求 $i_3(t)$，并画出相量图。

解 将三条支路电流分别用有效值相量表示，即：

$$\dot{I}_1 = 10\underline{/60°}\ \mathrm{A}, \quad \dot{I}_2 = 5\underline{/-30°}\ \mathrm{A}$$

可以得到

$$\dot{I}_3 = \dot{I}_1 + \dot{I}_2 = 11.2\underline{/33.4°}\ \mathrm{A}$$

则

$$i_3(t) = 11.2\sqrt{2}\cos(\omega t + 33.4°)\ \mathrm{A}$$

相量图如图 3.1.7 所示，很显然

$$I_3 = \sqrt{I_1^2 + I_2^2} = 11.2\ \mathrm{A}$$

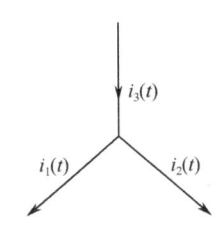

图 3.1.6 例 3.1.7 电路图

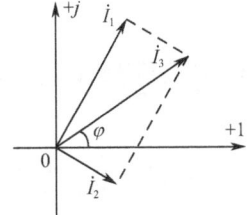

图 3.1.7 例 3.1.7 电路的相量图

在实际应用当中，如果只需要求有效值的大小，用相量图求解显得更简捷直观，也不需要写出其瞬时值表达式。

2．基尔霍夫电压定律（KVL）的相量形式

任意线性时不变电路在单一频率正弦信号的激励下，电路进入稳态后，各支路电压、电流为同频率的正弦量，电路中的任意一个回路在任意时刻沿着任意绕行方向（可以是顺时针或逆时针方向），各个支路的电压相量的代数和为零。相量形式的基尔霍夫电压定律用公式可以表述为：

$$\sum_{k=1}^{n} \dot{U}_{km} = 0 \qquad (3.1.14a)$$

或

$$\sum_{k=1}^{n} \dot{U}_{k} = 0 \qquad (3.1.14b)$$

式（3.1.14）就是基尔霍夫电压定律的相量形式，其中 n 为该回路所含有的支路数，$\dot{U}_{km}$ 和 $\dot{U}_{k}$ 分别为第 k 条支路的正弦电压的最大值相量和有效值相量。

相量形式基尔霍夫电压定律的推导与相量形式基尔霍夫电流定律的推导过程相似，读者可以自己推导。

例 3.1.8 某正弦稳态电路如图 3.1.8（a）所示，其中 N_1 和 N_2 为广义元件，其相应的电压相量分别为 $\dot{U}_1$ 和 $\dot{U}_2$，已知：$\dot{U}_1 = 10\underline{/0°}$ V，$\dot{U}_2 = 5\underline{/45°}$ V。求电源电压相量 $\dot{U}_S$，并画出相量图。

解 根据基尔霍夫电压定律的相量形式，

$$\dot{U}_S = \dot{U}_1 + \dot{U}_2 = 13.99\underline{/14.6°}\ \text{V}$$

按照 $\dot{U}_1$、$\dot{U}_2$ 和 $\dot{U}_S$ 画出相应的电压相量图，如图 3.1.8（b）所示。

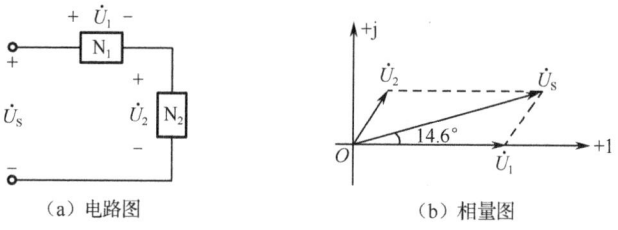

（a）电路图　　　　　　　（b）相量图

图 3.1.8　例 3.1.8 电路图和相量图

3.2 正弦稳态电路的分析

3.2.1 三种基本元件（R、L 和 C）的 VCR 的相量形式

在关联参考方向下，线性时不变电阻、电容和电感元件中的电压和电流的瞬时值关系分别如下：

$$u(t) = R\, i(t)$$
$$i(t) = C\frac{\mathrm{d}u(t)}{\mathrm{d}t}$$
$$u(t) = L\frac{\mathrm{d}i(t)}{\mathrm{d}t}$$

下面，我们讨论这三种元件电压和电流关系的相量形式。

1. 电阻

在正弦稳态电路中，如果电阻中通过的正弦电流设为

$$i(t) = \sqrt{2}I\cos(\omega t + \varphi_i)$$

则根据关联参考方向的欧姆定律 $u(t) = Ri(t)$，得到

$$u(t) = \sqrt{2}IR\cos(\omega t + \varphi_i) \tag{1}$$

写成正弦电压的一般表示式

$$u(t) = \sqrt{2}U\cos(\omega t + \varphi_u) \tag{2}$$

比较式（1）和式（2），得到如下关系：

$$\begin{cases} U = RI \\ \varphi_u = \varphi_i \end{cases} \tag{3.2.1}$$

结论：电阻上的电压和电流频率相同，相位相同，而且电阻上的电压和电流的有效值（或最大值）也满足欧姆定律。将电阻上的电压和电流用相量表示，可以得出电阻上的电压和电流关系的相量形式，即：

$$\dot{I} = I\underline{/\varphi_i}, \quad \dot{U} = U\underline{/\varphi_u}$$

$$\dot{U} = R\dot{I} \tag{3.2.2a}$$

或

$$\dot{U}_m = R\dot{I}_m \tag{3.2.2b}$$

式（3.2.2）就是所求电阻的 VCR 的相量形式，或叫作欧姆定律的相量形式，图 3.2.1 示出了线性时不变电阻的正弦稳态特性，包括时域模型、相量模型和相量图。

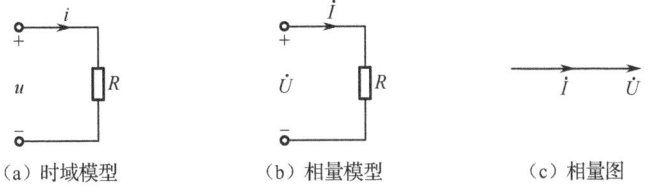

图 3.2.1 电阻的时域模型、相量模型与相量图

2. 电容

如果电容两端加上正弦电压 $u(t) = \sqrt{2}U\cos(\omega t + \varphi_u)$，并设电压和电流为关联参考方向，则电容中的电流

$$i(t) = C\frac{du}{dt} = \sqrt{2}\omega CU\cos(\omega t + \varphi_u + 90°)$$

写成正弦电流的一般表示式，即：

$$i(t) = \sqrt{2}I\cos(\omega t + \varphi_i)$$

比较上面两个式子，有

$$\begin{cases} I = \omega C U \\ \varphi_i - \varphi_u = \dfrac{\pi}{2} \end{cases} \quad (3.2.3)$$

由此可见，电容上的电压和电流都是同频率的正弦量，在相位方面，电流超前电压 π/2（或者说电压滞后电流 π/2），电压和电流最大值（或有效值）的比值成正比，其比值定义为电容的电抗，简称容抗 X_C，即

$$X_C = \dfrac{1}{\omega C} \quad (3.2.4)$$

它反映电容在正弦激励的情况下阻止电流通过的能力。容抗 X_C 和电阻有同样的量纲，单位也是 Ω 或 kΩ。当电容的 C 值一定时，对一定电压而言，频率越高，则通过的电流越大；频率越低，则通过的电流越小。如果是直流激励源，则通过的电流等于零。即所谓的"通交流隔直流"。将电容上的电压和电流用相量表示，可以得出电容上的电压和电流关系的相量形式，即：

$$\dot{I} = j\omega C \dot{U} \quad (3.2.5a)$$

或

$$\dot{U} = \dfrac{1}{j\omega C}\dot{I} \quad (3.2.5b)$$

式（3.2.5）包含了式（3.2.3）中的全部信息，即幅值和相位的关系。图 3.2.2 示出了线性时不变电容的正弦稳态特性，包括时域模型、相量模型和相量图。

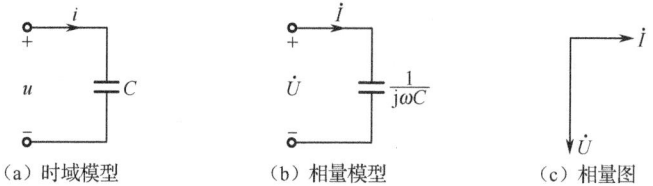

图 3.2.2　电容的时域模型、相量模型与相量图

3．电感

如果电感两端加上正弦电压 $i(t) = \sqrt{2}I\cos(\omega t + \varphi_i)$，并设电压和电流为关联参考方向，则电感中的电压

$$u(t) = L\dfrac{\mathrm{d}i}{\mathrm{d}t} = \sqrt{2}\omega L U\cos(\omega t + \varphi_i + 90°)$$

写成正弦电压的一般表示式，即：

$$u(t) = \sqrt{2}U\cos(\omega t + \varphi_u)$$

比较上面两个式子，有

$$\begin{cases} U = \omega L I \\ \varphi_u - \varphi_i = \dfrac{\pi}{2} \end{cases} \quad (3.2.6)$$

由此可见，电感上的电压和电流都是同频率的正弦量，在相位方面，电压超前电流 π/2（或者说电流滞后电压 π/2），电压和电流最大值（或有效值）的比值成正比，其比值定义为电感的电抗，简称感抗 X_L，即

$$X_L = \omega L \qquad (3.2.7)$$

它反映电感在正弦激励的情况下阻止电流通过的能力。感抗 X_L 和电阻有同样的量纲，单位也是 Ω 或 kΩ。当电感的 L 值一定时，频率越高，感抗 X_L 越大，对一定电压而言，则通过的电流越小；频率越低，感抗 X_L 越小，对一定电压而言，则通过的电流越大。即所谓的"通高频阻低频"。对直流信号而言，电感相当于短路。

将电感上的电压和电流用相量表示，可以得出电感上的电压和电流关系的相量形式，即：

$$\dot{U} = j\omega L \dot{I} \qquad (3.2.8)$$

式（3.2.8）包含了式（3.2.6）中的全部信息，即幅值和相位的关系。图 3.2.3 示出了线性时不变电感的正弦稳态特性，包括时域模型、相量模型和相量图。

例 3.2.1 已知 RLC 串联电路如图 3.2.4 所示，$i_S(t) = 10\sqrt{2}\cos(1000t)\text{A}$，$R = 0.5\Omega$，$L = 1\text{mH}$，$C = 0.002\text{F}$，求电压 $u(t)$。

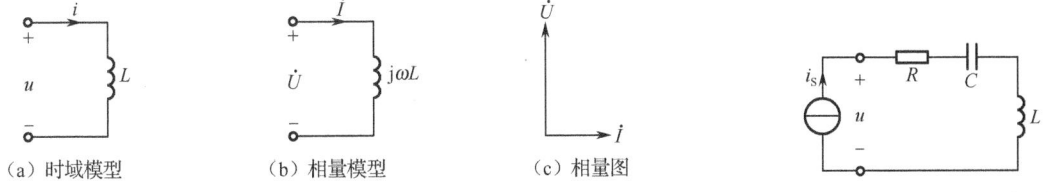

图 3.2.3　电感的时域模型、相量模型与相量图　　　图 3.2.4　例 3.2.1 电路图

解 根据题意可得：

$$\dot{I}_S = 10\underline{/0°}\text{ A}, \quad X_L = \omega L = 1\Omega, \quad X_C = \frac{1}{\omega C} = 0.5\Omega$$

利用 KVL 以及 R、L、C 元件的 VCR 的相量形式得到：

$$\dot{U} = \dot{I}_S(R + jX_L - jX_C)$$
$$= 5\sqrt{2}\underline{/45°}\text{ (V)}$$

相应的时域关系为：

$$u(t) = 10\cos(1000t + 45°)\text{(V)}$$

三种无源元件（R、L、C）的特性比较见表 3.2.1。

表 3.2.1　无源元件特性的比较

元件种类		电阻	电容	电感	参考方向
电流和电压的关系	瞬时值	$u(t) = Ri(t)$	$i(t) = C\dfrac{du(t)}{dt}$ $u = \dfrac{1}{C}\int_{t_0}^{t} i\,dt + u_C(t_0)$	$u(t) = L\dfrac{di(t)}{dt}$ $i = \dfrac{1}{L}\int_{t_0}^{t} u\,dt + i_L(t_0)$	关联参考方向
	相量	$\dot{U} = R\dot{I}$	$\dot{I} = j\omega C\dot{U}$	$\dot{U} = j\omega L\dot{I}$	关联参考方向
	相位关系	电压和电流同相	电流超前电压 90°	电压超前电流 90°	关联参考方向
	相量图	见图 3.2.1	见图 3.2.2	见图 3.2.3	关联参考方向
	有效值	$U = IR$	$U = IX_C$	$U = IX_L$	
电阻或电抗		R	$X_C = \dfrac{1}{\omega C}$	$X_L = \omega L$	

3.2.2 阻抗和导纳

通过上面的分析可以知道，在正弦稳态条件下，线性电阻、线性电容和线性电感的电压和电流都是同频率的正弦量，可以用相量表示，三种基本元件的 VCR 的相量形式见表 3.2.1。在相量法中，可以通过一端口网络的电压相量和电流相量用两种不同形式的等效参数（阻抗和导纳）来表示。

如图 3.2.5（a）所示为一个不含独立电源的一端口网络 N_0，设该无源网络在单一频率 ω 的正弦电源作用下达到稳态，其端口的电压和电流相量分别为

$$\dot{I} = I\underline{/\varphi_i}, \quad \dot{U} = U\underline{/\varphi_u}$$

一端口无源网络 N_0 的电压相量和电流相量的比值定义为该一端口网络 N_0 的复阻抗 Z，即有：

$$Z(j\omega) = \frac{\dot{U}}{\dot{I}} = \frac{U}{I}\underline{/\varphi_u - \varphi_i}$$

令

$$Z(j\omega) = |Z|\underline{/\varphi_z}$$

则

$$\dot{U} = |Z|\dot{I} \qquad (3.2.9)$$

式（3.2.9）通常称为欧姆定律的一般相量形式，或者叫作广义欧姆定律。其中 Z 是复数，但不是正弦量，也不是相量。Z 称为复阻抗，它的模 $|Z|=U/I$ 称为阻抗模。但有时候也简称复阻抗为阻抗。阻抗角 φ_z 等于电压初相角与电流初相角之差，即

$$\varphi_z = \varphi_u - \varphi_i \qquad (3.2.10)$$

复阻抗 Z 的单位是 Ω 或 $k\Omega$，符号与电阻的符号相同。Z 的代数形式为

$$Z = R + jX$$

如图 3.2.5（b）所示。

阻抗模 $\qquad |Z(j\omega)| = \sqrt{R^2 + X^2}$

阻抗角 $\qquad \varphi_z = \varphi_u - \varphi_i = \arctan\left(\dfrac{X}{R}\right)$

其中

$$R = \text{Re}[Z(j\omega)]; \quad X = \text{Im}[Z(j\omega)]$$

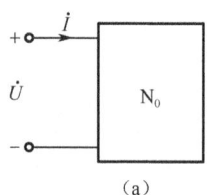 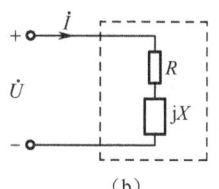 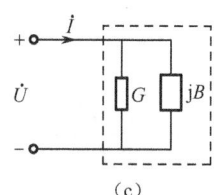

(a) \qquad (b) \qquad (c)

图 3.2.5 线性无源一端口网络的阻抗和导纳

R 称为等效的电阻分量，X 为等效的电抗分量。一般来说，X 的取值范围决定了电抗的性质。当 $X>0$ 时，Z 为感性阻抗；当 $X<0$ 时，Z 为容性阻抗。或者说阻抗角 $\varphi_z>0$ 时，Z 为感性阻抗；阻抗角 $\varphi_z<0$ 时，Z 为容性阻抗。

如果将 $Z(j\omega)$ 的倒数定义为导纳 $Y(j\omega)$，则有：

$$Y(j\omega) = \frac{\dot{I}}{\dot{U}} = \frac{I}{U} \underline{/\varphi_i - \varphi_u}$$

$$Y(j\omega) = |Y| \underline{/\varphi_y} = G + jB$$

如图 3.2.5（c）所示。

导纳模 $\qquad |Y(j\omega)| = \sqrt{G^2 + B^2}$

导纳角 $\qquad \varphi_y = \varphi_i - \varphi_u = \arctan\left(\dfrac{B}{G}\right)$

其中
$$G = \text{Re}[Y(j\omega)] \text{；} \quad B = \text{Im}[Y(j\omega)]$$

G 为等效的电导分量，B 为等效的电纳分量。一般来说，B 的取值范围决定了电纳的性质。当 $B>0$ 时，B 为容性；当 $B<0$ 时，B 为感性。或者说导纳角 $\varphi_y<0$ 时，B 为感性；导纳角 $\varphi_y>0$ 时，B 为容性。

因此，可以知道电阻、电容和电感的阻抗分别为：

$$Z_R = R, \quad Z_C = \frac{1}{j\omega C}, \quad Z_L = j\omega L$$

电阻、电容和电感的导纳分别为：

$$Y_R = G, \quad Y_C = j\omega C, \quad Y_L = \frac{1}{j\omega L}$$

需要指出，在分析应用中要注意以下几个问题：

（1）一端口网络 N_0 的阻抗或导纳是由其内部的参数、电路的结构和正弦电源的频率决定的。一般情况下，阻抗 $Z(j\omega)$ 是一个复数，且是频率 ω 的函数，即同一端口网络，对不同的频率 ω 有不同的阻抗。

（2）阻抗角 $\varphi_z = \varphi_u - \varphi_i$ 反映了端口电压与电流的相位关系，从关系式中清楚可见 φ_z 的大小由电路参数和网络拓扑结构所决定，在同一频率 ω 下，电路参数不同，电压和电流之间的相位差也就不同。如果一端口网络 N_0 的内部不含有受控电源，则有 $|\varphi_z| \leqslant 90°$ 或 $|\varphi_y| \leqslant 90°$，但如果含有受控电源则阻抗或导纳的实部可能为负值，出现 $|\varphi_z| \geqslant 90°$ 或 $|\varphi_y| \geqslant 90°$ 的情况。

（3）在分析和计算交流电路时，必须时刻具有交流的概念，其中首先要有相位概念，而相位关系又反映在阻抗角上，它和阻抗的模一起被称为阻抗，阻抗反映了网络本身的固有特性。阻抗不同于正弦量的复数表示，它不是一个相量，而是一个复数计算量。所以阻抗的符号 Z 的上方不能加上圆点。

（4）对同一端口来说，两种参数具有等同作用，彼此之间可以等效变换，即 $ZY=1$。或写成：

$$Y = \frac{1}{Z}$$

（5）在串联情况下，等效阻抗

$$Z(j\omega) = \sum_{k=1}^{n} Z_k(j\omega)$$

分压公式：

$$\dot{U}_i = \frac{Z_i \dot{U}}{\sum_{k=1}^{n} Z_k}$$

在并联情况下

$$Y(j\omega) = \sum_{k=1}^{n} Y_k(j\omega)$$

分流公式：

$$\dot{I}_i = \frac{Y_i \dot{U}}{\sum_{k=1}^{n} Y_k}$$

（6）在对等效阻抗或等效导纳进行计算时，完全可以采用电阻电路中方法和相关公式，包括三角形和星形之间的互换公式。

例 3.2.2 已知 RLC 串联电路如图 3.2.6 所示，其中 $R=10\Omega$，$L=0.1\text{H}$，$C=100\mu\text{F}$，电源电压 $u(t)=200\sqrt{2}\cos(100t)\text{V}$，求电路中的电流和各元件电压的相量形式和瞬时值表达式。

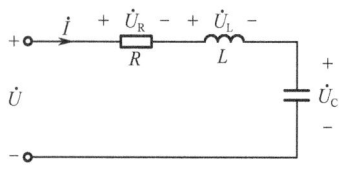

图 3.2.6 例 3.2.2 电路图

解 电源电压的相量形式：$\dot{U}=200\underline{/0°}\text{V}$，RLC 串联电路的等效阻抗为：

$$Z = R + j\omega L - j\frac{1}{\omega C} = 90.6\underline{/-83.7°}\ \Omega$$

所以电路中的电流相量为：

$$\dot{I} = \frac{\dot{U}}{Z} = 2.2\underline{/83.7°}\ \text{A}$$

各元件上的电压相量分别为：

$$\dot{U}_R = \dot{I}R = 22\underline{/83.7°}\ \text{V}$$
$$\dot{U}_L = \dot{I} \times j\omega L = 22\underline{/173.7°}\ \text{V}$$
$$\dot{U}_C = \dot{I} \times \frac{1}{j\omega C} = 220\underline{/-6.3°}\ \text{V}$$

对应的瞬时值形式分别为：

$$i(t) = 2.2\sqrt{2}\cos(100t+83.7°)\ \text{A}$$
$$u_R(t) = 22\sqrt{2}\cos(100t+83.7°)\ \text{V}$$
$$u_L(t) = 22\sqrt{2}\cos(100t+173.7°)\ \text{V}$$
$$u_C(t) = 220\sqrt{2}\cos(100t-6.3°)\ \text{V}$$

画相量图时，如果是串联电路可以选择电流相量作为参考相量，并联电路可以选择电压相量作为参考相量。

通过本例题，我们可以发现，电容上的电压大于电源电压，这是正常的。因为各个元件的电压相量的代数和为零，不能简单地理解为电源电压的有效值（或最大值）等于各个元件的电压的有效值（或最大值）之和。同样，RLC 并联电路中的支路电流也有可能大于总的电流。

例 3.2.3 如图 3.2.7（a）所示电路为一个 RC 移相电路，其输出电压将比输入电压移动一个相位角。已知 $C=0.1\mu\text{F}$，$R=2\text{k}\Omega$，输入电压为正弦信号源，$U_1=1\text{V}$，$f=500\text{Hz}$，试求输出开路电压，并画出电路相量图。

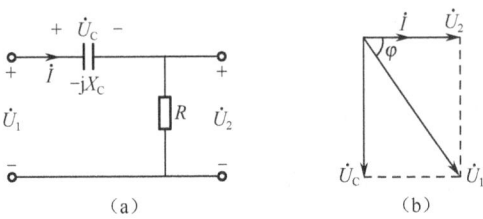

图 3.2.7 例 3.2.3 电路图及相量图

解 （1）容抗 $X_C = \dfrac{1}{2\pi fC} = \dfrac{1}{2\pi \times 500 \times 0.1 \times 10^{-6}} = 3.2\text{k}\Omega$

输出端开路，所以

$$\dot{I} = \dfrac{\dot{U}_1}{R-\text{j}X_C} \rightarrow I = \dfrac{U_1}{\sqrt{R^2+X_C^2}} = 0.265\text{mA}$$

输出开路电压

$$U_2 = RI = 2\text{k}\Omega \times 0.265\text{mA} = 0.53\text{V}$$

（2）由于 R、C 串联，流过的电流是相同的，所以以电流 $\dot{I}$ 作为参考相量，可画出相量图如图 3.2.7（b）所示，$\varphi = \arctan\left(\dfrac{X_C}{R}\right) = 58°$，即输出电压超前输入电压 58°。

例 3.2.4 如图 3.2.8 所示的电路中，已知理想电流源 $\dot{I}_S = 60\underline{/60°}\text{A}$，求电流 $\dot{I}_1$、$\dot{I}_2$。

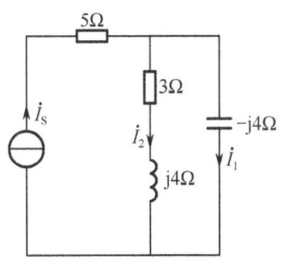

图 3.2.8 例 3.2.4 电路

解 $Z_1 = -\text{j}4\Omega$，$Z_2 = (3+\text{j}4)\Omega$

$$\dot{I}_1 = \dfrac{Z_2}{Z_1+Z_2}\dot{I}_S = \dfrac{3+\text{j}4}{-\text{j}4+3+\text{j}4} \times 60\underline{/60°} = 100\underline{/113.1°}\text{A}$$

$$\dot{I}_2 = \dfrac{Z_1}{Z_1+Z_2}\dot{I}_S = \dfrac{-\text{j}4}{-\text{j}4+3+\text{j}4} \times 60\underline{/60°} = 80\underline{/-30°}\text{A}$$

由以上分析与计算可以得出，在正弦交流电路中，电压和电流用相量，阻抗用复数形式，不仅其串、并联电路的运算类似于直流电路，即使对于复杂交流电路，第 1 章所介绍的电路基本定律与分析方法也是适用的。

3.3 复杂正弦稳态混联电路的分析

所谓正弦稳态混联电路是指电路中元件的连接形式既有串联、又有并联，甚至是三角形连接或者星形连接。对于混联电路，同样可以采用相量法来求解电路的响应，可以把直流电路的各种分析方法、等效变换方法和定理都应用于正弦稳态电路的分析中，在画出正弦稳态混联电路的相量模型后，就可以仿照电阻电路的求解方法来求正弦稳态混联电路的输入阻抗、输入导纳、输出阻抗、输出导纳、支路电压相量和支路电流相量等电路参数。

相量分析法的主要步骤是：首先将电路的时域模型变换为相量模型（即保持电路的结构不变，将各个元件 R、L、C 用复阻抗表示，电源用相量表示）；其次运用基尔霍夫定律（KCL、KVL）和元件伏安关系的相量形式并结合各种分析方法建立复代数方程；联立求解复代数方程组，根据题目要求求出电压或电流响应相量，最后把求出的电压或电流响应相量变换成正弦量。

3.3.1 应用基尔霍夫定律的相量形式

正弦稳态电路的稳态响应，可以应用最基本的电路分析方法，即基尔霍夫定律的相量形式来求解。其求解过程如下：首先将电路的时域模型变换为相量模型，画出电路的相量模型（电路中的各个元件 R、L、C 用复阻抗或复导纳表示，电源用相量表示）；然后标出电路中独立的回路电流或者节点电压（相量形式的回路电流或节点电压）；最后对这些独立的回路或者节点运用相量形式的基尔霍夫定律列写方程，求出回路电流或者节点电压，进而再求解电路中其他的一些物理量。

下面通过具体电路的分析来说明相量形式的基尔霍夫定律在正弦稳态电路中解题的一般步骤。

例 3.3.1 某电路如图 3.3.1(a)所示，已知 $u_s(t) = 5\sqrt{2}\cos(500t)\text{V}$，$R_1 = 0.5\Omega$，$R_2 = 0.2\Omega$，$i_s(t) = 5\sqrt{2}\cos(500t)\text{A}$，$L = 8\text{mH}$，$C_1 = C_2 = 2000\mu\text{F}$，应用节点电压分析法求解电容 C_1 上的电流的大小。

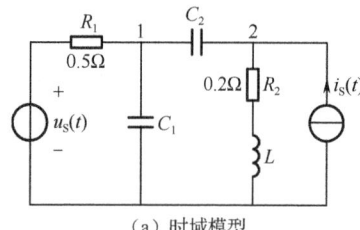
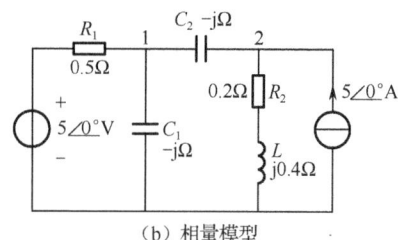

图 3.3.1　例 3.3.1 电路图

解 解题步骤如下：

（1）先把电路的时域模型化为相量模型，画出电路的相量模型如图 3.3.1（b）所示。

（2）选定两个独立的节点 1 和 2。

（3）运用 KCL 对节点 1 和 2 分别列写节点方程：

$$\begin{cases} \left(\dfrac{1}{0.5}+\dfrac{1}{-\text{j}}+\dfrac{1}{-\text{j}}\right)\dot{U}_{n1} - \dfrac{1}{-\text{j}}\dot{U}_{n2} = \dfrac{5\angle 0°}{0.5} \\ -\dfrac{1}{-\text{j}}\dot{U}_{n1} + \left(\dfrac{1}{-\text{j}}+\dfrac{1}{0.2+\text{j}0.4}\right)\dot{U}_{n2} = 5\angle 0° \end{cases}$$

整理后得到：

$$\begin{cases} (2+\text{j}2)\dot{U}_{n1} - \text{j}\dot{U}_{n2} = 10 \\ -\text{j}\dot{U}_{n1} + (1-\text{j})\dot{U}_{n2} = 5 \end{cases}$$

联立求解，则有：
$$\dot{U}_{n1} = 2 - j\text{ V}, \quad \dot{U}_{n2} = 2 + j4 \text{ V}$$

所以
$$\dot{I}_C = \frac{\dot{U}_{n1}}{-j} = \frac{2-j}{-j} = 1 + j2 \text{ A}$$

即可得电容 C_1 上的电流有效值的大小 $I_C = 2.24\text{A}$。

例 3.3.2 电路如图 3.3.2（a）所示，其中 $u_S(t) = 10\sqrt{2}\sin(5000t)\text{V}$，求电流 $i(t)$、$i_L(t)$ 和 $i_C(t)$。

解 电源电压相量和容抗、感抗分别为
$$\dot{U}_S = 10\underline{/0°}\text{V}, \quad X_C = \frac{1}{\omega C} = \frac{1}{5000 \times 0.1 \times 10^{-6}} = 2\text{k}\Omega, \quad X_L = \omega L = 5000 \times 1 = 5\text{k}\Omega$$

画出电路的相量模型如图 3.3.2（b）所示。

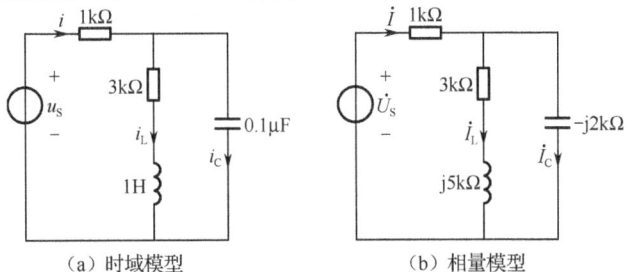

（a）时域模型　　　　　　　（b）相量模型

图 3.3.2 例 3.3.2 电路图

设 R、L 串联支路的阻抗为 Z_1，电容支路的阻抗为 Z_2，Z_1、Z_2 并联阻抗为 Z_{12}，则
$$Z_1 = (3 + j5) = 5.83\underline{/59°}\text{ k}\Omega$$
$$Z_2 = -j2\text{k}\Omega$$
$$Z_{12} = \frac{Z_1 Z_2}{Z_1 + Z_2} = \frac{(3+j5)(-j2)}{3+j5-j2} = (0.633 - j2.66)\text{k}\Omega$$
$$\dot{I} = \frac{\dot{U}_S}{1 + Z_{12}} = \frac{10\underline{/0°}}{1 + 0.633 - j2.66} = 3.18\underline{/58°}\text{ mA}$$
$$\dot{I}_L = \frac{Z_2}{Z_1 + Z_2}\dot{I} = \frac{-j2}{3+j5-j2} \times 3.18\underline{/58°} = 1.5\underline{/-77°}\text{ mA}$$
$$\dot{I}_C = \frac{Z_1}{Z_1 + Z_2}\dot{I} = \frac{5.83\underline{/59°}}{3+j5-j2} \times 3.18\underline{/58°} = 4.37\underline{/72°}\text{mA}$$

所以
$$i(t) = 3.18\sqrt{2}\sin(5000t + 58°)\text{mA}$$
$$i_L(t) = 1.5\sqrt{2}\sin(5000t - 77°)\text{mA}$$
$$i_C(t) = 4.37\sqrt{2}\sin(5000t + 72°)\text{mA}$$

3.3.2 戴维南定理和诺顿定理的应用

戴维南定理或诺顿定理同样可以应用在正弦稳态电路中，在应用时首先也是将电路的时域模型变换为相量模型，然后按照电阻电路的分析方法来处理，下面举例说明。

例 3.3.3 电路如图 3.3.3（a）所示，已知 $\dot{I}_S = 2\angle 0°$ A，试应用戴维南定理求电流 $\dot{I}$。

解 （1）从 ab 处断开，如图 3.3.3（b）所示，求开路电压 $\dot{U}_{oc}$

$$\dot{U}_{oc} = \frac{5 \times (-j10)}{5 - j10} \times 2\angle 0° = 8.94\angle -26.6° \text{V}$$

戴维南等效复阻抗为：

$$Z_{eq} = 5//(-j10) + j5 = \frac{5 \times (-j10)}{5 - j10} + j5 = (4 + j3)\Omega$$

（2）由图 3.3.3（c）可求得流过 Z_3 的电流 $\dot{I}$

$$\dot{I} = \frac{8.94\angle -26.6°}{(4+j3)+(4-j3)} = 1.12\angle -26.6° \text{A}$$

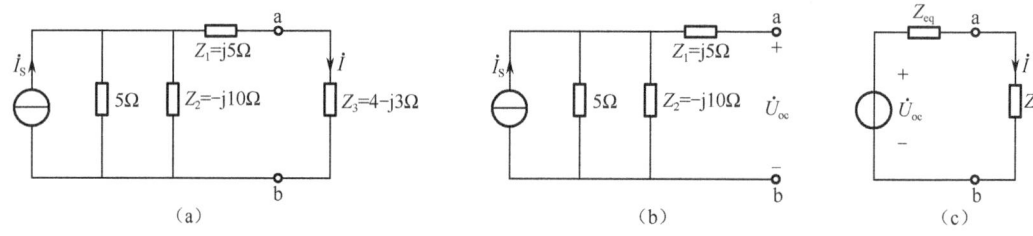

图 3.3.3 例 3.3.3 电路图和戴维南等效电路的相量模型

3.3.3 正弦稳态电路的相量图求解法

相量图求解法是正弦稳态电路区别于电阻电路的一个特有的分析方法，是在画出电路的相量图后，根据电路中的电压相量和电流相量的关系，在复平面上定性地画出已知相量和待求解相量，根据它们之间的关系求解的方法。在画电路的相量图时一般可以考虑以下规则：

（1）串联电路的正弦稳态电路，由于电流相量相等，选用电流相量作为参考相量，为简单起见，并设电流相量的初相角为零。

（2）类似的原因，并联电路选用电压相量作为参考相量，为简单起见，也可以设电压相量的初相角为零。

（3）利用三种基本元件 R、L、C 的伏安关系导出其他支路的电压（或电流）相量。

（4）在复平面上借助向量（相量一般不叫向量这个名称，它实际是关于时间的向量，注意与力学中的空间向量区别）运算规则，如平行四边形法则或多边形法则，完全按照向量求解的方法求支路电压相量或支路电流相量。

例 3.3.4 采用实验的方法测量电感及其等效直流电阻的正弦稳态电路的相量图如图 3.3.4（a）所示，已知电源电压 $\dot{U} = 220$V，频率 $f = 50$Hz，标准电阻 $R_1 = 100\Omega$，当电阻 R_1 上的交流电压表的读数为 100V，电感上（事实上测得的是电感及其等效直流电阻上）的交流电压表的读数为 150V 时，求电感 L 及其等效直流电阻 R_L 的大小。

解 根据图 3.3.4（a）所示的相量图，选择电流相量作为参考相量，标准电阻 R_1 上的电压相量以及等效直流电阻 R_L 的电压相量与电流相量同相，电感上（事实上测得的是电感及其等效直流电阻上）的电压相量超前电流相量某个角度，设总的电压相量超前电流相量 φ 角度，其中 $0° < \varphi < 90°$。由此可以根据 KVL 的相量形式和向量合成的三角形法则定性地画出电压相

量图如图 3.3.4（b）所示。

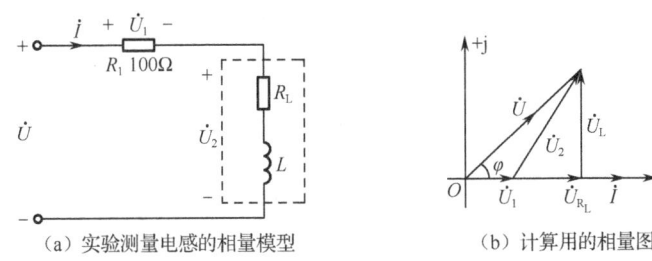

(a) 实验测量电感的相量模型　　(b) 计算用的相量图

图 3.3.4　例 3.3.4 电路图

根据已知条件，

$$I = \frac{U_1}{R_1} = 1\text{A}$$

由假设条件（见相量图），

$$\dot{I} = 1\underline{/0°}\text{ A}，\quad \dot{U}_1 = 100\underline{/0°}\text{ V}$$

根据三角形的余弦定理：$U_2^2 = U^2 + U_1^2 - 2UU_1\cos\varphi$，得

$$\varphi = \arccos 0.816 = 39.2°$$

因而：

$$U_L = U\sin\varphi = 220\sin 39.2°$$

但 $U_L = \omega L I$，则

$$L = \frac{U\sin\varphi}{\omega I} = 441\text{mH}$$

由 $(R_L + R_1)I = U\cos\varphi$ 可以得到：

$$R_L = 79.5\Omega$$

从本例题可以看出，相量图求解法在某些场合解题具有简单直观的优势。

3.4　正弦交流电路中的功率

3.4.1　二端网络的瞬时功率

本节中我们讨论二端网络处于正弦稳态条件下的功率问题，设某线性无源二端网络 N_0 如图 3.4.1 所示。

端口的电压和电流采用关联参考方向，电压和电流的瞬时值表达式分别表示为：

$$u(t) = \sqrt{2}U\cos(\omega t + \varphi_u)\text{V}，\quad i(t) = \sqrt{2}U\cos(\omega t + \varphi_i)\text{A}$$

则该二端网络 N_0 吸收的瞬时功率为：

$$p(t) = u(t)i(t) = UI\cos\varphi + UI\cos(2\omega t + \varphi) \tag{3.4.1}$$

其中

$$\varphi = \varphi_u - \varphi_i = \varphi_z$$

为电压比电流超前的相位差，即等于阻抗角，它和电压和电流的参考方向的选择有关。

从式（3.4.1）可以看出该二端网络 N_0 吸收的瞬时功率分为两个部分，第一项 $UI\cos\varphi$ 是不随时间变化的恒定分量，第二项 $UI\cos(2\omega t+\varphi)$ 是角频率为 2ω 的正弦周期函数。图 3.4.2 给出了瞬时电压、瞬时电流和瞬时功率对应的波形图。

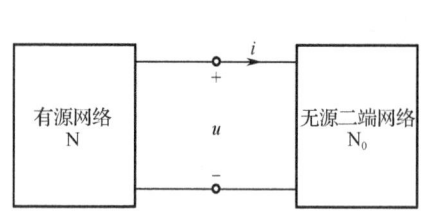

图 3.4.1 无源二端网络

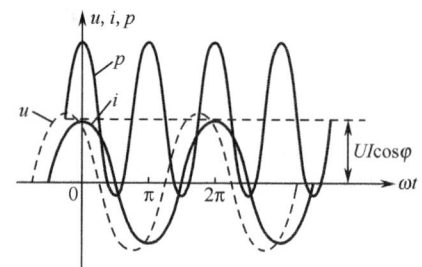

图 3.4.2 二端网络的正弦电路中瞬时功率与瞬时电压、瞬时电流对应的波形图

从波形图可以看出，瞬时功率有正有负，在电压或电流的瞬时值为零时，瞬时功率为零，在一个周期内，电压和电流有两次方向相反，这时候瞬时功率小于零，表示该二端网络将能量送回外部电路。瞬时功率有正有负，说明该二端网络与电源之间存在着能量的交换，网络 N_0 吸收的能量（功率），一部分被网络内部的电阻消耗掉，另外一部分被网络内部的动态元件（L 或 C）储存起来。当某储能元件释放能量时，一部分被网络内部的电阻消耗掉，一部分送网络内部的储能元件进行储存，另外还有部分能量送回网络外部，出现能量交换，对端口而言表现为瞬时功率为负值。

3.4.2 二端网络的平均功率

在实际应用中，瞬时功率用得并不多，对具体正弦电路中的电气设备而言，我们一般更关心平均功率。通常所说的正弦电路功率（如工程上的计量功率或电器铭牌上标明的功率）都是指有功功率（或叫作平均功率），用 P 表示。平均功率定义为瞬时功率在一个周期内的平均值，对于关联参考方向的电压和电流，平均功率可以表示如下：

$$P = \frac{1}{T}\int_0^T p(t)\mathrm{d}t = \frac{1}{T}\int_0^T u(t)i(t)\mathrm{d}t$$
$$= UI\cos\varphi \tag{3.4.2}$$

结合式（3.4.1）的表达式，平均功率就是瞬时功率中的恒定分量，它代表的是电路中消耗的实际功率，不仅和电压、电流的有效值的乘积有关，还和它们的相位差有关。因此在无源二端网络中，阻抗角就是功率因数角（功率因数的概念后述）。

对式（3.4.2）进行简单的讨论：

（1）当 $\varphi=0$ 时，$\cos\varphi=1$，电压和电流同相位，该网络相当于纯电阻，平均功率达到最大值。

（2）当 $|\varphi|=90°$ 时，$\cos\varphi=0$，电压和电流相位的绝对值相差 90°，该网络相当于纯电抗（纯电容或纯电感），此时虽然电压和电流的有效值不等于零，但是平均功率达到最小值，等于零，即 $P_L = P_C = 0$。

3.4.3 二端网络的无功功率

由于在无源二端网络 N_0 中，除了含有耗能元件电阻外，还可能存在动态元件电容或电感，这样势必会引起无源二端网络 N_0 和网络外部的能量交换。为了衡量网络 N_0 和网络外部的能量交换的规模的大小，定义瞬时值功率可逆部分的振幅（最大值）为无功功率，用 Q 来表示，即：

$$Q = UI\sin\varphi \qquad (3.4.3)$$

从功率的计算式来看，无功功率和有功功率应该具有相同的量纲，但为了和有功功率区别，无功功率的单位称为"无功伏安"，简称"乏（var）"或"千乏（kvar）"。这里所说的"无功"代表的是能量的交换，没有被真正消耗掉的意思，不能简单地从字面理解为"无用"。在某些场合，无功功率在电路中带来的影响是不可忽略的（如在电力传输过程中的无功功率应该尽量减小以便提高能量的利用率）。

由于 φ 有正负，所以 Q 是具有正负的代数量。当 $\varphi > 0$ 时（感性电路），$Q > 0$；当 $\varphi < 0$ 时（容性电路），$Q < 0$；即无功功率有正负之分。通常规定电感的无功功率为正，认为电感是"吸收（或消耗）功率"，电容的无功功率为负，认为电容是"产生（或发送）功率"。对于纯电感而言，$\varphi = 90°$，$Q_L = UI\sin 90° = UI > 0$；对于纯电容而言，$\varphi = -90°$，$Q_L = UI\sin(-90°) = -UI < 0$。

3.4.4 二端网络的视在功率

视在功率定义为二端网络的端口电压的有效值和端口电流的有效值的乘积，用符号 S 来表示，即：

$$S = UI \qquad (3.4.4)$$

视在功率同样也具有功率的量纲，但为了区别于平均功率，把视在功率的单位称为 VA（伏安）或 kVA（千伏安）。

视在功率的概念在实际中有着非常重要的意义，电力工程中的视在功率常用来衡量电气设备在额定电压、电流条件下的最大负荷能力或最大的带负载的能力（即对外输出最大有功功率的能力），视在功率是描写电源特征的参数之一。通常在电源（发电机或变压器）的铭牌上标注的是输出电压和输出电流的额定值，因此电源的视在功率也叫做电源的容量。具体到实际电路中，输出的有功功率的大小并不取决于电源的视在功率，而是取决于和电源相连的二端网络。在实际中，用户要根据用电设备的视在功率选用合适的电源，如果用电设备在使用过程中超过了电源或电动机的输出电压和输出电流的额定值，就有可能损坏电源或电动机。

根据前面的介绍，不难得出有功功率、无功功率和视在功率的关系为：

$$S^2 = P^2 + Q^2$$

或写成

$$S = \sqrt{P^2 + Q^2}$$

$$\varphi = \arctan\frac{Q}{P}$$

P、Q、S 满足功率三角形，如图 3.4.3 所示，但是功率三角形不是相量图。

例 3.4.1 求如图 3.4.4 所示电路，已知 $\dot{U}_S = 85\underline{/0°}$ V，$R_1 = R_2 = 15\Omega$，$L = 25\text{mH}$，

$C = 40\mu F$，$\omega = 10^3 \text{rad/s}$，求电路的平均功率 P、无功功率 Q 和视在功率 S。

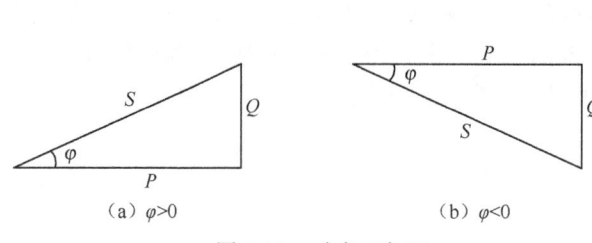

图 3.4.3 功率三角形

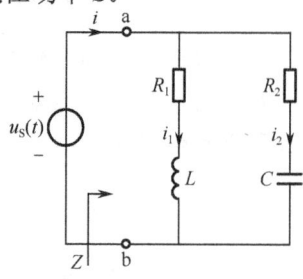

图 3.4.4 例 3.4.1 电路图

解 首先画出该电路的相量模型（略），从 a、b 端口向右看进去的等效阻抗为

$$Z = \frac{(R_1 + j\omega L)\left(R_2 - j\dfrac{1}{\omega C}\right)}{(R_1 + j\omega L) + \left(R_2 - j\dfrac{1}{\omega C}\right)} = 28.33\Omega$$

端口电流相量

$$\dot{I} = \frac{\dot{U}_S}{Z} = 3\underline{/0°}\text{ A}$$

支路 1（图 3.4.4 中的 R_1、L 支路）、支路 2（图 3.4.4 中的 R_2、C 支路）的电流相量分别为

$$\dot{I}_1 = \frac{\dot{U}_S}{R_1 + j\omega L} = 2.915\underline{/-59.04°}\text{A}, \quad \dot{I}_2 = \frac{\dot{U}_S}{R_2 - j\dfrac{1}{\omega C}} = 2.915\underline{/59.04°}\text{A}$$

电路的有功功率、无功功率、视在功率分别为：

$$P = UI\cos\varphi = 85 \times 3\cos 0° = 255\text{W}$$
$$Q = UI\sin\varphi = 85 \times 3\sin 0° = 0\text{var}$$
$$S = UI = 85 \times 3 = 255\text{VA}$$

3.4.5 二端网络的功率因数

在电力工程中经常用到功率因数的概念，网络的平均功率和视在功率的比值定义为功率因数，用符号 λ 表示，即：

$$\lambda = \frac{P}{S} = \cos\varphi \tag{3.4.5}$$

功率因数的物理意义是反映了电源被利用的程度。在实际电力工程中，由于电网非常庞大，发电机提供的视在功率要尽量转化为负载的有功功率，否则电能在长距离的传输中大量地损耗在送电线路中，这样白白占用了发电机的容量。衡量这种能力转化程度高低的指标就是功率因数，理想情况下，$\lambda=1$。当功率因数为 1 时，电源提供的视在功率全部转化为负载的有功功率。在一定的供电电压下，向负载输送一定的有功功率时，由式（3.4.2）知道，如果负载的功率因数越低，则输电线上的电流越大，导线电阻上的能量损耗就越大。在实践中，对于感性电路，为了提高功率因数，通常在负载两端并联合适的电容，尽量使得等效阻抗接近于纯电阻，这叫作功率因数的补偿。

例 3.4.2 一个负载在频率为 50Hz、额定工作电压为 220V 交流电源激励下工作，功率为

20kW，功率因数 $\lambda = 0.7$（感性），为了将功率因数提高到 $\lambda = 0.9$，求所需要并联的电容值。

解 由于理想电容的有功功率等于零，所以并联电容的前后，整个电路的有功功率都不变，即 $P = 20\text{kW}$。设并联电容前的电路的阻抗角为 φ，并联电容后的电路的阻抗角为 φ'，则根据功率三角形，并联电容前的电路的无功功率 $Q = P\tan\varphi$，如果并联电容的无功功率为 Q_C，根据无功功率守恒，则有

$$P\tan\varphi' = P\tan\varphi + Q_C = P\tan\varphi - \omega C U^2$$

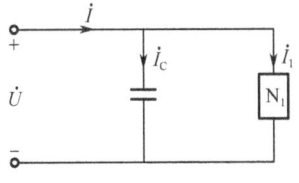

图 3.4.5 例 3.4.2 电路图

所以可以得到所需并联的电容值为：

$$C = \frac{P\tan\varphi - P\tan\varphi'}{\omega U^2}$$

根据已知条件可以得

$$C = 704\mu F$$

习题 3

一、选择题

3.1 已知工频电压有效值和初始值均为 380V，则该电压的瞬时值表达式为（　　）。

    a. $u = 380\sin 314t \text{ V}$ b. $u = 537\sin(314t + 45°)\text{V}$

    c. $u = 380\sin(314t + 90°)\text{V}$ d. $u = 537\sin(314t + 90°)\text{V}$

3.2 $u = -100\sin(6\pi t + 10°)\text{V}$ 超前 $i = 5\cos(6\pi t - 15°)\text{A}$ 的相位差是（　　）。

    a. $25°$ b. $95°$

    c. $115°$ d. $-95°$

3.3 已知 $i_1 = 10\sin(314t + 90°)\text{A}$，$i_2 = 10\sin(628t + 30°)\text{A}$，则（　　）。

    a. i_1 超前 $i_2 60°$ b. i_1 滞后 $i_2 60°$

    c. i_1 超前 $i_2 120°$ d. 相位差无法判断

3.4 一个电热器，接在 10V 的直流电源上，产生的功率为 P。把它改接在正弦交流电源上，使其产生的功率为 $P/2$，则正弦交流电源电压的最大值为（　　）。

    a. $5\sqrt{2}$ V   b. 5V

    c. 10V   d. $10\sqrt{2}$ V

3.5 实验室中的交流电压表和电流表，其读数是交流电的（　　）。

    a. 最大值   b. 有效值

    c. 瞬时值   d. 平均值

3.6 在正弦交流电路中，电容元件的瞬时值伏安关系可表达为（　　）。

    a. $u = iX_C$ b. $u = jX_C \times i$

    c. $i = C\dfrac{du}{dt}$ d. $u = C\dfrac{di}{dt}$

3.7 在正弦交流电路中，电感元件的瞬时值伏安关系可表达为（　　）。

    a. $u = iX_L$ b. $u = jX_L \times i$

c. $u = L\dfrac{\mathrm{d}i}{\mathrm{d}t}$ d. $i = L\dfrac{\mathrm{d}u}{\mathrm{d}t}$

3.8 在正弦交流电路中，电阻元件的相量形式伏安关系可表达为（　　）。
   a. $u = Ri$ b. $\dot{U} = Ri$
   c. $U = R\dot{I}$ d. $\dot{U} = R\dot{I}$

3.9 在正弦交流电路中，电容元件的相量形式伏安关系可表达为（　　）。
   a. $u = iX_C$ b. $\dot{U} = \mathrm{j}\omega C \times \dot{I}$
   c. $i = C\dfrac{\mathrm{d}u}{\mathrm{d}t}$ d. $\dot{U} = \dfrac{1}{\mathrm{j}\omega C} \times \dot{I}$

3.10 在正弦交流电路中，电感元件的相量形式伏安关系可表达为（　　）。
   a. $u = iX_L$ b. $\dot{U} = \mathrm{j}X_L \times \dot{I}$
   c. $u = L\dfrac{\mathrm{d}i}{\mathrm{d}t}$ d. $\dot{I} = \mathrm{j}X_L \times \dot{U}$

3.11 正弦电压 $u(t) = 2U\cos(\omega t - 45°)$ V 对应的相量表示为（　　）。
   a. $\dot{U} = U\underline{/45°}$ b. $\dot{U} = U\underline{/-45°}$
   c. $\dot{U} = U\underline{/-45°}$ d. $\dot{U} = \sqrt{2}U\underline{/-45°}$

3.12 标有额定值为"220V、100W"和"220V、25W"的白炽灯两盏，将其串联后接入 220V 工频交流电源上，其亮度情况是（　　）。
   a. 100W 的灯泡较亮 b. 25W 的灯泡较亮
   c. 两只灯泡一样亮 d. 不能确定

3.13 在 R、L 串联的交流电路中，R 上端电压为 3V，L 上端电压为 4V，则总电压为（　　）。
   a. 7V b. 5V
   c. 1V d. $\sqrt{7}$ V

3.14 流过 0.5F 电容元件的电流值为 $i = \sqrt{2}\sin(100t - 30°)$ A，则电容两端的电压为（　　）。
   a. $u = 0.02\sqrt{2}\sin(100t - 120°)$ V b. $u = 0.02\sin(100t - 120°)$ V
   c. $u = 0.02\sqrt{2}\sin(100t + 120°)$ V d. $u = 0.02\sqrt{2}\sin(100t + 60°)$ V

3.15 电路如题图 3.15 所示，电源 $u = \sqrt{2}\cos t$ V，则 u_R 为（　　）V。
   a. $\sqrt{2}\cos(t - 45°)$ b. $\sqrt{2}\cos(t + 45°)$
   c. $\cos(t - 45°)$ d. $\cos(t + 45°)$

3.16 电路如题图 3.16 所示，电源 $u = 5\sqrt{2}\cos(2t)$ V，电流 i 为（　　）A。
   a. $\sqrt{2}\cos(2t - 90°)$ b. $1/\sqrt{2}\cos(2t - 45°)$
   c. $\cos(2t - 45°)$ d. $1/\sqrt{2}\cos(2t - 90°)$

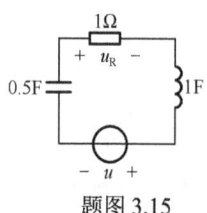

题图 3.15

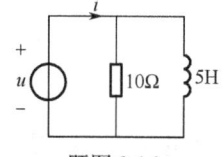

题图 3.16

3.17 在题图 3.17 所示电路中，$R = X_L = X_C$，并已知安培表 A_1 的读数为 3A，则安培表 A_2、A_3 的读数应为（　　）。

    a. 1A、1A
    b. 3A、0A
    c. 4.24A、3A
    d. 0A、3A

3.18 题图 3.18 所示一端口电路相量模型的等效导纳等于（　　）。

    a. （0.5+j0.5）S
    b. （1+j1）S
    c. （1−j1）S
    d. （0.5−j0.5）S

3.19 题图 3.19 所示一端口电路的功率因素为（　　）。

    a. 0.8
    b. 0.707
    c. −0.6
    d. 0.6

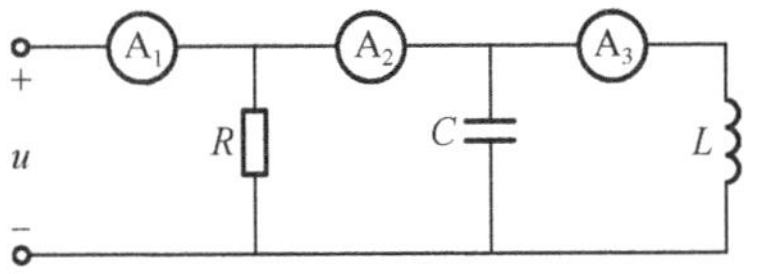

题图 3.17 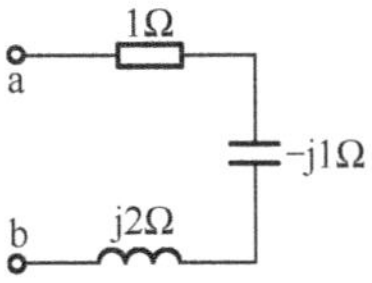　　题图 3.18 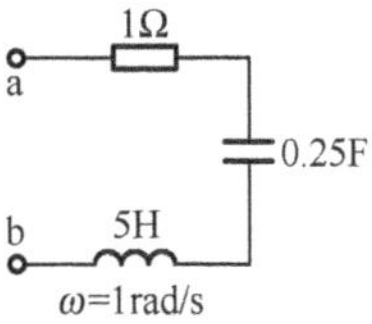　　题图 3.19

3.20 在题图 3.20 电路中，$u_S(t) = 10\sqrt{2}\cos(3t + 30°)$V，则电阻 R 吸收的平均功率 P 等于（　　）。

    a. 12.5W
    b. 16W
    c. 32W
    d. 25W

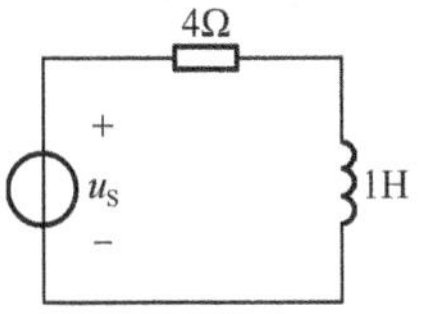

3.21 在正弦交流电路中提高感性负载功率因数的方法是（　　）。

    a. 负载串联电感
    b. 负载串联电容
    c. 负载并联电感
    d. 负载并联电容

题图 3.20

3.22 每只日光灯的功率因数为 0.5，当 N 只日光灯相并联时，总的功率因数_____；若再与 M 只白炽灯并联，则总功率因数_____（　　）。

    a. 等于 0.5　大于 0.5
    b. 等于 0.5　小于 0.5
    c. 小于 0.5　等于 0.5
    d. 小于 0.5　小于 0.5

二、填空题

3.23 正弦交流电的三要素是指正弦量的_____、_____和_____。

3.24 已知一正弦量 $i(t) = 7.07\sin(314t − 45°)$A，则该正弦电流的最大值是_____A；有效值是_____A；角频率是_____rad/s；频率是_____Hz；周期是_____s；初相角是_____。

3.25 设两个同频正弦量分别是 $u(t) = U_m\sin(\omega t + \varphi_1)$，$i(t) = I_m\sin(\omega t + \varphi_2)$，电压与电流相位差 $\varphi = $_____，若 $\varphi > 0$，说明 u_____i。

3.26 正弦量 $i = \sqrt{2}I\sin(\omega t + \varphi)$，其相量为_____。正弦量的函数表达式中包含了正弦量的_____要素，而它的相量中只包含了_____和_____要素。原因是我们当前研究的激励与响应正弦量均具有相同的_____。

3.27 正弦交流电压 $u(t) = 220\sqrt{2}\cos(314t + 45°)$V，该电压的有效值相量是_____，振

幅相量是_____。

3.28 记电流 i 的相量为 $\dot{I}$，则 $\dfrac{\mathrm{d}i}{\mathrm{d}t}$ 的相量为_____，$\int i\mathrm{d}t$ 的相量为_____。

3.29 拓扑约束（基尔霍夫定理 KCL、KVL）的相量形式为：$\sum\limits_{k=1}^{n} i_k = 0 \Rightarrow$ _____，$\sum\limits_{k=1}^{n} u_k = 0 \Rightarrow$ _____。

3.30 电阻元件上的电压、电流在相位上是_____关系；电感元件电压、电流在相位上是电压_____电流；电容元件上的电压、电流相位为电压_____电流。

3.31 正弦交流电路中，电阻元件上的阻抗 $Z=$ _____，与频率_____；电感元件上的阻抗 $Z=$ _____，与频率成_____；电容元件上的阻抗 $Z=$ _____，与频率成_____。

3.32 在交流电路中，频率越高，感抗越_____，容抗_____。

3.33 电阻元件上只消耗_____功率，不产生_____功率。

3.34 平均功率为消耗在_____上的功率，又称为_____功率。

3.35 平均功率 $P=$ _____；无功功率 $Q=$ _____，视在功率 $S=$ _____。

三、解答计算题

3.36 画出 $i_1(t)=10\cos(314t+30°)\mathrm{A}$ 和 $i_2(t)=20\cos(314t-60°)\mathrm{A}$ 的波形图和相量图，并求 $i_1(t)$ 对 $i_2(t)$ 的相位差。

3.37 已知 $i_1(t)=10\cos(314t)\mathrm{A}$，$i_2(t)=10\cos(314t-90°)\mathrm{A}$，用相量法求 $i(t)=i_1(t)+i_2(t)$ 的表达式。

3.38 已知某无源一端口网络的两端电压 $u(t)$ 和电流 $i(t)$ 各如下式所示，并且两端电压 $u(t)$ 和电流 $i(t)$ 取关联参考方向。试求每种情况下的复阻抗和复导纳。

（1）$u(t)=100\cos(2t+30°)\mathrm{V}$，$i(t)=5\cos(2t-60°)\mathrm{A}$；

（2）$u(t)=40\cos(100t-15°)\mathrm{V}$，$i(t)=\sin(100t+45°)\mathrm{A}$；

（3）$u(t)=[-5\cos(2t)+12\sin(2t)]\mathrm{V}$，$i(t)=1.3\cos(2t+40°)\mathrm{A}$；

（4）$u(t)=\mathrm{Re}[\mathrm{j}e^{\mathrm{j}2t}]\mathrm{V}$，$i(t)=\mathrm{Re}[(1+\mathrm{j})e^{\mathrm{j}(2t+30°)}]\mathrm{mA}$。

3.39 已知 RLC 并联电路如题图 3.39 所示，其中 $R=50\Omega$，$L=1\mathrm{H}$，$C=300\mu\mathrm{F}$，电源电压 $u(t)=50\sqrt{2}\cos(100t)\mathrm{V}$。求：（1）电路的总导纳 Y 和总电流 $\dot{I}$；（2）各元件中的电流相量，并画出相量图。

3.40 已知移相器电路如题图 3.40 所示，其中 $C_1=C_2=1\mu\mathrm{F}$，$R_1=R_2=3.2\mathrm{k}\Omega$，输入电压的频率 $f=50\mathrm{Hz}$，求输出电压和输入电压的相位差。如果输入电压的频率变为 $f=500\mathrm{Hz}$，结果是否会改变？

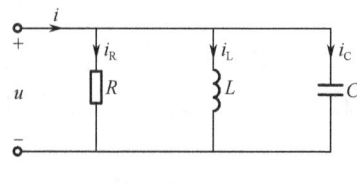

题图 3.39

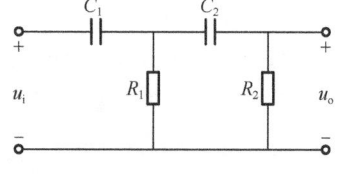

题图 3.40

3.41 如题图 3.41 所示正弦稳态电路中，已知理想交流电流表 A_2 和 A_3 的读数分别为：$A_2=6\text{mA}$，$A_3=8\text{mA}$，求电流表 A 的读数，以输入的电压源相量为参考相量，画出含有各支路电流的相量图。

3.42 某电路的电路图如题图 3.42 所示，计算节点电压相量 $\dot{U}_1$ 和 $\dot{U}_2$。

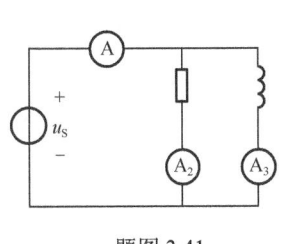

题图 3.41　　　　　　　　　　　题图 3.42

3.43 利用戴维南定理求题图 3.43 所示电路相量模型中的电流相量 $\dot{I}_2$。

3.44 求题图 3.44 所示电路的戴维南等效电路的开路电压 $\dot{U}_{oc}$ 和等效阻抗 Z_0。

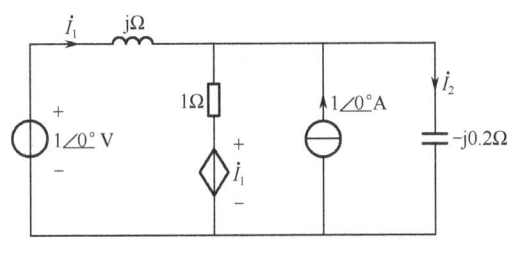 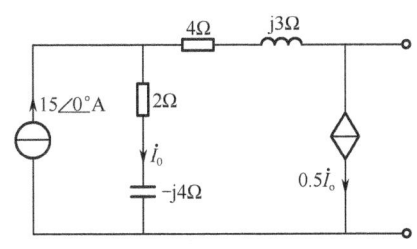

题图 3.43　　　　　　　　　　　题图 3.44

3.45 利用诺顿定理求题图 3.45 所示电路相量模型中的电流相量 $\dot{I}_o$。

3.46 应用叠加定理计算如题图 3.46 所示正弦稳态电路中的电压 u_o。

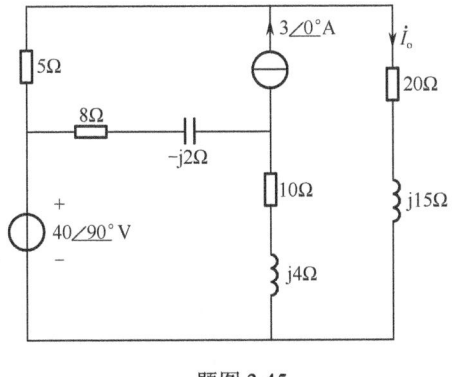 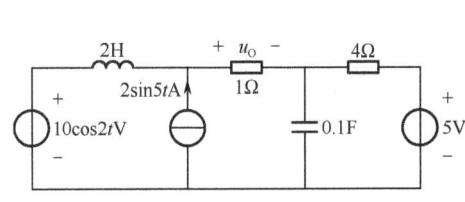

题图 3.45　　　　　　　　　　　题图 3.46

3.47 电路如题图3.47所示，其中 $R=1\text{k}\Omega$，$C=50\mu\text{F}$，电流源 $i_s(t)=3.6+2\sqrt{2}\sin(2000t)\text{mA}$，求电阻和电容支路电流的瞬时值表达式。

3.48 已知无源二端网络 N_0 的端口电压 $u(t)$ 和端口电流 $i(t)$ 分别为：

（1） $u(t)=20\cos(314t)\text{V}$，$i(t)=0.3\cos(314t)\text{A}$；

(2) $u(t) = 10\cos(100t + 70°)$ V, $i(t) = 2\cos(100t + 40°)$ A;

(3) $u(t) = 10\cos(100t + 20°)$ V, $i(t) = 2\cos(100t + 50°)$ A。

试判断该无源二端网络 N_0 的等效阻抗的性质（感性或容性），并计算各种情况下的有功功率 P、无功功率 Q 和视在功率 S。

3.49 设有两个阻抗，并联接于 $U = 120$V，$f = 50$Hz 的交流电源上，其中之一为 $R_1 = 8\Omega$，$X_L = 10\Omega$ 的电感性负载；另一则为 $R_2 = 25\Omega$，$X_C = 15\Omega$ 的电容性负载。试求各支路电流 I_1、I_2 和总电流 I 及整个电路的 P、Q、S 及 $\cos\varphi$。

3.50 电路如题图 3.50 所示，已知电源的频率 $f = 50$Hz，有效值相量 $\dot{U}_S = 380\underline{/0°}$ V，负载功率 $P = 30$kW，功率因数 $\lambda = 0.65$，如果要把功率因数提高到 $\lambda = 0.95$，求并联在负载两端的电容器的的电容值，并且画出电压、电流的相量图。

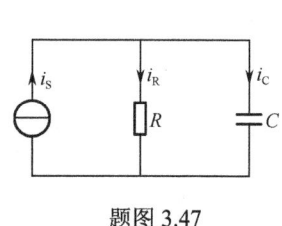

题图 3.47

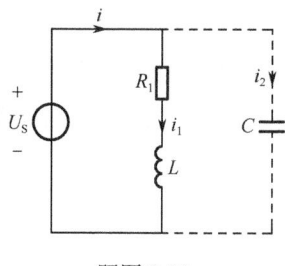

题图 3.50

第4章 三相电路

现代电力系统绝大多数均采用三相制供电方式，即由三个频率相同、有效值相等、初相位互差 120°的电压源组成供电系统。工业中大部分的交流用电设备都使用三相交流电。三相制的供电方式有许多显著优点，例如三相发电机结构简单、使用和维护方便，比同功率的单相发电机体积小、效率高，在同样条件下输送同样大的功率时，特别是远距离输电时，三相输电线可以节约 25%左右的材料。

本章主要介绍对称三相电路的基本概念、负载的连接及分析计算方法。

4.1 三相电路的连接

三相电源来源于三相交流发电机，通过传输线与负载相连，组成三相电路。根据三相电路的特点，三相电源及三相负载都有星形和三角形两种连接方式。

4.1.1 三相电源

线圈在磁场中旋转时，导线切割磁力线会产生感应电动势，它的变化规律可用正弦曲线表示。如果取三个线圈，将它们在空间位置上互相差 120°角，三个线圈仍旧在磁场中以相同速度旋转，线圈中会感应出三个同频率、等幅值、相位初值互差 120°的正弦交流电压，如图 4.1.1 所示。三相电源是三相电路中最基本的组成部分，由三相交流发电机的三相绕组产生。

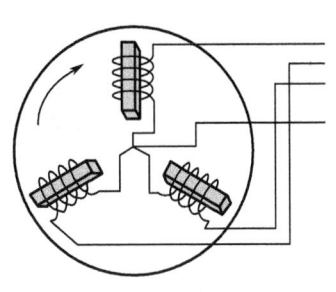

图 4.1.1 三相发电机发电示意图

若将三相电压源的始端依次标记为 A、B、C，末端依次标记为 X、Y、Z，则三相电源可用三个交流电压源表示，如图 4.1.2（a）所示。

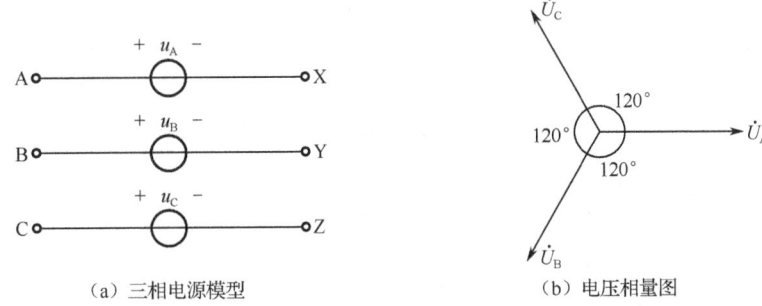

（a）三相电源模型　　（b）电压相量图

图 4.1.2 三相电源模型及其电压相量图

每一相分别称为 A 相、B 相、C 相，各相电压为

$$u_A(t) = U_m \sin \omega t = \sqrt{2}U \sin \omega t$$
$$u_B(t) = U_m \sin(\omega t - 120°) = \sqrt{2}U \sin(\omega t - 120°) \quad (4.1.1)$$
$$u_C(t) = U_m \sin(\omega t + 120°) = \sqrt{2}U \sin(\omega t + 120°)$$

也可写成相量式

$$\dot{U}_A = U\underline{/0°}$$
$$\dot{U}_B = U\underline{/-120°} \quad (4.1.2)$$
$$\dot{U}_C = U\underline{/120°} = U\underline{/-240°}$$

三相电压源的电压相量图如图 4.1.2（b）所示。很明显，三相对称电压的瞬时值之和为零，即 $u_A + u_B + u_C = 0$，或 $\dot{U}_A + \dot{U}_B + \dot{U}_C = 0$。电压波形如图 4.1.3 所示。

4.1.2 三相电源的连接方式

在三相电路中，电源一般有两种连接方式：星形（Y形）和三角形（△形）。

星形连接（Y形）：将三个电压源的末端 X、Y、Z 连在一起，用 N 表示，称为中点，再将始端 A、B、C 引出与负载相连，这样的连接称为星形连接，如图 4.1.4（a）所示。

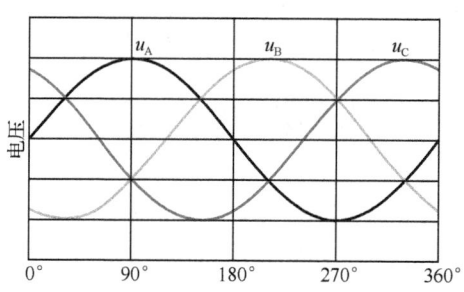

图 4.1.3 对称三相电压波形图

三角形连接（△形）：将三个电源的始、末端依次相连（即 B 与 X、C 与 Y、A 与 Z 相连接）构成回路，并从三个连接点引出端线，如图 4.1.4（b）所示。

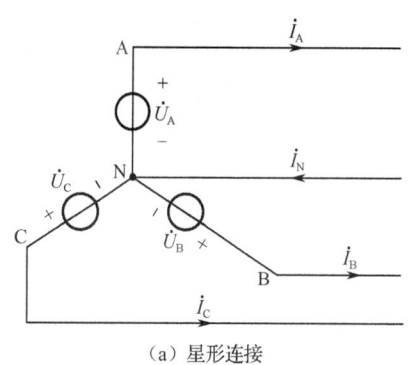
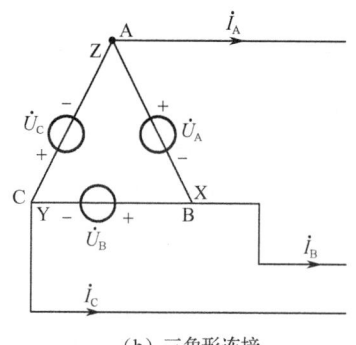

（a）星形连接　　　　　　　　　　　　　（b）三角形连接

图 4.1.4 三相电源连接示意图

本书主要介绍三相电源的星形连接。

1. 星形连接（Y形）特点

图 4.1.4（a）中由三个端点 A、B、C 引出的三条线称为端线，俗称火线；由中间连接点 N 引出的一条线称为中线，俗称零线。三相电压由四条线输送到负载，称为三相四线供电制。这种电路相当于三个单相电路，中线为三个单相电路的公共连线。

2. 星形连接（Y形）时的电压

星形连接能为负载提供两种电压：相电压和线电压。端线与中线间的电压称为相电压，如 $\dot{U}_{AN}$、$\dot{U}_{BN}$、$\dot{U}_{CN}$，简写为 $\dot{U}_A$、$\dot{U}_B$、$\dot{U}_C$，表达式为式（4.1.2）；端线与端线之间的电压称为线电压，如 $\dot{U}_{AB}$、$\dot{U}_{BC}$、$\dot{U}_{CA}$。当略去电源的内阻抗时，线电压可以表示为

$$\dot{U}_{AB} = \dot{U}_A - \dot{U}_B = \sqrt{3}U\angle 30° = \sqrt{3}\dot{U}_A\angle 30°$$
$$\dot{U}_{BC} = \dot{U}_B - \dot{U}_C = \sqrt{3}U\angle -90° = \sqrt{3}\dot{U}_B\angle 30° \quad (4.1.3)$$
$$\dot{U}_{CA} = \dot{U}_C - \dot{U}_A = \sqrt{3}U\angle 150° = \sqrt{3}\dot{U}_C\angle 30°$$

如果相电压有效值表示为 U_P，线电压有效值表示为 U_L，则相电压与线电压的关系可以表示为

$$\dot{U}_L = \sqrt{3}\dot{U}_P\angle 30° \quad (4.1.4)$$

可见线电压也是对称的，且线电压的大小是相电压的 $\sqrt{3}$ 倍，相位比相应的相电压超前30°，相电压与线电压的电压关系相量图如图4.1.5所示。我国的供电系统中，相电压是220V，在星形连接时线电压是 $220\sqrt{3}=380V$。

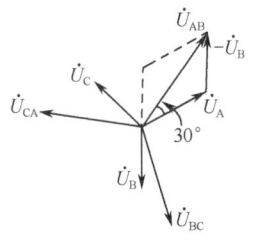

图4.1.5 三相四线制电源电压相量图

4.1.3 三相电路中负载的连接方式

三相电源与三相负载通过三相输电线路相连构成的电路称为三相电路。三相负载的连接方式同三相电源一样，也可分为星形（Y形）和三角形（△形）两种。无论哪一种连接方式，每相负载上（始、末端之间）的电压称为负载的相电压；两相负载始端之间的电压称为负载的线电压；流过每相负载的电流称为负载的相电流；负载所连接火线上的电流称为线电流。

1. 负载星形连接的三相电路

星形连接的三相负载是将负载 Z_A、Z_B、Z_C 的一端连接在一起，并与星形连接的三相电源中点相连，各项负载的另一端分别连接在电源的三根火线上，如图4.1.6所示。由图可知，中线保证了负载的相电压等于对应三相电源的相电压，因此不论负载是否对称，三相负载的相电流可以按单相电路的计算方法分别计算。

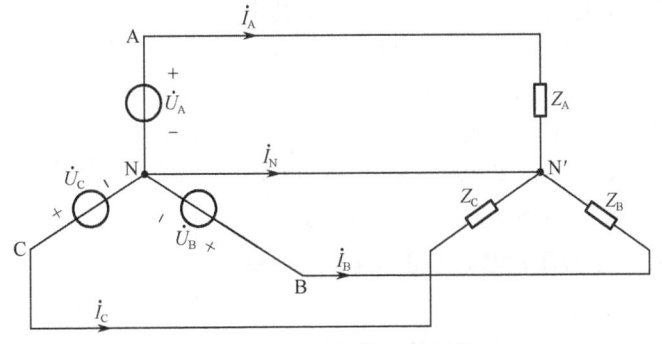

图4.1.6 负载星形连接的三相四线制电路

三相负载的相电流

$$\dot{I}_A = \frac{\dot{U}_A}{Z_A}, \quad \dot{I}_B = \frac{\dot{U}_B}{Z_B}, \quad \dot{I}_C = \frac{\dot{U}_C}{Z_C} \tag{4.1.5}$$

三相负载的相电流等于相应的线电流，如果相电流有效值表示为 I_P，线电流有效值表示为 I_L，则相电流与线电流的关系可以表示为

$$\dot{I}_L = \dot{I}_P \tag{4.1.6}$$

流过中线的电流称为中线电流

$$\dot{I}_N = \dot{I}_A + \dot{I}_B + \dot{I}_C \tag{4.1.7}$$

显然，当负载对称，即 $Z_A = Z_B = Z_C$ 时，因为对称三相电源 $\dot{U}_A + \dot{U}_B + \dot{U}_C = 0$，中线电流 $\dot{I}_N = 0$，中线既可以看作开路，也可看作短路。

例 4.1.1 某三相电路如图 4.1.6 所示，已知 $Z_A = Z_B = Z_C = (6+8\mathrm{j})\Omega$，$\dot{U}_{AB} = 380\underline{/30^\circ}$ V，求负载端的相电流和线电流的相量表达式。

解： 因为负载对称，将中线短路连接，则每相电流彼此独立，对称三相电路的分析简化为对其中一相电路的分析，如图 4.1.7 所示。

由三相电源的线电压和相电压之间的关系式（4.1.3），可以得到 A 相电压

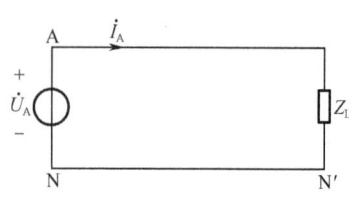

图 4.1.7 例 4.1.1 的一相电路

$$\dot{U}_{AN} = \frac{\dot{U}_{AB}}{\sqrt{3}}\underline{/-30^\circ} = 220\underline{/0^\circ} \text{ V}$$

因为电路的对称性，只需要计算 A 相电路，可以推出 B 相和 C 相的电压、电流值。负载的相电流为

$$\dot{I}_A = \frac{\dot{U}_A}{Z_A} = \frac{220\underline{/0^\circ}}{6+\mathrm{j}8} = 22\underline{/-53.1^\circ} \text{ A}$$

$$\dot{I}_B = \dot{I}_A\underline{/-120^\circ} = 22\underline{/-173.1^\circ} \text{ A}$$

$$\dot{I}_C = \dot{I}_B\underline{/-120^\circ} = 22\underline{/66.9^\circ} \text{ A}$$

星形连接的三相负载，负载的线电流等于相电流。

当三相电路中的负载不对称时，电路中的电流一般也不会对称，这种电路称为不对称三相电路。三相电路中不对称问题是大量存在的：首先，三相电路中有许多小功率单相负载，很难把它们凑成完全对称的三相电路；其次，对称三相电路发生断线、短路等故障时，则为不对称三相电路；第三，有的电气设备或仪器正是利用不对称三相电路的某些特性而工作的。不对称三相电路的分析，只能分别计算各相的电压、电流。

例 4.1.2 现有三相电路如图 4.1.6 所示，其中对称三相电源相电压有效值为 220V。$Z_A = 48.4\Omega$，$Z_B = 48.4\Omega$，$Z_C = 242\Omega$。试求 $\dot{I}_A$、$\dot{I}_B$、$\dot{I}_C$ 和 $\dot{I}_N$。

解： 三相电路中的负载不对称，将图 4.1.6 的三相电路简化为图 4.1.8 的形式。

设 $\dot{U}_A = 220\underline{/0^\circ}$ V，故负载的相电流为

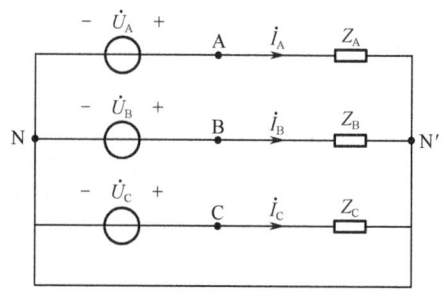

图 4.1.8 例 4.1.2 电路的简化图

$$\dot{I}_A = \frac{\dot{U}_A}{Z_A} = \frac{220\underline{/0°}}{48.4}\text{A} = 4.55\underline{/0°}\text{ A}$$

$$\dot{I}_B = \frac{\dot{U}_B}{Z_B} = \frac{220\underline{/-120°}}{48.4}\text{A} = 4.55\underline{/-120°}\text{ A}$$

$$\dot{I}_C = \frac{\dot{U}_C}{Z_C} = \frac{220\underline{/120°}}{242}\text{A} = 0.91\underline{/120°}\text{ A}$$

根据基尔霍夫定律，中线电流

$$\dot{I}_N = \dot{I}_A + \dot{I}_B + \dot{I}_C = 3.64\underline{/-60°}\text{ A}$$

显然，不对称三相负载，线电流不对称，$\dot{I}_N = \dot{I}_A + \dot{I}_B + \dot{I}_C \neq 0$。因为中线的作用，不对称三相负载的相电压对称。

例 4.1.3 上例若无中线，求各负载电压，并画出电压相量图。

解：参照图 4.1.8，因为无中线 NN′，由节点电压法得

$$\dot{U}_{N'N} = \frac{\dfrac{\dot{U}_{AN}}{48.4} + \dfrac{\dot{U}_{BN}}{48.4} + \dfrac{\dot{U}_{CN}}{242}}{\dfrac{1}{48.4} + \dfrac{1}{48.4} + \dfrac{1}{242}} = 80\underline{/-60°}\text{ V}$$

或

$$\dot{U}_{NN'} = -\dot{U}_{N'N} = 80\underline{/120°}\text{ V}$$

各负载电压

$$\dot{U}_{AN'} = \dot{U}_A + \dot{U}_{NN'} = 220 + 80\underline{/120°} = 192\underline{/21.2°}\text{ V}$$

$$\dot{U}_{BN'} = \dot{U}_B + \dot{U}_{NN'} = 220\underline{/-120°} + 80\underline{/120°} = 192\underline{/-141°}\text{ V}$$

$$\dot{U}_{CN'} = \dot{U}_C + \dot{U}_{NN'} = 220\underline{/120°} + 80\underline{/120°} = 300\underline{/120°}\text{ V}$$

电压相量图如图 4.1.9 所示。

由此例可知，负载不对称时，电源中性点与负载中性点间的电压一般不为零，即 $\dot{U}_{N'N} \neq 0$。因此，负载不对称时中线不能去掉，否则，会破坏三相负载上电压的对称性，甚至造成故障。例如图 4.1.9 中 C 相负载电压 $\dot{U}_{CN'}$ 过高，可能造成该相负载因过热而烧毁。这就是低压电力系统广泛采用三相四线制的原因之一，而且为了防止中线突然断开，通常不允许在中线里安装开关和熔断器。

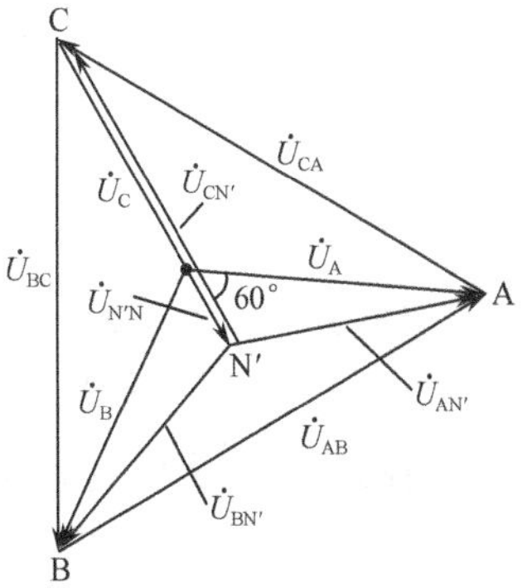

2. 负载三角形连接的三相电路

图 4.1.9 例 4.1.3 的电压相量图

将三相负载始、末端相连，负载连接在两根火线之间，称为负载的三角形（△形）连接，如图 4.1.10 所示。其中，Z_{AB}、Z_{BC}、Z_{CA} 为每相负载的阻抗。由图可知，各相负载的相电压就是电源的线电压，不论负载是否对称，其相电压大小相等，相位上彼此相差 120°。

负载的相电流分开按单相计算

$$\dot{I}_{AB} = \frac{\dot{U}_{AB}}{Z_{AB}}, \quad \dot{I}_{BC} = \frac{\dot{U}_{BC}}{Z_{BC}}, \quad \dot{I}_{CA} = \frac{\dot{U}_{CA}}{Z_{CA}} \quad (4.1.8)$$

三角形连接的三相负载，线电流与相电流不等，其关系为

$$\dot{I}_A = \dot{I}_{AB} - \dot{I}_{CA}, \quad \dot{I}_B = \dot{I}_{BC} - \dot{I}_{AB}, \quad \dot{I}_C = \dot{I}_{CA} - \dot{I}_{BC} \qquad (4.1.9)$$

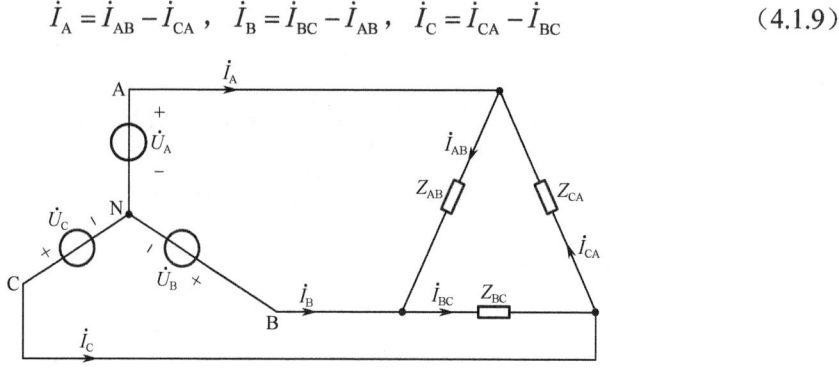

图 4.1.10 负载三角形连接的三相电路

三角形连接的三相负载，可推导出线电流是相电流的 $\sqrt{3}$ 倍，但线电流滞后对应的相电流 30°

$$\begin{aligned} I_A &= \sqrt{3} I_{AB} & \dot{I}_A \text{ 滞后于 } \dot{I}_{AB} 30° \\ I_B &= \sqrt{3} I_{BC} & \dot{I}_B \text{ 滞后于 } \dot{I}_{BC} 30° \\ I_C &= \sqrt{3} I_{CA} & \dot{I}_C \text{ 滞后于 } \dot{I}_{CA} 30° \end{aligned} \qquad (4.1.10)$$

即

$$\dot{I}_L = \sqrt{3} \dot{I}_P \underline{/-30°} \qquad (4.1.11)$$

例 4.1.3 三相电路如图 4.1.10 所示。已知 $\dot{U}_{AN} = 220\underline{/0°}$ V，$Z_{AB} = Z_{BC} = Z_{CA} = (19.4 + 16\text{j})\Omega$。求负载端的相电流以及线电流。

解： 由三相电源的线电压和相电压之间的关系，可得 $\dot{U}_{AB} = 380\underline{/30°}$ V

负载端每相的相电流为

$$\dot{I}_{AB} = \frac{\dot{U}_{AB}}{Z_{AB}} = \frac{380\underline{/30°}}{19.4 + 16\text{j}} = 15.1\underline{/-9.5°} \text{ A}$$

$$\dot{I}_{BC} = \dot{I}_{AB}\underline{/-120°} = 15.1\underline{/-129.5°} \text{ A}$$

$$\dot{I}_{CA} = \dot{I}_{AB}\underline{/120°} = 15.1\underline{/110.5°} \text{ A}$$

A 相负载的线电流为

$$\dot{I}_A = \dot{I}_{AB} - \dot{I}_{CA} = \sqrt{3}\dot{I}_{AB}\underline{/-30°} = 26.2\underline{/-39.5°} \text{ A}$$

因电路对称，所以线电流也对称。则

$$\dot{I}_B = \dot{I}_A\underline{/-120°} = 26.2\underline{/-159.5°} \text{ A}$$

$$\dot{I}_C = \dot{I}_A\underline{/120°} = 26.2\underline{/80.5°} \text{ A}$$

4.2 三相电路的功率及测量

本节主要介绍三相电路功率的概念和计算方法，同时对测量的方法给予简介。

4.2.1 对称三相电路的功率、功率因数

三相负载总的有功功率等于各相负载有功功率之和，在负载对称的情况下，各相功率相等，则三相总功率是每相负载功率的三倍

$$P = P_A + P_B + P_C = 3U_p I_p \cos\varphi \tag{4.2.1}$$

式中，φ 为对称三相负载每相阻抗的阻抗角，即负载相电压与相电流的相位差角。

因为对称三相电路的负载星形连接时　　$U_L = \sqrt{3}U_P$，$I_L = I_P$

而对称三相电路的负载三角形连接时　　$U_L = U_P$，$I_L = \sqrt{3}I_P$

故无论是星形连接还是三角形连接，有功功率 P 均可写为

$$P = \sqrt{3}U_L I_L \cos\varphi \tag{4.2.2}$$

则无功功率 Q 为

$$Q = 3U_p I_p \sin\varphi \quad \text{或} \quad Q = \sqrt{3}U_L I_L \sin\varphi \tag{4.2.3}$$

对称三相电路的视在功率 S 定义为

$$S = \sqrt{P^2 + Q^2} = \sqrt{3}U_L I_L \quad \text{或} \quad S = 3U_P I_P \tag{4.2.4}$$

功率因数定义为

$$\lambda = \frac{P}{S} = \cos\varphi \tag{4.2.5}$$

可见对称三相电路的功率因数等于每相负载的功率因数。

4.2.2 三相功率的测量

1. 三表法

三相四线制电路中，每一相电路接一个功率表，共用三个单相功率表分别测各相功率，三个功率表读数之和，即为三相总功率。这种测量法称为三表法，如图 4.2.1（a）所示。三相负载对称时，只需一个功率表测出其中一相功率，其读数的三倍即三相负载消耗的总功率。

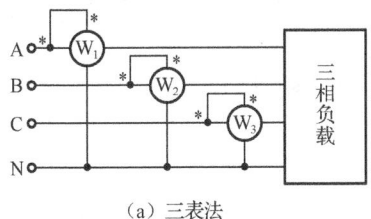
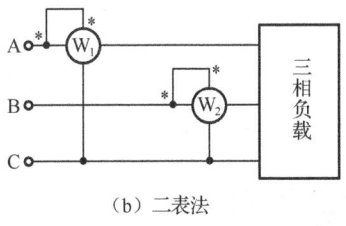

(a) 三表法　　　　　　　　　　　　(b) 二表法

图 4.2.1　测量三相功率方法

2. 二表法

三相三线制电路，不论负载对称与否均可采用二表法测量。二表法接线如图 4.2.1（b）所示。可以证明，图中两个功率表读数的代数和即为三相负载吸收的总有功功率。设功率表的功率分别为 P_1 和 P_2，根据复功率的概念，有

$$\begin{aligned} P_1 &= U_{AC} I_A \cos(\varphi_{uAC} - \varphi_{iA}) = \mathrm{Re}[\dot{U}_{AC} \dot{I}_A] \\ P_2 &= U_{BC} I_B \cos(\varphi_{uBC} - \varphi_{iB}) = \mathrm{Re}[\dot{U}_{BC} \dot{I}_B] \end{aligned} \tag{4.2.6}$$

因此

$$P_1 + P_2 = \mathrm{Re}[\dot{U}_{AC} \dot{I}_A] + \mathrm{Re}[\dot{U}_{BC} \dot{I}_B] = \mathrm{Re}[\dot{U}_{AC} \dot{I}_A + \dot{U}_{BC} \dot{I}_B] \tag{4.2.7}$$

因为 $\dot{U}_{AC} = \dot{U}_A - \dot{U}_C, \dot{U}_{BC} = \dot{U}_B - \dot{U}_C, \dot{I}_A + \dot{I}_B = -\dot{I}_C$，将它们代入上式得

$$P_1 + P_2 = \text{Re}[\dot{U}_A \dot{I}_A + \dot{U}_B \dot{I}_B + \dot{U}_C \dot{I}_C] = P \tag{4.2.8}$$

即两功率表读数之和为三相总功率。

需要指出，用二表法测功率时，有可能出现一个表指针反偏的情况，这时应将反偏表的电流线圈的两个端子互换，互换后功率表虽正偏，但计算时应取负值。一般来说，单独一个表的读数是没有意义的。

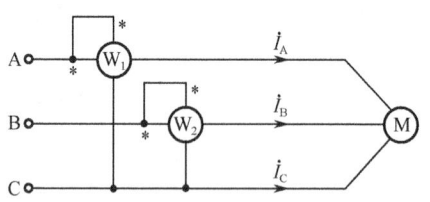

图 4.2.2 例 4.2.1 测电动机功率接线图

例 4.2.1 二表法测电动机功率接线图如图 4.2.2 所示，电源线电压 $U_L = 380\text{V}$，三相电动机功率 $P_M = 1.7\text{kW}$，功率因数为 0.8（滞后），求各功率表的读数。

解： 因为 $P = \sqrt{3}U_L I_L \cos\varphi$

$$I_L = \frac{P}{\sqrt{3}U_L \cos\varphi} = \frac{1700}{\sqrt{3} \times 380 \times 0.8} = 3.23\text{A}$$

功率因数 $\cos\varphi = 0.8$（滞后），得 $\varphi = 36.9°$

由于电源相电压 $U_P = \frac{U_L}{\sqrt{3}} = \frac{380}{\sqrt{3}}\text{V} = 220\text{V}$，设 $\dot{U}_A = 220\underline{/0°}\text{V}$，故

$$\dot{I}_A = 3.23\underline{/-36.9°}\text{A}，\dot{I}_B = \dot{I}_A\underline{/-120°} = 3.23\underline{/-156.9°}\text{A}$$

因为 $\dot{U}_{AB} = 380\underline{/30°}\text{V}$

$$\dot{U}_{BC} = \dot{U}_{AB}\underline{/-120°} = 380\underline{/-90°}\text{V}，\dot{U}_{CA} = \dot{U}_{AB}\underline{/120°} = 380\underline{/150°}\text{V}，\dot{U}_{AC} = 380\underline{/-30°}\text{V}$$

于是

$$P_1 = U_{AC}I_A \cos(\varphi_{uAC} - \varphi_{iA}) = 380 \times 3.23\cos(-30° + 36.9°) = 380 \times 3.23\cos 6.9° = 1218.5\text{W}$$

$$P_2 = U_{BC}I_B \cos(\varphi_{uBC} - \varphi_{iB}) = 380 \times 3.23\cos(-90° + 156.9°) = 380 \times 3.23\cos 66.9° = 481.6\text{W}$$

两个功率表读数之和为

$$P_1 + P_2 = (1218.5 + 481.6) = 1700.1 \approx 1.7\text{kW}$$

其值正好等于电动机的功率。

4.3 安全用电

电给我们的生活带来了很多方便，但是不懂得安全用电知识就容易造成触电身亡、电气火灾、电器损坏等意外事故。因此，大家应该增强安全用电意识，养成良好的用电习惯。

4.3.1 安全用电常识

1. 电对人体的伤害

人体是导体，人体触及带电体时，有电流通过人体，当触及电压过高的带电体时，就会造成伤害，这就是触电。通过人体的电流越强，触电死亡的时间越短。以工频电流为例，当 1 毫安左右的电流通过人体时，会产生麻痹的感觉；10～30 毫安的电流通过人体，会感到剧痛、身体痉挛、血压升高、呼吸困难；电流达到 50 毫安以上，就会引起心室颤动而有生命危

险；100毫安以上的电流，只要很短的时间就会使人心跳停止。

2．安全电压

通过人体的电流大小与电流持续时间的长短、电流流经途径、人体电阻的影响等因素有关。当人体电阻一定时，人体接触的电压越高，通过人体的电流就越大，对人体的损害也就越严重。作用于人体的电压低于一定数值时，在短时间内，电压对人体不会造成严重的伤害事故，我们称这种电压为安全电压。一般情况下，也就是干燥而触电危险性较小的环境下，安全电压规定为36V，对于潮湿而触电危险性较大的环境，安全电压规定为12V。这样，触电时通过人体的电流，可被限制在较小范围内，在一定的程度上保障人身安全。

4.3.2 常见触电形式

1．低压（家庭电路）触电的两种形式

（1）单相触电

单根相线之间的触电。人站在地上接触到一根火线，身体的其他部位接触大地，电流从人体流过，即为单相触电或称单线触电，如图4.3.1（a）所示。

（2）双相触电

两根相线之间的触电。一只手接触火线，另一只手接触零线，电流从人体通过引起的触电叫双相触电，如图4.3.1（b）所示。

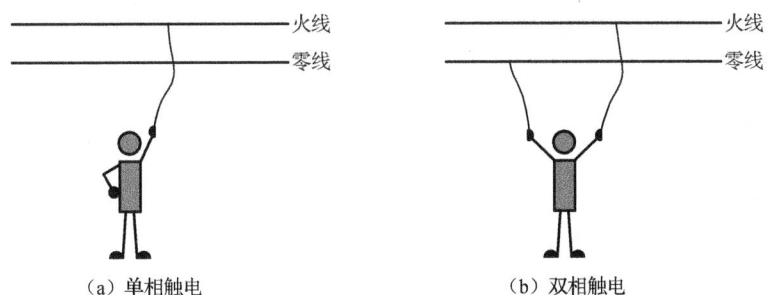

图 4.3.1 低压触电的两种形式

2．高压触电的两种形式

（1）高压电弧触电

当外壳接地的电气设备绝缘损坏而使外壳带电，或导线断落发生单相接地故障时，人站在地上触及设备外壳，引起触电。

（2）跨步电压触电

高压输电线断落接触到地面时，在高压线接触的地面附近，产生了环形的电场，人踩到具有不同对"地"电位的两点时，其两脚之间的电位差就是跨步电压。由跨步电压引起的人体触电称为跨步电压触电。人离中心区域越近，跨步电压就越大，此时，应单脚或双脚并拢跳跃迅速远离故障区域。

4.3.3 电气设备安全用电措施

1. 保护接地

把电气设备不带电的金属外壳或框架通过接地线与深埋在地下的接地体紧密连接，这种保护人身安全的接地方式称为保护接地。

当电气设备绝缘损坏而使其外壳带电时，外壳电位上升，如果人体接触电气设备的外壳，就有电流流过人体入地，并经输电线路与大地之间的分布电容形成回路，发生触电危险，如图 4.3.2（a）所示。

如果电气设备的金属外壳采用了保护接地，如图 4.3.2（b）所示，当电气设备绝缘损坏而使其外壳带电时，人体接触到带电外壳，接地电阻与人体电阻呈并联关系，由于人体电阻远大于接地电阻，所以通过人体的电流很小，避免了触电危险。保护接地，是中性点不接地的低压系统的主要安全措施。

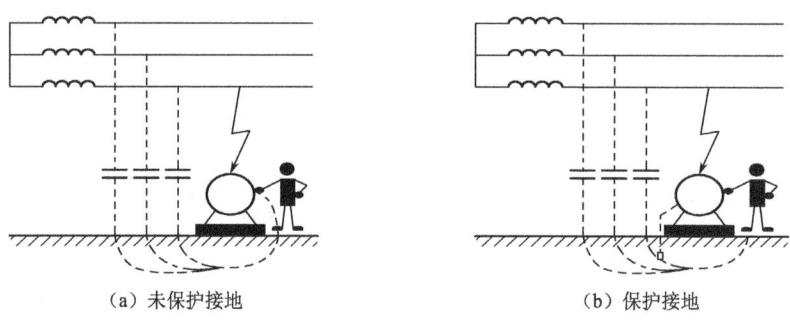

(a) 未保护接地　　　　　　　　　　(b) 保护接地

图 4.3.2　电气设备的保护接地

2. 保护接零

在中性点接地的可靠的三相四线制供电系统中，把电气设备在正常情况下不带电的金属外壳与系统零线（或中性线）相连接，称为保护接零。

如果绝缘损坏使某一相电源与设备外壳相连，又未保护接零，人体接触带电外壳，会发生触电危险，如图 4.3.3（a）所示。

保护接零后，当发生单相漏电或电源与设备外壳触碰时，由于金属外壳与零线相连，就使该相与电源中性点间形成单相短路，电流很大，该故障会使保护装置迅速启动，如熔断器烧断、自动开关跳闸动作等切断电源，从而防止了人身触电的可能，如图 4.3.3（b）所示。

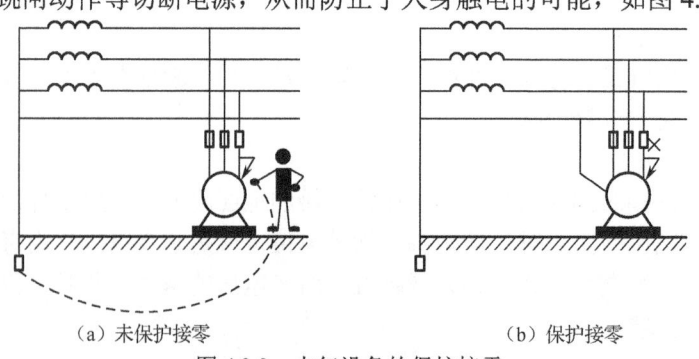

(a) 未保护接零　　　　　　　　　　(b) 保护接零

图 4.3.3　电气设备的保护接零

3. 单相家用电器的接地保护

家用电器通常接 220V 单相交流电源，这些电器的外壳平时是不带电的，但是在使用中由于导体绝缘破损、受潮或其他原因，外壳有可能带电从而出现危险。家用电器一般采用将金属外壳与专用保护地线相连的保护接地方法，而绝不能将外壳与电源中性线相连。这是因为，家用单相交流电源相线和电源中性线均装有熔断器，一旦中线上的熔断器熔断而相线上的熔断器完好时，电器外壳通过保护接地线和负载与火线相连而带电，产生危险。

单相电气设备使用的三孔插座已经为用户提供了带有保护地线的单相电源，如图 4.3.4 所示的单开五孔开关接线图，两孔插座左边是零线，右边是火线；三孔插座左边是零线，右边是火线，中间为保护接地线。

（a）面板　　　　　　　　　　（b）接线图

图 4.3.4　单开五孔开关

习题 4

一、选择题

4.1　三相交流电源是由（　　）中的三相绕组提供的。
　　a．三相交流发电机　　　　　　　b．两相交流发电机
　　c．单相交流发电机　　　　　　　d．直流发电机

4.2　已知负载三角形接法的对称三相电路中，线电流 $\dot{I}_A = 2\angle-60°$ A，则其相电流 $\dot{I}_{AC}$ =（　　）。

　　a．$\dfrac{1}{\sqrt{3}}\angle-120°$ A　　　　　　　b．$\dfrac{2}{\sqrt{3}}\angle-90°$ A

　　c．$\dfrac{\sqrt{3}}{3}\angle-30°$ A　　　　　　　d．$\dfrac{2\sqrt{3}}{3}\angle-30°$ A

4.3　负载星形接法的对称三相电路，已知 $\dot{U}_A = 10\angle-30°$ V，则线电压 $\dot{U}_{CA}$ 为（　　）V。
　　a．$10\sqrt{3}\angle 120°$　　　b．$10\sqrt{3}\angle-90°$　　　c．$10\angle-60°$　　　d．$10\angle 120°$

4.4　负载三角形接法的对称三相电路，负载阻抗为 Z，则线电流 $\dot{I}_A$ 为（　　）

a. $\dfrac{\dot U_A}{\dfrac{1}{3}Z}$ b. $\dfrac{\dot U_A - \dot U_B}{Z}$ c. $\dfrac{\dot U_A}{Z}$ d. $\dfrac{\dot U_A + \dot U_B}{Z}$

4.5 已知某三相四线制电路中的线电压 $\dot U_{AB} = 380\underline{/21°}$ V，$\dot U_{BC} = 380\underline{/-99°}$ V，$\dot U_{CA} = 380\underline{/141°}$ V，三个相电压之和为（　　）V。

    a. 380　　　　　　b. 220　　　　　　c. 0　　　　　　d. 180

4.6 若三相负载不对称，但要求三相负载的相电压对称，其中一相负载故障不能影响其他相负载工作时，电路应采用（　　）线制。

    a. 三相二　　　　b. 三相三　　　　c. 三相四　　　　d. 三相五

4.7 在三相四线制电路中，当三相负载不平衡时，三相电压相等，中线电流（　　）。

    a. 等于零　　　　b. 不等于零　　　c. 增大　　　　　d. 减小

4.8 对称三相电路的总有功功率 $P = 3U_p I_p \cos\varphi$，式中 φ 角是（　　）

    a. 线电压与线电流之间的相位差　　　b. 相电压与相电流之间的相位差
    c. 线电压与相电流之间的相位差　　　d. 相电压与线电流之间的相位差

4.9 下列说法中正确的是（　　）

    a. 只有高于220V的电压加在人体上，才会造成触电
    b. 电流对人体的危害跟电流的大小，触电时间的长短有关
    c. 不接触高压带电体是不会发生触电的
    d. 站在干木凳上两只手同时接触照明电路火线和零线不致造成触电

4.10 在三相三线制供电系统中，为防止触电事故，对电气设备应采取（　　）措施。

    a. 保护接零　　　b. 保护接地　　　c. 接中性线　　　d. 外壳接零线

二、填空题

4.11 三相电路由_____、_____和_____三部分组成。

4.12 在三相对称电路中，有一纯电阻负载作三角形连接。已知各相电阻 $R = 10\Omega$，线电流为22A，则该三相负载的有功功率为_____。

4.13 三角形连接的纯电容对称负载接于三相对称电源上。已知各相的容抗 $X_C = 6\Omega$，各线电流为10A，则三相视在功率为_____。

4.14 采用二表法测三相电路的功率，如果两表读数分别为 P_1 和 P_2，则三相电路的有功功率 $P =$ _____；无功功率 $Q =$ _____；负载的功率因数 $\cos\varphi =$ _____。

4.15 负载三角形接法的对称三相电路，线电压 $U_L = 380$V，三相负载分别为 $Z_{AB} = (38 + j70)\Omega$，$Z_{AC} = (50 - j78.5)\Omega$，$Z_{BC} = 100\Omega$。用二表法测此三相负载的功率，则两表读数 $P_1 =$ _____；$P_2 =$ _____；总有功功率 $P =$ _____。

三、计算题

4.16 已知对称三相电路的星形负载阻抗 $Z = (167 + j85)\Omega$，中线阻抗 $Z_N = (1 + j1)\Omega$，线电压 $U_L = 380$V，求负载的相电流。

4.17 对称三相电路的线电压 $\dot U_L = 380\underline{/0°}$ V，三角形负载阻抗 $Z = (8.95 + j20)\Omega$，求线电流和负载的相电流。

4.18 有一组额定电压为 220V 的白炽灯照明负载，如题图 4.18 所示，其各相的阻值分别为 $R_A=10\Omega$，$R_B=10\Omega$，$R_C=20\Omega$，电源的线电压 $U_L=380\text{V}$。试求

（1）计算各相电流、线电流及中线电流；

（2）若中线断开及 A 相负载开路时会发生什么事故？

4.19 对称三相电源接一组不对称 Y 形负载，已知电源线电压为 380V，不对称各相负载分别为 200V，100W 灯泡一个、二个（并联）、三个（并联）。如果中线因故障断开，试问哪一相负载上的电压最高，其值为多少？

4.20 题图 4.20 所示电路，对称三相电源相电压为 220V，对称三相负载每相的阻抗 $Z=(15+j30)\Omega$，阻抗 $Z'=(20+j10)\Omega$，求三相电源供出的线电流。

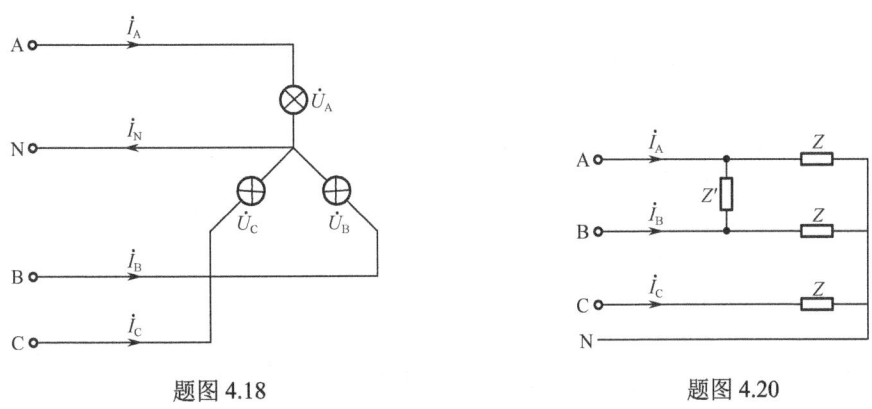

题图 4.18　　　　　　　　　　　题图 4.20

4.21 题图 4.21 所示电路中，$\dot{U}_{A'B'}=380\text{V}$，三相电动机吸收的功率为 1.4kW，其功率因数 $\lambda=0.866$（滞后），$Z_1=-j55\Omega$。求 $\dot{U}_{AB}$ 和电源端的功率因数 λ'。

4.22 Y 形连接对称三相负载每相的阻抗 $Z=(8+j6)\Omega$，线电压为 380V（电源对称）。求各相电流、三相总功率 P 和 Q。

4.23 已知对称三相电路的三角形负载阻抗 $Z=(8+j6)\Omega$，线电压为 380V。求负载相电流、线电流、总功率 P 和 Q，并与题 4.22 进行比较并得出结论。

4.24 对称三相电路，负载 Y 形连接。已知线电压 $\dot{U}_{CB}=173.2\underline{/90°}\text{V}$，线电流 $\dot{I}_C=2\underline{/180°}\text{A}$，试求三相负载吸收的功率 P。

4.25 题图 4.25 所示对称三相电路，线电压 $U_L=380\text{V}$，若三相负载吸收的功率为 11.4kW，线电流为 20A，求负载 Z。

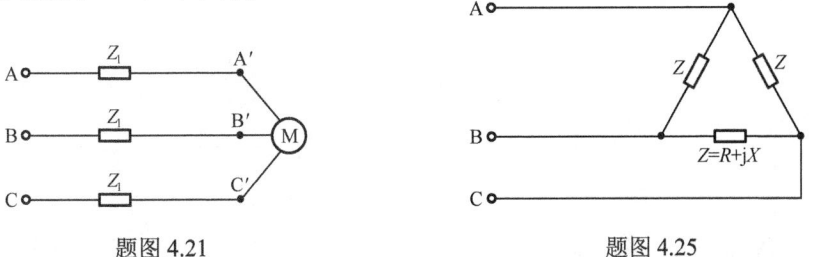

题图 4.21　　　　　　　　　　　题图 4.25

4.26 题图 4.26 所示对称工频三相耦合电路接于对称三相电源，线电压 $U_L=380\text{V}$，$R=30\Omega$，$L=0.29\text{H}$，$M=0.12\text{H}$。求相电流有效值和负载吸收的总功率。

4.27 题图 4.27 所示电路，对称三相电源线电压 $U_L = 380\text{V}$，接一组不对称负载。$Z_A = (40+\text{j}20)\Omega$，$Z_B = (15+\text{j}25)\Omega$，$Z_C = (30+\text{j}10)\Omega$。

（1）求电源的线电流；

（2）用二表法测三相负载功率，试求每一功率表的读数。

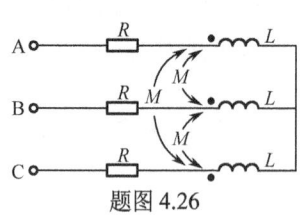
题图 4.26

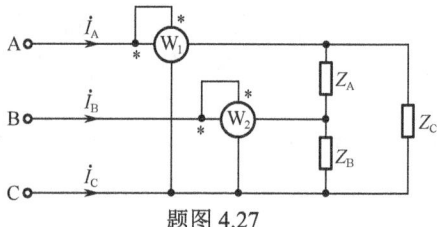
题图 4.27

4.28 题图 4.28 所示为三相对称 Y-Y 电路，线电压为 380V。

（1）如果 A 相负载开路（在 A 点左侧断开），试求 $\dot{U}_{AN'}$、$\dot{U}_{BN'}$、$\dot{U}_{CN'}$ 及 $\dot{U}_{NN'}$，并以 $\dot{U}_A$ 为参考相量画电压相量图（包括电源和负载各线、相电压及中点位移电压）；

（2）如果 A 相负载短路，重求（1）。

4.29 题图 4.29 所示对称三相电路，对称三相负载 2 的线电压为 380V，功率为 1.5kW，功率因数为 0.91（滞后）。求电源端线电压和线电流。

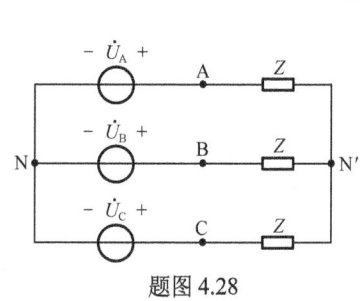
题图 4.28

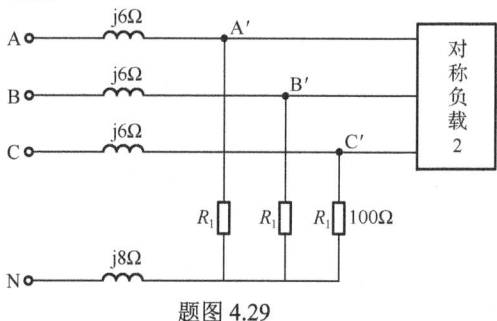
题图 4.29

4.30 题图 4.30 所示对称三相电路，负载 $Z = 50\underline{/70°}\,\Omega$，电源线电压为 380V。求功率表的读数 P_1 和 P_2 以及负载吸收的总功率 P。功率表的电流线圈接线是否合理，若不合理应如何改接？

4.31 已知对称三相电路的负载吸收的功率为 2.4kW，功率因数为 0.4（感性）。

（1）用二表法测量功率时，两个功率表的读数；

（2）并联连接电容 C 使负载端的功率因数提高到 0.8，如题图 4.31 所示。再求两个功率表的读数。

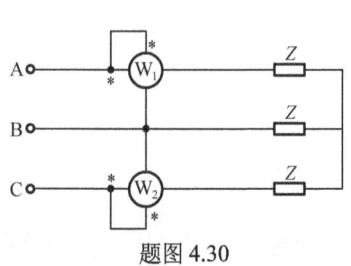
题图 4.30

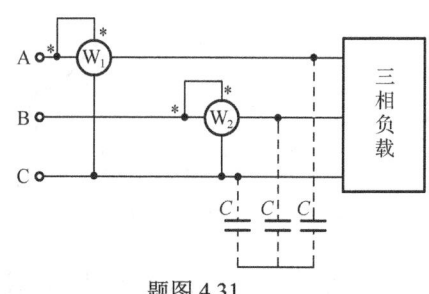
题图 4.31

第 5 章　常用半导体器件

本章从半导体的基础知识出发,围绕器件的结构原理、特性和相关参数等指标,详细介绍半导体二极管(包括特殊二极管)、三极管和场效应管的组成结构、工作原理、特性曲线、主要参数和等效模型等。

5.1　半导体基础知识

根据物质的导电性可以将自然界的物质分为导体、半导体和绝缘体。自然界中很容易导电的物质称为导体,导体大多为低价元素,其最外层电子受原子核的束缚力很小,容易挣脱原子核的束缚成为自由电子。在外电场作用下,这些自由电子产生定向运动形成电流,呈现出良好的导电性能。金属,如银、铜、铝和铁等一般都是良好的导体。有的物质几乎不导电,称为绝缘体。这类物质的最外层电子受原子核的束缚力很强,通常无法摆脱原子核的束缚成为自由电子,其导电性很差,高价元素(如惰性气体)和高分子物质(如橡胶、塑料)都可作为良好的绝缘材料。还有一类物质的导电能力处于导体和绝缘体之间,称为半导体。

5.1.1　本征半导体

纯净晶体结构的半导体称为本征半导体。常用的半导体材料有硅和锗,它们的原子结构中最外层轨道上有四个价电子,是四价元素。由于价电子不但受到自身原子核的作用,还受到相邻原子核的吸引,形成了稳定的共价键结构,如图 5.1.1 所示,每个原子都和相邻的 4 个原子通过共价键的形式互相紧密地结合起来。

从本征半导体的共价键结构来看,共价键中的电子受到原子核很强的束缚力。共价键中的某些价电子由于热运动有可能获得一定的能量,这些少量的电子就可能挣脱共价键的束缚而成为自由电子,这种现象称为本征激发,同时在相应的共价键中留下空位,称为空穴。半导体中有两

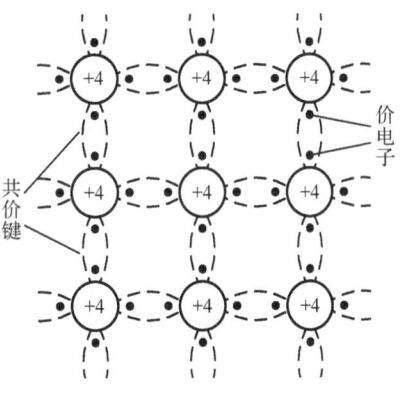

图 5.1.1　本征半导体的共价键结构

种载流子(自由电子和空穴)参与导电,带负电的自由电子和带正电的空穴。由于两种载流子所带电荷的极性相反,运动方向相反,它们所形成的电流之和就是半导体中的总的电流。通常情况下,本征半导体的载流子数目很少,导电能力很差。

5.1.2　杂质半导体

利用半导体的掺杂特性可以制作不同类型的杂质半导体。半导体的掺杂一般在百万分之一左右,即便是重掺杂也不超过万分之一。所以掺杂并不改变原晶体结构,而仅仅是在晶体点阵的某些位置,半导体的原子被杂质原子所替代了。根据掺入杂质性质的不同,杂质半导体可以分为 N 型半导体和 P 型半导体。

1. N 型半导体

在本征半导体中掺入微量五价元素（如磷、锑、砷等），由于五价元素杂质原子的最外层有 5 个价电子，它与周围 4 个硅（锗）原子组成共价键时还多余一个价电子，这个多余的价电子在共价键之外，不受共价键的束缚，而仅仅受杂质原子核的束缚，因此即便在室温下，它也可以挣脱原子核的束缚而成为自由电子，如图 5.1.2（a）所示。显然，由于掺杂所产生的自由电子浓度远远大于本征激发所产生的自由电子或空穴的浓度，这种半导体中自由电子的浓度也远远大于空穴的浓度，自由电子称为多数载流子（简称多子），空穴称为少数载流子（简称少子）。由于这种半导体主要靠电子导电，故称为 N 型半导体或电子型半导体。

2. P 型半导体

在本征半导体中掺入微量三价元素（如硼、铝、铟等），由于三价元素杂质原子的最外层只有 3 个价电子，它与周围的硅（锗）原子组成共价键时因为缺少一个电子而产生一个空位，这个多余的空位在室温下很容易吸引周围的硅原子的电子来填充，于是杂质原子成为带负电的离子，而附近提供电子的硅原子的共价键中因为提供一个电子而出现空穴，如图 5.1.2（b）所示。显然，由于掺杂所产生的空穴浓度远远大于本征激发所产生的自由电子或空穴的浓度，这种半导体中空穴的浓度也远远大于自由电子的浓度，空穴称为多数载流子，自由电子称为少数载流子。由于这种半导体主要靠空穴导电，故称为 P 型半导体或空穴型半导体。

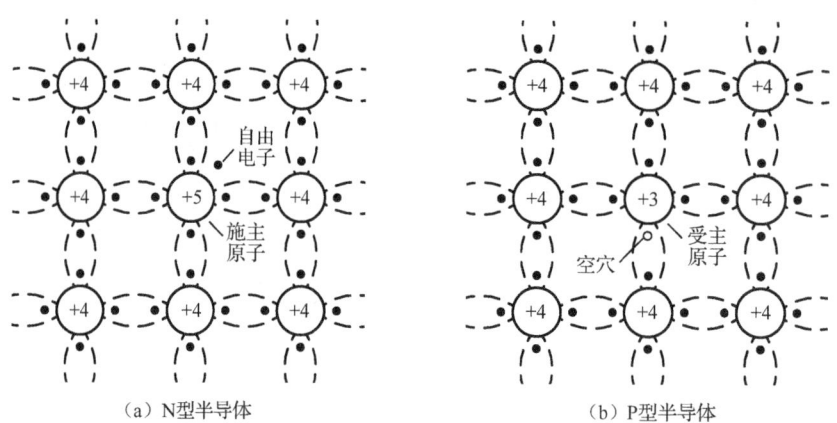

（a）N型半导体　　　　　　　　　（b）P型半导体

图 5.1.2　杂质半导体共价键结构

5.2　PN 结及其特性

单纯的杂质半导体与本征半导体相比仅仅是提高了导电性能，一般只能制作电阻器件，而无法制成半导体器件。如果采用一定的掺杂工艺，在一块本征半导体的两边分别掺入不同的杂质，半导体的一边成为 N 型半导体，另一边成为 P 型半导体。由于两种杂质半导体的相互作用在其交界面处形成了一个很薄（μm 数量级）的特殊导电层，这就是 PN 结。PN 结是构成各种半导体器件的基础。

5.2.1 PN 结的形成

当两种不同的杂质半导体结合在一起的时候,由于在交界面附近 P 区和 N 区两侧的载流子的浓度差异,P 区的空穴必然向 N 区扩散,并和 N 区的电子相遇而复合消失;N 区的电子也必然向 P 区扩散,并和 P 区的空穴相遇而复合消失。这种因浓度差异而引起的载流子的运动称为扩散运动,相应地形成了扩散电流,如图 5.2.1(a)所示。

多数载流子扩散运动的结果使得在交界面处,N 区的一侧出现了不能移动的正离子,P 区一侧出现了不能移动的负离子,如图 5.2.1(b)所示。这些不能移动的正负离子称为空间电荷,由空间电荷组成的区域称为空间电荷区(耗尽层),这就是 PN 结。

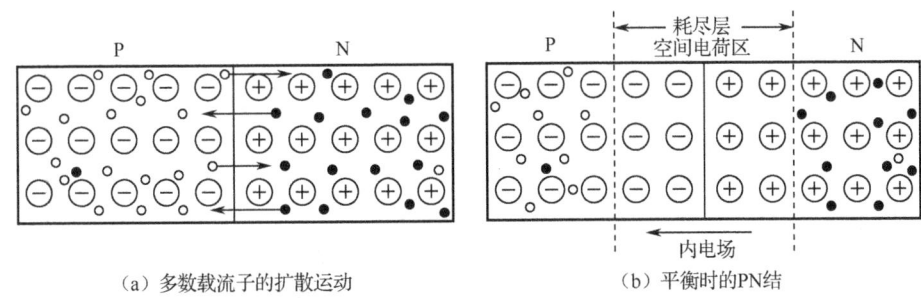

图 5.2.1 PN 结形成的示意图

空间电荷区建立的同时产生了一个由 N 区指向 P 区的电场,这个电场不是外加的,为区别于外加电压而产生的电场,故称为内电场。在内电场的作用下,半导体中载流子的定向运动称为漂移运动,相应地形成了漂移电流。内电场一方面阻止多子的扩散运动,另一方面加速少子的漂移运动。可以想象,PN 结在没有外加电压的情况下,在同一时间内扩散到空间电荷区的载流子数量和漂移出去的载流子数量相等时,两种运动动态平衡,此时,流过 PN 结的扩散电流和漂移电流大小相等、方向相反,因此流过 PN 结的总电流等于零。

5.2.2 PN 结的单向导电性

在实际工作中,PN 结总要外加一定的电压,这称为偏置。由于偏置电压的作用,PN 结的动态平衡将被破坏,载流子的运动情况发生了变化。

1. PN 结外加正向电压时的导通状态

若将外加电源的正极接 P 区,负极接 N 区,则称为正向接法或正向偏置(简称正偏)。正向偏置时,外加电压在耗尽层内形成的电场与内场方向相反,削弱了内电场,使空间电荷减少,耗尽层变窄,如图 5.2.2(a)所示。显然,这有利于多子的扩散作用,阻止少子的漂移运动,在电源作用下,多子向对方区域扩散形成正向电流远远大于少子的漂移电流,PN 结中电流的方向由电源正极通过 P 区、N 区到达负极。此时 PN 结对外电路呈现较小的正向电阻,有较大的正向电流,这种状态称为 PN 结的正向导通状态。

2. PN 结外加反向电压时的截止状态

若将电源的正极接 N 区,负极接 P 区,则称此为反向接法或反向偏置(简称反偏)。反偏时外电场与内电场方向相同，增强了内电场，使耗尽层变宽，如图 5.2.2（b）所示。此时少子的漂移作用大于多子的扩散作用，流过 PN 结的电流主要由少数载流子的漂移运动形成，由于其电流方向与正偏时相反（由 N 区流向 P 区），故称为反向电流。由于少数载流子的浓度（主要取决于温度）很低，故反向电流很小。

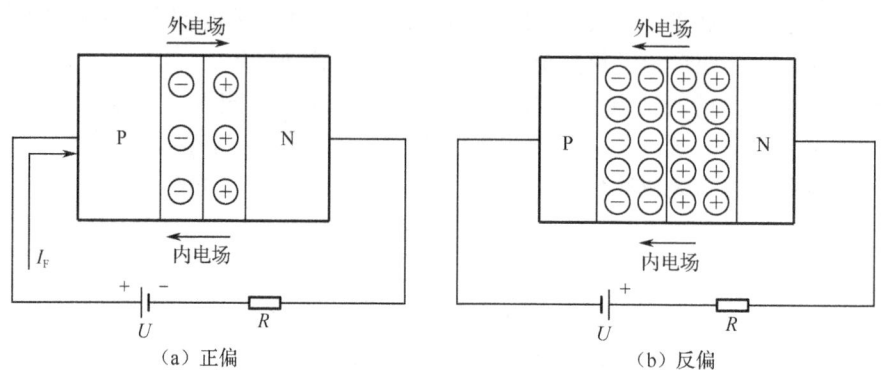

图 5.2.2　外加不同电压时的 PN 结

通过上面分析可知：PN 结正偏时，呈低阻导通状态，相当于开关的闭合；PN 结反偏时，呈高阻截止状态，相当于开关的断开。这就是 PN 结的单向导电性。

5.3　半导体二极管

5.3.1　二极管的基本结构

半导体二极管简称二极管，是由 PN 结加上引线和管壳构成的。P 区引出的电极称为阳极或正极，N 区引出的电极称为阴极或负极，常见的二极管外形如图 5.3.1（a）所示，二极管的符号如图 5.3.1（b）所示。

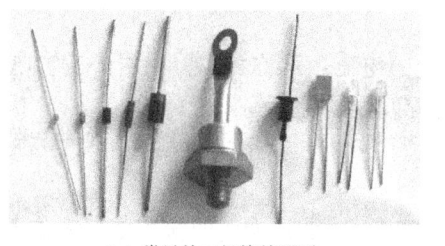
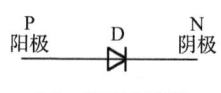

（a）常见的二极管外形图　　　（b）二极管的符号

图 5.3.1　二极管的外形与符号

二极管的种类很多，按照不同材料可分为硅管和锗管；按照不同用途可以分为整流二极管、稳压二极管、开关二极管和发光二极管等；按照结构和工艺的不同还可以分为点接触型、面接触型和平面型，如图 5.3.2 所示。

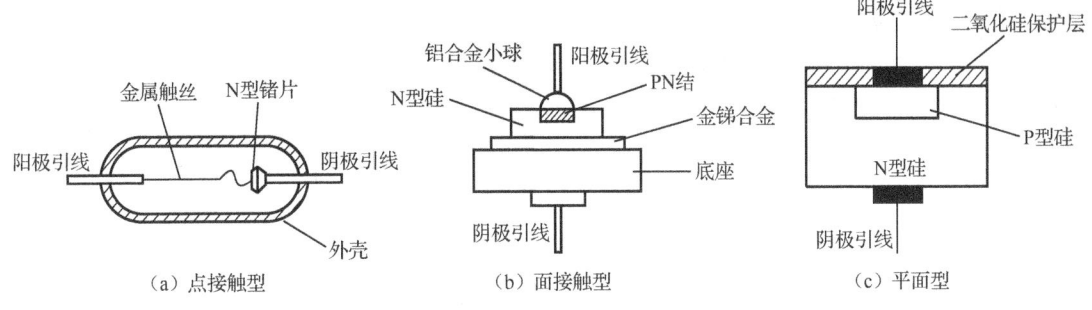

图 5.3.2 二极管的内部结构

点接触型二极管内部由一根很细的金属触丝和半导体接触构成，其 PN 结面积很小，适用于小电流（几十 mA 以下）和高频（几百 MHz）的场合，如用在小功率整流电路、高频检波和混频电路等。面接触型二极管，其 PN 结采用合金法或扩散法构成，它的 PN 结面积大，允许通过较大的电流，因此适用于较大电流（几百 mA 以上）的低频整流电路的场合，不适用于高频电路工作。平面型二极管采用制造平面管工艺制成，PN 结面积较大的适用于大功率整流，PN 结面积较小的适用于数字电路中的开关管。

5.3.2 二极管的伏安特性

1. 二极管的伏安特性曲线

（1）外加正向电压时的伏安特性

二极管的伏安特性曲线如图 5.3.3（a）所示。当正偏电压较小时，外电场不足以克服内电场对多子的阻碍作用，正向电流几乎等于零，这段区域称为"死区"。当正偏电压足够大时，二极管的正向电流随外电压的增加而迅速增大，这个电压是二极管导通的最小电压，称为导通电压（或开启电压、阈值电压和门槛电压），用 U_{on} 表示。室温条件下，硅管的 $U_{on} \approx 0.5V$，锗管的 $U_{on} \approx 0.1V$。

二极管在正常使用时，正向导通电压硅管为 0.6～0.8V，实际中取 0.7V；锗管为 0.1～0.3V，实际中取 0.2V 或 0.3V。

（2）外加反向电压时的伏安特性

当反向电压超过零点几伏时，几乎所有的少子都参与导电形成漂移电流，此时即使再增加反向电压，反向电流也不会增加，故称为反向饱和电流，用 I_S 表示。I_S 受温度影响很大，一般，硅的 I_S 小于 1μA，锗的 I_S 大于 10μA，硅管的反向饱和电流远远小于锗管。

当 PN 结的反向电压增大到某数值 U_{BR}（称为反向击穿电压）时，反向电流会突然急剧增加，即电压在 U_{BR} 附近只要变化一点点，电流就变化很大。这种由于反偏电压增大而引起的击穿称为电击穿。电击穿是可逆的，当电压恢复正常时，PN 结恢复正常。需要注意的是，电击穿如不采取限流或散热等措施，很有可能因为流过 PN 结的电流过大而发热烧毁 PN 结，这种现象称为热击穿（不可逆的）。

2. 温度对二极管伏安特性曲线的影响

二极管的特性对温度的变化很敏感，当温度升高时，扩散运动加剧，正向电流增大，正向压降减小，表现为正向特性曲线左移。此时本征激发的少子数目急剧增加，反向电流增大，表现为反向特性曲线下移，如图 5.3.3（b）所示。实践证明，在室温附近，温度每升高 1℃，正向压降减小约 2.5mV；温度每升高 10℃，反向电流增大约 1 倍。

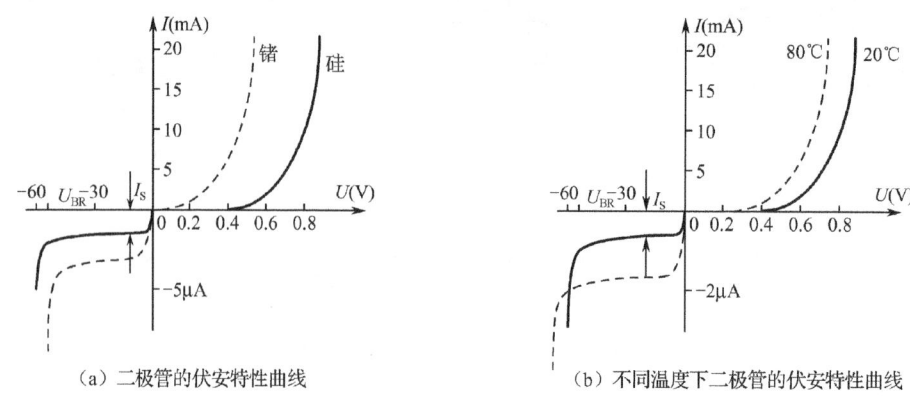

（a）二极管的伏安特性曲线　　　　　　（b）不同温度下二极管的伏安特性曲线

图 5.3.3　二极管的伏安特性

5.3.3　二极管的主要参数

二极管的主要参数是正确选用二极管的主要依据，这些参数主要包括：

（1）最大整流电流 I_F。它是二极管长期工作时允许通过的最大正向平均电流，其主要取决于 PN 结的面积、半导体材料和散热情况。使用时应使平均工作电流小于 I_F，否则二极管将有可能过热而烧毁。

（2）最大反向工作电压 U_{RM}。这是二极管允许承受的最大反向工作（峰值）电压。当反向电压超过此值时，二极管可能被击穿。实践中，通常取 $U_{RM} = \left(\dfrac{1}{2} \sim \dfrac{2}{3}\right) U_{BR}$，点接触型二极管的 U_{RM} 为几十伏，面接触型二极管的 U_{RM} 为几百伏。

（3）最高工作频率 f_M。f_M 的值是和 PN 结结电容的大小相关的参数，当工作频率高于 f_M 时，电流容易从结电容通过，二极管的单向导电性变差。

5.3.4　二极管的等效模型

1. 理想化的等效模型

这是最简单的一种模型，即把二极管看成一个理想开关，正偏时看作理想开关的闭合，反偏时看作理想开关的断开，即"正偏导通，反偏截止"，如图 5.3.4（a）所示。

2. 考虑二极管导通电压时的等效模型

在这种模型中，把二极管看成是理想二极管和一个电压源（其值等于二极管的导通电压 U_{on}）的串联。当正偏电压超过 U_{on} 时，二极管导通，其两端电压等于常量 U_{on}；否则，二极管截止，流过的电流等于零，如图 5.3.4（b）所示。

本书中硅管的正向导通电压取 0.7V；锗管的正向导通电压取 0.3V。

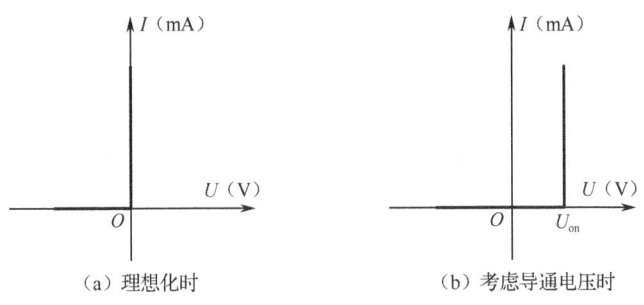

(a) 理想化时   (b) 考虑导通电压时

图 5.3.4　二极管等效模型的伏安特性

3．二极管的工作状态判断（见表 5.3.1）

判断二极管在电路中的工作状态方法：先假设二极管断开，求得阳极和阴极之间将承受的电压，如果此电压大于导通电压，则二极管处于正向偏置的导通状态；如果小于导通电压，则处于反向偏置的截止状态。

表 5.3.1　二极管的工作状态判断

类型 状态	理想二极管	硅 管	锗 管
导通	$U_{PN} > 0V$	$U_{PN} > 0.7V$	$U_{PN} > 0.3V$
截止	$U_{PN} < 0V$	$U_{PN} < 0.7V$	$U_{PN} < 0.3V$

如果电路中有两个或两个以上二极管，同样先假设所有二极管断开，求得每个阳极和阴极之间将承受的电压，此时承受正向电压较大者优先导通；再判断其余二极管的状态。

4．二极管两种工作状态下的特性（见表 5.3.2）

表 5.3.2　二极管两种工作状态下的特性

类型 状态	理想二极管	硅 管	锗 管
导通	$U_{PN} = 0V$	$U_{PN} = 0.7V$	$U_{PN} = 0.3V$
截止	断开	断开	断开

例 5.3.1　二极管电路如图 5.3.5 所示，设二极管为硅管，求电路中的电流 I_D 和输出电压 U_O。

解：假想二极管从电路中断开，由二极管两端的电压关系：
$$-10V = U_A > U_B = -15V$$
判断二极管导通。考虑硅管导通电压为 0.7V，二极管接入电路后，$U_{AB} = 0.7V$。

列写 KVL 方程可以求出电流 I_D：
$$-10 - 0.7 - 1 \times I_D + 15 = 0, \quad I_D = 4.3mA$$

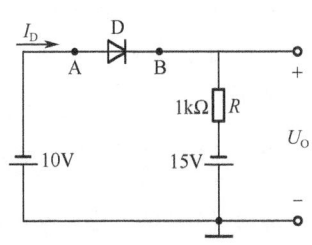

图 5.3.5　例 5.3.1 电路

同样，由广义 KVL 方程：$10+0.7+U_O=0$，可以求出输出电压 $U_O=-10.7\text{V}$。

例 5.3.2 二极管电路如图 5.3.6 所示，两个二极管都为硅管，判断二极管是导通还是截止，并求输出电压 U_O。

解：假设二极管 D_1 和 D_2 都从电路中断开，可得

D_1 两端的电压：$U_{AB_1}=U_A-U_{B_1}=15\text{V}$

D_2 两端的电压：$U_{AB_2}=U_A-U_{B_2}=15-(-10)=25\text{V}$

二极管接入后，D_2 承受正向电压比 D_1 的大，D_2 将优先导通。

D_2 导通后，$U_A=-10\text{V}+U_{B_2}=-10\text{V}+0.7\text{V}=-9.3\text{V}=U_{AB_1}$

D_1 承受反向电压截止，故 $U_O=-9.3\text{V}$。

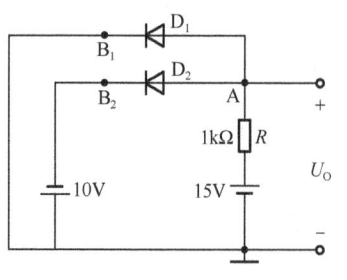

图 5.3.6 例 5.3.2 电路

5.3.5 稳压二极管

稳压二极管是一种特殊的面接触型二极管，它在电路中起稳压作用。稳压管工作在反向击穿区时，在一定工作电流范围内，其端电压几乎保持不变，具有稳压特性，所以称为稳压二极管，简称稳压管。

1. 稳压管的伏安特性

稳压管的伏安特性和普通二极管类似，但稳压管的反向特性比较陡峭，反偏电流可以在较大范围内变化，相应的电压变化却很小。稳压管的伏安特性和符号如图 5.3.7 所示。

2. 稳压管的主要参数

（1）稳定电压值 U_Z：指稳压管通过规定的电流时稳压管两端的电压值。由于稳压管制造工艺等方面的原因，即便是同一类型的稳压管，U_Z 也不完全相同。

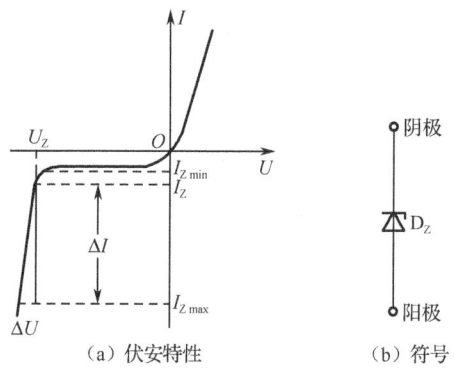

图 5.3.7 稳压管的伏安特性及其符号

（2）稳定电流值 I_Z：指稳压管正常工作（或者说工作电压等于 U_Z）时的电流值。当工作电流低于稳定电流值 I_Z 时，稳压效果变差；工作电流高于稳定电流值 I_Z 时，只要不超过最大稳定电流 $I_{Z\max}$，稳压管都可以正常工作，而且电流越大，稳压效果越好。

（3）动态电阻 r_Z：稳压管工作在稳压区时，两端电压变化量与电流变化量的比值，即 $r_Z=\Delta U_Z/\Delta I_Z$。稳压管反向特性越陡峭，动态电阻 r_Z 越小，稳压性能越好。

（4）最大耗散功率 P_{ZM}：指稳压管不产生热击穿时的最大功率，等于最大工作电流 I_{ZM} 和稳定电压值的乘积，即 $P_{ZM}=U_Z I_{Z\max}$。P_{ZM} 取决于稳压管允许的工作温度和散热环境。

3. 使用稳压管的注意事项

（1）稳压管必须工作在反偏状态（正偏时当成普通二极管）。

（2）稳压管工作时的电流要在允许范围内，即满足 $I_{Z\min}<I_Z<I_{Z\max}$。

（3）稳压管可以串联使用，串联后稳压值等于各稳压管的稳压值之和。稳压管一般不能

并联使用，否则由于稳压管稳压值的差异性将造成各个稳压管的分流不均损坏稳压管。

（4）为避免反向电流过大而发生热击穿现象，在实际电路中必须串联合适的限流电阻。

例 5.3.3　两只硅稳压二极管 D_{Z1}、D_{Z2} 的稳定电压值分别为 8V 和 7.5V，求图 5.3.8 中 4 种连接方法下获得的稳定电压值 U_1、U_2、U_3、U_4。

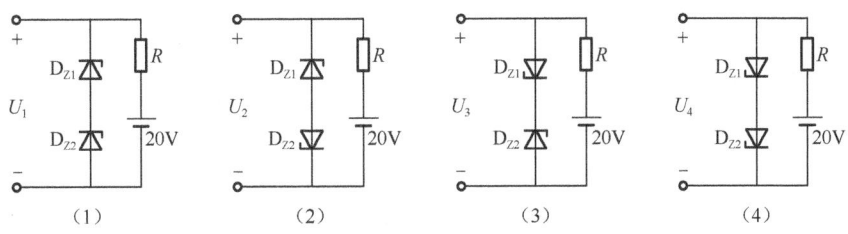

图 5.3.8　例 5.3.3 图

解：稳压管正向工作时的特性与普通二极管一样；反向工作时，稳压管两端电压为管的稳定电压值 U_Z。

（1）$U_1 = U_{Z1} + U_{Z2} = 8 + 7.5 = 15.5\text{V}$

（2）$U_2 = U_{Z1} + U_{Z2} = 8 + 0.7 = 8.7\text{V}$

（3）$U_3 = U_{Z1} + U_{Z2} = 0.7 + 7.5 = 8.2\text{V}$

（4）$U_4 = U_{Z1} + U_{Z2} = 0.7 + 0.7 = 1.4\text{V}$

5.3.6　其他特殊二极管

1. 发光二极管

发光二极管又称为 LED（Light Emitting Diode），由磷、砷、镓等半导体化合物（如磷化镓、砷化镓等）制成，是利用正偏时 PN 结两侧多子扩散直接复合释放出光能的器件。发光二极管包括可见光和不可见光等类型，发光颜色有红、黄、绿、橙等颜色，常见的外形包括圆形和长方形等，图 5.3.9（a）所示为发光二极管的符号。由于发光二极管工作在正向偏置状态，一般只需讨论其正向特性。只有当外加正偏电压产生足够大的电流时二极管才发光，电流越大发光越强。发光二极管的开启电压通常在 1.6~1.8V 之间，正向工作电流在几毫安到十几毫安之间，如果流过的电流太大，同样可能烧毁二极管。

发光二极管因其体积小、驱动电压低、功耗小、单色性好、响应速度快和寿命长等优点在显示电路中得到了广泛应用。

2. 光电二极管

光电二极管也称为光敏二极管，是一种将光信号转换为电信号的特殊二极管。PN 结型光电二极管的基本结构和普通二极管相似，其基本结构是一个 PN 结，利用 PN 结的光敏特性将接收到的光的变化转换成电流的变化。图 5.3.9（b）所示为发光二极管的符号。

（a）发光二极管符号　　（b）光电二极管符号

图 5.3.9　两种特殊二极管符号

光电二极管工作在反向偏置状态，在没有光照的情况下，反向电流（此时通常称为暗电流）很小，一般在 0.1μA 左右，光电二极管等效为几十兆欧的反向电阻。有光照时的反向电流称为光电流，当光照（在光学上用照度表示）增强时，本征激发的少子浓度增大，在反偏电压达到一定值时，反向电流随之增大，光电二极管的反向电阻下降为几十千欧左右。大面积光电二极管制作可以看成是一种电源，称为光电池，正极为二极管的阳极，负极为二极管的阴极，光电流基本和照度成正比。

5.4 半导体三极管

半导体三极管又称为晶体管或三极管。由于半导体三极管有两种载流子参与导电，所以称为双极型晶体管。半导体三极管的种类很多，按材料可分为硅三极管和锗三极管，按工作频率可分为低频管和高频管，按功率可分为小功率管、中功率管和大功率管。

5.4.1 三极管的类型及结构

半导体三极管的外形相差很大，根据功率的不同，其主要的外形结构如图 5.4.1 所示。从图中可以看出，三极管一般有三个电极，分别称为基极 b、发射极 e 和集电极 c。需要注意的是，对于有的大功率管（如国产 3AD50），管壳兼作集电极。

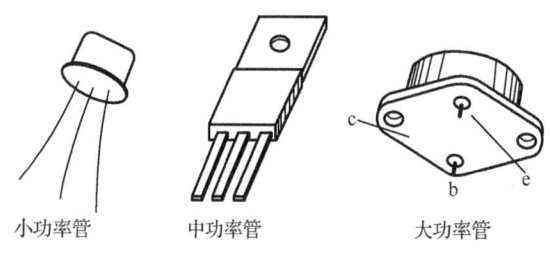

图 5.4.1 几种常见三极管的外形结构

三极管按其结构可分为 NPN 和 PNP 两类，其结构示意图和符号如图 5.4.2 所示。NPN 和 PNP 型三极管的结构相似，以 NPN 型三极管为例，其结构示意图如图 5.4.2（a）所示，它由两层 N 型半导体和中间的 P 型半导体构成，这样在 P 型半导体和 N 型半导体的交界面处形成了两个 PN 结，分别称为发射结和集电结，相应的两个 N 型半导体区域分别称为发射区和集电区，P 型半导体区域称为基区。发射区引出的电极称为发射极，集电区引出的电极称为集电极，基区引出的电极称为基极。图 5.4.2（b）为 NPN 型三极管的符号，其箭头方向表示发射结正偏时电流的实际方向。图 5.4.2（c）为 PNP 型三极管的符号。

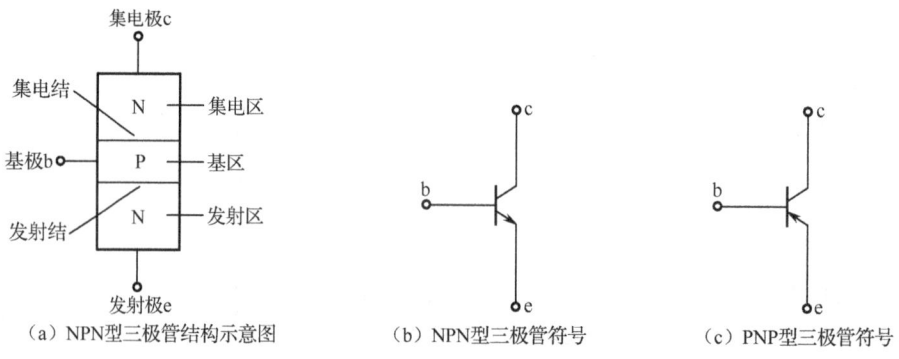

图 5.4.2 三极管的结构和符号

5.4.2 三极管的工作原理

三极管的最大特点就是具有放大作用，所谓放大有两个方面的含义，一是对微小的变化量（交流信号）进行放大，二是电路输出端的功率大于输入端的功率，即电路的输出电压或电流的变化量大于输入端的电压或电流的变化量。这体现了放大结果实质上是对能量的控制，具有能量控制的器件称为有源器件，如晶体管、场效应管和集成运放等。

1. 三极管处于放大状态时的偏置条件

为了使三极管具有电流放大作用，除具有上述的结构工艺特点外，还必须满足一定的外加电压偏置条件，即保证发射结正偏、集电结反偏。因此，对于 NPN 型三极管放大电路而言，要求 $U_B > U_E$，$U_C > U_B$，外加偏置电路的连接如图 5.4.3（a）所示，也称为基本共发射极放大电路，简称共射电路。而对于 PNP 型三极管放大电路而言，要求 $U_B < U_E$，$U_C < U_B$。

2. 三极管内部载流子的传输过程

三极管中载流子的运动如图 5.4.3（b）所示。因为发射结正偏，有利于发射区的多子-电子的扩散运动，这样发射区向基区发射电子，扩散运动形成发射极电流 I_E；在靠近发射结的地方电子浓度很大，往集电结方向浓度不断衰减，由于电子浓度的差异，由发射区过来的电子将要穿过基区向集电结方向扩散，在扩散过程中少部分电子将和基区中的多子-空穴相遇并复合，形成基极电流 I_B；由于集电结反偏，扩散到集电结附近的电子几乎全部漂移过集电结到达集电区形成集电极电流 I_C。

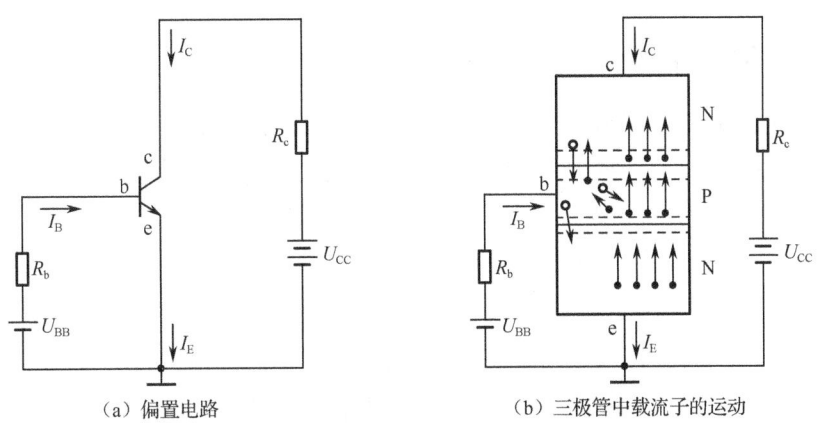

(a) 偏置电路 (b) 三极管中载流子的运动

图 5.4.3　NPN 型三极管共射极放大电路

根据 KCL 定律，可以得到三极管放大电路的电流分配关系

$$I_E = I_B + I_C \tag{5.4.1}$$

由于三极管的结构特点决定了载流子传输过程中在基区被复合掉的比例，通常把集电极电流 I_C 和基极电流 I_B 的比值定义为共射电路直流电流放大系数 $\bar{\beta}$

$$\bar{\beta} = \frac{I_C}{I_B} \tag{5.4.2}$$

共射电路直流电流放大系数 $\overline{\beta}$ 的物理意义是，当有一个载流子在基区被复合掉，则必有 $\overline{\beta}$ 个载流子到达集电区边缘。这表征了三极管基极电流对集电极电流的控制能力，所以通常可以把三极管看成是一个电流控制器件，利用这一性质可以实现电流的放大作用。

3．三极管的放大作用

在图 5.4.3（a）中，如果在基极输入端接入一个小信号的交流电压 ΔU_I，则在该电路中三极管的各极电压或电流都是直流和交流信号的叠加，如图 5.4.4 所示。由于输入端的小信号交流电压 ΔU_I 的作用，在输出端产生了相应的交流变化量 ΔU_{R_c} 和 ΔI_C。这种以较小的交流信号来控制较大输出电流变化的作用即是三极管的电流放大作用，通常定义共射电路交流电流的放大系数 β 为

$$\beta = \frac{\Delta I_C}{\Delta I_B} \qquad (5.4.3)$$

很显然，$\overline{\beta}$ 和 β 的物理意义不同，但在 ΔI_C 变化时 $\overline{\beta}$ 基本不变的情况下，可以得到 $\Delta I_C \approx \overline{\beta}\Delta I_B$，$\overline{\beta} \approx \beta$。实际上，在三极管导通时，$\Delta I_C$ 在一个较大的范围内，$\overline{\beta}$ 基本不变。因此在今后的近似分析中，一般不区分 $\overline{\beta}$ 和 β，而把它们统称为共射电路的电流放大系数，对于小功率管，β 可以达到几百以上；大功率管，β 也可以到几十倍以上。

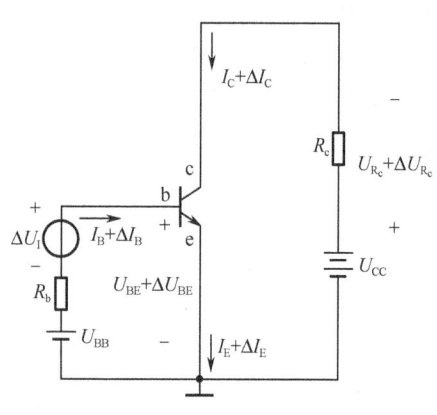

图 5.4.4 基本共射电路的放大作用

5.4.3 三极管的特性曲线

本节以基本共射电路为例，讨论三极管的特性曲线，包括输入特性曲线和输出特性曲线，如图 5.4.5 所示。三极管的输入特性曲线和输出特性曲线是用来描述三极管各极电压和电流之间的关系曲线，它们可以由晶体管特性图示仪直接显示，也可以用实验的方法得到。

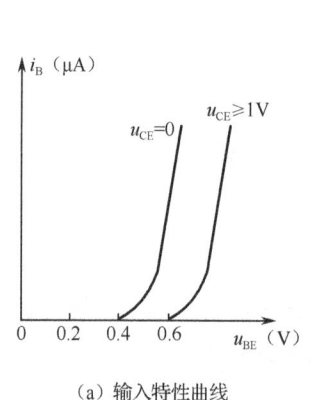

（a）输入特性曲线　　　　（b）输出特性曲线

图 5.4.5 基本共射电路的特性曲线

1. 输入特性

三极管的输入特性是指当 u_{CE} 一定的情况下，基极电流 i_B 和输入电压 u_{BE} 的关系曲线，用函数式表示为

$$i_B = f(u_{BE})\big|_{u_{CE}=常数} \qquad (5.4.4)$$

以硅三极管为例的输入特性曲线如图 5.4.5（a）所示。可以看出，当 $u_{CE}=0$，相当于三极管的 c、e 两极短路，发射结和集电结都正偏，此时输入特性曲线类似于二极管的正向特性曲线。随着 u_{CE} 的增大，在相同的 u_{BE} 下基极电流 i_B 减小，表现为输入特性曲线右移，如图中标出的 $u_{CE} \geqslant 1V$。在 $u_{CE} \geqslant 1V$ 以后，只要保持 u_{BE} 不变则从发射结注入基区的电子数目不变（i_B 不变），而且此时集电结收集电子的能力几乎趋于极限，因此 u_{CE} 再增加时，基极电流 i_B 也不再明显减小，表现为输入特性曲线基本重合，不再右移。基于上述原因，通常在输入特性曲线中只画出 $u_{CE} \geqslant 1V$ 的一条曲线即可。

2. 输出特性

三极管的共射电路的输出电流 i_C 不仅和输入电流有关，而且和输出电压 u_{CE} 有关。输出特性曲线是指当基极电流 i_B 一定时，输出电流 i_C 和输出电压 u_{CE} 的关系曲线。当选择 i_B 为参考变量时，其函数曲线可以表示为

$$i_C = f(u_{CE})\big|_{i_B=常数} \qquad (5.4.5)$$

由于不同的参考变量 i_B 对应于一条曲线，所以输出特性曲线实际上是一簇曲线，图 5.4.5（b）是同一个三极管的共射电路的输出特性曲线。对于不同曲线其上升部分几乎重合，这表明当 u_{CE} 较小时，只要 u_{CE} 略有增加则输出电流增大很明显且不受 i_B 的控制。当 u_{CE} 较大时，如 $u_{CE} \geqslant 1V$ 时，集电结收集电子的能力已经趋于极限，即便再增大 u_{CE}，只要 i_B 不变则输出电流增大不多，表现为特性曲线平坦且微微上翘。

从图 5.4.5（b）可以看出，输出特性曲线是非线性的，可以划分成三个区域：放大区、饱和区和截止区，分别对应与三极管的三个工作状态：放大状态、饱和状态和截止状态。

（1）放大区

此时三极管的发射结正偏，集电结反偏。放大区对应于 $i_B > 0$ 和 $u_{CE} > u_{BE}$ 的区域，在图 5.4.5（b）中是比较平坦的部分，表示当 i_B 一定时，i_C 的值基本上不随 u_{CE} 而变化。理想情况下，输出特性曲线是一簇与横轴平行且间隔均匀的平行线。在这个区域内输出电流和输入电流满足关系式 $i_C \approx \beta i_B$，该式体现了三极管的电流放大作用，输出电流随输入电流呈线性变化。

（2）饱和区

此时三极管的发射结正偏，集电结正偏。饱和区是指 $u_{CE} \leqslant u_{BE}$ 的区域，具体是曲线靠近纵轴附近，各条输出特性曲线的上升部分。在这个区域，由于集电结正偏，集电结收集电子的能力减弱，不同 i_B 值的各条特性曲线几乎重叠在一起，即当 u_{CE} 较小时，集电极电流 i_C 基本上不随基极电流 i_B 而变化，这种现象称为饱和。此时三极管失去了放大作用，关系式 $i_C \approx \beta i_B$ 不成立。

三极管饱和时，各极之间的电压很小，可以近似为短路。此时的 u_{CE} 称为饱和压降，用 $u_{CE(sat)}$ 表示。对于小功率硅管，$|u_{CE(sat)}| \approx 0.3V$；小功率锗管 $|u_{CE(sat)}| \approx 0.1V$。在工程实践中把

$u_{CE} = u_{BE}$ 时的状态称为临界饱和，把 $u_{CE} < u_{BE}$ 时的状态称为过饱和。在过饱和时，小功率管的饱和管压降通常小于 0.3V。可以根据求出的三极管的 u_{CE} 大小来判断该管是否处于饱和状态，也可以按照电流关系来判断。

根据三极管共射极放大电路图 5.4.3（a）中，求出临界饱和时的集电极电流和基极电流

$$I_{CS} = \frac{U_{CC} - U_{CE(sat)}}{R_C} \approx \frac{U_{CC}}{R_c} \tag{5.4.6}$$

$$I_{BS} = \frac{I_{CS}}{\beta} \tag{5.4.7}$$

从输入回路中求出电路实际工作中的基极电流 I_B

$$I_B = \frac{U_{BB} - U_{BE}}{R_b} \tag{5.4.8}$$

比较 I_B 和 I_{BS} 的大小关系，如果 $I_B \geq I_{BS}$，则三极管处于饱和状态。

（3）截止区

一般将 $i_B = 0$ 的输出特性曲线以下的区域称为截止区，此时 $i_C \approx 0$，发射结和集电结都反偏。当发射结反向偏置时，发射区不再向基区注入电子，则三极管处于截止状态。由于各极电流基本上都等于零，因而此时三极管没有放大作用。实际上，当 $i_B = 0$ 时，i_C 并不等于零，而是等于穿透电流 I_{CEO}（集电极-发射极间的反向饱和电流，即三极管基极开路时集电结反偏和发射结正偏时的集电极电流）。一般硅管的穿透电流小于 $1\mu A$，锗管的穿透电流也不过几十至几百微安，在输出特性曲线上无法表示出来。

上述三极管的三种状态的特性如表 5.4.1 所示。

表 5.4.1 三极管的三种状态的特性（NPN 硅管）

状态 特性	放大状态	饱和状态	截止状态
偏置情况	发射结正偏 集电结反偏	发射结正偏 集电结正偏	发射结零偏或反偏 集电结反偏
电路特点	$i_C = \beta i_B$ $u_{BE} = 0.7V$	$i_C \neq \beta i_B$ $u_{BE} = 0.7V$ 临界饱和时：$u_{CE} = u_{BE}$ 深度饱和时：$u_{CE} \approx \begin{cases} 0.3V & 硅管 \\ 0.1V & 锗管 \end{cases}$	$u_{BE} \leq 0$ $i_C \approx 0$

以上结论是以 NPN 硅管共射电路为例得出的，由于 PNP 管的电压极性和 NPN 管正好相反，所以只要将输入和输出特性曲线的坐标轴分别用 $-u_{BE}$ 和 $-u_{CE}$ 替换后就可得到类似的特性曲线。

例 5.4.1 设图 5.4.6 中的三极管为 NPN 硅管，放大倍数 β 为 80，试判断开关 S 分别接通 A、B、C 三个位置时三极管的工作状态，并求相应的集电极电流 I_C 的值。

解：假设三极管处于临界饱和状态，此时的集电极电流和基极电流为

$$I_{CS} = \frac{U_{CC} - U_{CE}}{R_c} = \frac{12 - 0.7}{4 \times 10^3}A = 2.8\text{mA}$$

$$I_{BS} = \frac{I_{CS}}{\beta} = 0.035\text{mA}$$

S 接通 A 时：$I_B = \dfrac{U_{CC} - U_{BE}}{40 \times 10^3} = \dfrac{12 - 0.7}{40 \times 10^3}A = 0.28\text{mA} > I_{BS}$，三极管工作在饱和区，此时

$$I_C = I_{CS} = 2.8\text{mA}$$

S 接通 B 时：$I_B = \dfrac{U_{CC} - U_{BE}}{500 \times 10^3} = \dfrac{12 - 0.7}{500 \times 10^3}A = 0.023\text{mA} < I_{BS}$，三极管工作在放大区，此时

$$I_C = \beta I_B = 1.84\text{mA}$$

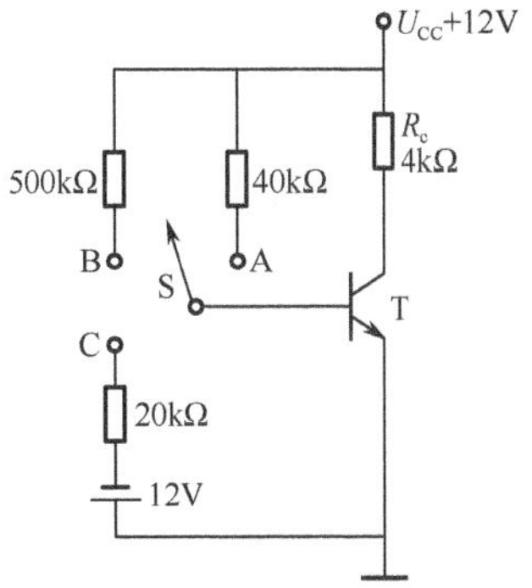

S 接通 C 时：发射结反偏，三极管工作在截止区，此时 $I_C \approx 0$。

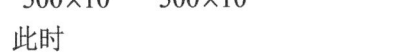

图 5.4.6　例 5.4.1 图

3．不同类型三极管在放大工作状态下的特点

多数 NPN 管由硅材料制成，PN 结的导通电压一般为 0.6～0.7V；多数 PNP 管由锗材料制成，PN 结的导通电压一般为 0.2～0.3V。三极管工作在放大区时各电极的电位关系为

NPN 管：$U_C > U_B > U_E$

PNP 管：$U_C < U_B < U_E$

5.4.4　三极管的主要参数

（1）电流放大系数 $\bar{\beta}$ 和 β：β 值太小，放大能力差；β 值太大，三极管的性能不稳定，受温度影响比较大。一般情况下，温度每升高 1℃，β 值增大 0.5%～1%。

（2）集电极-基极反向饱和电流 I_{CBO}：发射极开路时，集电极和基极之间加上一定反向电压时的反向电流。室温下，小功率硅管的 $I_{CBO} < 1\mu\text{A}$，小功率锗管为几十微安。温度每升高 10℃，I_{CBO} 大概增加一倍。

（3）集电极-发射极反向饱和电流（穿透电流）I_{CEO}：基极开路时，集电极和发射极之间加上规定的电压（集电极接高电位）时的电流，$I_{CEO} = (1+\beta)I_{CBO}$。$I_{CEO}$ 是衡量三极管质量好坏的重要参数，其值越小温度稳定性越好。由于硅管的极间反向电流更小，在实际中应用更普遍。

（4）集电极最大允许功率损耗 P_{CM}：三极管的集电结允许的功率损耗的最大值，其大小和集电结允许的最高温度及散热条件有关。集电极损耗的功率为 $P_C = I_C U_{CE}$。

（5）集电极最大允许电流 I_{CM}：当集电极电流超过一定值时，三极管的 β 就下降，一般规定当三极管的 β 下降到其额定值的三分之二时的集电极电流就是集电极最大允许电流 I_{CM}。很明显，当集电极电流超过 I_{CM} 时，三极管不一定损坏，但其 β 将下降很多。

（6）极间反向击穿电压：极间反向击穿电压表示三极管某一极开路时，另外两极允许加的最大反向电压，如果超过该值则三极管的反向电流将急剧增大，甚至可能出现热击穿损坏三极管。集电极-基极反向击穿电压 $U_{(BR)CBO}$ 一般为几十伏，发射极-基极反向击穿电压 $U_{(BR)EBO}$ 一般为几伏，或者更小；集电极-发射极反向击穿电压 $U_{(BR)CEO}$ 通常比 $U_{(BR)CBO}$ 要小一些。

5.5 场效应管

前面介绍的半导体三极管又称为双极型三极管,它有两种载流子(多子和少子)参与导电,由于少子浓度和温度密切相关,因此它的热稳定性较差。本节将介绍另外一类三极管,它们只有一种载流子(多子)参与导电,被称为单极型三极管,又因为这种三极管是利用电场效应来控制电流的半导体器件(被看成是电压控制器件),因此也称为场效应管(FET)。场效应管具有输入阻抗高、热稳定性好、噪声低和抗辐射能力强等优点,便于大规模集成,因此在工程实践中得到了广泛应用。根据结构不同,场效应管可以分为结型场效应管(JFET)和绝缘栅场效应管(IGFET)两类。

5.5.1 结型场效应管

1. 结型场效应管的结构

结型场效应管分为 N 沟道和 P 沟道两种,结构示意图和符号如图 5.5.1 所示。

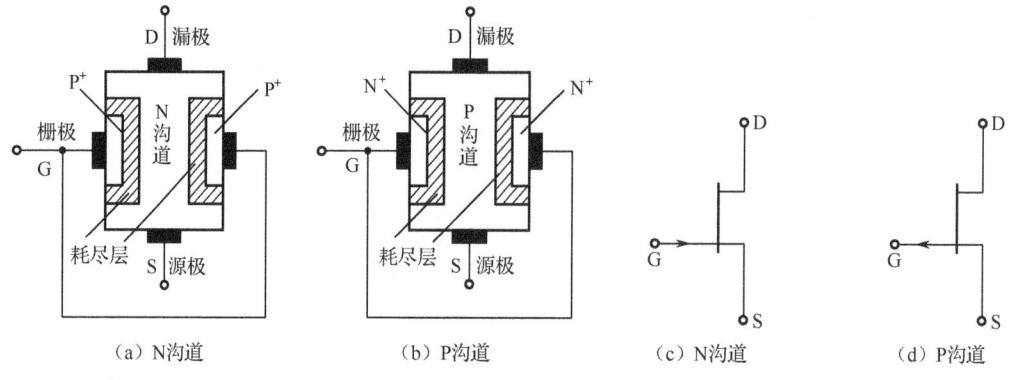

图 5.5.1 结型场效应管的结构示意图和符号

图 5.5.1(a)是 N 沟道结型场效应管的结构示意图,在一块 N 型硅片(沟道)两侧各制作两个高掺杂的 P 区,用 P^+ 表示,这样将形成两个不对称的 PN 结(耗尽层)。漏极和源极之间的非耗尽层区域称为导电沟道。将两侧的 P^+ 各引出一个电极并连接起来,称为栅极 G(gate),在 N 型硅片两端分别引出两个电极称为漏极 D(drain)和源极 S(source)。图 5.5.1(c)为 N 沟道结型场效应管的符号,箭头向里表示 N 沟道。P 沟道结型场效应管的结构和 N 沟道结型场效应管有着对偶的形式,其结构示意图如图 5.5.1(b)所示,图 5.5.1(d)为 P 沟道结型场效应管的符号,箭头向外表示 P 沟道。

2. N 沟道结型场效应管的工作原理

N 沟道结型场效应管正常工作时,外加偏置电压如图 5.5.2 所示。当 $U_{DS}>0$ 时,从漏极到源极沿着导电沟道方向,耗尽层的宽度也逐渐变小,即沟道的宽度逐渐变宽,呈楔形分布,如图 5.5.2(a)所示。

随着 U_{DS} 的增大,耗尽层的宽度也逐渐变宽,这样在漏极附近 A 点处,耗尽层首先相遇,出现预夹断现象，如图 5.5.2（b）所示。把栅极和夹断点间的电压称为夹断电压 $U_{GS(off)}$，在漏极附近 A 点处满足 $U_{GA}=U_{GD}=U_{GS(off)}$。如果继续增大 U_{DS}，则耗尽层继续变宽，夹断区延伸，直到出现全夹断的情况，如图 5.5.2（c）所示。出现预夹断后，沟道中的电子从源极运动到漏极夹断点 A 附近时，几乎所有的电子都会被夹断区（耗尽层）的强电场拉过去，形成 I_D。此时，沟道电阻包括沟道和耗尽层两部分，由于 U_{DS} 的增大主要降落在夹断区（耗尽层），因此 U_{DS} 增大，漏极电流 I_D 几乎不变，表现出 I_D 的恒流特性。

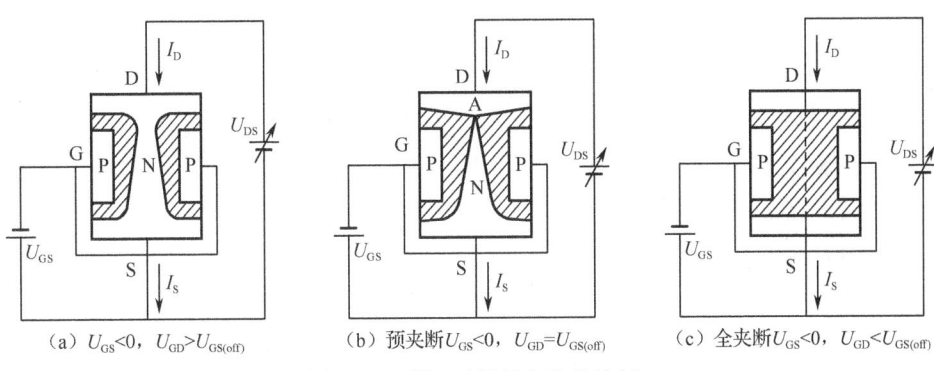

（a）$U_{GS}<0$，$U_{GD}>U_{GS(off)}$　　（b）预夹断 $U_{GS}<0$，$U_{GD}=U_{GS(off)}$　　（c）全夹断 $U_{GS}<0$，$U_{GD}<U_{GS(off)}$

图 5.5.2　U_{GS} 对漏极电流的控制

U_{GS} 对导电沟道的影响：当 $U_{DS}=0$ 且 $U_{GS}=0$ 时，耗尽层比较窄，导电沟道很宽；随着 $|U_{GS}|$ 的增大，耗尽层加宽，导电沟道变窄，即沟道电阻增大；当 $|U_{GS}|$ 增大到某一数值时，沟道完全消失，即沟道电阻趋向无穷大。通过上面分析可知，结型场效应管通过外加电压 U_{GS} 改变耗尽层宽度，从而影响导电沟道的宽度来控制 I_D 的大小，其实质是控制 PN 结中的电场效应，因此称为体内场效应器件。

3．结型场效应管的伏安特性

场效应管的伏安特性包括转移特性和输出特性，由于场效应管的输入电流很小，所以一般不讨论输入特性。场效应管的放大电路和晶体管放大电路相类似，也有三种组态：共源极、共漏极和共栅极。共源极 N 沟道结型场效应管的伏安特性如图 5.5.3 所示。

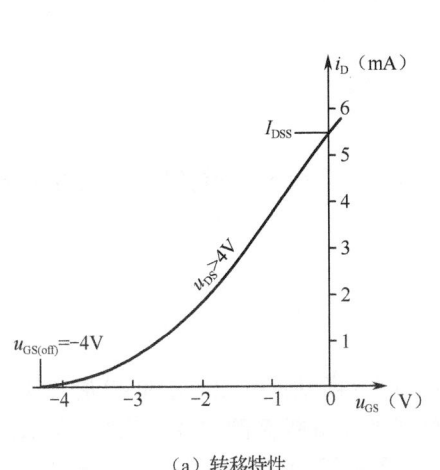
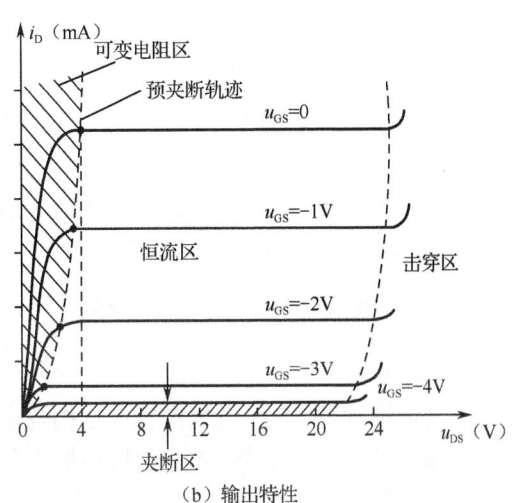

（a）转移特性　　　　　　　　　　　　（b）输出特性

图 5.5.3　共源极 N 沟道结型场效应管的伏安特性曲线

场效应管的转移特性是指当漏源电压为常数时，漏极电流和栅源电压之间的关系曲线，用函数关系式 $i_D = f(u_{GS})\big|_{u_{DS}=常数}$ 来描述。场效应管的转移特性曲线反映了栅源电压对漏极电流的控制作用。N 沟道结型场效应管的转移特性如图 5.5.3（a）所示。

从转移特性曲线上可以得到两个重要的参数，即夹断电压 $u_{GS(off)}$ 和饱和漏极电流 I_{DSS}。可以分析得出转移特性曲线的公式为

$$i_D = I_{DSS}\left(1 - \frac{u_{GS}}{u_{GS(off)}}\right)^2, u_{GS(off)} \leq u_{GS} \leq 0 \tag{5.5.1}$$

场效应管的输出特性又称为漏极特性，用函数关系式 $i_D = f(u_{DS})\big|_{u_{GS}=常数}$ 来描述。取不同的 u_{GS} 可以得到一簇输出特性曲线，如图 5.5.3（b）所示。从图 5.5.3（b）以看出，场效应管输出特性分为四个区域：可变电阻区、恒流区、夹断区、击穿区。

5.5.2 绝缘栅场效应管

绝缘栅场效应管根据导电沟道的不同，可以分为 N 沟道场效应管（NMOS）和 P 沟道场效应管（PMOS）。其中每类都有增强型和耗尽型两种，各种 MOS 场效应管的电路符号如图 5.5.4 所示。在电路符号图中，漏源间用三段短线（虚线）连接的，表示原始沟道不存在，为增强型；漏源间用一段直线（实线）连接的，表示原始沟道已经存在，为耗尽型。衬底线上垂直于沟道的箭头向里表示 N 沟道，箭头向外表示 P 沟道（注意区别于简化 MOS 管符号）。

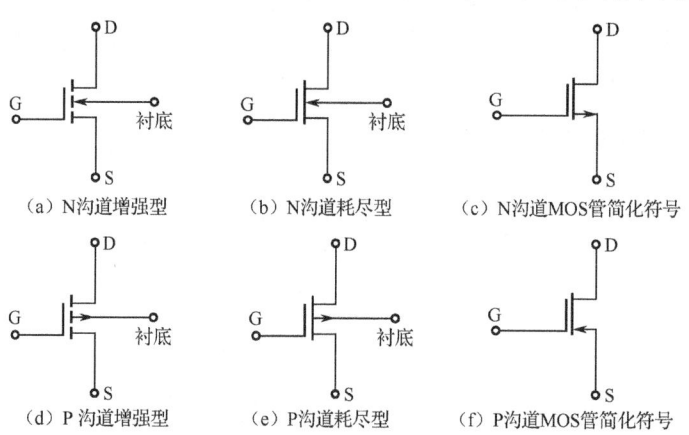

（a）N沟道增强型　　（b）N沟道耗尽型　　（c）N沟道MOS管简化符号

（d）P沟道增强型　　（e）P沟道耗尽型　　（f）P沟道MOS管简化符号

图 5.5.4　MOS 场效应管的电路符号

下面以 NMOS 为例，分别介绍 N 沟道增强型 MOS 场效应管和 N 沟道耗尽型 MOS 场效应管的结构、工作原理和特性曲线。

1．N 沟道增强型 MOS 场效应管

（1）结构

N 沟道增强型 MOS 场效应管的结构与电路符号如图 5.5.5 所示。它以一块低掺杂（其电阻率较高）的 P 型硅片为衬底，利用扩散工艺在衬底上做了两个高掺杂的 N 区（用 N^+ 表示），并在 N^+ 区表面覆盖一层铝，引出两个电极，分别为源极 S 和漏极 D。在 P 型硅片上覆盖上一层很薄的 SiO_2 绝缘层，并在漏源之间的 SiO_2 绝缘层加一个铝电极作为栅极 G。

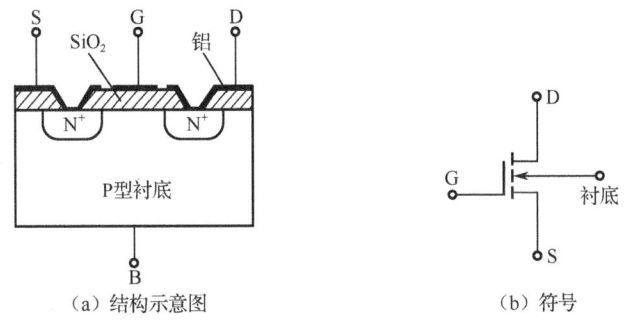

(a) 结构示意图　　　　　　　　(b) 符号

图 5.5.5　N 沟道增强型 MOS 场效应管

(2) 工作原理

MOS 管的源极和衬底通常是连接在一起的。对于增强型 NMOS 管，栅源之间加正向电压，漏源之间也加正向电压，其工作原理如图 5.5.6 所示。

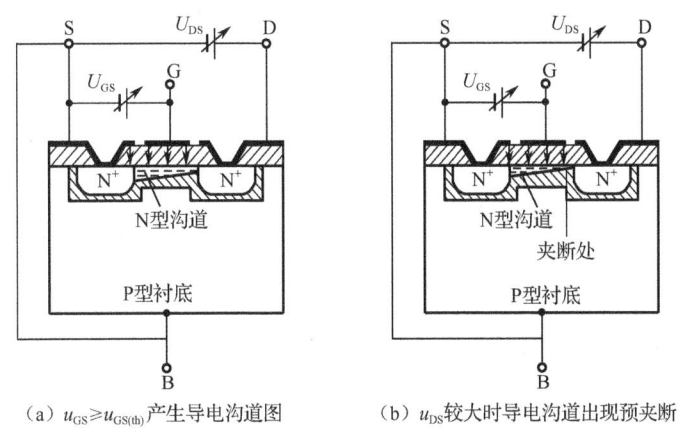

(a) $u_{GS} \geq u_{GS(th)}$ 产生导电沟道图　　(b) u_{DS} 较大时导电沟道出现预夹断

图 5.5.6　NMOS 场效应管工作原理

从图 5.5.6 (a) 可以看出，如果 $U_{GS}=0$，则无论漏源之间加上何种类型的电压，漏源之间的两个背靠背的 PN 结总有一个不导通，即不会形成漏极电流。当加上 U_{GS} 后，在 SiO_2 绝缘层中产生了一个指向 P 型衬底的电场，该电场吸引栅极附近的 P 型衬底中的少子（电子），排斥多子（空穴）。这样，在靠近栅极附近的 P 型衬底处产生了由负离子组成的耗尽层。随着 U_{GS} 的增大，耗尽层增宽。当 U_{GS} 增大到一定数值时，吸引到栅极附近的 P 型衬底处的电子增多，从而形成了一个 N 型电荷层（由于 P 型衬底中电子浓度很低，这种表面负电荷主要来自 N^+ 区），由于其导电类型和 P 型衬底相反，所以称为反型层（导电沟道），它在漏源之间形成了 N 型导电沟道。这时，如果加上 U_{DS} 则会产生漏极电流。把开始形成反型层时的 U_{GS} 称为开启电压 $U_{GS(th)}$ 或门槛电压。

可见，随着 U_{GS} 的进一步增大，耗尽层增宽，形成的沟道增宽，沟道电阻下降，漏极电流增大，实现了 U_{GS} 对漏极电流的控制。NMOS 管利用 SiO_2 绝缘层中的电场效应来控制漏极电流，所以称为表面场效应器件。

当 $U_{GS} \geq U_{GS(th)}$ 形成导电沟道后，在 U_{DS} 作用下产生漏极电流，U_{DS} 对漏极电流的影响类似于结型场效应管。当 U_{DS} 增大到一定值时，在靠近漏极沟道被预夹断，如图 5.5.6 (b) 所示。出现预夹断后漏极电流几乎不随 U_{DS} 变化，场效应管进入恒流区。由于只有 $U_{GS} \geq U_{GS(th)}$ 才形成导电沟道，而且随着 U_{GS} 增大，导电沟道增宽，故命名为增强型 MOS 管。

（3）特性曲线

N 沟道增强型 MOS 场效应管和 N 沟道结型场效应管的特性曲线相似，如图 5.5.7 所示。在恒流区内，漏极电流可近似表示为：

$$i_D = I_{DO}\left(1 - \frac{u_{GS}}{u_{GS(th)}}\right)^2, u_{GS(th)} \leqslant u_{GS} \quad (5.5.2)$$

式 5.5.2 中的 I_{DO} 是 $u_{GS} = 2u_{GS(th)}$ 时的漏极电流值。N 沟道增强型 MOS 场效应管的输出特性也分为四个区域：可变电阻区、恒流区、夹断区和击穿区，如图 5.5.7（b）所示。

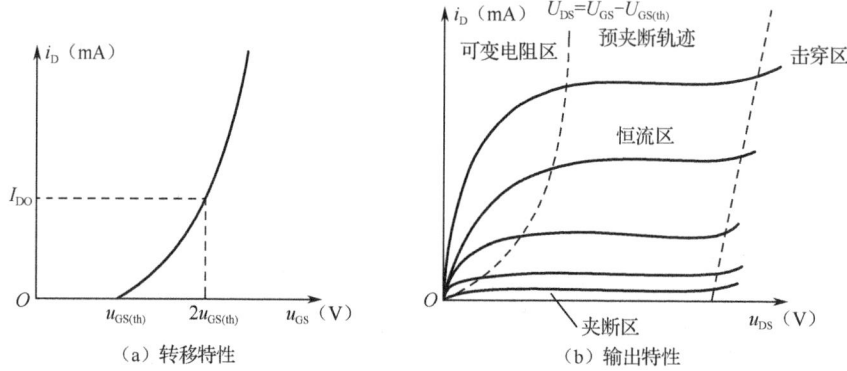

图 5.5.7　N 沟道增强型 MOS 场效应管的特性曲线

2．N 沟道耗尽型 MOS 场效应管

（1）结构

在制作 MOS 场效应管时预先在 SiO_2 绝缘层中掺入大量的正离子，这样即使 $U_{GS} = 0$，在正离子的作用下仍然可以形成反型层（即导电沟道），如图 5.5.8 所示。

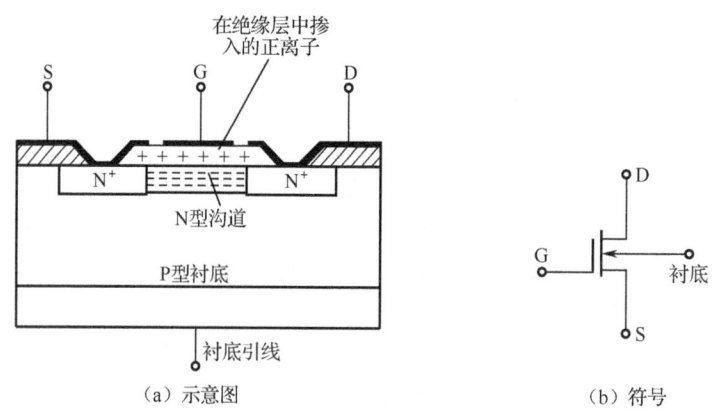

图 5.5.8　N 沟道耗尽型 MOS 场效应管

（2）工作原理

当 $U_{GS} = 0$ 时，由于已经有导电沟道存在，加上正向电压 U_{DS} 就会有漏极电流产生。当 $U_{GS} < 0$ 时，沟道变窄，沟道电阻增大，如果此时 U_{DS} 不变，则漏极电流减小。当 U_{GS} 负向变

到某一数值时,导电沟道将完全消失,此时虽然 $U_{DS} \neq 0$,但 $I_D \approx 0$。把反型层刚刚消失,沟道消失时的栅源电压称为夹断电压 $U_{GS(off)}$。由于这类场效应管在 $U_{GS}=0$ 时已有导电沟道存在,在 U_{GS} 减小到某一负值时,沟道才消失,故称为耗尽型。

（3）特性曲线

N 沟道耗尽型 MOS 场效应管的特性曲线如图 5.5.9 所示,它在恒流区内的漏极电流的近似表达式与式（5.5.1）相同,I_{DSS} 是 $U_{GS}=0$ 时的漏极电流。

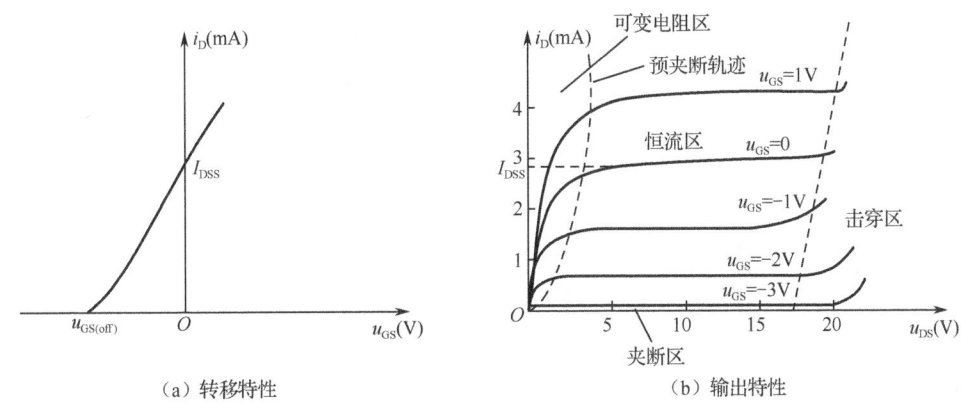

图 5.5.9　耗尽型 NMOS 场效应管的特性曲线

5.5.3　场效应管与三极管的比较

场效应管是电压控制器件,而三极管是电流控制器件。在只允许从信号源取较小电流的电路,一般选用场效应管;如果信号电压较低,且信号源允许提供较大电流的情况下,应选用三极管。三极管与场效应管工作原理完全不同,为方便读者学习,将场效应管与三极管的比较比列于表格 5.5.1 中。

表 5.5.1　场效应管与三极管的比较

器件 项目	场 效 应 管	三 极 管
电极对应	源极 S、栅极 G、漏极 D	发射极 e、基极 b、集电极 c
控制方式	电压控制器件,漏极电流受栅源电压控制	电流控制器件,集电极电流受基极电流控制
导电机理	一种载流子（多子）参与导电,单极型器件	两种载流子（多子和少子）参与导电,双极型器件
分类情况	增强型 NMOS 和 PMOS、耗尽型 NMOS 和 PMOS	硅管 NPN 和 PNP、锗管 NPN 和 PNP
输入电阻	很大	较小
放大能力	较小	较大
温度影响	较小	较大
噪声影响	较小	较大
其他方面	有的 D 极和 S 极可互换,耗尽型场效应管的使用电压较灵活,存放和使用时要避免场效应管击穿,功耗较低,适于大规模集成电路	c 极和 e 极不可互换,对放大电路的三极管的直流偏置电压要求严格,存放时没有特殊要求,功耗相对较高,集成度较低

习题 5

一、判断题

5.1 在外电场作用下,半导体中同时出现电子电流和空穴电流。( )

5.2 P 型半导体的少数载流子是空穴。( )

5.3 无论发生电击穿还是热击穿,半导体二极管都会被损坏。( )

5.4 稳压管的稳压区是其工作在反向截止区。( )

5.5 硅稳压管不属于半导体二极管。( )

5.6 三极管具有两个 PN 结,因此把两个二极管反向串联起来,也能具有放大能力。( )

5.7 工作在饱和状态的 PNP 型三极管,$U_E > U_C$。( )

5.8 NPN 三极管工作时,$u_{BE} = 0.7\text{V}$。( )

5.9 场效应管是电流控制器件,所以不易受外界干扰。( )

5.10 N 沟道增强型 MOS 场效应管的开启电压 $U_{GS(th)} > 0$。( )

二、选择题

5.11 PN 结加正向电压时,空间电荷区将( )。
   a. 变窄   b. 变宽   c. 基本不变   d. 不能确定

5.12 PN 结的基本特性是( )导电性。
   a. 超导   b. 双向   c. 单向   d. 金属

5.13 PN 结反向击穿时相当于( )。
   a. 恒流源   b. 恒压源   c. 断开   d. 很小的电阻

5.14 光电二极管的特性为( )。
   a. 反向电流随光照强度的变化而变化   b. 正向电流随光照强度的变化而变化
   c. 反向电压随光照强度的变化而变化   d. 正向电压随光照强度的变化而变化

5.15 当三极管工作在放大区时,发射极电压和集电极电压应为( )。
   a. 发射极反偏、集电极反偏   b. 发射极正偏、集电极反偏
   c. 发射极正偏、集电极正偏   d. 发射极反偏、集电极正偏

5.16 NPN 三极管工作在放大状态时,( )电位最高。
   a. 基极   b. 集电极   c. 发射极   d. 不能确定

5.17 NPN 三极管工作在放大状态时,( )电位最低。
   a. 基极   b. 集电极   c. 发射极   d. 不能确定

5.18 当温度升高时,三极管的共射输入特性曲线将( )。
   a. 上移   b. 下移   c. 左移   d. 右移

5.19 当温度升高时,三极管的共射输出特性曲线将( )。
   a. 上移   b. 下移   c. 左移   d. 右移

5.20 $U_{GS} = 0\text{V}$ 时,能够工作在恒流区的场效应管有( )。

a. 结型管 b. 增强型 MOS 管
c. 耗尽型 MOS 管 d. 以上都可以

三、填空题

5.21 P 型半导体中_____是多数载流子，N 型半导体中_____是多数载流子。

5.22 当 PN 结外加正向电压时，扩散电流_____漂移电流；当 PN 结处于_____时，耗尽层没有载流子。

5.23 在如题图 5.23 所示的电路中，已知二极管的反向击穿电压为 300V，当 U=100V、温度为 20℃时，I=1μA。

（1）当 U 降低到 50V，则 I 约为_____；（2）当 U 保持 100V 不变，温度降低到 10℃，则 I 约为_____。

5.24 题图 5.24 电路中的二极管均为理想二极管，则输入电压 U_i=15V 时，U_o=_____。

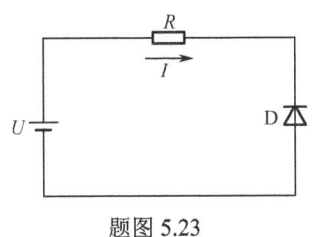

题图 5.23

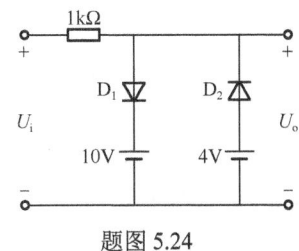

题图 5.24

5.25 设某二极管在正向电流 I_D=10mA 时，其正向压降 U_D=0.65V。在 I_D 保持不变的条件下，当二极管的结温升高 20℃，U_D 约为_____。

5.26 对于同一个三极管来说，I_{CBO}_____I_{CEO}；$U_{(BR)CBO}$_____$U_{(BR)CEO}$。

5.27 随着温度升高，三极管的电流放大系数 β_____，穿透电流 I_{CEO}_____。

5.28 共射极放大电路的三种工作状态分别是_____、_____、_____。

5.29 在 PNP 三极管放大电路中，测得此三极管的三个电极电位分别为 –3V、–0.2V、0V，则对应的三个电极分别为_____、_____、_____。

5.30 双极型三极管和场效应管主要区别：前者是_____控制器件，后者是_____控制器件。

四、计算题

5.31 设题图 5.31 中的二极管为普通硅二极管，正向压降为 0.7V，试判断二极管的状态，并计算 U_{o1} 和 U_{o2} 的值。

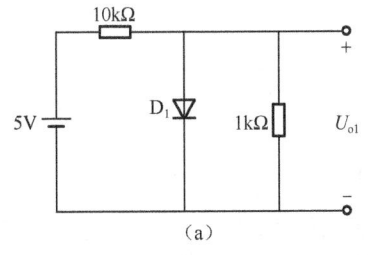
(a)

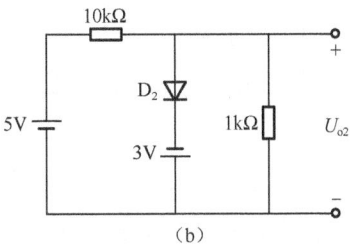
(b)

题图 5.31

5.32 设题图 5.32 中二极管为理想二极管，试判断图中二极管是否导通。（要求有分析判断过程）

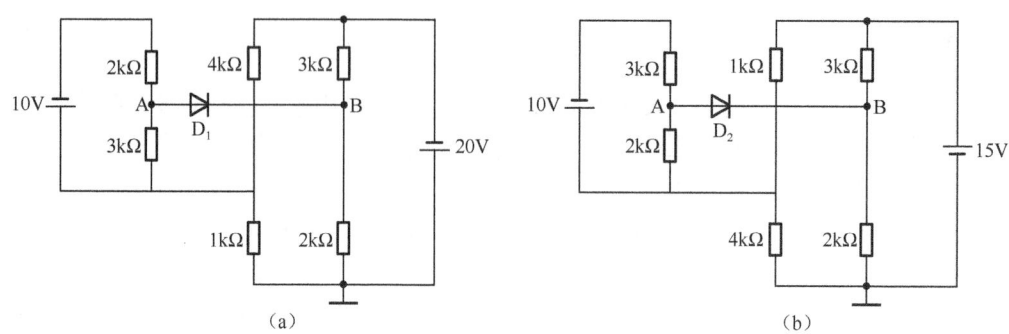

题图 5.32

5.33 电路如题图 5.33 所示，$R_1=30\Omega$，$R_L=5.1\text{k}\Omega$，电容 C 对交流信号可视为短路，交流输入电压有效值 $U_i=10\text{mV}$，求输出电压交流分量有效值 U_o。二极管动态电阻（交流电阻）$r_d \approx U_T/I_D$，U_T 称为温度的电压当量，当热力学温度 $T=300\text{K}$ 时，$U_T \approx 26\text{mV}$。

5.34 设题图 5.34 所示电路中的二极管为理想二极管，电阻 R 为 10Ω。当用 $R\times1$ 挡指针式万用表测量 A、B 间的电阻时，若黑表笔（带正电压）接 A 端，红表笔（带负电压）接 B 端，则万用表的读数是多少？

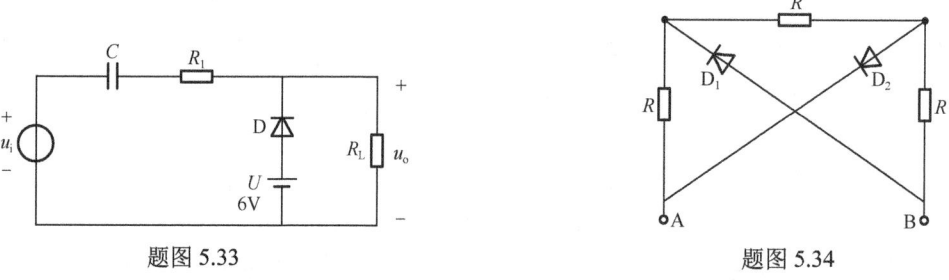

题图 5.33　　　　　　　　　题图 5.34

5.35 某二极管的正向伏安特性如题图 5.35（a）所示，某指针式万用表的等效电路如题图 5.35（b）所示，内部电池电压 $U=1.5\text{V}$，等效内阻 $R_0=100\Omega$。现用这个万用表测量题图 5.35（a）所示的二极管的正向电阻，接法如题图 5.35（b）所示，试估算测得的正向电阻值。

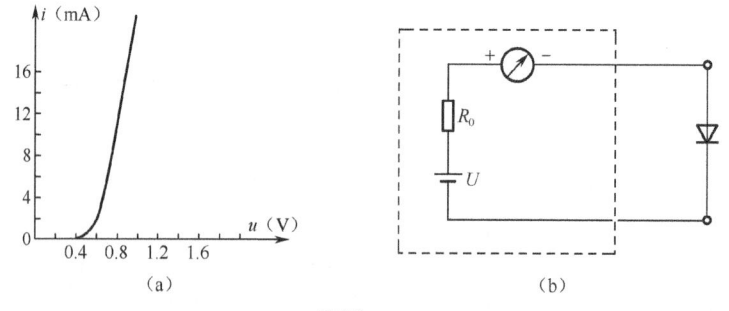

题图 5.35

5.36 已知题图 5.36（a）方框中是一个由理想二极管和电阻组成的电路，它的电压传输特性如题图 5.36（b）所示，已知 $u_I=+10\text{V}$ 时，$i_I=0.5\text{mA}$。试设计出方框中的电路。

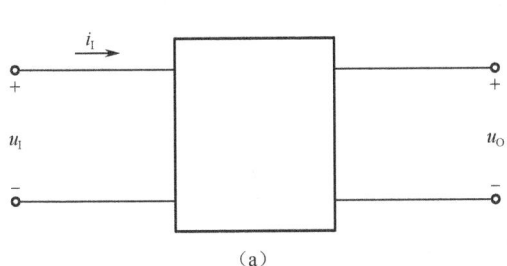
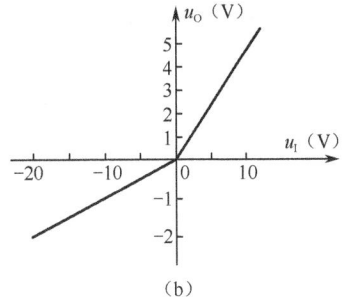

题图 5.36

5.37 题图 5.37 所示电路中，稳压管 D_{Z1} 和 D_{Z2} 的稳定电压分别为 5V 和 9V，求电压 U_O。

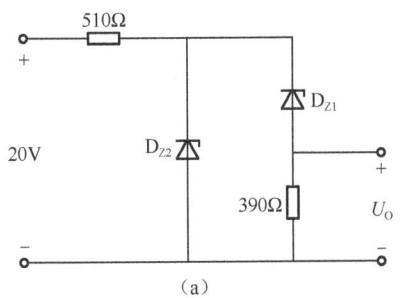
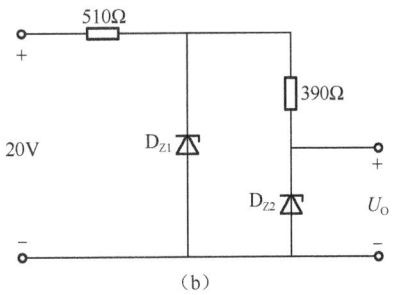

题图 5.37

5.38 在放大电路中测得三极管各电极的对地静态电位如题图 5.38 所示，根据这些数据判断：哪些是双极型管？哪些是场效应管？哪些无法断定？（假设不存在复合管）

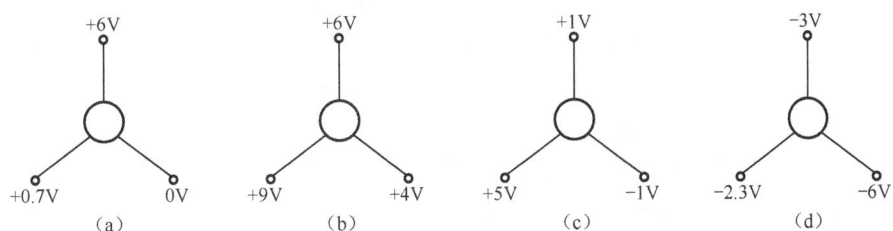

题图 5.38

5.39 在三极管放大电路中，测得三个三极管各电极的对地静态电位如题图 5.39 所示，试判断各三极管的类型（NPN、PNP，硅、锗），并注明电极 e、b、c 的位置。

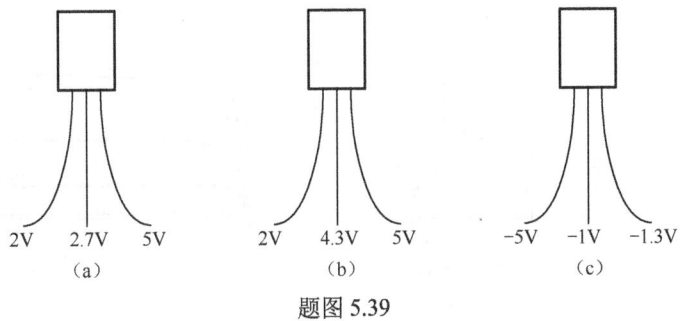

题图 5.39

5.40 设题图 5.40 中的二极管和三极管均为硅管，三极管的 β 均为 100，试判断各三极管的工作状态（饱和、截止、放大）。

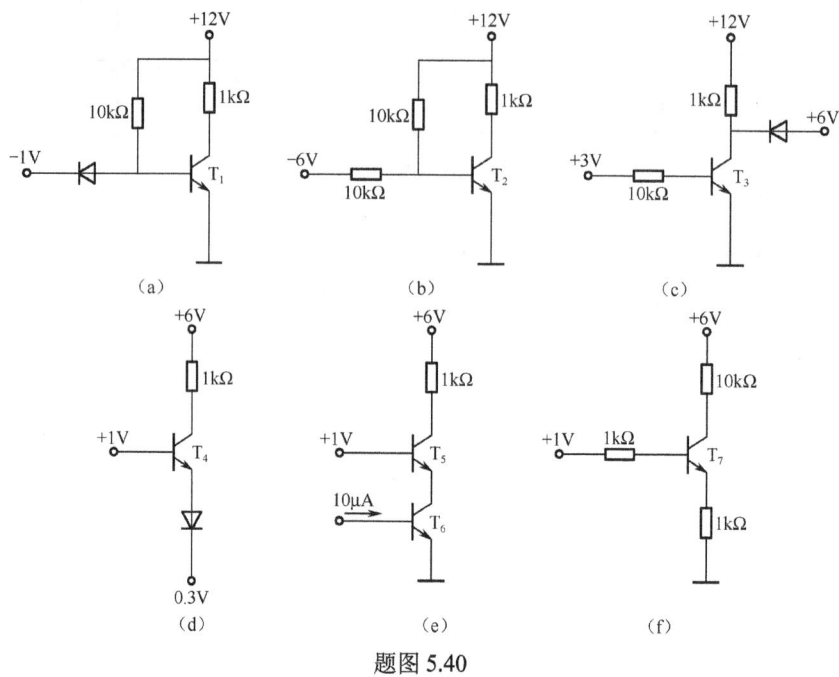

题图 5.40

5.41 电路如题图 5.41 所示，现有下列各组参数，判定电路中三极管 T 的工作状态（放大、饱和、截止）。

（1）$U_{CC}=15V$，$R_b=390k\Omega$，$R_c=3.1k\Omega$，$\beta=100$；

（2）$U_{CC}=18V$，$R_b=310k\Omega$，$R_c=4.7k\Omega$，$\beta=100$；

（3）$U_{CC}=12V$，$R_b=370k\Omega$，$R_c=3.9k\Omega$，$\beta=80$；

（4）$U_{CC}=6V$，$R_b=210k\Omega$，$R_c=3k\Omega$，$\beta=50$。

5.42 已知某结型场效应管的 $U_{GS(off)}=-8V$，$I_{DSS}=7mA$，电路如题图 5.42 所示，其中 $U_{DD}=18V$，$R_d=3k\Omega$，$R_g=1M\Omega$，$R_s=1k\Omega$，求 u_{GS}、u_{DS} 和 i_D。

5.43 某场效应管的输出特性曲线如题图 5.43 所示，请问：（1）该管属于哪类场效应管？（2）大致确定 $U_{GS(off)}$ 或 $U_{GS(th)}$，I_{DSS}（如果是增强型就不必确定 I_{DSS}）。

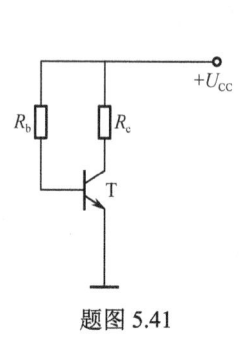

题图 5.41

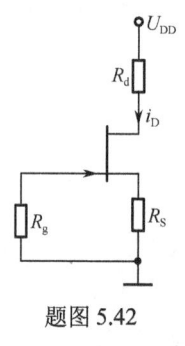

题图 5.42

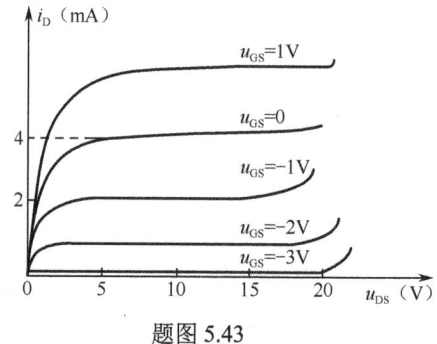

题图 5.43

第6章 基本放大电路

前面介绍的三极管和场效应管是组成基本放大电路的核心器件。放大电路的作用就是将微弱的电信号放大成一定幅度且不失真(和原信号变化规律相同)的信号。在实际工作中,放大电路有多种形式,性能指标也各不相同,但其工作原理都相同。本章将从由分立元件组成的基本放大电路出发,重点讨论放大电路的基本概念、工作原理以及性能指标的分析。

6.1 放大电路的组成和性能指标

6.1.1 放大电路的基本概念

模拟放大电路能够将微弱的模拟信号(区别于数字信号,其幅度随时间连续变化)放大(或进行适当转换)输出,常见的扩音机电路就是典型的放大电路,其输入的微弱信号来源于话筒,经过放大电路放大的信号驱动负载(扬声器)工作。所谓放大就是利用三极管的电流控制(或者场效应管的电压控制)作用,用一个微小的变化量去控制一个较大的变化量,在输出端得到一个放大了很多倍的信号,其实质是能量的控制。因此,放大电路具备两个基本特点:

(1)输出功率大于输入功率,否则不能称之为放大电路。
(2)放大后的信号和输入信号应该完全相似,或者说放大必须是不失真地放大信号。

组成放大电路的核心是有源器件(三极管或场效应管),其基本作用是完成能量的转换。不能简单地认为有电压放大或电流放大的电路就是放大电路,比如升压变压器的输出电压可以比输入电压高很多,但由于考虑功率损耗等原因,不满足输出功率大于输入功率的特点,所以不能称之为放大电路。

6.1.2 共发射极放大电路的组成

1. 放大电路的组成原则

要正常放大信号,组成放大电路的外部条件必须满足以下基本原则:

(1)所加的直流电源必须保证三极管的发射结正偏、集电结反偏,保证三极管处于放大状态。对于 NPN 管,要求 $U_C > U_B > U_E$;对于 PNP 管,要求 $U_C < U_B < U_E$。

(2)要求有完整的交流输入回路,即信号的变化能引起三极管的输入电流的变化;三极管的输出电流变化量能够从输出回路输出,即输出不能交流短路(有完整的交流输出回路)。

(3)元件参数选择要合适,保证三极管能够不失真地放大信号,满足相应的性能要求。

2. 基本放大电路的组成

以 NPN 管为核心器件组成的基本共射放大电路如图 6.1.1(a)所示,在实际电路中往往只用一个电源,实用的电路如图 6.1.1(b)所示。

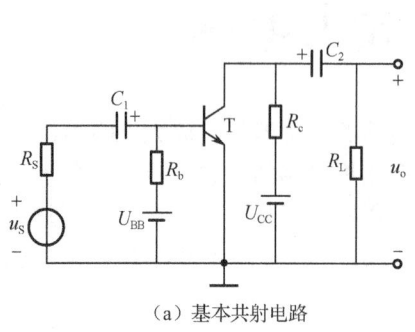
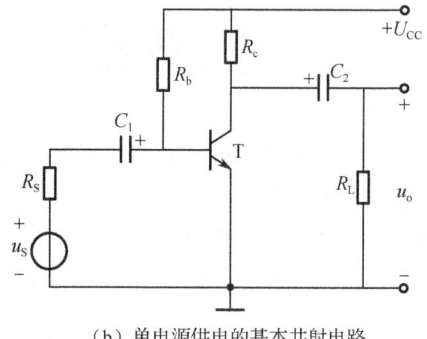

(a) 基本共射电路　　　　　　　　　　(b) 单电源供电的基本共射电路

图 6.1.1　基本共射放大电路

基本放大电路由信号源、直流电源、三极管、电阻和电容等组成。三极管是整个放大电路的核心，它具有电流放大作用，通过负载电阻 R_L 可以转变成放大的电压输出。直流电源 U_{CC} 为发射结和集电结提供合适的直流偏置，保证发射结正偏、集电结反偏，同时作为电路的能量提供者，一般 U_{CC} 可以取几伏或十几伏，也可以取得更高一些。R_b 是基极偏置电阻（一般为几十千欧），在 U_{CC} 的作用下为三极管提供合适的基极电流（μA 数量级）。R_c 是集电极负载电阻，和 R_L 一起构成交流负载电阻，把交流电流输出转变成交流电压输出，使得放大电路具有电压放大作用。电容 C_1 和 C_2 是耦合电容（通常取 μF 数量级的电解电容），其作用是"通交流，隔直流"，近似于无损耗地传送交流信号。

6.1.3　放大电路的主要性能指标

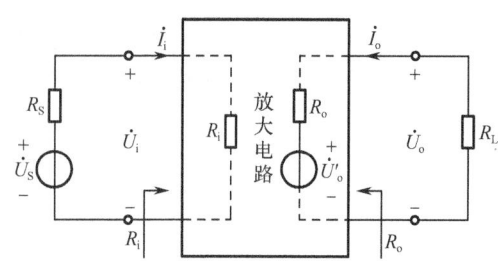

图 6.1.2　放大电路性能指标的测试电路

放大电路的性能指标用来定性描述放大电路的主要性能，相关性能指标的测试电路如图 6.1.2 所示，输入信号一般采用交流正弦量。

1. 放大倍数

放大倍数也称为增益，是表征放大电路放大能力的指标，定义为输出信号和输入信号之比。由于输入或输出信号都有两种形式，即电压和电流，因此放大倍数有四种表示形式：

$$电压放大倍数 \quad \dot{A}_u = \frac{\dot{U}_o}{\dot{U}_i} \tag{6.1.1}$$

$$电流放大倍数 \quad \dot{A}_i = \frac{\dot{I}_o}{\dot{I}_i} \tag{6.1.2}$$

$$互阻放大倍数 \quad \dot{A}_r = \frac{\dot{U}_o}{\dot{I}_i} \tag{6.1.3}$$

$$互导放大倍数 \quad \dot{A}_g = \frac{\dot{I}_o}{\dot{U}_i} \tag{6.1.4}$$

在有些情况下用到源电压放大倍数，定义为输出电压和输入信号源电压之比，从图 6.1.2

所示电路可以得到

$$源电压放大倍数 \quad \dot{A}_{us} = \frac{\dot{U}_o}{\dot{U}_s} = \frac{\dot{U}_o}{\dot{U}_i} \times \frac{\dot{U}_i}{\dot{U}_s} = \dot{A}_u \times \frac{R_i}{R_i + R_s} \qquad (6.1.5)$$

显然，当信号源内阻 R_s 很小时，电压放大倍数近似等于源电压放大倍数。

2．输入电阻

放大电路的输入电阻是从放大电路输入端看进去的等效电阻，从图 6.1.2 所示电路可以看出，放大电路从输入端看就等效为一个电阻，其值等于输入电压与输入电流之比

$$R_i = \frac{\dot{U}_i}{\dot{I}_i} \qquad (6.1.6)$$

输入电阻是衡量放大电路对输入电压衰减程度的参数，表征了放大电路从信号源汲取电流大小的能力，其值越大则放大电路从信号源汲取电流越小。如果信号源是电压源（假设不允许提供较大的信号电流）则希望输入电阻大一些。同样，信号源是电流源则希望输入电阻小一些。

3．输出电阻

放大电路的输出电阻是从放大电路输出端看进去的等效电阻，定义为当输入端信号源置零（保留信号源内阻）、输出端负载开路时，在输出端加电压 $\dot{U}$ 得到相应的电流 $\dot{I}$，则输出电阻 R_o 等于二者之比。可以将负载开路时的放大电路等效为戴维南等效电路，其内阻就是输出电阻。

应该注意，输出电阻并不等于图 6.1.2 所示电路中的输出电压 $\dot{U}_o$ 和输入电流 $\dot{I}_o$ 之比。在实际工作中，测试输出电阻时，往往在输入端加上固定的输入电压 $\dot{U}_i$，假设当负载 R_L 开路时测得输出电压为 $\dot{U}_o'$，带负载 R_L 时测得输出电压为 $\dot{U}_o$，根据图 6.1.2 所示电路中的输出回路可以得到输出电阻

$$R_o = \left(\frac{\dot{U}_o'}{\dot{U}_o} - 1 \right) R_L \qquad (6.1.7)$$

输出电阻是表征放大电路带负载能力的参数，其值越大则表明负载变化时输出电压的变化也越大，放大电路带负载能力越弱；反之输出电阻越小，放大电路带负载能力越强。

4．通频带 f_{bw}

由于放大电路中存在一些耦合电容（还有旁路电容）会对信号产生分压（或分流），同时三极管的极间电容也会使得信号分流，放大电路的放大倍数就随着工作频率的升高和降低发生变化，电路如图 6.1.3 所示。

通频带 f_{bw} 定义为放大倍数在高频段和低频段分别下降到中频段放大倍数的 $1/\sqrt{2}$ 时所包含的频率范围，即 $f_{bw} = f_h - f_l \approx f_h$，其中 f_h 为上限截止频

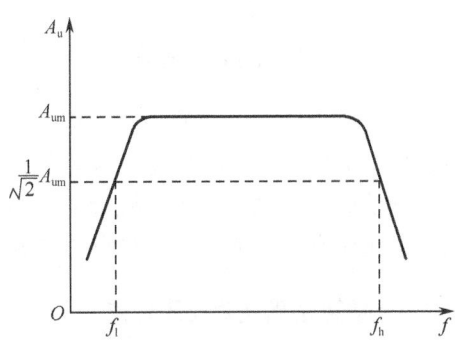

图 6.1.3　放大电路的通频带

率，f_l 为下限截止频率。

通频带 f_{bw} 反映了放大电路对信号频率的适应程度，通频带 f_{bw} 越宽则放大电路对信号的频率适应性越好，比如扩音机通频带宽则能够完美地放大高低音。

6.2 放大电路的基本分析方法

放大电路的分析包括两个方面，一是静态分析，用来确定三极管或场效应管的工作点；二是动态分析，用来求放大电路的性能指标。由于三极管或场效应管的非线性特性，电路分析中的线性电路分析方法不能直接用来分析放大电路。放大电路的分析方法通常分为两种，一是静态分析，计算输入信号为零时三极管的工作状态；二是动态分析，计算输入交流小信号时放大电路的性能参数。

6.2.1 直流通路和交流通路

直流通路是直流信号流经的通路，直流通路的画法：电容相当于开路，电感相当于短路，信号源视为短路，但应保留其内阻。图 6.2.1（a）所示的基本共射电路，其直流通路如图 6.2.1（b）所示。

交流通路是交流信号流经的通路，交流通路的画法：电容相当于短路；电感必须考虑感抗 ωL；由于理想电压源的内阻为零，所以理想电压源置零时相当于短路，理想电流源置零时相当于开路。图 6.2.1（a）所示的基本共射电路，其交流通路如图 6.2.1（c）所示。

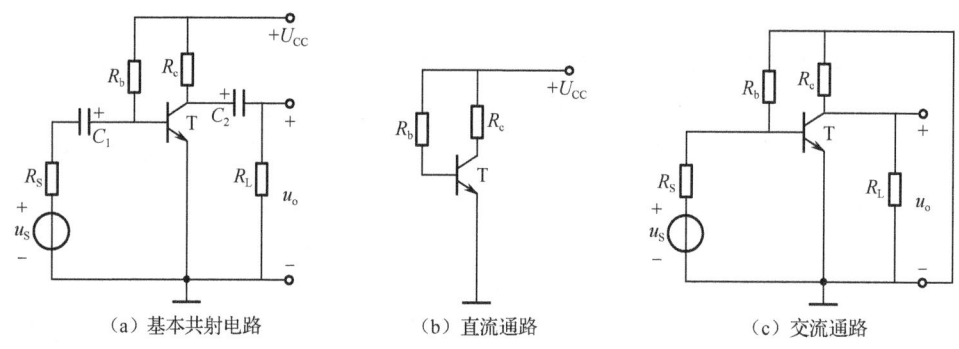

图 6.2.1 基本共射电路的直流通路和交流通路

6.2.2 放大电路的静态分析

定量分析放大电路的性能指标，先要进行静态分析。当输入信号等于零时，电路中只有直流电源的作用，此时电路中各处的电压和电流都为直流量，这称为直流工作状态或静止状态，简称静态。这个时候三极管的状态可以用输入特性曲线或输出特性曲线上的一个点（称为静态工作点 Q）来表达，对应的参数分别为 I_{BQ}、U_{CEQ} 和 I_{CQ}。

1. 估算法确定静态工作点

由图 6.2.1（b）中的直流通路，对输入回路 $+U_{CC} \rightarrow R_b \rightarrow$ 基极 $\rightarrow$ 发射极 $\rightarrow$ 地，列写 KVL

方程

$$I_{BQ} = \frac{U_{CC} - U_{BE}}{R_b} \tag{6.2.1}$$

式中，U_{BE}：硅管取 0.7V，锗管取 0.3V。在忽略 I_{CEO} 的情况下，根据三极管的电流分配关系，有

$$I_{CQ} = \beta I_{BQ} \tag{6.2.2}$$

由图 6.2.1（b）中的直流通路，对输出回路 $+U_{CC} \to R_c \to$ 集电极 $\to$ 发射极 $\to$ 地，列写 KVL 方程可以求得

$$U_{CEQ} = U_{CC} - I_{CQ}R_c \tag{6.2.3}$$

2．图解法确定静态工作点

将图 6.2.1（b）直流通路改画成图 6.2.2（a）。直流通路的输出回路由两部分组成，以虚线 ab 为界，由 a、b 两端向左看，三极管是非线性元件，其伏安关系由三极管的输出特性曲线确定，虚线 ab 的右边是线性电路，其伏安关系为：

$$U_{CE} = U_{CC} - I_C R_c \tag{6.2.4}$$

从这个电路的整体看，输出回路的伏安关系不但要满足三极管的输出特性，而且要满足虚线 ab 右边的线性电路的伏安关系。在三极管的输出特性坐标系中，作出式（6.2.4）表示的直线（称为直流负载线），找出该直线和相应的那条输出特性曲线的交点即为静态工作点 Q 点，如图 6.2.2（b）所示。

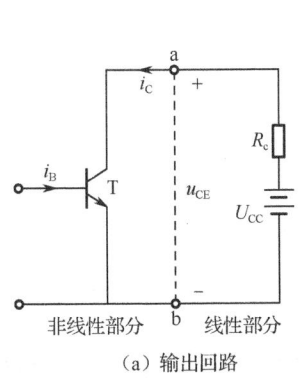
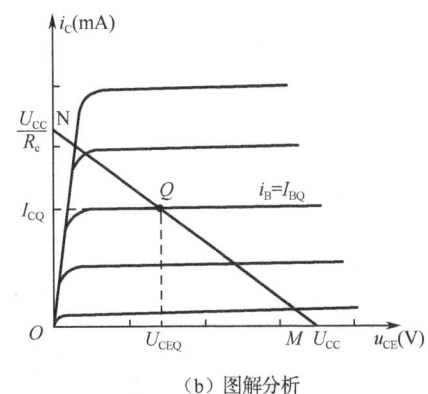

（a）输出回路　　　　　　　　　（b）图解分析

图 6.2.2　静态工作点的图解分析

通过上面的分析，总结图解法求 Q 点的步骤：

（1）在输出特性曲线所在坐标系中，画出式（6.2.4）表示的直流负载线。

（2）根据直流通路的输入回路，求出 I_{BQ}。

（3）找出直流负载线和 I_{BQ} 这一条输出特性曲线的交点即为 Q 点。读出 Q 点坐标的电流、电压值即为所求。

从上面求解静态工作点的过程来看，由式（6.2.1）和式（6.2.3）知道，只要改变 R_b、R_c 和 U_{CC} 都可以改变 Q 点，在实际中通常改变 R_b 来改变 Q 点。

3. 图解法分析动态性能

（1）交流负载线的求解

在确定静态工作点的基础上，可以进行动态分析。所谓动态是指放大电路输入端接入交流输入信号 u_i 后的工作状态。为方便起见，将如图 6.2.1（c）所示交流通路重画成如图 6.2.3（a）所示。

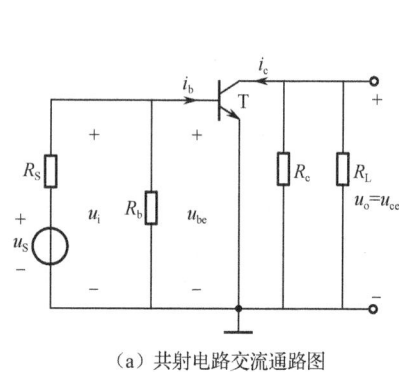 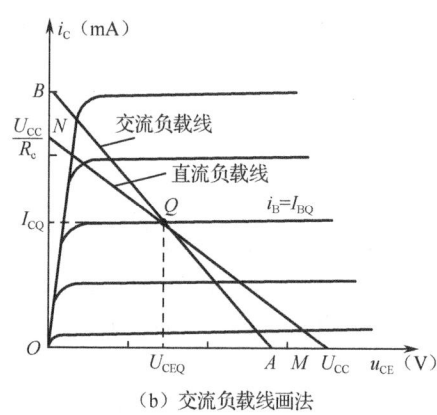

（a）共射电路交流通路图　　　　　　　　　　（b）交流负载线画法

图 6.2.3　动态性能的图解分析

放大电路在动态下，各极上的电压或电流（例如 u_{CE}、i_C）都是在直流分量上叠加了一个交流分量，分析这个交流分量（u_{ce}、i_c）采用如图 6.2.3（a）所示的交流通路。可以看出，此时交流负载电阻是集电极电阻 R_c 和直流负载 R_L 的并联，即 $R_L' = R_c // R_L$。注意到电压和电流的参考方向，列出输出回路的 KVL 方程

$$u_{ce} = -i_c R_L' \tag{6.2.5}$$

由于 $u_{ce} = u_{CE} - U_{CEQ}$，$i_c = i_C - I_{CQ}$，所以上式可写成

$$u_{CE} = U_{CEQ} + u_{ce} = U_{CEQ} - (i_C - I_{CQ}) R_L' \tag{6.2.6}$$

式（6.2.6）即为交流负载线方程，交流负载线是有交流输入信号时工作点的运动轨迹。由于交流信号过零点时即为静态时的状态，因此交流负载线必定过 Q 点。由式（6.2.6）画出交流负载线 AB 如图 6.2.3（b）所示，交流负载线的特点：

- 交流负载线的斜率为 $-1/R_L'$，由于 $R_L' < R_c$，所以交流负载线比直流负载线要陡峭；
- 空载时 $R_L \to \infty$，交流负载线与直流负载线重合。

（2）输入和输出电压电流的波形

确定了 Q 点和交流负载线后，可以根据三极管的输入特性曲线求解输入信号波形，根据三极管的输出特性曲线求解输出信号波形。

假设输入信号 u_i 足够小，且 Q 点处于合适的位置，把 u_i 加到放大电路的输入端时，则三极管上的 $u_{be} = u_i$ 叠加在静态 U_{BE} 之上，由 u_{be} 的波形逐点描绘出输入电流波形，如图 6.2.4（a）所示。根据输入电流 i_b 的变化情况，决定动态工作点 Q 点沿交流负载线 AB 的移动范围，从而画出 i_C 和 u_{CE} 的波形，如图 6.2.4（b）所示。

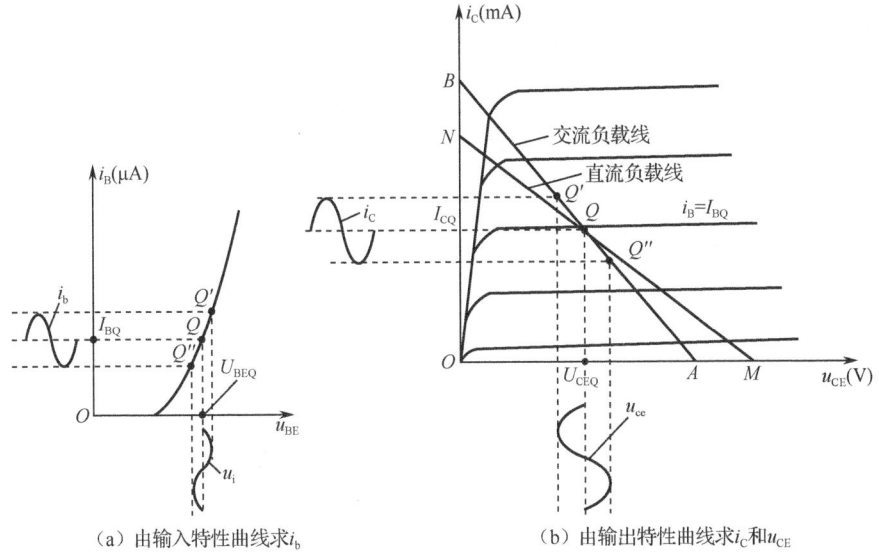

(a) 由输入特性曲线求 i_b　　　　(b) 由输出特性曲线求 i_C 和 u_{CE}

图 6.2.4　输入和输出电压电流的波形

（3）波形非线性失真分析

对放大电路的基本要求是不失真地放大输入信号，如果输出信号和输入信号不再相似则称为失真。如图 6.2.5（a）所示，当 Q 点设置得比较低且 u_i 的幅度又比较大时，输入信号的负半周的一部分将使动态工作点进入截止区，即 i_b 的负半周将被削成平顶。这样由于 i_b 的失真导致 i_c 的负半周和 u_{CE} 或 u_o 的正半周也被削平顶，产生了严重的失真现象。由于这种失真是 Q 点设置得比较低使三极管在部分时间进入截止区而产生的，因此称之为截止失真。

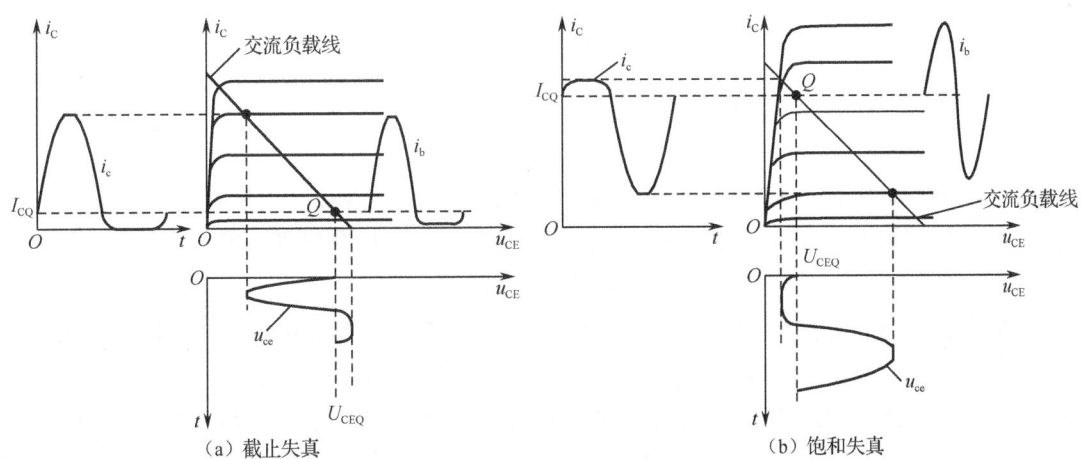

(a) 截止失真　　　　(b) 饱和失真

图 6.2.5　放大电路中的失真

如图 6.2.5（b）所示，当 Q 点设置得比较高且 u_i 的幅度又比较大时，输入信号的正半周的一部分将使动态工作点进入饱和区，即 i_b 的正半周将被削成平顶。这样由于 i_b 的失真导致 i_c 的正半周和 u_{CE} 或 u_o 的负半周也被削平顶，产生了严重的失真现象。由于这种失真是 Q 点设置得比较高使三极管在部分时间进入饱和区而产生的，因此称之为饱和失真。

截止失真和饱和失真都是放大电路工作在三极管特性曲线的非线性区域引起的，因此都是非线性失真。为避免产生截止失真，应该使 Q 点提高并适量减小输入信号，以保证在 u_i 的整个周期内三极管均工作在放大区。同样，为避免产生饱和失真，应该使 Q 点降低并适量减小输入信号以保证 u_i 的整个周期内三极管均工作在放大区。

例 6.2.1 某三极管输出特性和用该三极管组成的放大电路如图 6.2.6 所示，设三极管的 U_{BE} 和电容的容抗都可以忽略不计。（1）在输出特性曲线上画出该放大电路的直流负载线和交流负载线，标明静态工作点 Q；确定静态时的 I_{CQ} 和 U_{CEQ} 的值；（2）当逐渐增大正弦输入电压幅度时，输出电压首先出现截止失真还是饱和失真？（3）为了获得尽量大的不失真输出电压，R_b 应增大还是减小？

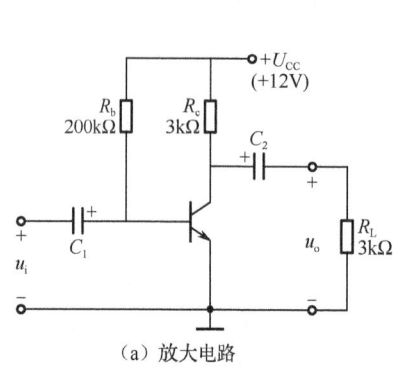
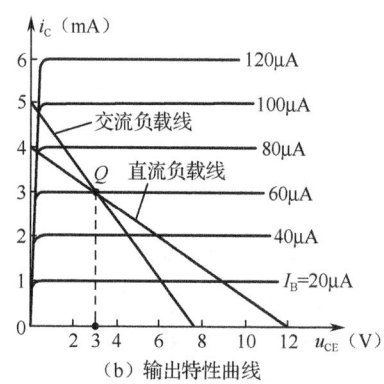

（a）放大电路 （b）输出特性曲线

图 6.2.6 例 6.2.1 电路图和输出特性曲线图

解：（1）根据直流通路[见图 6.2.1（b）]，由输入回路，可得

$$I_{BQ} = \frac{U_{CC} - U_{BE}}{R_b} \approx \frac{U_{CC}}{R_b} = \frac{12}{200} = 60\mu A$$

由输出回路写出直流负载线方程

$$U_{CE} = U_{CC} - I_C R_c = 12 - 3I_C$$

据此作出直流负载线如图 6.2.6（b）所示（为简单起见，直接在原图中标示）。

直流负载线和 $I_{BQ} = 60\mu A$ 的那条曲线的交点即为 Q 点。由图可以读出

$$I_{CQ} = 3mA \text{，} U_{CEQ} = 3V$$

根据交流通路[见图 6.2.3（a）]，$R'_L = R_c // R_L = 1.5k\Omega$，由输出回路写出交流负载线方程

$$u_{CE} = U_{CEQ} - (i_C - I_{CQ})R'_L = 7.5 - 1.5i_C$$

据此作出交流负载线通过 Q 点，如图 6.2.6（b）所示（为简单起见，直接在原图中标示）。

（2）当逐渐增大正弦输入电压幅度时，由于 Q 点设置偏高，输出电压将首先出现饱和失真。

（3）根据 $I_{BQ} = \dfrac{U_{CC} - U_{BE}}{R_b}$ 知道，要让 Q 点降低并接近交流负载线的中点（最佳静态工作点），可以增大 R_b。

6.2.3 放大电路的动态分析

1. 三极管的交流小信号模型

三极管是非线性器件，但当输入小信号时，在 Q 点附近的特性曲线可以近似为一段直线，即认为 Δi_B 和 Δu_{BE} 成正比，其值用一个等效的线性电阻 r_{be} 来表示

$$r_{be} = \left. \frac{\Delta u_{BE}}{\Delta i_B} \right|_{U_{CE}=常数} \tag{6.2.7}$$

在一定条件下三极管可以用一个线性模型来等效替代，这样非线性电路就转换成线性电路。常用的三极管示意图及其微变等效电路如图 6.2.7 所示。

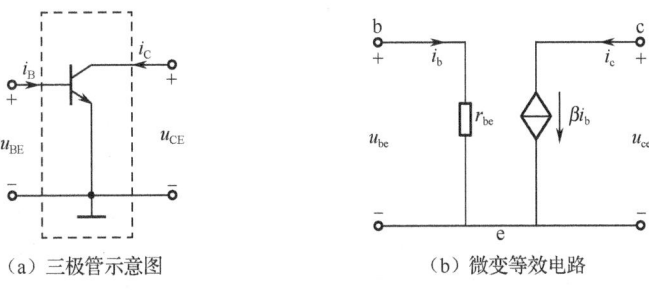

(a) 三极管示意图   (b) 微变等效电路

图 6.2.7 三极管示意图及其微变等效电路

在实际工程计算中，r_{be} 通常用下式来估算

$$r_{be} = r_{bb'} + (1+\beta)r_e \tag{6.2.8}$$

$r_{bb'}$ 和三极管的类型有关，对于低频小功率管而言，$r_{bb'}$ 一般在几十欧姆到几百欧姆之间（通常取 300Ω），可以通过查阅手册得到具体数据。结电阻 $r_e = \dfrac{26\,(\text{mV})}{I_E\,(\text{mA})}$，其中 I_E 为三极管的发射极电流的直流分量，即静态工作电流 I_{EQ}。因此式 (6.2.8) 可以改写成

$$r_{be} = r_{bb'} + (1+\beta)\frac{26\,(\text{mV})}{I_E\,(\text{mA})} \tag{6.2.9}$$

2. 基本共射电路的微变等效电路分析

基本共射电路如图 6.2.8（a）所示，根据交流通路画出微变等效电路，如图 6.2.8（b）所示。根据性能指标定义，可算出基本共射放大电路的性能参数：

电压放大倍数 $\quad \dot{A}_u = \dfrac{\dot{U}_o}{\dot{U}_i} = \dfrac{-\dot{I}_c(R_c/\!/R_L)}{\dot{I}_b r_{be}} = \dfrac{-\beta \dot{I}_b(R_c/\!/R_L)}{\dot{I}_b r_{be}} = \dfrac{-\beta R_L'}{r_{be}} \tag{6.2.10}$

式中，$R_L' = R_c/\!/R_L$；负号表示输出电压和输入电压反相，这是共射电路的一个重要特性。

输入电阻 $\quad R_i = \dfrac{\dot{U}_i}{\dot{I}_i} = \dfrac{\dot{U}_i}{\dfrac{\dot{U}_i}{R_b} + \dfrac{\dot{U}_i}{r_{be}}} = R_b/\!/r_{be} \tag{6.2.11}$

输出电阻 $R_o = \left.\dfrac{\dot{U}}{\dot{I}}\right|_{\dot{U}_i=0, R_L=\infty} = \dfrac{\dot{I}R_c}{\dot{I}} = R_c$ (6.2.12)

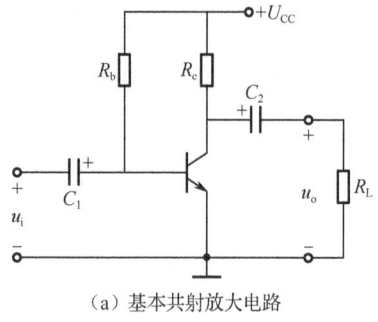
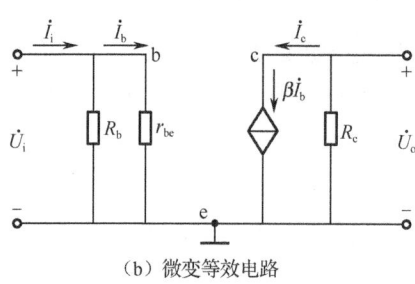

(a) 基本共射放大电路　　　　　(b) 微变等效电路

图 6.2.8　基本共射电路图和微变等效电路图

3. 静态工作点稳定的共射电路分析

（1）温度对 Q 点的影响

静态工作点 Q 的稳定对放大电路的性能很重要，它不但影响放大电路的放大倍数和输入电阻等动态参数，而且决定着放大电路是否会产生失真问题。在实际中，由于温度的变化、器件的更换和电源电压的波动等诸多因素的影响，Q 点必然不够稳定，其中尤其以温度影响最大。温度升高时，I_{CEO} 增加，三极管的输出特性曲线簇向上平移；$|U_{BE}|$ 减小，三极管的输入特性曲线向左平移；β 增大，三极管的各条输出特性曲线之间间隔增大。

（2）静态工作点稳定的共射电路

分压式偏置电路也称为发射极偏置电路，这是在实际中应用最为广泛的一种能够稳定 Q 点的共射放大电路，共射电路如图 6.2.9（a）所示。

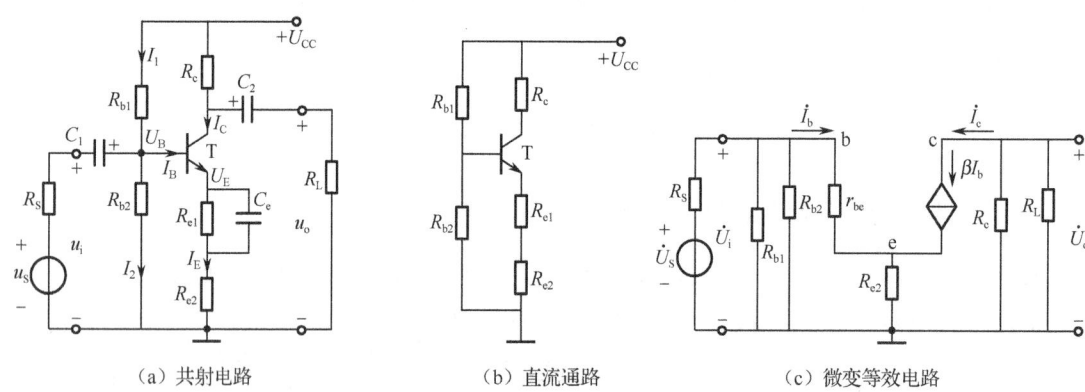

(a) 共射电路　　　　　(b) 直流通路　　　　　(c) 微变等效电路

图 6.2.9　静态工作点稳定的共射电路动态分析

由图 6.2.9（b）所示的直流通路可以看出，分压式偏置电路的基本特点是利用电阻 R_{b1} 和 R_{b2} 的分压作用固定基极电位 U_{BQ}。在实际电路中选取合适的电阻 R_{b1} 和 R_{b2}，使得 $I_{2Q} = I_{1Q} - I_{BQ} \approx I_{1Q}$，这样，基极电位 $U_{BQ} \approx \dfrac{R_{b2} \times U_{CC}}{R_{b1} + R_{b2}}$ 则基本固定，和温度的变化没有关系。

分压式偏置电路的另一个特点是利用发射极电阻 R_e ($R_{e1}+R_{e2}$) 的负反馈作用稳定集电极电流 I_{CQ}。假设温度升高，影响到 I_{CQ} 或 I_{EQ} 增大，则发射极电位 U_{EQ} 也相应增大，因为 U_{BQ} 固定，所以 $U_{BEQ}=U_{BQ}-U_{EQ}$ 减小，从而导致基极输入电流 I_{BQ} 减小，最终限制了 I_{CQ} 或 I_{EQ} 的增大，达到了稳定 I_{CQ} 或 I_{EQ} 的目的，即稳定了 Q 点。

根据交流通路画出微变等效电路，如图 6.2.9（c）所示。根据性能指标定义，可算出静态工作点稳定的共射放大电路的性能参数：

电压放大倍数　　$\dot{A}_u = \dfrac{\dot{U}_0}{\dot{U}_i} = \dfrac{-\beta(R_c//R_L)}{r_{be}+(1+\beta)R_{e2}} = \dfrac{-\beta R_L'}{r_{be}+(1+\beta)R_{e2}}$　　　　（6.2.13）

输入电阻　　$R_i = R_{b1}//R_{b2}//[r_{be}+(1+\beta)R_{e2}]$　　　　（6.2.14）

输出电阻　　$R_o = R_c$　　　　（6.2.15）

例 6.2.2　图 6.2.9（a）所示放大电路中，各参数如下：$R_{b1}=100\text{k}\Omega$，$R_{b2}=33\text{k}\Omega$，$R_{e1}=2.4\text{k}\Omega$，$R_{e2}=100\Omega$，$R_c=5\text{k}\Omega$，$R_L=5\text{k}\Omega$，$\beta=60$，$U_{CC}=15\text{V}$。求：（1）静态工作点；（2）电压放大倍数 $\dot{A}_u$、输入电阻 R_i；（3）若信号源的内阻 $R_s=1\text{k}\Omega$，源电压放大倍数 $\dot{A}_{us}$ 为多少。

解：（1）直流通路如图 6.2.9（b）所示，求出静态工作点 I_{BQ}、I_{CQ} 和 U_{CEQ}

$$U_{BQ} \approx \dfrac{R_{b2}}{R_{b1}+R_{b2}}U_{CC} = (33\times 15)/(100+33) = 3.7\text{V}$$

$$I_{CQ} \approx I_{EQ} = U_{EQ}/(R_{e1}+R_{e2}) = (U_{BQ}-U_{BEQ})/(R_{e1}+R_{e2}) = (3.7-0.7)/2.5 = 1.2\text{mA}$$

$$I_{BQ} = I_{CQ}/\beta = 1.2/60 = 0.02\text{mA} = 20\mu\text{A}$$

$$U_{CEQ} = U_{CC} - I_{CQ}R_C - I_{EQ}(R_{e1}+R_{e2}) = 15 - 1.2\times(5+2.5) = 6\text{V}$$

（2）先由三极管的交流小信号模型，得到

$$r_{be} = 300(\Omega) + (1+\beta)\dfrac{26(\text{mV})}{I_E(\text{mA})} = 300 + 61\times(26/1.2) = 1622\Omega = 1.62\text{k}\Omega$$

代入性能参数计算公式，求出

电压放大倍数　　$\dot{A}_u = -60\times(5//5)/[1.62+(1+60)\times 0.1] = -19$

输入电阻　　$R_i = 5.9\text{k}\Omega$

（3）源电压放大倍数　$\dot{A}_{us} = -19\times 5.9/(5.9+1) = -16.25$

4．共集电极放大电路（射极跟随器）的分析

根据放大电路的交流通路的特点，视公共端的不同可以分为三种连接方式，即共射、共基和共集三种组态（电路）。无论哪种组态，在电路的连接时都必须保证放大电路的工作条件，即发射结正偏，集电结反偏。以 NPN 管为核心元件组成的基本共集电极放大电路如图 6.2.10（a）所示，其直流通路如图 6.2.10（b）所示，根据其交流通路（略）画出微变等效电路如图 6.2.10（c）所示。由微变等效电路或交流通路可以看出，三极管的基极是信号的输入端，发射极是信号的输出端，集电极是输入和输出回路的公共端，因此该电路称为共集电极电路，也称为射极输出器。

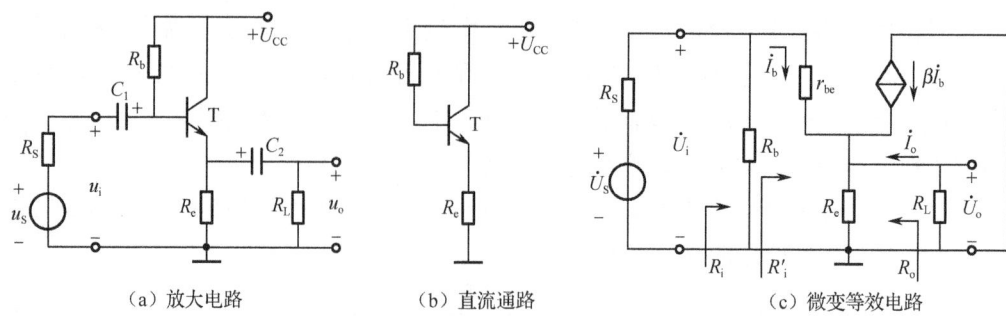

图 6.2.10 共集电极放大电路

(1) 静态分析

由直流通路直接列出基极回路的 KVL 方程如下

$$I_{BQ}R_b + U_{BEQ} + I_{EQ}R_e = U_{CC} \tag{6.2.16}$$

$$I_{BQ} = \frac{U_{CC} - U_{BEQ}}{R_b + (1+\beta)R_e} \tag{6.2.17}$$

$$U_{CEQ} = U_{CC} - I_{EQ}R_e \approx U_{CC} - I_{CQ}R_e \tag{6.2.18}$$

(2) 动态分析

电压放大倍数 $\dot{A}_u = \dfrac{\dot{U}_o}{\dot{U}_i} = \dfrac{\dot{I}_b(1+\beta)R'_L}{\dot{I}_b[r_{be}+(1+\beta)R'_L]} = \dfrac{(1+\beta)R'_L}{r_{be}+(1+\beta)R'_L} \approx 1 \tag{6.2.19}$

式中, $R'_L = R_e // R_L$。

共集放大电路的电压放大倍数近似等于 1 (但比 1 略小), 而且输出电压和输入电压同相。因此, 共集放大电路也称为射极跟随器, 简称射随器。由于共集放大电路仍然有电流放大作用, 所以有功率放大作用。

输入电阻 $R_i = R'_i // R_b = [r_{be} + (1+\beta)R'_L] // R_b \tag{6.2.20}$

由于 R'_i 和 R_b 都比较大, 所以共集放大电路的输入电阻比较高。

输出电阻 $R_o = \dfrac{\dot{U}}{\dot{I}} = R_e // \left[\dfrac{r_{be} + R_s // R_b}{1+\beta}\right] \approx \dfrac{r_{be} + R_s // R_b}{1+\beta} \tag{6.2.21}$

共集放大电路的输出电阻很小, 一般在几十欧姆左右。

6.3 多级放大电路

在实际电路中, 单级放大电路的电压放大倍数和其他性能指标往往不能满足要求, 此时, 可以把单级放大电路连接成多级放大电路。多级放大电路的组成框图如图 6.3.1 所示, 其中输入级和中间级是小信号放大电路, 主要用作电压放大; 推动级和输出级可以看成是功率放大电路, 输出一定的功率驱动负载工作。

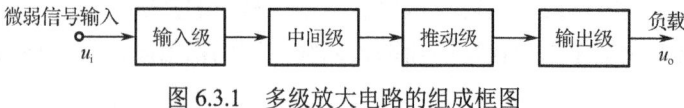

图 6.3.1 多级放大电路的组成框图

一般情况下, 要求输入级的输入阻抗比较高, 静态工作点比较低, 以便提供电路的灵敏度和减小直流噪声。中间级可以采用多级共射放大电路（但级数太多容易产生自激现象），并尽量提高电压放大倍数。输出级要求输出比较大的功率，以便负载获得足够功率工作。

6.3.1 放大电路的级间耦合方式

放大电路级与级之间的连接称为耦合。耦合时既要将前级的输出信号顺利传递到下一级，减小信号的损失，又要保证各级都有合适的静态工作点，避免信号失真。常见的耦合方式有阻容耦合、直接耦合、变压器耦合等。下面介绍阻容耦合和直接耦合。

1. 阻容耦合

阻容耦合通过电容和后级的输入电阻实现前后级的信号传递，图 6.3.2（a）所示的是一个两级阻容耦合放大电路，第一级放大电路的输出是通过 C_2 与第二级放大电路的输入电阻联系起来的，故称为阻容耦合方式。

在阻容耦合的放大电路中，耦合电容具有"通交隔直"的作用。因此放大电路中的各级之间的 Q 点相互独立，便于 Q 的调节。一般情况下，耦合电容取值比较大，信号在一定频率范围几乎可以无衰减地传送。

阻容耦合的特点：

（1）各级的静态工作点相互独立，温漂较小，阻容耦合多级放大电路的静态分析与单级放大电路的静态分析完全相同。

（2）由于耦合电容的存在，阻容耦合多级放大电路不能放大直流信号和变化缓慢的信号，也称之为交流放大器。

（3）由于耦合电容难以集成，阻容耦合一般仅用于分立元件的放大电路中。

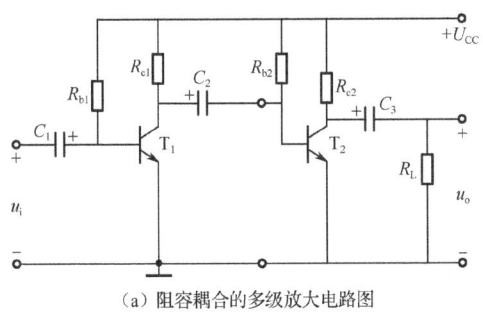

（a）阻容耦合的多级放大电路图　　　　　　（b）直接耦合的多级放大电路图

图 6.3.2　多级放大电路

2. 直接耦合

图 6.3.2（b）是一个两级直接耦合放大电路，第一级放大电路的输出直接和第二级放大电路的输入端连接起来，故称为直接耦合方式。由于直接耦合放大电路没有耦合电容或者旁路电容，因此其频率特性很好，可以放大变化缓慢的信号甚至直流信号。

直接耦合的特点：

（1）各级静态工作点相互影响，存在温漂现象，必须采取措施合理安排各级 Q 点。

（2）可以放大直流信号和变化缓慢的信号，也称之为直流放大器。

（3）由于没有大电容或电感，因此在集成电路中广泛采用直接耦合多级放大电路。

除了上述介绍的两种基本耦合形式，常用的耦合方式还有变压器耦合（变压器具有"隔直"的作用）、光电耦合（实现电-光-电的转换，抗干扰能力强）等形式。

6.3.2 多级放大电路的分析

多级放大电路虽然元件很多，但基本单元电路的分析方法相同。除了多级放大电路的功率输出级工作在大信号状态，其余如输入级和中间级都工作在小信号状态，可以运用前面介绍的微变等效电路法分析其性能特点。

1．电压放大倍数

不管采用何种耦合形式，由于多级放大电路的前级输出电压是后级的输入电压，第一级的输入电压就是整个放大电路的输入电压，最后一级的输出电压就是整个放大电路的输出电压，所以总的电压放大倍数等于各级电压放大倍数的乘积，即

$$\dot{A}_\mathrm{u} = \frac{\dot{U}_\mathrm{o}}{\dot{U}_\mathrm{i}} = \frac{\dot{U}_{\mathrm{o}n}}{\dot{U}_{\mathrm{i}1}} = \frac{\dot{U}_{\mathrm{o}1}}{\dot{U}_{\mathrm{i}1}} \times \frac{\dot{U}_{\mathrm{o}2}}{\dot{U}_{\mathrm{i}2}} \times \frac{\dot{U}_{\mathrm{o}3}}{\dot{U}_{\mathrm{i}3}} \times \cdots \times \frac{\dot{U}_{\mathrm{o}n}}{\dot{U}_{\mathrm{i}n}} = \prod_{k=1}^{n} \dot{A}_{\mathrm{u}k} \quad (6.3.1)$$

式中，$\dot{U}_{\mathrm{i}n}$ 和 $\dot{U}_{\mathrm{o}n}$ 分别表示第 n 级放大电路的输入电压和输出电压，$\dot{A}_{\mathrm{u}k}$ 表示第 k 级放大电路的电压放大倍数。在计算每一级电路的放大倍数时，要注意各级之间的相互影响。

2．输入电阻 R_i

多级放大电路的第一级的输入电阻就是整个放大电路的输入电阻，即

$$R_\mathrm{i} = R_{\mathrm{i}1} \quad (6.3.2)$$

式中，$R_{\mathrm{i}1}$ 表示第一级放大电路的输入电阻。

3．输出电阻 R_o

多级放大电路的最后一级的输出电阻就是整个放大电路的输出电阻，即

$$R_\mathrm{o} = R_{\mathrm{o}n} \quad (6.3.3)$$

式中，$R_{\mathrm{o}n}$ 表示第 n 级放大电路的输出电阻。

需要注意的是，多级放大电路的输入电阻和输出电阻不但分别和第一级和最后一级放大电路本身的参数有关，而且和相关其他级放大电路有关。多级放大电路的最大不失真输出电压的幅度一般由最后一级决定。

例 6.3.1 多级放大电路如图 6.3.3 所示，设三极管 T_1 的 $r_{\mathrm{be}1} = 1.6\mathrm{k}\Omega$、$T_2$ 的 $r_{\mathrm{be}2} = 1\mathrm{k}\Omega$，且 $\beta_1 = \beta_2 = 50$，$U_{\mathrm{BE}1} = U_{\mathrm{BE}2} = 0.7\mathrm{V}$，电容对交流信号均可视为短路。要求：(1) 估算静态工作点 $I_{\mathrm{CQ}1}$、$I_{\mathrm{CQ}2}$、$U_{\mathrm{CEQ}1}$、$U_{\mathrm{CEQ}2}$；(2) 画出微变等效电路图，并求出输入电阻 R_i，输出电阻 R_o 和电压放大倍数 $\dot{A}_\mathrm{u}$。

解：(1) 由于采用阻容耦合形式，各级 Q 点相互独立，则可以单独求每一级的 Q 点

$$U_{\mathrm{B1Q}} = \frac{R_{\mathrm{b}12} \times U_{\mathrm{CC}}}{R_{\mathrm{b}11} + R_{\mathrm{b}12}} = \frac{10 \times 12}{21 + 10} \approx 3.87\mathrm{V}$$

$$I_{\mathrm{CQ}1} \approx I_{\mathrm{EQ}1} = \frac{U_{\mathrm{B1Q}} - U_{\mathrm{BE}1}}{R_{\mathrm{e}1}} = \frac{3.87 - 0.7}{2} \approx 1.59\mathrm{mA}$$

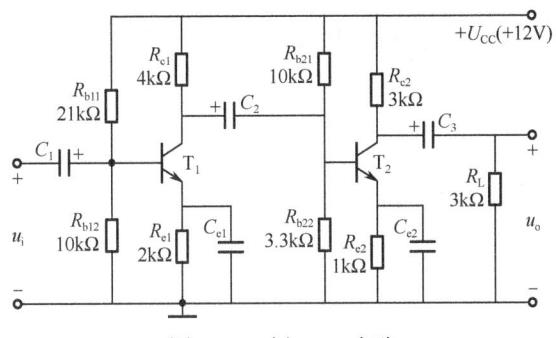

图 6.3.3 例 6.3.1 电路

$$U_{CEQ1} = U_{CQ1} - U_{EQ1} \approx U_{CC} - I_{EQ1}(R_{c1} + R_{e1}) = 2.46\text{V}$$

同理可以求得

$$U_{B2Q} = \frac{R_{b22} \times U_{CC}}{R_{b21} + R_{b22}} = \frac{3.3 \times 12}{10 + 3.3} \approx 2.98\text{V}$$

$$I_{CQ2} \approx I_{EQ2} = \frac{U_{B2Q} - U_{BE2}}{R_{e2}} = \frac{2.98 - 0.7}{1} = 2.28\text{mA}$$

$$U_{CEQ2} = U_{CQ2} - U_{EQ2} \approx V_{CC} - I_{EQ2}(R_{c2} + R_{e2}) = 2.88\text{V}$$

（2）画出微变等效电路如图 6.3.4 所示。

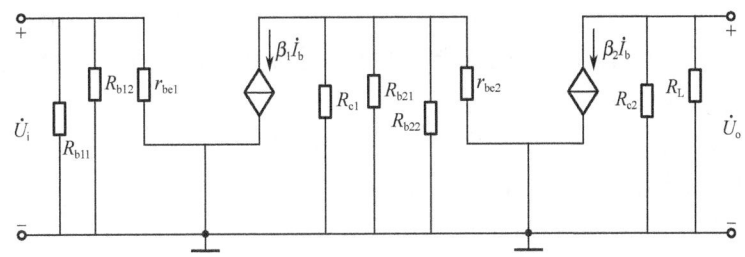

图 6.3.4 例 6.3.1 电路的微变等效电路

由图可以求出

$$R'_{L1} = R_{c1}//R_{b21}//R_{b22}//r_{be2} \approx 0.6\text{k}\Omega, \quad \dot{A}_{u1} = -\frac{\beta_1 R'_{L1}}{r_{be1}} \approx -18.75$$

$$R'_{L2} = R_{c2}//R_L = 1.5\text{k}\Omega, \quad \dot{A}_{u2} = -\frac{\beta_2 R'_{L2}}{r_{be2}} \approx -75$$

$$\dot{A}_u = \dot{A}_{u1}\dot{A}_{u2} = 1406.25$$

$$R_i = R_{b11}//R_{b12}//r_{be1} = 1.3\text{k}\Omega$$

$$R_o = R_{c2} = 3\text{k}\Omega$$

习题 6

一、判断题

6.1 可以说任何放大电路都有功率放大作用。（   ）

6.2　放大电路必须加上合适的直流电源才能正常工作。(　　)

6.3　由于放大的对象是变化量，所以当输入信号为直流信号时，任何放大电路的输出都不变。(　　)

6.4　共射放大电路既能放大电压，又能放大电流。(　　)

6.5　共射放大电路中，当三极管处于饱和状态时，I_{CQ} 的大小与集电极电阻 R_c 无关。(　　)

6.6　放大电路的非线性失真表现为输入某一频率正弦信号时，输出信号中出现一定量的谐波成分。(　　)

6.7　当放大电路的输入端接上一个线性度良好的三角波信号时，输出三角波的线性不好，可以肯定该放大电路存在非线性失真。(　　)

6.8　共集电极放大电路具有较高的输入电阻和较低的输出电阻。(　　)

6.9　从功能上划分，一个多级放大电路一般分为输入级、输出级和中间级。但是，两个三极管组成的电路也有可能是多级放大电路。(　　)

6.10　要提高多级放大电路的输入电阻，可以采取的措施有用射极输出器作为输入级。(　　)

二、选择题

6.11　当信号频率等于放大电路的 f_l 和 f_h 时，放大倍数的值约下降到中频时的 (　　)。
　　a．0.2 倍　　　　b．0.5 倍　　　　c．0.7 倍　　　　d．0.9 倍

6.12　题图 6.12 中的电路，若 C_e 因介质失效而导致其值近似为零，此时电路 (　　)。
　　a．不能稳定静态工作点
　　b．能稳定静态工作点，但电压放大倍数降低
　　c．能稳定静态工作点，但电压放大倍数升高
　　d．不能放大

6.13　题图 6.13 中的电路出现故障，经测量得到 $U_e = 0$，$U_C = U_{CC}$。故障的原因可能是 (　　)。
　　a．R_c 开路　　b．R_c 短路　　c．R_e 短路　　d．R_{b2} 开路

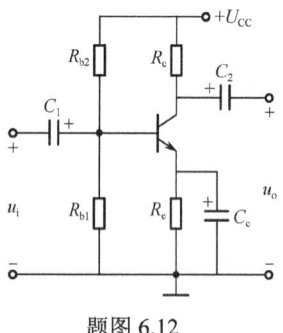

题图 6.12

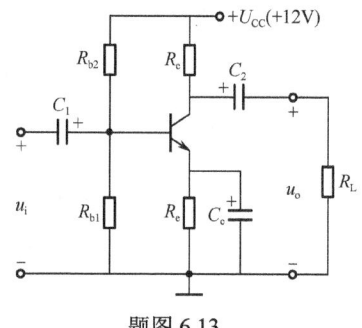

题图 6.13

6.14　放大电路的静态工作点设置偏低或偏高时，会 (　　)。
　　a．产生线性失真　　　　　　　　b．降低电压放大倍数
　　c．减小输出电压的动态范围　　　d．减小输出电压

6.15 一个PNP管构成的单管放大电路，输入电压为正弦信号，发生了饱和失真，则示波器上显示的输出电压波形（　　）。

　　a．正半周削成平顶　　　　　　　　b．双向削成平顶
　　c．负半周削成平顶　　　　　　　　d．不变化

6.16 两级共射阻容耦合放大电路，若将第二级换成射极输出器，则第一级的电压放大倍数将（　　）。

　　a．提高　　　b．降低　　　c．不变　　　d．不能确定

6.17 直接耦合放大电路存在零点漂移的原因是（　　）。

　　a．电阻阻值有误差　　　　　　　　b．三极管参数的不一致
　　c．三极管参数受温度影响　　　　　d．电源电压不统一

三、填空题

6.18 某放大电路的负载开路时的输出电压为4V，接入12kΩ的负载后，输出电压为3V，则电路的输出电阻为_____。

6.19 基本共射放大电路中，若仅当R_b增大时，U_{CEQ}将_____；仅当R_c减小时，U_{CEQ}将_____；仅当R_L增大时，U_{CEQ}将_____；仅当β减小时，U_{CEQ}将_____。

6.20 基本共射放大电路的静态工作电流太大，容易产生_____失真。

6.21 NPN型三极管构成的共射极放大电路出现顶部削平的失真，改善失真应_____基极电流。

6.22 由NPN型三极管构成的射极跟随器，当输入信号幅度逐渐增大时，输出波形首先出现了顶部削平的失真，这是_____失真。

6.23 为保证共射放大电路不产生失真，并要求在2kΩ的负载上有不小于2V的信号电压幅度，在选择静态工作点时，应保证$|I_{CQ}|>$_____，$|U_{CEQ}|>$_____。（已知$I_{CEQ}=10\mu A$，$U_{CE(sat)}=0.2V$）

6.24 已知某两级放大电路的第一级电压增益为20dB，第二级电压增益为40dB，则总增益为_____，相当于电压放大倍数为_____倍。

6.25 为减小多级放大电路的输出电阻，可以采用的措施有末级电路采用_____电路。

四、计算题

6.26 定性判断题图6.26所示电路中哪些电路不具备正常的放大能力，并指出不能放大的理由。

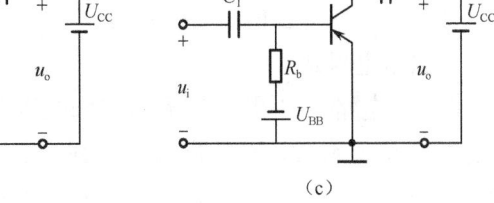

题图6.26

6.27 放大电路如题图 6.27 所示,三极管的输出特性曲线如图已知。(1)画出直流、交流负载线,要求使放大电路输出动态范围最大,确定最佳静态工作点;(2)由工作点确定 R_b。

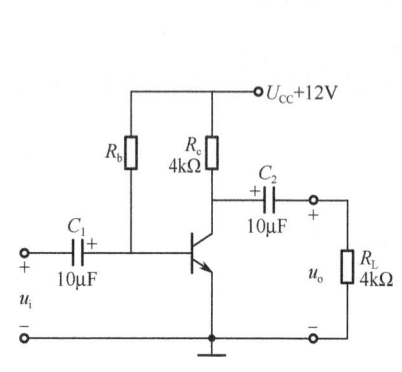
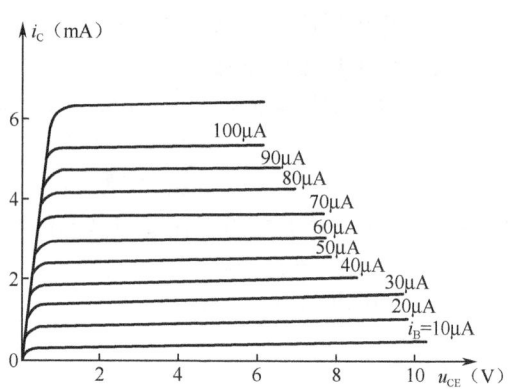

题图 6.27

6.28 题图 6.28 中,三极管的 $\beta=50$,$R_b=120\text{k}\Omega$,$R_c=R_L=3\text{k}\Omega$,$R_s=1\text{k}\Omega$,$U_{CC}=12\text{V}$。估算电路在静态时的 I_{BQ}、I_{CQ}、U_{CEQ}。

6.29 题图 6.29 所示放大电路中,三极管的参数为 $\beta=50$,$r_{bb'}=300\Omega$。(1)求静态工作点;(2)求电压放大倍数 $\dot{A}_u$、输入电阻 R_i、输出电阻 R_o;(3)求电路的最大不失真输出电压幅度。

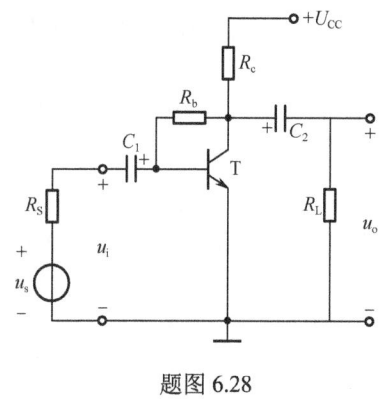
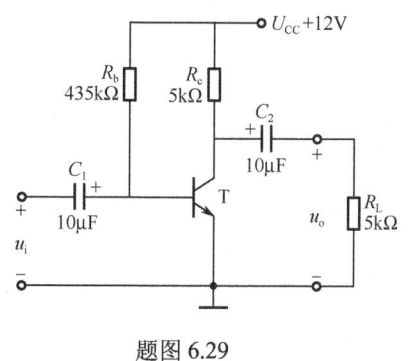

题图 6.28   题图 6.29

6.30 已知题图 6.30 所示电路中三极管的 $\beta=100$,$r_{be}=2.7\text{k}\Omega$,$U_{BEQ}=0.7\text{V}$;要求静态时 $I_{CQ}=1\text{mA}$,$U_{CEQ}=4\text{V}$,$U_{BQ}\approx 5U_{BEQ}$(基极对地电压),$I_1\approx 10I_{BQ}$。(1)估算 R_{b1}、R_{b2}、R_c、R_e 的值;(2)求该电路的电压放大倍数 $\dot{A}_u$、输入电阻 R_i、输出电阻 R_o。

6.31 电路如题图 6.31 所示,已知放大电路中三极管的 $\beta=50$,$r_{bb'}=300\Omega$,$u_i=20\text{mV}$,$R_{b1}=13\text{k}\Omega$,$R_{b2}=24\text{k}\Omega$,$R_c=2\text{k}\Omega$,$R_e=2\text{k}\Omega$。(1)估算静态工作点;(2)求输出电压 u_o;(3)求输出电阻 R_o。

6.32 电路如题图 6.32 所示,已知图示电路中三极管的 $\beta=100$,$r_{bb'}=300\Omega$,$U_{BEQ}=0.7\text{V}$,电容的容量足够大,对交流信号可视为短路。(1)估算电路在静态时的 I_{BQ}、I_{CQ}、U_{CEQ};(2)求电压放大倍数 $\dot{A}_u$、输入电阻 R_i、输出电阻 R_o。

6.33 电路如题图 6.33 所示，已知放大电路中三极管的 $\beta=120$，$r_{bb'}=200\Omega$，$R_b=300\text{k}\Omega$，$R_e=R_L=R_s=1\text{k}\Omega$，$U_{BEQ}=0.7\text{V}$，$U_{CC}=12\text{V}$。（1）估算电路在静态时的 I_{BQ}、I_{CQ}、U_{CEQ}；（2）求电压放大倍数 $\dot{A}_u$、输入电阻 R_i、输出电阻 R_o。

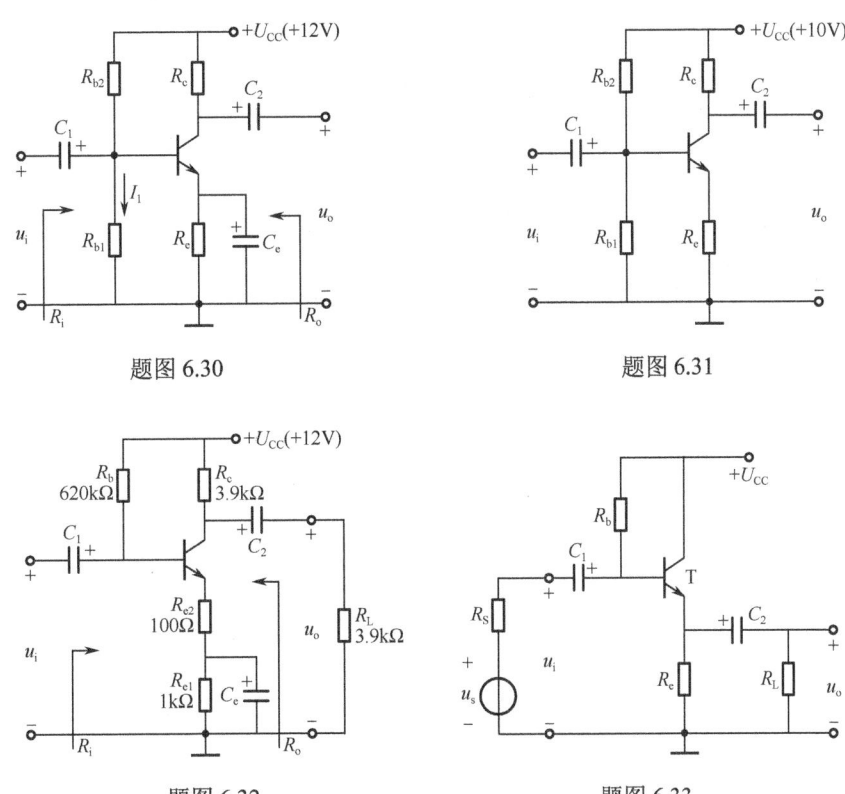

题图 6.30　　　　　　　　　　题图 6.31

题图 6.32　　　　　　　　　　题图 6.33

6.34 电路如题图 6.34 所示，已知图示电路中三极管的 $\beta=50$，$r_{bb'}=300\Omega$，静态时的 $U_{CEQ}=4\text{V}$，$U_{BEQ}=0.7\text{V}$，各电容的容量足够大，对交流信号可视为短路。（1）设 $R_1=R_2$，估算 R_1、R_2 的值；（2）求电压放大倍数 $\dot{A}_u(\dot{U}_o/\dot{U}_i)$、$\dot{A}_{us}(\dot{U}_o/\dot{U}_s)$、输入电阻 R_i、输出电阻 R_o；（3）若 C_3 开路，定性分析静态工作点、$|\dot{A}_{us}|$、R_i、R_o 有何变化。

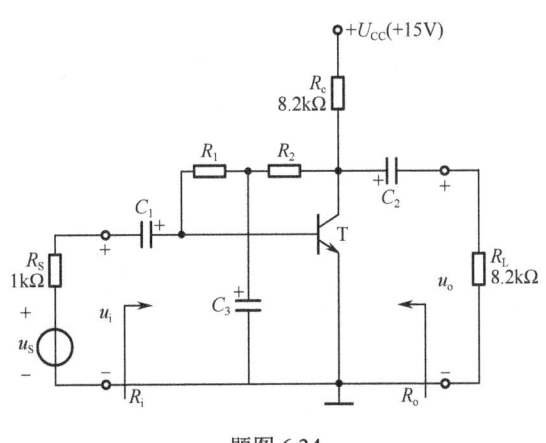

题图 6.34

6.35 放大电路如题图 6.35 所示，设三极管 T_1、T_2 特性相同，且 $\beta=79$，$r_{be}=1\text{k}\Omega$，电容器对交流信号均可视为短路。试估算：（1）输入电阻 R_i；（2）输出电阻 R_o；（3）空载电压放大倍数 $\dot{A}_u$，$\dot{A}_{us}$；（4）$\dot{U}_s=10\text{mV}$ 时 $\dot{U}_o$ 的值。

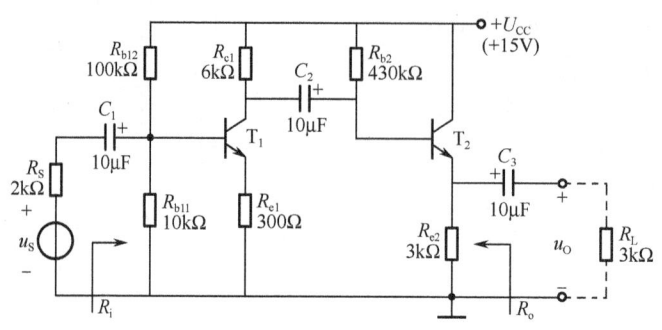

题图 6.35

第 7 章 集成运放组成的运算电路

集成运算放大器（集成运放）是一种非常理想的放大器件，在模拟集成电路中，它的应用非常广泛，几乎涉及模拟信号处理的各个领域。集成运放的基本应用电路从功能上分类有信号的运算、处理和产生电路等。本章讨论由集成运放组成的运算电路实现对模拟信号的运算，包括加法、减法、微分、积分等。

7.1 集成运放电路应用基础

7.1.1 集成运放模型

图 7.1.1 所示为集成运放的符号，它有两个输入端和一个输出端。其中，标有+的为同相输入端（输出电压的相位与该输入电压的相位相同）；标有−的为反相输入端（输出电压的相位与该输入电压的相位相反）。

图 7.1.1 集成运放的符号

在新国标中，集成运放和集成理想运放的符号分别如图 7.1.2 所示。

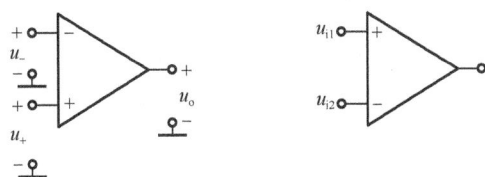

（a）集成运放　　（b）集成理想运放

图 7.1.2 集成运放的新国标符号

在集成运放的输入端分别同时加上输入电压 u_+ 和 u_-（即差动输入电压为 u_d）时 [见图 7.1.3 (a)]，它们与输出电压 u_o 之间具有图 7.1.3（b）所示的电压传输特性。其线性区输出电压 u_o 为

$$u_o = A_u(u_+ - u_-) = A_u u_d \tag{7.1.1}$$

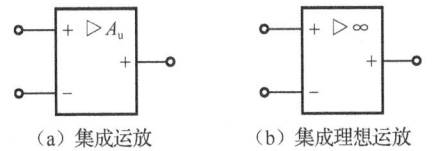

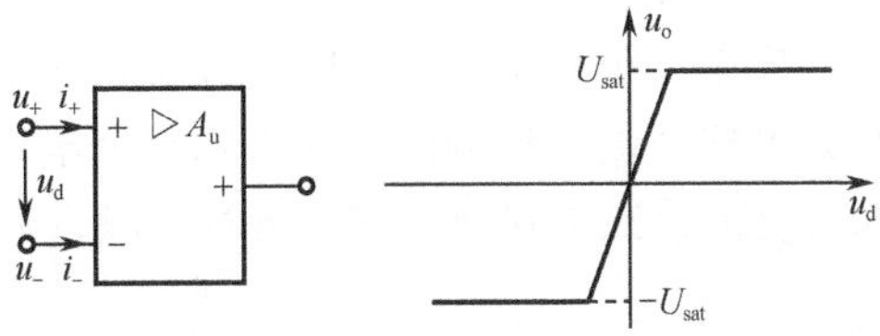

（a）输入电压示意图　　（b）电压传输特性

图 7.1.3 集成运放的输入-输出电压传输特性

实际上，运放是一种单向器件，即输出电压受输入电压的控制，而输入电压并不受输出电压的控制。由其输入输出关系可以看出，运放的线性放大部分很窄，当输入电压很小时，运放的工作状态就已经进入了饱和区，输出值保持不变。

7.1.2 理想运放的主要性能

1．理想运放的主要参数

一般都将集成运放视为理想的，从集成运放的电压传输特性可见，运放有线性工作区和非线性工作区。当运放引入深度负反馈时，它一般工作在线性区；当运放开环工作或有较强的正反馈时，它一般工作在非线性区。其主要性能参数为

（1）开环电压放大倍数：$A_{od} = \infty$。

（2）输入电阻：$r_{id} = \infty$。

（3）输出电阻：$r_{od} = 0$。

（4）−3dB 带宽：$f_H = \infty$。

（5）失调电压、失调电流及它们的温漂均为零。

2．理想运放的分析依据

（1）当集成运放工作在线性放大区时，即 $u_o = A_{od}(u_+ - u_-)$，由理想运放的性能参数，可以得到：$u_+ - u_- = 0$，即同相输入端与反相输入端的电位相等，称同相端和反相端为"虚短"，但不是短路。

（2）由理想运放的输入电阻为 ∞，得 $i_+ = i_- = \dfrac{u_{id}}{r_{id}} = 0$，即集成运放输入端不取电流，称为"虚断"。

7.2 放大电路中的负反馈技术

反馈的概念在自然科学和社会科学等许多领域中得到了广泛的应用，随着电子技术的发展，各类电子设备的功能也越来越强大，其中使用的放大器几乎都应用了负反馈技术来提高动态性能指标。

7.2.1 反馈的基本概念及反馈类型的判断

放大电路中的输出量（可以是电压或电流）的部分或全部，通过一定的方式引入到输入回路，引起净输入量的改变，从而对输出产生影响的现象就称为反馈。

反馈包括本级（或局部）反馈和级间反馈，本级反馈是只局限于本级电路的反馈，级间反馈跨越于多级（至少两级）电路的输入和输出之间。当整个电路同时存在本级反馈和级间反馈时，由于级间反馈比本级反馈效果更强烈，在分析时一般只考虑级间反馈。

1．正反馈与负反馈

反馈的结果使净输入量增加，从而使输出量比没有反馈时增加的现象称为正反馈；反

的结果使净输入量减小,从而使输出量比没有反馈时减小的现象称为负反馈。正、负反馈的效果完全不同,正反馈往往使电路工作不稳定,主要应用在信号发生器电路中。负反馈虽然使电路的放大倍数减小,但可以提高放大器的动态性能。所以在分析反馈电路时,首先要区分正、负反馈的类型。

判断正、负反馈的基本方法是采用"瞬时极性"的方法。设输入端瞬时极性为正,根据输出端瞬时极性与同相输入端相同、与反相输入端相反的原则,标出相关各点的瞬时极性,如图7.2.1所示。

判断的步骤是:首先不考虑反馈,假设输入信号的瞬时值对地有一正向变化,用"+"表示,根据放大器的性质按照先放大后反馈的传输路径逐步写出输出信号的极性,接着推断出反馈信号的极性,用"(+)"或"(-)"表示,以便和假设的输入信号的极性区别,最后根据反馈信号对输入信号的作用(加强或减弱)判断出是正反馈还是负反馈。具体可以这样判断:

- 正反馈——输入量不变时,引入反馈后使净输入量增加,放大倍数增加;
- 负反馈——输入量不变时,引入反馈后使净输入量减小,放大倍数减小。

例 7.2.1 判断图 7.2.2 中的反馈。

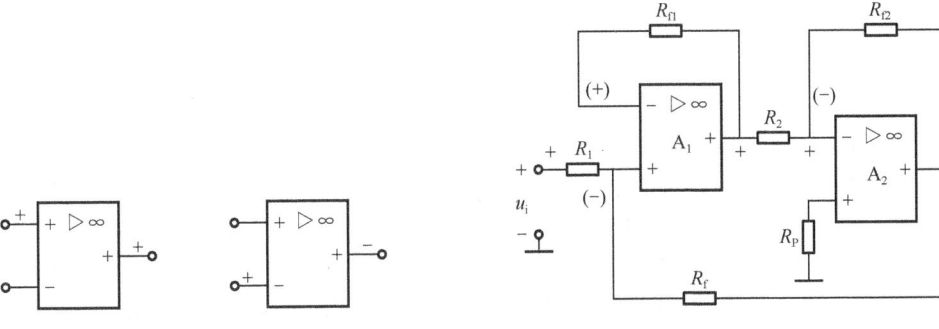

图 7.2.1 集成运放的瞬时极性　　　　　图 7.2.2 例 7.2.1 电路图

解:在图 7.2.2 所示电路图中,电阻 R_{f1} 是第一级的输入和输出的反馈网络,电阻 R_{f2} 是第二级的输入和输出的反馈网络,电阻 R_f 是整个电路的输入和输出的反馈网络,因此该电路共存在三条反馈通路。其中,电阻 R_{f1} 和 R_{f2} 是本级反馈,电阻 R_f 是级间反馈。

采用"瞬时极性"的方法判断正负反馈,假设输入 u_i 瞬时值对地有一正向变化,在图 7.2.2 中用"+"标出,按传输路径逐级标出瞬时极性,判断出反馈信号对输入信号是减弱的作用。所以,电阻 R_{f1} 和 R_{f2} 是本级负反馈,电阻 R_f 是级间负反馈。

2. 电压反馈和电流反馈

根据反馈网络对基本放大器输出端取样对象的不同,反馈可以分为电压反馈和电流反馈。如果反馈网络的取样对象是电压,即反馈信号和输出电压成正比,则称为电压反馈。如果反馈网络的取样对象是电流,即反馈信号和输出电流成正比,则称为电流反馈。具体可以按"负载开路或短路法"来判断:

- 如果把负载短路,即输出电压 $u_o = 0$,此时反馈信号等于零则为电压反馈,否则为电流反馈;
- 如果把负载开路,即输出电流 $i_o = 0$,此时反馈信号等于零则为电流反馈。

3. 串联反馈和并联反馈

反馈信号与输入信号以电压相加减的形式在输入端出现,即净输入电压 $u_i' = u_i + u_f$(其中反馈电压 u_f 视正负反馈不同取不同符号),为串联反馈。反馈信号与输入信号以电流相加减的形式在输入端出现,即净输入电流 $i_i' = i_i + i_f$(其中反馈电流 i_f 视正负反馈不同取不同符号),为并联反馈。串联反馈和并联反馈的简易判别方法:
- 如果反馈信号和输入信号加在放大器的不同点,则为串联反馈;
- 如果反馈信号和输入信号加在放大器的同一点,则为并联反馈。

例 7.2.2 判断图 7.2.3 中的反馈类型。

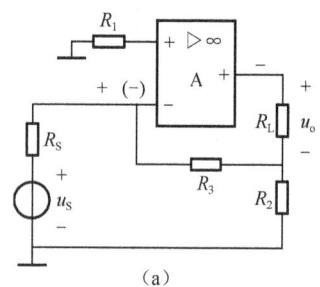
(a)

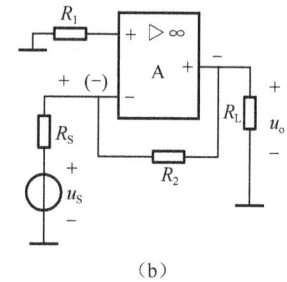
(b)

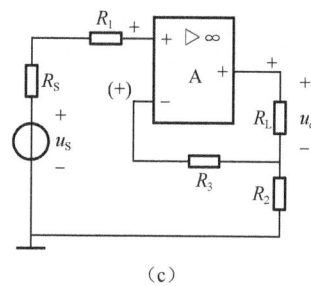
(c)

图 7.2.3 例 7.2.2 电路图

解:图 7.2.3(a)中,用"瞬时极性"法分析,假设输入信号在反相输入端的瞬时值对地有一正向变化,用"+"表示,按照信号的传输路径逐步写出输出信号的极性,推断出反馈信号的极性为负,用"(-)"表示,如图中所标,引入反馈后使净输入量减小,所以是负反馈;如果把负载 R_L 开路,此时反馈消失,则可以判断该反馈为电流反馈,反馈量和输出电流成正比;由于输入信号和反馈信号同时加到运放的反相端,所以该反馈是并联反馈。综合起来,该反馈是电流并联负反馈。

图 7.2.3(b)中,用"瞬时极性"法分析,假设输入信号在反相输入端的瞬时值对地有一正向变化,用"+"表示,按照信号的传输路径逐步写出输出信号的极性,推断出反馈信号的极性为负,用"(-)"表示,如图中所标,引入反馈后使净输入量减小,所以是负反馈;如果把负载 R_L 短路,此时反馈消失,则可以判断该反馈为电压反馈,反馈量和输出电压成正比;由于输入信号和反馈信号同时加到运放的反相端,所以该反馈是并联反馈。综合起来,该反馈是电压并联负反馈。

图 7.2.3(c)中,用"瞬时极性"法分析,假设输入信号在同相输入端的瞬时值对地有一正向变化,用"+"表示,按照信号的传输路径逐步写出输出信号的极性,推断出反馈信号的极性为正,用"(+)"表示,如图中所标,引入反馈后使净输入量减小,所以是负反馈;如果把负载 R_L 开路,此时反馈消失,则可以判断该反馈为电流反馈,反馈量和输出电流成正比;由于输入信号和反馈信号分别加到运放的同相端和反相端,所以该反馈是串联反馈。综合起来,该反馈是电流串联负反馈。

7.2.2 负反馈放大电路的分析

1. 负反馈放大电路的框图

根据基本放大器和反馈网络在反馈放大器输入端和输出端的不同连接形式,可以把负反馈分为4种不同的形式,即电压串联负反馈、电流串联负反馈、电压并联负反馈和电流并联负反馈。为抽象分析负反馈放大器的一般规律,负反馈放大电路可以采用如图 7.2.4 所示框图表示。

图 7.2.4 中,X_i 表示输入信号,X_o 表示输出信号,X_f 表示反馈信号,X_i' 表示净输入信号。图中连线上的箭头表示信号的传输方向,符号"⊗"表示比较环节。A 为基本放大器的增益(或称为开环增益,如前所述,有4种形式),F 为反馈网络的反馈系数,一般而言,它们都是信号频率的复函数。

其中基本放大电路和反馈电路构成一个闭合回路,常称为闭环,基本放大器实际是一个开环放大器。由净输入信号 $X_i' = X_i - X_f$,从图中可以得出信号在传输过程中有如下关系

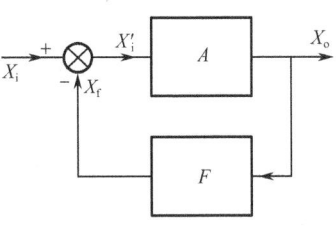

图 7.2.4 负反馈放大器框图

$$开环增益 \quad A = \frac{X_o}{X_i'} \tag{7.2.1}$$

$$闭环增益 \quad A_f = \frac{X_o}{X_i} \tag{7.2.2}$$

$$反馈系数 \quad F = \frac{X_f}{X_o} \tag{7.2.3}$$

2. 负反馈放大电路的一般表达式

将式(7.2.1)和式(7.2.3)代入式(7.2.2),并考虑 $X_i' = X_i - X_f$,可以得到负反馈放大电路的一般表达式

$$A_f = \frac{X_o}{X_i} = \frac{X_o}{X_f + X_i'} = \frac{X_o}{FX_o + X_i'} = \frac{X_o}{FAX_i' + X_i'} = \frac{X_o}{X_i'(1+AF)} = \frac{A}{1+AF} \tag{7.2.4}$$

负反馈放大器性能的改善程度大多与 $(1+AF)$ 有关,因此 $(1+AF)$ 是反映反馈程度的一个重要指标,习惯称之为"反馈深度",而把 AF 称为环路增益。

(1)当 $|1+AF|>1$,则 $|A_f|<|A|$,即引入反馈后放大倍数下降,说明电路中引入了负反馈。

(2)当 $|1+AF|<1$,则 $|A_f|>|A|$,即引入反馈后放大倍数增大,说明电路中引入了正反馈。正反馈会使放大电路性能不稳定,在放大电路中比较少采用,更多应用在信号发生器电路中。

(3)当 $|1+AF|=0$,则 $|A_f| \to \infty$,即引入负反馈后在没有输入信号时,电路也会有信号输出,这种现象称为自激振荡。此时放大器已经失去放大作用而变成了振荡器。

(4)当 $|1+AF| \gg 1$ 时,则 $A_f \approx \frac{1}{F}$,此时放大器的闭环增益只取决于反馈系数,几乎与基本放大器无关,这种情况下的负反馈称为深度负反馈。

3. 负反馈对放大器性能的影响

(1)提高放大倍数的稳定性

对于基本放大器而言,环境温度的变化、元器件的老化或者负载的变动等都会引起放大倍数的变化,从而引起放大器工作的不稳定。当放大器引入负反馈后,在输入信号不变的情况下,输出信号(电压或电流)基本可以稳定不变,尤其对于引入深度负反馈的放大器而言

$$A_f \approx \frac{1}{F} \tag{7.2.5}$$

此时放大器的闭环增益只取决于反馈系数,几乎与基本放大器无关。

可以得到

$$\frac{\mathrm{d}A_f}{A_f} = \frac{\mathrm{d}A}{(1+AF)^2 A_f} = \frac{\mathrm{d}A}{(1+AF)^2} \times \frac{1+AF}{A} = \frac{1}{1+AF} \times \frac{\mathrm{d}A}{A} \tag{7.2.6}$$

从上式可以看出,闭环放大倍数的相对变化量 $\frac{\mathrm{d}A_f}{A_f}$ 是开环放大倍数的相对变化量 $\frac{\mathrm{d}A}{A}$ 的 $\frac{1}{1+AF}$ 倍,或者说引入负反馈后,放大倍数下降为无反馈时的 $\frac{1}{1+AF}$ 倍,但放大倍数稳定度提高了 $(1+AF)$ 倍。

例 7.2.3 已知某负反馈放大器的开环增益 $A=100$,反馈系数 $F=0.09$,当 A 产生 $\pm 10\%$ 的相对变化时,闭环增益的相对变化等于多少?

解:根据式(7.2.6), $\frac{\mathrm{d}A_f}{A_f} = \frac{1}{1+AF} \times \frac{\mathrm{d}A}{A} = \frac{1}{10} \times (\pm 10\%) = \pm 1\%$

由此可见,引入负反馈后,即便在反馈系数比较小的情况下也可以使得放大倍数的稳定性提高到比较满意的程度。

(2)展宽通频带

由于负反馈具有稳定放大倍数的作用,因此闭环放大倍数在高频段和低频段下降速率均变缓,即相当于展宽了通频带。通频带的展宽是以牺牲中频放大倍数为代价的,反馈越深,放大倍数下降越多,频带越宽。

(3)减小非线性失真

由于放大电路中非线性元件的存在,尤其是在多级放大电路的输出级,信号经过前级放大后其工作范围很可能进入三极管的非线性区域。因此,即使输入信号是标准的正弦波,输出信号也不再是正弦波了,即产生了非线性失真。为了形象地说明负反馈能够减小非线性失真,用图 7.2.5 来表示负反馈放大器的开环和闭环时刻的波形情况。假设基本放大器对正负信号的放大能力不一样,比如对正弦波的正半周放大能力强,负半周放大能力弱,这样在开环情况下输出信号的正半周幅度比负半周幅度大,出现了失真,如图 7.2.5(a)所示。

从图 7.2.5(b)中可以看出,由于负反馈的引入,反馈回来的信号也是正半周比负半周的幅度大,经过比较环节,净输入量出现正半周比负半周的幅度小的情况,经过放大器放大后输出信号的失真现象得到一定程度的校正。

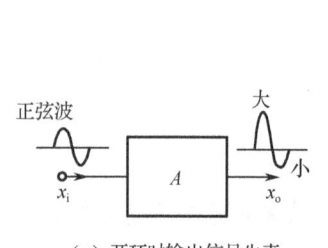

(a)开环时输出信号失真

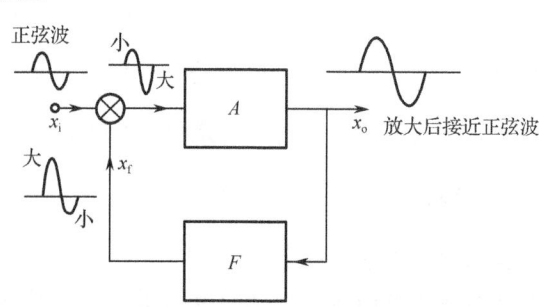

(b)闭环时输出信号失真减小

图 7.2.5 非线性失真的改善

（4）改变输入电阻和输出电阻

负反馈对输入电阻的影响取决于反馈信号在输入端的引入形式，即取决于是串联反馈还是并联反馈，和取样对象（电压或电流无关）无关；负反馈对输出电阻的影响取决于反馈信号在输出端的连接形式，即取决于是电压反馈还是电流反馈，和输入端的连接形式无关。

具体的影响：串联负反馈使输入电阻增大；并联负反馈使输入电阻减小；电压负反馈使输出电阻减小；电流负反馈使输出电阻增大。

7.3 运算放大电路

实际的集成运放通常 A_u 很大，为使其工作在线性区，大都引入深度负反馈以减小运放的净输入，保证 u_o 不超出线性范围。利用集成运放工作在线性区的特性，通过设计电路，集成运放与外部电阻、电容和半导体器件等一起构成闭环电路，能对各种模拟信号进行加法、减法、积分、微分、对数和指数等运算，这类电路称为模拟信号的运算电路。

7.3.1 比例运算电路

1. 反相比例运算电路

反相比例运算电路如图 7.3.1（a）所示，由理想运放特性 $u_- = u_+$ 和 $i_- = i_+ = 0$，可得

$$u_o = -\frac{R_f}{R_1} u_i \tag{7.3.1}$$

即输出电压与输入电压成比例关系，负号表示输出电压与输入电压反相。

2. 同相比例运算电路

同相比例运算电路如图 7.3.1（b）所示，由理想运放特性 $u_- = u_+$ 和 $i_- = i_+ = 0$，可得

$$u_o = \left(1 + \frac{R_f}{R_1}\right) u_i \tag{7.3.2}$$

作为一个特例，同相比例运算电路中当 $R_1 \to \infty$，$R_f = 0$ 时，电路成为一个电压跟随器，如图 7.3.2 所示。

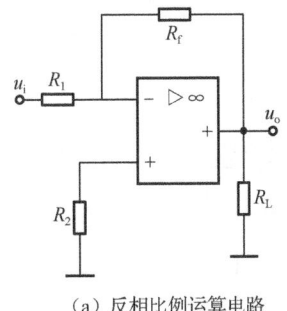
（a）反相比例运算电路

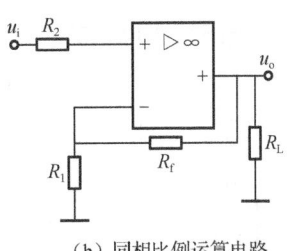
（b）同相比例运算电路

图 7.3.1 比例运算电路

图 7.3.2 电压跟随器

显然，电压跟随器的输出电压与输入电压关系为

$$u_o = u_i \tag{7.3.3}$$

例 7.3.1 试用集成运放实现比例运算 $A_u = \dfrac{u_o}{u_i} = 0.5$，画出电路图，并标出电阻元件的值。

解： $A_u = 0.5 > 0$，即 u_o 与 u_i 同相，采用同相比例电路。但由式（7.3.2）可知，在典型的同相比例电路中，$A_u \geq 1$，无法实现 $A_u = 0.5$ 的要求。因此，可选用两级反相电路串联，如图 7.3.3 所示。使 $A_{u1} = -0.5$，$A_{u2} = -1$，即可满足题 $A_u = A_{u1} A_{u2} = 0.5$ 的要求。各电阻阻值根据实际情况选用，图 7.3.3 所标的参数为一种选择方案。

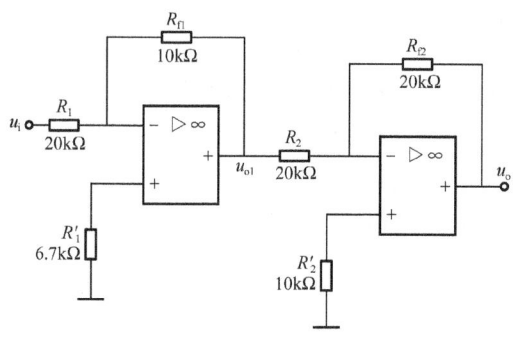

图 7.3.3　例 7.3.1 电路

7.3.2　加减运算电路

1．加法运算电路

图 7.3.4 是多端输入的电压并联负反馈电路，可推导出输出与输入之间的反相加法运算关系，由理想运算放大器特性 $i_- = i_+ = 0$，可得

$$\left(\dfrac{1}{R_1} + \dfrac{1}{R_2} + \dfrac{1}{R_f}\right) u_- = \dfrac{u_{i1}}{R_1} + \dfrac{u_{i2}}{R_2} + \dfrac{u_o}{R_f} \tag{7.3.4}$$

由理想运算放大器特性 $u_- = u_+$，输出电压表达式

$$u_o = -R_f \left(\dfrac{u_{i1}}{R_1} + \dfrac{u_{i2}}{R_2}\right) \tag{7.3.5}$$

若 $R_1 = R_2 = R_f$，则

$$u_o = -(u_{i1} + u_{i2}) \tag{7.3.6}$$

例 7.3.2 试写出图 7.3.5 所示电路输出电压的表达式。

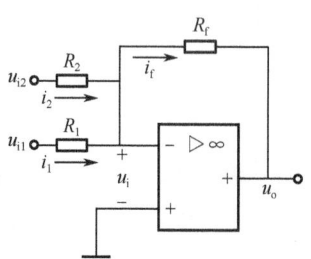 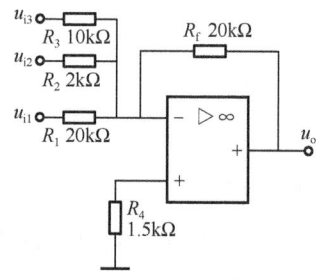

图 7.3.4　反相加法运算电路　　　图 7.3.5　例 7.3.2 图

解：由反相加法运算电路的特点，代入题目所给电阻值，得

$$u_o = -\left(\frac{R_f}{R_1}u_{i1} + \frac{R_f}{R_2}u_{i2} + \frac{R_f}{R_3}u_{i3}\right) = -(u_{i1} + 10u_{i2} + 2u_{i3})$$

2．减法运算电路

从比例运算电路的分析可知，运放在同相输入时，输出与输入同相；在反相输入时，输出与输入反相。如果多个信号同时作用于两个输入端，那么就可能形成减法运算，如图 7.3.6 所示。

由理想运放特性 $u_- = u_+$ 和 $i_- = i_+ = 0$，可得

$$\begin{cases} \left(\dfrac{1}{R_1} + \dfrac{1}{R_f}\right)u_- = \dfrac{u_{i1}}{R_1} + \dfrac{u_o}{R_f} \\ u_+ = \dfrac{u_{i2}R_3}{R_2 + R_3} = u_- \end{cases} \quad (7.3.7)$$

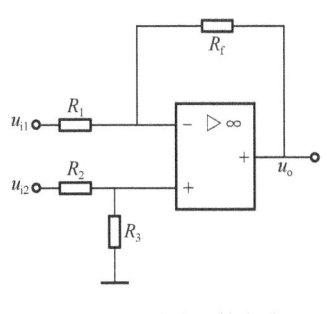

图 7.3.6 减法运算电路

输出电压表达式

$$u_o = \left(\frac{R_1 + R_f}{R_1}\right)\left(\frac{R_3}{R_2 + R_3}\right)u_{i2} - \frac{R_f}{R_1}u_{i1} \quad (7.3.8)$$

如果有 $R_1 = R_2 = R_3 = R_f$，则

$$u_o = -(u_{i1} - u_{i2}) \quad (7.3.9)$$

7.3.3 积分运算和微分运算电路

1．积分运算电路

用集成运放来实现积分运算电路，电路如图 7.3.7 所示。由于 $u_- = u_+ = 0$，运放的反相端"虚地"，故 $u_o = -u_C$。又因为 $i_C = i_1 = \dfrac{u_i}{R}$，可得

$$u_o = -u_C = -\frac{1}{C}\int i_C dt = -\frac{1}{RC}\int u_i dt \quad (7.3.10)$$

如果 $t=0$ 时在积分电路的输入端加上一个阶跃信号 U（电容预先未充电），则可得到

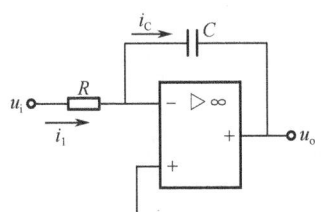

图 7.3.7 积分运算电路

$$u_o = -\frac{U}{RC}t \quad (7.3.11)$$

即 u_o 随时间线性变化，但增长方向与 U 的极性相反。

例 7.3.3 求和积分电路如图 7.3.8（a）所示。（1）求 u_o 的表达式；（2）设两个输入信号 u_{i1}、u_{i2} 皆为阶跃信号，如图 7.3.8（b）所示，画出 u_o 的波形。

解：（1）设流过电阻 R_1、R_2 的电流为 i_1、i_2，则流过电容 C 的电流 $i_C = i_1 + i_2$

由虚地：$u_o = -u_C = -\dfrac{1}{C}\int i_C dt = -\dfrac{1}{C}\int (i_1 + i_2)dt = -\left(\dfrac{1}{R_1 C}\int u_{i1} dt + \dfrac{1}{R_2 C}\int u_{i2} dt\right)$

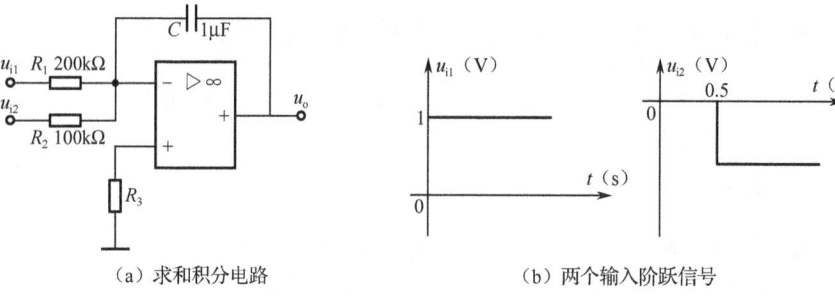

（a）求和积分电路　　　　　　　　（b）两个输入阶跃信号

图 7.3.8　例 7.3.3 图

（2）由图 7.3.8（b）可知：当 $0 \leq t < 0.5\text{s}$ 时，$u_{i1} = 1\text{V}$，$u_{i2} = 0\text{V}$

$$u_o = -\frac{1}{R_1 C}\int_0^t dt = -\frac{t}{2\times 10^5 \times 10^{-6}} = -5t$$

当 $t \geq 0.5\text{s}$ 时，$u_{i1} = 1\text{V}$，$u_{i2} = -1\text{V}$

$$u_o = -\left(\frac{t}{2\times 10^5 \times 10^{-6}} - \frac{t}{10^5 \times 10^{-6}}\right) + C' = 5t + C'$$

由 u_o 的连续性，可知 $C' = -5$。其输出波形如图 7.3.9 所示。

例 7.3.4　求图 7.3.10 所示电路输出电压的表达式。

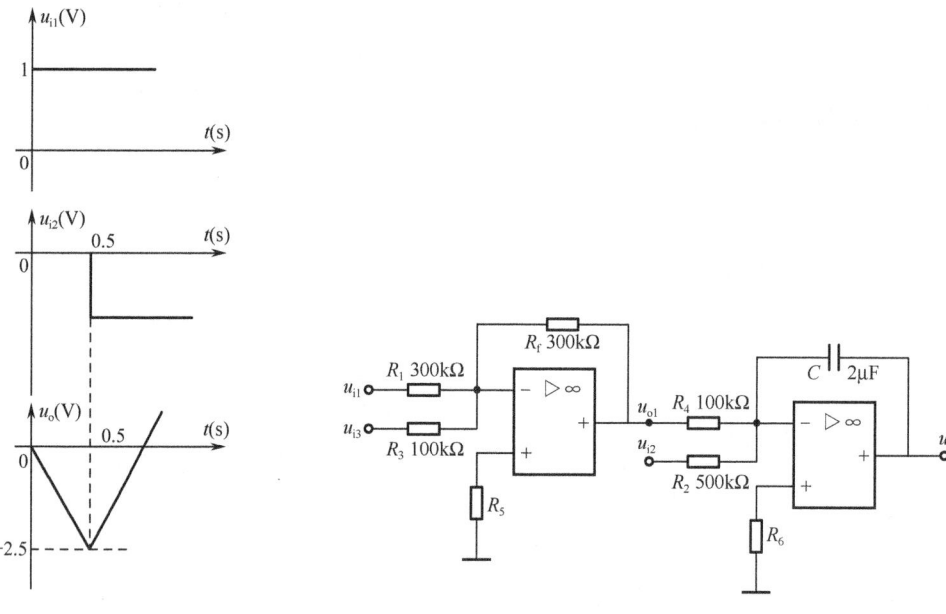

图 7.3.9　例 7.3.3 电路输出波形图　　　　图 7.3.10　例 7.3.4 图

解：第一级运放为反相加法运算电路

$$u_{o1} = -R_f\left(\frac{u_{i1}}{R_1} + \frac{u_{i3}}{R_3}\right) = -(u_{i1} + 3u_{i3})$$

第二级运放为求和积分运算电路，其中一个输入是第一级运放的输出 u_{o1}，故输出电压 u_o 的表达式为

$$u_o = -\left(\frac{1}{R_4C}\int u_{o1}dt + \frac{1}{R_2C}\int u_{i2}dt\right) = -5\int(u_{o1}+0.2u_{i2})dt = 5\int(u_{i1}-0.2u_{i2}+3u_{i3})dt$$

2．微分运算电路

微分是积分的逆运算，只要将积分电路中 R 与 C 互换即可得到微分运算电路，如图 7.3.11 所示。

输出电压 $u_o = -i_2 R$，又因为 $i_2 = i_1 = C\dfrac{du_C}{dt}$，可得

$$u_o = -RC\frac{du_i}{dt} \qquad (7.3.12)$$

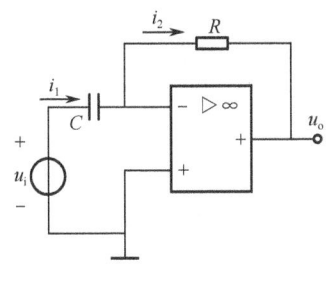

图 7.3.11　微分运算电路

习题 7

一、判断题

7.1 如果放大电路的负载固定，想让放大倍数稳定，可以引入电流负反馈，也可以引入电压负反馈。（   ）

7.2 负反馈只能改善反馈环路内的放大器的性能，对反馈环路之外无效。（   ）

7.3 负反馈可以消除放大器本身产生的非线性失真。（   ）

7.4 负反馈能够改善非线性失真，因此不论输入波形是否存在失真或畸形，负反馈放大器总能把它放大成完好的正弦波。（   ）

7.5 由集成运放组成的各种反馈电路，在判断其反馈极性都可以适用以下原则：如果反馈接回到反相输入端则为负反馈，接回到同相输入端则为正反馈。（   ）

7.6 放大器接入了负反馈就一定能改善放大器的性能。（   ）

7.7 分析深度负反馈放大器时，局部的负反馈也必须考虑。（   ）

7.8 对于负反馈放大电路而言，反馈系数越大则越容易产生自激振荡。（   ）

7.9 因为放大倍数越大，引入的负反馈后的反馈就越强，所以反馈网络跨过的级数越多反馈效果就越好。（   ）

7.10 负反馈放大电路只要在某一个频率变成正反馈就一定会产生自激振荡。（   ）

二、选择题

7.11 对于电路中的"开环"的含义，下列说法正确的是（   ）。
  a．无电源　　　　　b．无负载　　　　　c．无反馈通路　　　　　d．无信号源

7.12 反馈量是指（   ）。
  a．从输出回路中取得的电压或电流　　　　b．反馈到输入的信号与输出信号的比值
  c．反馈到输入回路的信号电压或电流　　　　d．在数值上等于输出电压或电流

7.13 在输入量不变的情况下，若引入反馈后（   ），则说明引入的反馈是负反馈。
  a．输入电阻增大　　　　　　　　　　　　　b．输出量增大
  c．净输入量增大　　　　　　　　　　　　　d．净输入量减小

7.14 为了使放大电路的输入电阻增加,输出电阻减小,应采用( )。
  a. 电压串联负反馈　　　　　　　　b. 电压并联负反馈
  c. 电流串联负反馈　　　　　　　　d. 电流并联负反馈

7.15 为了使放大电路为恒压源激励,为了使反馈有效,电路中应该加( )。
  a. 电压串联负反馈　　　　　　　　b. 电压并联负反馈
  c. 电流串联负反馈　　　　　　　　d. 电流并联负反馈

7.16 某放大电路信号源内阻很小,希望负载变化时输出电流稳定,应引入( )。
  a. 电压串联负反馈　　　　　　　　b. 电压并联负反馈
  c. 电流串联负反馈　　　　　　　　d. 电流并联负反馈

7.17 负反馈放大电路,开环增益 $A=1000$,闭环增益 $A_f=100$,则其反馈系数 $F=$( )。
  a. 9×10^{-1}　　b. 9×10^{-2}　　c. 9×10^{-3}　　d. 9×10^{-4}

三、填空题

7.18 电流串联负反馈的输入电阻比反馈前_____;输出电阻比反馈前_____。

7.19 某放大器的输入电压为1mV,输出电压为1V。当加上电压串联负反馈后,为了得到同样的输出电压,需要把输入电压增加到10mV。所加反馈的反馈系数为_____。

7.20 一个电压串联负反馈放大电路的闭环增益 $A_f=100$,当基本放大电路的增益 A 变化10%时,A_f 变化约为1%。所需的 $A\approx$ _____,反馈系数 $F\approx$ _____。

7.21 集成运算放大器是一种高电压增益、_____输入电阻和_____输出电阻的多级直接耦合放大器。

7.22 当集成运放大器处于_____状态时,可运用"虚短"和"虚断"的概念。

7.23 运算放大器构成的积分运算电路,在工作频率降低时,运算误差_____。

四、计算题

7.24 电路如题图7.24所示,分别判断各个电路中的反馈类型。

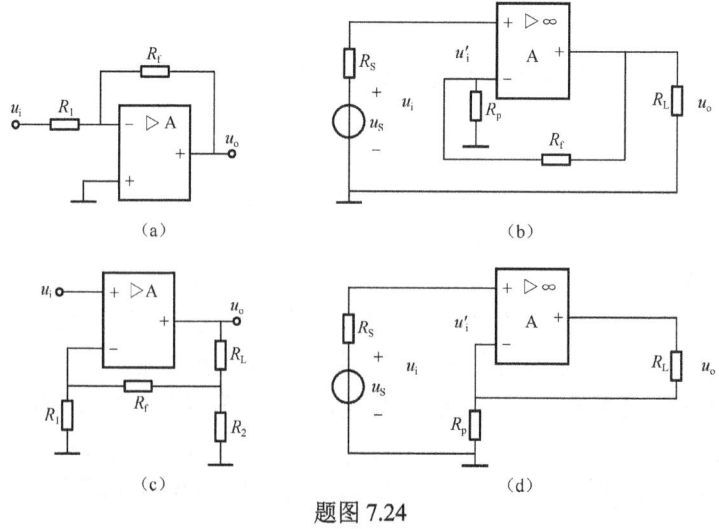

题图 7.24

7.25 试求题图 7.25 中所示各电路输出电压与输入电压间的运算关系式。

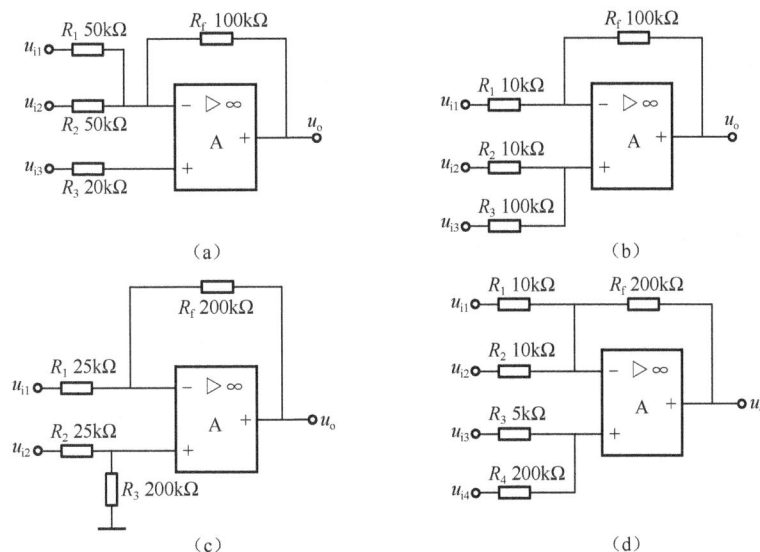

(a)　　　　　　　　　(b)

(c)　　　　　　　　　(d)

题图 7.25

7.26 在题图 7.26 示电路中，已知 $R_1 = R_W = 10\text{k}\Omega$，$R_2 = 20\text{k}\Omega$，$u_i = 1\text{V}$，设运算放大器的输出电压最大值为 ±12V，试分别求出当电位器 R_W 的滑动端移到最上端、中间位置和最下端时的输出电压 u_o 的值。

7.27 电路如题图 7.27 所示，写出集成运放输出电压 u_o 的表达式。

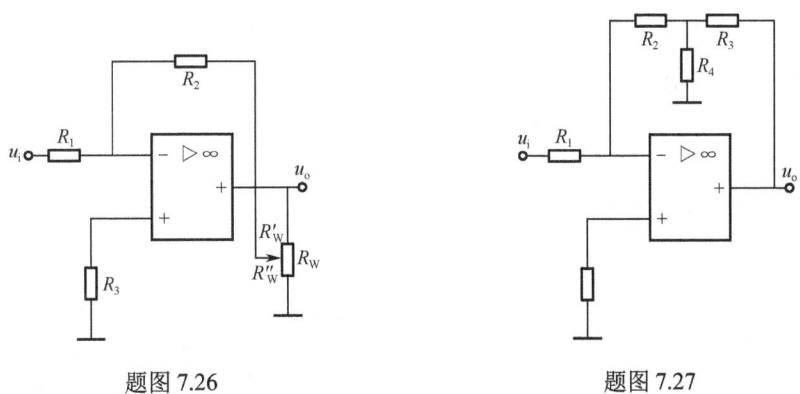

题图 7.26　　　　　　　　　题图 7.27

7.28 在题图 7.27 中，如果 $R_1 = 50\text{k}\Omega$，$R_2 = R_3 = 100\text{k}\Omega$，$R_4 = 2\text{k}\Omega$，运算放大器的输出电压最大值为 ±14V，$u_i$ 为 2V 的直流信号，分别求出下列各种情况下的输出电压。（1）R_2 短路；（2）R_3 短路；（3）R_4 短路；（4）R_4 断路。

7.29 现有一个集成运放和若干种可供选用的电阻，试用它们组成一个电路，实现以下运算：$u_o = 2(u_{i1} - u_{i2}) + 0.5 u_{i3}$

7.30 电路如题图 7.30 所示，集成运放为理想运放，$u_i = 10\text{V}$。（1）写出输出电压 u_o 的表达式；（2）若 $R_1 = 1.5\text{k}\Omega$，$R_2 = 1\text{k}\Omega$，$R_f = 3\text{k}\Omega$，理想稳压管 D_Z 的稳定电压值为 $U_Z = 1.5\text{V}$，求 u_o 的值。

7.31 如题图 7.31 所示的理想运放电路，设 $R_1 = 1\text{k}\Omega$，$R_2 = R_4 = R_5 = 10\text{k}\Omega$，试求 u_o/u_i。

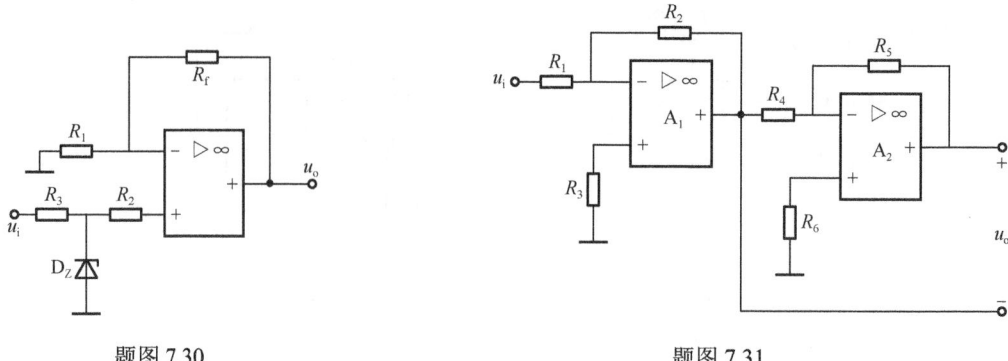

题图 7.30　　　　　　　　　　题图 7.31

7.32 题图 7.32（a）所示电路中，已知输入电压的波形如图（b）所示，当 $t=0$ 时输出电压为 0。试画出输出电压的波形。

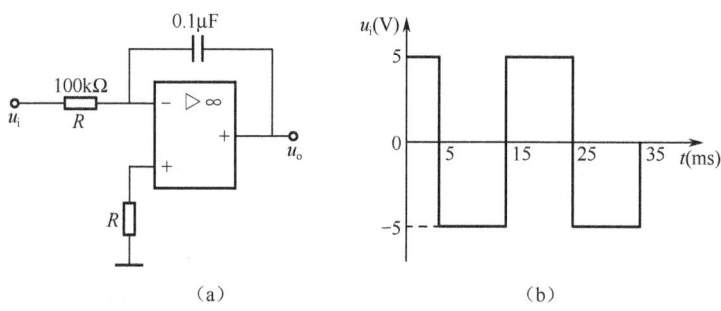

（a）　　　　　　　　（b）

题图 7.32

7.33 理想运放构成的电路如题图 7.33 所示，试写出 u_o 的表达式。

7.34 题图 7.34 所示电路中，A_1、A_2 为理想运算放大器，$R_1 = 10\text{k}\Omega$，$R_2 = R_4 = R_5 = 20\text{k}\Omega$，$R_3 = 6.7\text{k}\Omega$，$C = 5\mu\text{F}$。已知输入电压 $u_i = 0.2\text{V}$ 是直流电压，电容 C 的初始电压为零。问 1s 时，输出电压 $u_o = ?$

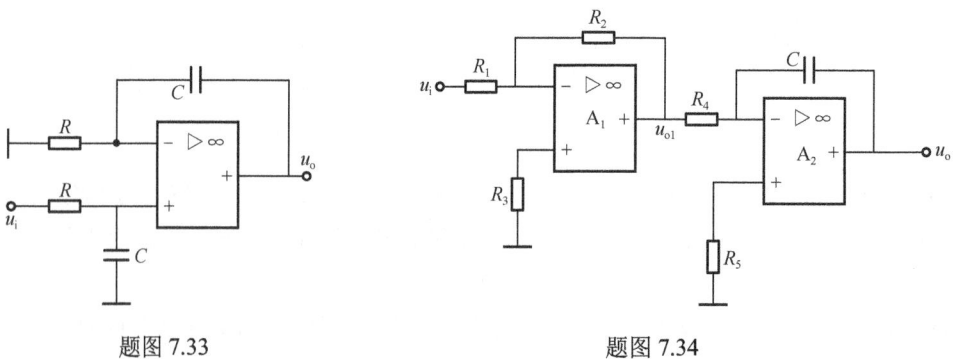

题图 7.33　　　　　　　　　　题图 7.34

7.35 电路如题图 7.35 所示，已知 $R_2 = R_3 = R_4 = R_7 = R$，$R_5 = 2R$，求解 u_o 与 u_i 之间的函数关系。

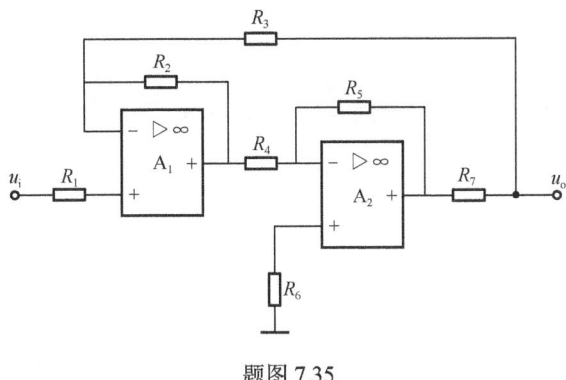

题图 7.35

7.36 在题图 7.36 所示运算放大电路中，已知 $u_1 = 10\text{mV}$，$u_2 = 30\text{mV}$，推导输入输出表达式，并求 $u_o = ?$

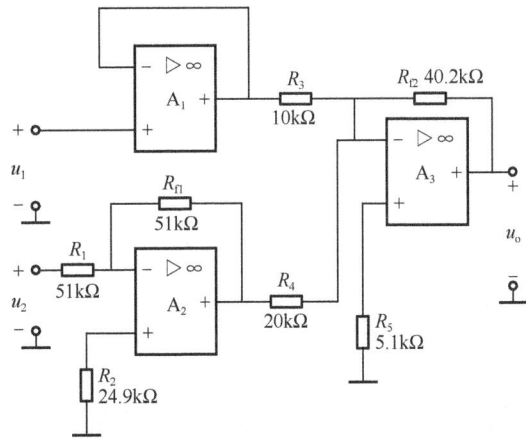

题图 7.36

第 8 章 门电路与组合逻辑电路

自然界中形形色色的物理量虽然性质各异，但从变化规律的特点而言，可以分为两大类。一类物理量在时间上和数值上是连续变化的，例如温度、压力、速度等。这一类物理量称为模拟量，而把表示这些模拟量的信号称为模拟信号。比如，使用热电偶测量温度时，输出的电压信号便是一个连续变化的模拟信号，测量过程中任意时刻的电压都表示相应的温度。处理这些模拟信号的电子电路称为模拟电路。另一类物理量在时间上和数值上都是离散的。它们的变化在时间上是不连续的并总是发生在一系列的离散瞬间。与此同时，它们总是以某一个最小数量单位的整数倍数值关系来增减变化，例如生产线上的产品数量，通过桥梁的汽车数量等。这一类物理量称为数字量，而把表示这些数字量的信号称为数字信号，处理这些数字信号的电子电路则称为数字电路。

数字电路里的数字系统采用只有 0、1 两种数值组成的数字信号，是一种二元的数字系统，也称为二进制数字系统。本章首先介绍计数体制，然后介绍逻辑代数以及组合逻辑电路的分析与设计。

8.1 数制与码制

本节介绍数制和码制的概念、表示方法、性质及相互转换，以便为后续内容的学习打下基础。

8.1.1 进位计数制

数制是进位计数体制的简称。日常生活中使用最广泛的是十进制，即"逢十进一"，而数字系统中采用的是二进制。

1. 十进制数

十进制数有两个特点，一是计数规律为"逢十进一"；二是每位数可用 0，1，2，3，4，5，6，7，8，9 十个数码之一来表示。一个十进制数 512.32，最左边第一位为百位（5 代表 5×10^2），第二位为十位（1 代表 1×10^1），第三位为个位（2 代表 2×10^0），小数点后面第一位为十分位（3 代表 3×10^{-1}），第二位为百分位（2 代表 2×10^{-2}）。因此，512.32 可写成

$$512.32 = 5\times 10^2 + 1\times 10^1 + 2\times 10^0 + 3\times 10^{-1} + 2\times 10^{-2}$$

其中，5、1、2、3、2 是每一位的系数，10^2、10^1、10^0、10^{-1}、10^{-2} 是每位数对应的"权"，而 10 是十进制的基数。任意一个十进制数 S_{10}（下标 10 表示 S 的基数）可表示为

$$\begin{aligned}S_{10} &= a_{n-1}\times 10^{n-1} + a_{n-2}\times 10^{n-2} + \cdots + a_1\times 10^1 + a_0\times 10^0 \\ &\quad + a_{-1}\times 10^{-1} + a_{-2}\times 10^{-2} + \cdots + a_{-m}\times 10^{-m} \\ &= \sum_{i=-m}^{n-1} a_i\times 10^i\end{aligned} \quad (8.1.1)$$

按权展开式中，i 表示数中的第 i 位；a_i 是第 i 位的系数，可以是 0～9 这 10 个数码中的任意一个；10^i 是第 i 位的权；n 为整数部分的位数；m 为小数部分的位数。

如果 S 是 r 进制数，则以 r 为基数的 n 位整数、m 位小数的 r 进制数，按权展开式可写为

$$S_r = \sum_{i=-m}^{n-1} a_i \times r^i \tag{8.1.2}$$

2．二进制数

数字系统中最常使用的进位制是二进制。与十进制数类似，二进制数也有两个特点：一是计数规律为"逢二进一"；二是每位数可用 0，1 两个数码之一来表示。任意一个二进制数 S_2 按权展开式可写为

$$\begin{aligned}S_2 &= a_{n-1}\times 2^{n-1} + a_{n-2}\times 2^{n-2} + \ldots + a_1\times 2^1 + a_0\times 2^0 \\ &\quad + a_{-1}\times 2^{-1} + a_{-2}\times 2^{-2} + \ldots + a_{-m}\times 2^{-m} \\ &= \sum_{i=-m}^{n-1} a_i \times 2^i\end{aligned} \tag{8.1.3}$$

式中，a_i 只能取 0 或 1；n、m 分别是整数和小数部分的位数；2^i 是第 i 位的权，而 2 是基数，故称为二进制数。

3．八进制数

八进制数的两个特点：一是计数规律为"逢八进一"；二是每位数可用 0~7 八个数码之一来表示。任意一个八进制数 S_8 可表示为

$$S_8 = \sum_{i=-m}^{n-1} a_i \times 8^i \tag{8.1.4}$$

式中，a_i 能取 0~7 八个数码之一；n、m 分别是整数和小数部分的位数；8^i 是第 i 位的权，而 8 是基数，故称为八进制数。

4．十六进制数

十六进制数的两个特点：一是计数规律为"逢十六进一"；二是每位数可用 0~9、A、B、C、D、E、F 十六个数码之一来表示，其中 A~F 代表十进制数的 10~15。任意一个十六进制数 S_{16} 可表示为

$$S_{16} = \sum_{i=-m}^{n-1} a_i \times 16^i \tag{8.1.5}$$

式中，a_i 能取 0~9、A、…、F 十六个数码之一；n、m 分别是整数和小数部分的位数；16^i 是第 i 位的权，而 16 是基数，故称为十六进制数。

8.1.2 数制间的转换

1．二进制数与十进制数之间的转换

（1）二进制数转换成十进制数

只需将二进制数写成按权展开式，并计算其中各乘积项的结果，再相加即可得到对应的十进制数。例如

$$\begin{aligned}(1001.11)_2 &= 1\times 2^3 + 0\times 2^2 + 0\times 2^1 + 1\times 2^0 + 1\times 2^{-1} + 1\times 2^{-2} \\ &= (9.75)_{10}\end{aligned}$$

（2）十进制数转换成二进制数

将十进制数转换成二进制数，整数部分连续除以 2（直到商为 0）取余数依次作为二进制数整数的低位至高位，即"除 2 取余"法；小数部分连续乘以 2（直到积为 1）取整数依次作为二进制数小数的高位至低位，即"乘 2 取整"法。例如将 29.375 转换成二进制数：

$$
\begin{array}{r|ll}
2 & 29 & \\
2 & 14 & 余1=a_0 \\
2 & 7 & 余0=a_1 \\
2 & 3 & 余1=a_2 \\
2 & 1 & 余1=a_3 \\
& 0 & 余1=a_4
\end{array}
\qquad
\begin{array}{r}
0.375 \\
\times \quad 2 \\ \hline
0.750 \quad 整数0 = a_{-1} \\
0.750 \\
\times \quad 2 \\ \hline
1.500 \quad 整数1 = a_{-2} \\
0.500 \\
\times \quad 2 \\ \hline
1.000 \quad 整数1 = a_{-3}
\end{array}
$$

最后得到 $(29.375)_{10} = (11101.011)_2$。

2．二进制数与八进制数、十六进制数之间的转换

八进制数的基数是 $8 = 2^3$，十六进制数的基数为 $16 = 2^4$，都是二进制数基数 2 的整指数倍，因而二进制数与八进制数、十六进制数之间可十分方便地直接进行转换。

将二进制数转换成八进制或十六进制数的方法是：以小数点为分隔，向左向右每 3 位（转换成八进制）或 4 位（转换成十六进制）分一组，最后不满 3 位或 4 位的，则需加 0 补齐。将每组二进制数以对应的八进制数或十六进制数代替，即得到等值的八进制数和十六进制数。例如

$$(10011101.11011)_2 = (010,011,101.110,110)_2 = (235.66)_8$$
$$= (1001,1101.1101,1000)_2 = (9D.D8)_{16}$$

将八进制数或十六进制数转换成二进制数时，可按上述方法的相反过程进行，即将每一位八进制数或十六进制数分别转换成 3（或 4）位二进制数，再按高位到低位组合起来。

8.1.3 数码和字符的代码表示

1．十进制数的二进制编码

十进制数的二进制编码简称为二-十进制码或 BCD 码，它是用若干位二进制数来表示 1 位十进制数。十进制数有 0～9 共 10 个数码，所以表示 1 位十进制数，至少需要 4 位二进制数。但 4 位二进制数可以产生 $2^4 = 16$ 种组合，从 16 种组合中选择 10 种对十进制数进行编码，方案有许多种。表 8.1.1 列举了常用的几种编码方案。

（1）8421BCD 码

8421BCD 码是最基本、最常用的一种编码方案。代码中从左到右每一位的权分别为 8、4、2、1，所以把这种代码叫作 8421 码，它属于恒权代码。把代码视作一个 4 位二进制数，这个代码的数值恰好等于它所代表的十进制数大小。需要注意的是：在 8421BCD 码中，不允许出现 1010～1111 这几个代码，因为在十进制中没有数码与之对应。

表 8.1.1 常用的几种 BCD 代码

十进制编码	8421BCD 码	余 3 码	2421 码	余 3 循环码
0	0000	0011	0000	0010
1	0001	0100	0001	0110
2	0010	0101	0010	0111
3	0011	0110	0011	0101
4	0100	0111	0100	0100
5	0101	1000	1011	1100
6	0110	1001	1100	1101
7	0111	1010	1101	1111
8	1000	1011	1110	1110
9	1001	1100	1111	1010

（2）余 3 码

余 3 码是由 8421BCD 码加 3 后形成的，所以称为余 3 码。余 3 码是一种"对 9 的自补"代码，它的 0 和 9、1 和 8、2 和 7、3 和 6、4 和 5 互为反码。例如将 0 的余 3 码按位取反就可以得到 9 的余 3 码。这种互补有利于减法运算。

（3）2421 码

2421 码也是一种恒权码，代码中从左到右每一位的权分别为 2、4、2、1。它的 0 和 9、1 和 8、2 和 7、3 和 6、4 和 5 互为反码，这一点和余 3 码相似。同样，2421 码的这一特性有利于计算机中十进制数的减法运算。

（4）余 3 循环码

余 3 循环码是一种变权码，每一位没有固定的权。它的主要特点是相应的两个代码之间仅有一位取值不同。因此，按余 3 循环码设计计数器时，每次状态翻转过程中只有一个触发器翻转，有利于避免过渡噪声的产生。

2．可靠性编码

为了使代码在形成和传送中不易出错，或者出现误码时便于发现，甚至能查出错误的位置，便产生了可靠性编码。

（1）格雷码（Gray）

格雷码又叫循环码，它有多种编码形式，但它们有一个共同的特点，就是任意两个相邻的格雷码之间，仅有一位不同。十进制数的格雷码可由 8421BCD 码相邻位之间异或得到，表 8.1.2 列出了这种格雷码。类似于余 3 循环码，格雷码设计计数器时同样有利于避免过渡噪声的产生。

表 8.1.2 十进制数码的格雷码

十进制数码	0	1	2	3	4	5	6	7	8	9
格雷码	0000	0001	0011	0010	0110	0111	0101	0100	1100	1101

（2）奇偶校验码

奇偶校验码是一种能检验出二进制信息在传送过程中是否出现错误的代码。这种代码由两部分组成：一部分是奇偶校验位，另一部分是信息位。当信息位和校验位中 1 的总个数为奇数时，称为奇校验码；为偶数时，称为偶校验码。表 8.1.3 列出了十进制数码的奇/偶校验码，由 1 位奇/偶校验位（首位）及 4 位信息位构成。

表 8.1.3 十进制数码的奇/偶校验码

十进制数码	信 息 码	奇校验码	偶校验码
0	0000	10000	00000
1	0001	00001	10001
2	0010	00010	10010
3	0011	10011	00011
4	0100	00100	10100
5	0101	10101	00101
6	0110	10110	00110
7	0111	00111	10111
8	1000	01000	11000
9	1001	11001	01001

一旦某一代码在传送过程中出现了误码，使得 1 的个数不是奇（偶）数个时，就会被发现，从而达到判定代码传输是否有误的目的。

3．字符代码

计算机处理的数据不仅有数码，还有字母、标点符号、运算符及其他特殊符号。这些符号都必须用二进制代码表示，计算机才能直接处理。通常，把用于表示各种字符的二进制代码称为字符代码，而 ASCII 码（美国标准信息交换码）是一种常用的字符代码。ASCII 码使用时可加第 8 位作奇偶校验位。表 8.1.4 给出了部分字符的 ASCII 码。

表 8.1.4 部分字符的 ASCII 码

字　符	ASCII 码	字　符	ASCII 码
空格	P010　0000	A	P100　0001
.	P010　1110	B	P100　0010
(	P010　1000	C	P100　0011
+	P010　1011	D	P100　0100
$	P010　0100	E	P100　0101
*	P010　1010	F	P100　0110
)	P010　1001	G	P100　0111
-	P010　1101	H	P100　1000
/	P010　1111	I	P100　1001
,	P010　1100	J	P100　1010
'	P010　0111	K	P100　1011
=	P011　1101	L	P100　1100
0	P011　0000	M	P100　1101
1	P011　0001	N	P100　1110
2	P011　0010	O	P100　1111
3	P011　0011	P	P101　0000
4	P011　0100	Q	P101　0001
5	P011　0101	R	P101　0010
6	P011　0110	S	P101　0011
7	P011　0111	T	P101　0100
8	P011　1000	U	P101　0101
9	P011　1001	V	P101　0110
		W	P101　0111
		X	P101　1000
		Y	P101　1001
		Z	P101　1010

注：P 是奇偶校验位。

8.2 逻辑代数基础

逻辑代数是描述客观事物逻辑关系的数学方法,由英国数学家乔治·布尔(George Boole)在1854年首先提出,因此又称为布尔代数。与普通代数相比,逻辑代数更为简单,它的变量取值不是0就是1,但表示的不是数量大小之间的关系,而是逻辑变量之间的逻辑关系。逻辑代数是数字逻辑电路分析与设计的数学工具和理论基础。

8.2.1 逻辑变量与逻辑函数

与普通代数一样,逻辑代数中的变量也用英文字母 A、B、C、…等来表示,称为逻辑变量。逻辑变量的取值只有两种可能:0或1,没有中间值,表示两种对立的状态。按照逻辑学中的因果关系,某件事情的发生(结果)必然要具备其发生的条件(原因),可以约定1表示条件具备或事件发生,0表示条件不具备或事件不发生;相反也可以约定1表示条件不具备或事件不发生,0表示条件具备或事件发生。

逻辑函数可表示为 $Y = f(A, B, C, \cdots)$,表达式由逻辑变量 A,B,C,…和逻辑运算符等组成。逻辑运算符是逻辑运算关系中特定的符号,逻辑代数中最基本的逻辑运算有与、或、非三种,每种运算代表一种逻辑函数关系,这种函数关系可用逻辑符号写成逻辑表达式形式,也可用文字来描述,还可以用表格或图形的方式来描述。

8.2.2 基本逻辑运算

人们常用因果关系来描述客观事物条件与结果之间的关系。在逻辑代数中,最基本的逻辑关系有三种:与逻辑关系、或逻辑关系、非逻辑关系。而其他的复合逻辑关系都可以由这三种基本的逻辑关系组成。

1. 与逻辑

如图 8.2.1 所示,A、B 两个串联开关控制电灯 Y,开关 A、B 四种不同的状态组合与电灯 Y 点亮与熄灭之间的关系如表 8.2.1 所示。只有当开关 A、B 同时闭合时,电灯 Y 才会点亮;否则熄灭。现用1来表示开关闭合及灯亮,用0来表示开关断开及灯灭,则表 8.2.1 所示逻辑关系可表示为表 8.2.2 的形式。这种把输入逻辑变量的所有取值组合及其对应的输出结果列成的表格称之为**真值表**。从表 8.2.1 中可以得到如下因果关系:只有当决定某一事件的条件(开关闭合)全部具备时,这一事件(灯亮)才会发生。这种因果关系称之为与逻辑关系,写成逻辑函数表达式为

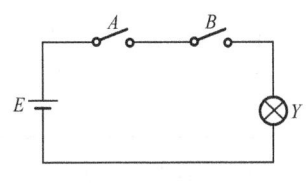

图 8.2.1 与逻辑示例

$$Y = A \cdot B \tag{8.2.1}$$

式中,A 与 B 为输入逻辑变量;Y 为输出逻辑变量。式中的与逻辑运算符号"·"在不产生歧义的情况下可以省略。与逻辑运算的意义为:只有当 A 和 B 都为1时,函数值 Y 才为1。这很容易推广到三个(或三个以上)输入变量的情况。

表 8.2.1　与逻辑关系表

开关 A 的状态	开关 B 的状态	灯 Y 的状态
断开	断开	不亮
断开	闭合	不亮
闭合	断开	不亮
闭合	闭合	亮

表 8.2.2　与逻辑真值表

A	B	Y
0	0	0
0	1	0
1	0	0
1	1	1

由与逻辑的真值表可知与逻辑运算的运算规律为

$$0 \cdot 0 = 0, \quad 0 \cdot 1 = 0, \quad 1 \cdot 0 = 0, \quad 1 \cdot 1 = 1$$

可记作"有 0 出 0，全 1 出 1"。

2. 或逻辑

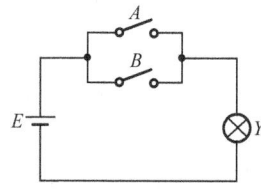

图 8.2.2　或逻辑示例

如图 8.2.2 所示，A、B 两个并联开关控制电灯 Y，开关 A、B 四种不同的状态组合与电灯 Y 点亮与熄灭之间的关系如表 8.2.3 所示。同样用 1 来表示开关闭合及灯亮，用 0 来表示开关断开及灯灭，则表 8.2.3 所示逻辑关系可表示为表 8.2.4 的形式。从表 8.2.3 中可以得到如下因果关系：在决定某一事件（灯亮）的各种条件中，只要有一个条件（开关闭合）具备时，这一事件就会发生。这种因果关系称之为**或**逻辑关系，写成逻辑函数表达式为

$$Y = A + B \tag{8.2.2}$$

式中，"+"为**或**逻辑运算符号。或逻辑运算的意义为：A 或 B 只要有一个为 1，则函数值 Y 为 1。这也可以推广到三个（或三个以上）输入变量。

表 8.2.3　或逻辑关系表

开关 A 的状态	开关 B 的状态	灯 Y 的状态
断开	断开	不亮
断开	闭合	亮
闭合	断开	亮
闭合	闭合	亮

表 8.2.4　或逻辑真值表

A	B	Y
0	0	0
0	1	1
1	0	1
1	1	1

由或逻辑的真值表可知或逻辑运算的运算规律为

$$0 + 0 = 0, \quad 0 + 1 = 1, \quad 1 + 0 = 1, \quad 1 + 1 = 1$$

可记作"有 1 出 1，全 0 出 0"。

3. 非逻辑

如图 8.2.3 所示的开关电路中，开关 A 闭合时，灯亮；开关 A 断开时，灯灭。若用 1 表示开关闭合及灯亮，0 表示开关断开及灯灭，可得逻辑真值表如表 8.2.5 所示。从非逻辑真值表中得到的因果关系如下：决定某一事件发生的条件（开关闭合）具备时，事件（灯亮）不发生；而当条件不具备时，事件发生。这种因果关系称之为非逻辑关系。

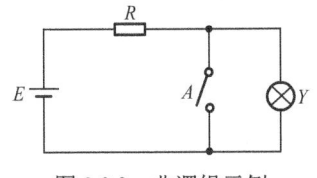

图 8.2.3 非逻辑示例

表 8.2.5 非逻辑真值表

A	Y
0	1
1	0

上述非逻辑关系写成逻辑函数表达式为

$$Y = \overline{A} \tag{8.2.3}$$

上式右边读作"A 非"或"非 A"。其中"−"为非逻辑运算符号。非逻辑运算的意义为：逻辑函数值为输入逻辑变量的反。

由非逻辑的真值表可知非逻辑的运算规律为

$$\overline{0} = 1, \quad \overline{1} = 0$$

可记作"有 1 出 0，有 0 出 1"。

在电子技术中实现与、或、非逻辑运算的单元电路分别称为与门、或门、非门，其图形符号如图 8.2.4 所示。图中左边的变量 A、B 等代表电路的输入端，右边的变量 Y 代表电路的输出端。一般情况下，变量取值为 1 时代表端口电压为高电平，变量取值为 0 时代表端口电压为低电平。

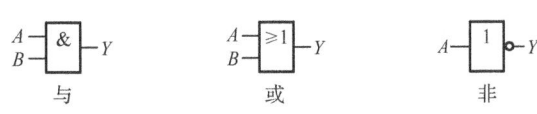

图 8.2.4 与、或、非门的图形符号

4. 异或逻辑和同或逻辑

当两个输入逻辑变量的取值相异时，逻辑函数输出为 1；而相同时，输出为 0。这种逻辑关系称之为异或逻辑关系，其逻辑函数表达式为

$$Y = A \oplus B = A\overline{B} + \overline{A}B \tag{8.2.4}$$

式中，"⊕"为异或逻辑的运算符号。异或逻辑的真值表如表 8.2.6 所示。由异或逻辑的真值表可知异或运算的规律为

$$0 \oplus 0 = 0, \quad 0 \oplus 1 = 1, \quad 1 \oplus 0 = 1, \quad 1 \oplus 1 = 0$$

当两个输入逻辑变量的取值相同时，逻辑函数输出为 1；而相异时，输出为 0。这种逻辑关系称之为同或（异或非）逻辑关系，其逻辑函数表达式为

$$Y = A \odot B = \overline{A}\,\overline{B} + AB \tag{8.2.5}$$

式中，"⊙"为同或逻辑的运算符号。同或逻辑的真值表如表 8.2.7 所示。由同或逻辑的真值表可知同或运算的规律为

表 8.2.6 异或逻辑真值表

A	B	Y
0	0	0
0	1	1
1	0	1
1	1	0

表 8.2.7 同或逻辑真值表

A	B	Y
0	0	1
0	1	0
1	0	0
1	1	1

$$0 \oplus 0 = 1, \quad 0 \oplus 1 = 0, \quad 1 \oplus 0 = 0, \quad 1 \oplus 1 = 1$$

5. 复合逻辑运算

异或和同或逻辑运算展开后都是由最基本的与、或、非运算组合而成的，因此异或和同或都是复合逻辑运算。此外，其他常见的复合逻辑运算还包括与非 $Y = \overline{A \cdot B}$、或非 $Y = \overline{A + B}$ 和与或非 $Y = \overline{AB + CD}$。

图 8.2.5 给出了常见复合逻辑运算与非、或非、与或非、异或、同或的图形符号。

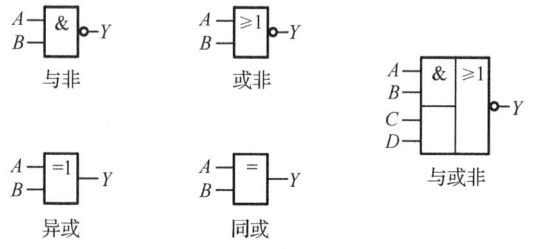

图 8.2.5 复合逻辑的图形符号

8.2.3 逻辑代数的定律及规则

1. 基本定律

（1）重叠律

$$A + A = A \tag{8.2.6}$$
$$A \cdot A = A \tag{8.2.7}$$
$$A \oplus A = 0 \tag{8.2.8}$$
$$A \odot A = 1 \tag{8.2.9}$$

（2）交换律

$$A + B = B + A \tag{8.2.10}$$
$$A \cdot B = B \cdot A \tag{8.2.11}$$
$$A \oplus B = B \oplus A \tag{8.2.12}$$
$$A \odot B = B \odot A \tag{8.2.13}$$

（3）结合律

$$(A + B) + C = A + (B + C) \tag{8.2.14}$$
$$(A \cdot B) \cdot C = A \cdot (B \cdot C) \tag{8.2.15}$$
$$(A \oplus B) \oplus C = A \oplus (B \oplus C) \tag{8.2.16}$$
$$(A \odot B) \odot C = A \odot (B \odot C) \tag{8.2.17}$$

（4）分配律

$$A(B + C) = AB + AC \tag{8.2.18}$$
$$A + BC = (A + B)(A + C) \tag{8.2.19}$$
$$A(B \oplus C) = AB \oplus AC \tag{8.2.20}$$
$$A + (B \odot C) = (A + B) \odot (A + C) \tag{8.2.21}$$

（5）吸收律

$$AB + A\bar{B} = A \quad (8.2.22)$$
$$A + AB = A \quad (8.2.23)$$
$$A + \bar{A}B = A + B \quad (8.2.24)$$
$$AB + \bar{A}C + BC = AB + \bar{A}C \quad (8.2.25)$$

（6）反演律（摩根定律）

$$\overline{A + B} = \bar{A} \cdot \bar{B} \quad (8.2.26)$$
$$\overline{AB} = \bar{A} + \bar{B} \quad (8.2.27)$$

（7）调换律

若 $A \oplus B = C$，则必有 $A \oplus C = B$，$B \oplus C = A$ （8.2.28）

若 $A \odot B = C$，则必有 $A \odot C = B$，$B \odot C = A$ （8.2.29）

上述公式反映了逻辑代数的基本规律，其正确性可以通过真值表加以验证。例如证明反演律 $\overline{AB} = \bar{A} + \bar{B}$ 及 $\overline{A + B} = \bar{A} \cdot \bar{B}$，可将 A、B 的各种取值组合代入等式，其结果如表8.2.8所示，等号两边的逻辑值完全对应相等，说明该公式成立。

表 8.2.8　二变量反演律真值表

A	B	$\overline{AB}$	$\bar{A} + \bar{B}$	$\overline{A + B}$	$\bar{A} \cdot \bar{B}$
0	0	1	1	1	1
0	1	1	1	0	0
1	0	1	1	0	0
1	1	0	0	0	0

2．三个规则

（1）代入规则

代入规则是指在任意逻辑等式中，如果将等式两边所有出现变量 A 的位置都代以一个逻辑函数 Y，则原等式仍然成立。有了代入规则便可以扩展一些基本定理和等式的应用范围，只要将已知等式或定理中的某一变量用任意一个逻辑函数代入，便能得到一个新的等式。例如反演律：$\overline{AF} = \bar{A} + \bar{F}$，若令 $F = CD$，则有 $\overline{ACD} = \bar{A} + \overline{CD} = \bar{A} + \bar{C} + \bar{D}$。

应用代入规则时要注意：等式中所有出现被替代变量的地方都应代以同一逻辑函数。

（2）反演规则

求逻辑函数 Y 的反函数 $\bar{Y}$ 时应用的规则，称为反演规则。它是将逻辑函数 Y 中所有"·"换成"+"、所有"+"换成"·"，所有常量"0"换成常量"1"、常量"1"换成常量"0"，所有原变量换成反变量、所有反变量换成原变量，这样得到的新函数就是 $\bar{Y}$。

应用反演规则时应注意：①不属于单个变量上的非号应保留；②保证变换前后变量之间的运算优先顺序不变，遵循的优先顺序是先算括号内的运算、然后与运算、最后或运算。

例如：求 $Y = A + B + \overline{\bar{C} \, \overline{D} + \bar{E}}$ 的反函数 $\bar{Y}$。

$$\bar{Y} = \bar{A} \cdot \bar{B} \cdot \overline{(C + \overline{\bar{D} \cdot E})}$$

（3）对偶规则

将逻辑函数 Y 中所有"·"换成"+"、所有"+"换成"·"，所有常量"0"换成常量"1"、常量"1"换成常量"0"，得到的新函数就是原函数的对偶式 Y'。若两个逻辑函数相等，则它们的对偶式也相等；反过来，若两个逻辑函数的对偶式相等，则这两个逻辑函数也相等。应用对偶规则时，同样要注意保证变换前后变量之间的运算优先顺序不变。

例如：求 $Y = A + B + \overline{\overline{CD + \overline{E}}}$ 的对偶式 Y'。

$$Y' = A \cdot \overline{B} \cdot \overline{(\overline{C} + \overline{D\overline{E}})} = A(\overline{B} + CD\overline{E}) = A\overline{B} + ACD\overline{E}$$

3．常用基本公式

逻辑代数中常用的基本公式如表 8.2.9 所示。

表 8.2.9 常用的基本公式表

序号	公式	序号	公式
1	$A + 0 = A$	1'	$A \cdot 1 = A$
2	$A + 1 = 1$	2'	$A \cdot 0 = 0$
3	$A + \overline{A} = 1$	3'	$A\overline{A} = 0$
4	$A + B = B + A$	4'	$AB = BA$
5	$A + (B + C) = (A + B) + C$	5'	$A(BC) = (AB)C$
6	$A(B + C) = AB + AC$	6'	$A + BC = (A + B)(A + C)$
7	$A + A = A$	7'	$AA = A$
8	$A \oplus 0 = A$	8'	$A \odot 1 = A$
9	$A \oplus 1 = \overline{A}$	9'	$A \odot 0 = \overline{A}$
10	$A \oplus \overline{A} = 1$	10'	$A \odot \overline{A} = 0$
11	$A \oplus B = B \oplus A$	11'	$A \odot B = B \odot A$
12	$A \oplus (B \oplus C) = (A \oplus B) \oplus C$	12'	$A \odot (B \odot C) = (A \odot B) \odot C$
13	$A(B \oplus C) = AB \oplus AC$	13'	$A + (B \odot C) = (A + B) \odot (A + C)$
14	$A \oplus A = 0$	14'	$A \odot A = 1$
15	$\overline{\overline{A}} = A$		
16	$\overline{A + B} = \overline{A}\,\overline{B}$		
17	$\overline{AB} = \overline{A} + \overline{B}$		

从表 8.2.9 可以看出，公式 1～14 与公式 1'～14'互为对偶式（其中，"⊕"和"⊙"也可视作一组对偶运算），只要证明其中的一组公式就可以了，另一组可通过对偶规则得到。公式的正确性可通过列真值表法证明。

8.2.4 逻辑函数的表示方法

逻辑函数常用的表示方法有 4 种：真值表、逻辑表达式、逻辑图和卡诺图。

假设 Y 是关于 A、B 两个变量的逻辑函数。且已知 A、B 两个逻辑变量相同时，Y 输出为 1，而不同时，输出为 0。根据逻辑关系的描述，不难得到该问题的真值表如表 8.2.10 所示。

真值表左侧列出输入变量的所有取值组合，为了不发生遗漏，通常将输入变量所有取值组合按二进制数码顺序列出，右侧列出逻辑函数的值。

由真值表写出逻辑函数表达式时，首先找到使逻辑函数输出为1的输入变量组合并写成与项的形式，其中输入变量取值为 1 的写作原变量，取值为 0 的写作反变量；然后将所有与项进行逻辑**或**，便

表 8.2.10 真 值 表

A	B	Y
0	0	1
0	1	0
1	0	0
1	1	1

得到了输出逻辑函数的表达式。因此，表 8.2.10 的逻辑表达式为 $Y = \overline{A}\overline{B} + AB$。由逻辑函数表达式得到真值表，只需将输入变量的所有取值组合代入表达式中计算得到输出，再列成表格即可。

借助逻辑门图形符号画出输入与输出变量之间的逻辑关系即为逻辑电路图。此外，逻辑函数还可以表示为卡诺图，这将在逻辑函数化简中再进行介绍。

8.2.5 逻辑函数的化简

化简的目的就是得到更简单的逻辑表达式。表达式越简单则逻辑电路图就越简单，就可以使用更少的元件实现电路，既降低了成本又提高了电路可靠性。

与-或表达式是最常用的一种逻辑表达式，其最简的标准是：式中所含与项最少，各与项中所含变量数最少。有了最简与-或式就可以很容易变换得到其他形式的最简表达式。例如

$$
\begin{aligned}
F &= AB + \overline{A}\overline{B} & &\text{与-或表达式} \\
&= \overline{\overline{AB} \cdot \overline{\overline{A}\overline{B}}} & &\text{与非-与非表达式} \\
&= \overline{(\overline{A} + \overline{B}) \cdot (A + B)} & &\text{或-与非表达式} \\
&= \overline{A\overline{B} + \overline{A}B} & &\text{与-或-非表达式} \\
&= \overline{\overline{(\overline{A} + \overline{B})} + \overline{(A + B)}} & &\text{或-非-或表达式} \\
&= \overline{\overline{A\overline{B}} \cdot \overline{\overline{A}B}} & &\text{与非-与非表达式} \\
&= (\overline{A} + B)(A + \overline{B}) & &\text{或-与表达式} \\
&= \overline{\overline{(\overline{A} + B)} + \overline{(A + \overline{B})}} & &\text{或非-或非表达式}
\end{aligned}
$$

逻辑函数化简常用的方法有两种：一种是代数化简法，另一种是卡诺图化简法。

1．逻辑函数的代数化简法

所谓代数化简法就是利用逻辑代数中的定律、规则、基本公式等来化简逻辑函数。常用的方法有：合并项法、吸收法、消去法及配项法。

（1）合并项法

利用公式 $AB + A\overline{B} = A$ 将两项合并为一项，消去一对互补因子。其中 A 和 B 可以是变量，也可以是复杂的逻辑式。例如

$$
\begin{aligned}
Y &= A(BC + \overline{B}\overline{C}) + A(B\overline{C} + \overline{B}C) \\
&= ABC + A\overline{B}\overline{C} + AB\overline{C} + A\overline{B}C \\
&= AB + A\overline{B} = A
\end{aligned}
$$

(2) 吸收法

利用公式 $A+AB=A$ 及 $AB+\overline{A}C+BC=AB+\overline{A}C$ 消去多余项。例如

$$Y_1 = (\overline{AB}+C)ABD+AD = [(\overline{AB}+C)B]AD+AD = AD$$

$$Y_2 = AC+\overline{AB}CD+ABC+\overline{C}D+ABD = AC+\overline{C}D+ABD = AC+\overline{C}D$$

(3) 消去法

利用公式 $A+\overline{A}B=A+B$ 消去多余因子 $\overline{A}$。例如

$$Y = AC+\overline{A}D+\overline{C}D = AC+(\overline{A}+\overline{C})D = AC+\overline{AC}\,D = AC+D$$

(4) 配项法

利用公式 $A+A=A$ 可以在逻辑函数表达式中重复写入某一项，或将某一与项（也称为乘积项）乘以 $(A+\overline{A})$，从而展开为两项，再化简以得到最简表达式。例如

$$Y_1 = A\overline{B}+\overline{A}B+B\overline{C}+\overline{B}C$$
$$= A\overline{B}+\overline{A}B(C+\overline{C})+B\overline{C}+(A+\overline{A})\overline{B}C$$
$$= (A\overline{B}+A\overline{B}C)+(B\overline{C}+\overline{A}B\overline{C})+(\overline{A}BC+\overline{A}\overline{B}C)$$
$$= A\overline{B}+B\overline{C}+\overline{A}C$$

$$Y_2 = \overline{A}B\overline{C}+\overline{A}BC+ABC$$
$$= (\overline{A}B\overline{C}+\overline{A}BC)+(\overline{A}BC+ABC)$$
$$= \overline{A}B(C+\overline{C})+BC(A+\overline{A})$$
$$= \overline{A}B+BC$$

化简较为复杂的逻辑函数表达式时，往往需要综合运用上述几种化简方法。代数化简法的优点是不受变量数目的约束，但要求熟练掌握逻辑代数的公式、定律及规则，且化简没有固定的步骤，技巧性很强，在很多情况下难以判断化简结果是否最简。需要特别说明的是，逻辑函数化简的结果并不唯一。

2. 逻辑函数的卡诺图化简法

相比于代数化简法，卡诺图化简法更直观，且有章可循，易于掌握，容易判断化简结果是否最简。卡诺图是一种特定结构的方格图，其中每一个小方格都与逻辑函数的一个最小项对应。下面先介绍最小项及逻辑函数的最小项标准式，再介绍逻辑函数的卡诺图化简。

(1) 最小项及最小项标准式

对于 n 个变量的逻辑函数，最小项是包含所有这 n 个变量的与项，每个变量以原变量或反变量的形式出现，且仅出现一次。因此，最小项的个数应为 2^n 个。例如，三个输入变量为 A、B、C 的所有最小项为 8 个，分别是 $\overline{A}\,\overline{B}\,\overline{C}$、$\overline{A}\,\overline{B}\,C$、$\overline{A}B\overline{C}$、$\overline{A}BC$、$A\overline{B}\,\overline{C}$、$A\overline{B}C$、$AB\overline{C}$、$ABC$。

为了叙述和书写方便，通常用 m_i 表示最小项。将最小项中的原变量记为 1，反变量记为 0，可以得到一个二进制数，该二进制数对应的十进数就是该最小项的下标 i。表 8.2.11 列出了 A、B、C 三个变量的全部 8 个最小项。

表 8.2.11 三个变量函数中的最小项

变量取值组合			对应最小项及编号	
A	B	C	最小项	编号
0	0	0	$\overline{A}\overline{B}\overline{C}$	m_0
0	0	1	$\overline{A}\overline{B}C$	m_1
0	1	0	$\overline{A}B\overline{C}$	m_2
0	1	1	$\overline{A}BC$	m_3
1	0	0	$A\overline{B}\overline{C}$	m_4
1	0	1	$A\overline{B}C$	m_5
1	1	0	$AB\overline{C}$	m_6
1	1	1	ABC	m_7

最小项有一些重要的性质：

① 所有最小项之和为 1，即 $\sum_{i=0}^{2^n-1} m_i = 1$，其中 n 是逻辑变量个数；

② 在逻辑变量的任何取值下有一个且仅有一个最小项 m_i 的值为 1；

③ 任意两个不同的最小项逻辑相与为 0，即 $m_i \cdot m_j = 0 (i \neq j)$；

④ n 变量的最小项 m_i，与其逻辑相邻的最小项有 n 个，所谓逻辑相邻是指两个最小项只有一个变量不同，而其他的变量均相同，例如 ABC 与 $AB\overline{C}$ 是逻辑相邻的，当然 ABC 还有两个逻辑相邻项分别是 $A\overline{B}C$ 和 $\overline{A}BC$。

任一逻辑函数表达式都可转换成最小项之和的标准式。例如

$$Y(A,B,C) = A\overline{B} + A\overline{B}C + \overline{A}C$$

其中第二项 $A\overline{B}C$ 是关于三个变量的最小项 m_5，而一、三两项不是最小项，但可以利用公式 $A + \overline{A} = 1$ 进行变换

$$\begin{aligned} Y(A,B,C) &= A\overline{B}(C+\overline{C}) + A\overline{B}C + \overline{A}(B+\overline{B})C \\ &= A\overline{B}C + A\overline{B}\overline{C} + \overline{A}BC + \overline{A}\overline{B}C \\ &= m_5 + m_4 + m_3 + m_1 = \sum m(1,3,4,5) \end{aligned}$$

（2）卡诺图的画法

用一个小方格来代表一个最小项，则 n 变量的卡诺图是 2^n 个小方格按一定规律排成的方格图。这里所说的规律是指卡诺图中小方格代表的最小项在几何位置上相邻时，必须保证逻辑上也是相邻的。

图 8.2.6 给出了两到四个变量的卡诺图形式。其中，外侧横向和纵向列出了变量的二进制数取值，而小方格则代表了该组取值下对应的最小项。注意：在提到某个最小项 m_i 时，一定要说明变量的数量，例如，m_3 在两变量情况下代表的是 AB，在三变量时代表的是 $\overline{A}BC$，而在四变量时代表的是 $\overline{A}\overline{B}CD$。卡诺图中几何位置上相邻的最小项，在逻辑上也是相邻的（即只有一个变量不同）。例如，三变量卡诺图中的 m_7 为 ABC，与其相邻的最小项分别为 m_6、m_3、m_5，即 $AB\overline{C}$、$\overline{A}BC$、$A\overline{B}C$，与最小项 ABC 都只有一个变量不同；再例如，四变量卡诺图

中的 m_{15} 为 $ABCD$，与其相邻的最小项分别为 m_7、m_{11}、m_{13}、m_{14}，即 $\overline{A}BCD$、$A\overline{B}CD$、$AB\overline{C}D$、$ABC\overline{D}$，与最小项 $ABCD$ 也都只有一个变量不同。特别注意，卡诺图中的几何位置相邻还包括行、列首尾的相邻。例如，三变量卡诺图中的 m_0，与其相邻的最小项包括 m_1、m_4 以及 m_2；再例如，四变量卡诺图中的 m_{10}，与其相邻的最小项包括 m_{11}、m_{14} 以及 m_2、m_8。当变量数大于、等于五以后，卡诺图中的最小项除了几何位置的相邻性外，还存在轴对称位置上的相邻性，此处不再赘述。

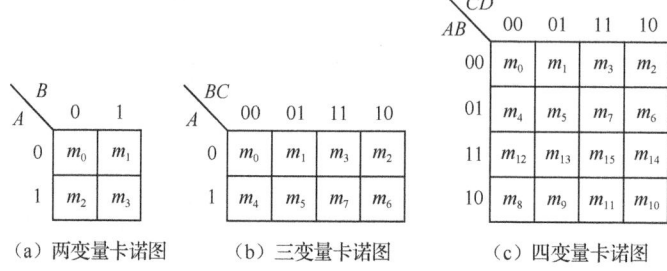

图 8.2.6 卡诺图一般形式

（3）用卡诺图表示逻辑函数

如果逻辑函数表达式是最小项之和的标准式，则只需在卡诺图上找到表达式中最小项对应的方格填入 1，其余方格填入 0，便得到了该逻辑函数的卡诺图。例如三变量逻辑函数

$$Y(A,B,C) = \sum m(3,5,6,7)$$

只需在编号为 3、5、6、7 最小项对应的方格中填入 1，其余填入 0 即可，如图 8.2.7 所示。

若逻辑函数表达式非最小项之和标准式，则需先变换成标准式。例如

$$Y = AB\overline{C} + \overline{A}BD + AC$$
$$= AB\overline{C}\overline{D} + AB\overline{C}D + \overline{A}BCD + \overline{A}B\overline{C}D + AB\overline{C}D + ABCD + ABC\overline{D} + ABCD$$
$$= \sum m(5,7,10,11,12,13,14,15)$$

最后该逻辑函数的卡诺图如图 8.2.8 所示。

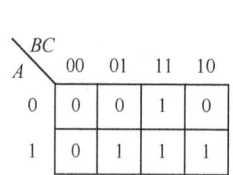

图 8.2.7 卡诺图示例 1   图 8.2.8 卡诺图示例 2

（4）用卡诺图化简逻辑函数

卡诺图中几何位置相邻的最小项在逻辑上也是相邻的，因此根据公式 $AB + A\overline{B} = A$ 可以合并在一起进行化简。

① 合并最小项的规则

ⅰ）两个相邻最小项合并

相邻的两个最小项，可以合并为一项并消去一个变量，合并后只剩下公共因子。

在图 8.2.9（a）中，两个相邻最小项为 $\overline{A}\overline{B}\overline{C}$ 和 $\overline{A}\overline{B}C$，合并为一项后的结果为 $\overline{A}\overline{B}$。从图 8.2.9（a）中可以看出"A,B,C"的取值分别是"000"和"001"，合并后的结果是取值不变的变量所构成的与项，当变量取值为"1"时写作原变量、取值为"0"时写作反变量，因此图 8.2.9（a）的结果为 $\overline{A}\overline{B}$。同理，图 8.2.9（b）中"A,B,C"的取值分别是"000"和"010"，取值不变的变量是"A,C"，且取值为"00"，因此合并后的结果为 $\overline{A}\overline{C}$。按同样的方法可以得到图 8.2.9（c）的结果为 BC。注意：合并相邻最小项时不要遗漏行、列首尾的相邻项。

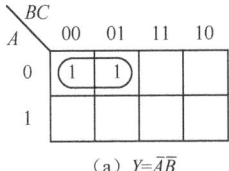
(a) $Y=\overline{A}\overline{B}$

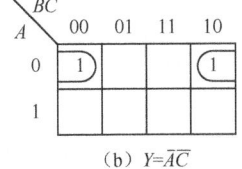
(b) $Y=\overline{A}\overline{C}$

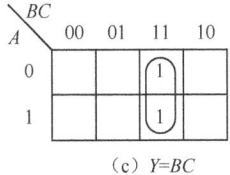
(c) $Y=BC$

图 8.2.9　两个相邻最小项合并

ⅱ）四个相邻最小项合并

相邻四个最小项，可以合并为一项并消去两个变量，合并后只包含公共因子。

图 8.2.10 所示为四个相邻项进行合并的例子。必须注意的是，四个 1 方格进行合并时，首尾相邻的 1 方格以及四角相邻的 1 方格不要遗漏，如图 8.2.11 所示。

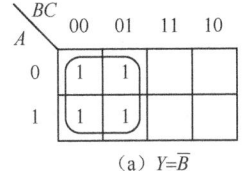
(a) $Y=\overline{B}$

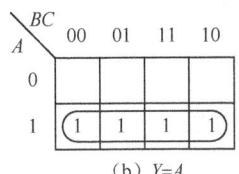
(b) $Y=A$

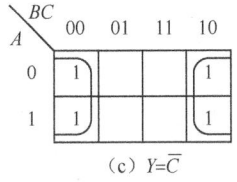
(c) $Y=\overline{C}$

图 8.2.10　四个相邻最小项合并 1

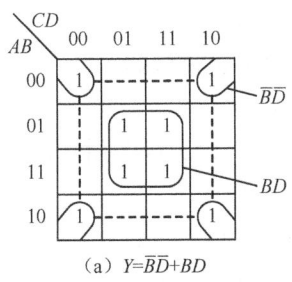
(a) $Y=\overline{B}\overline{D}+BD$

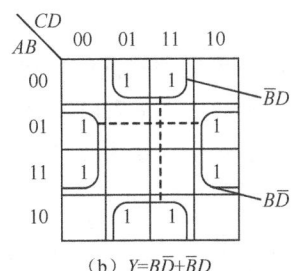
(b) $Y=B\overline{D}+\overline{B}D$

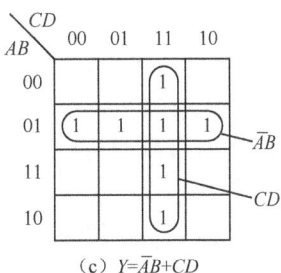
(c) $Y=\overline{A}B+CD$

图 8.2.11　四个相邻最小项合并 2

ⅲ）八个相邻最小项合并

相邻八个最小项，可以合并为一项并消去三个变量，合并后只包含公共因子。

图 8.2.12 列出了八个相邻项进行合并的例子。同样要注意不要遗漏行、列首尾相邻项。

从上述示例可以归纳出合并最小项的一般规则：在一个 n 输入变量的卡诺图中，若一个合并圈中存在 2^i 个具有相邻性的最小项，则这些相邻的最小项可以合并为一项，并消去 i 个变量，留下由（$n-i$）个没有发生变化的变量构成与项（乘积项）。

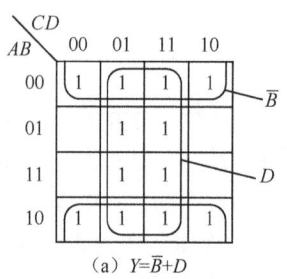
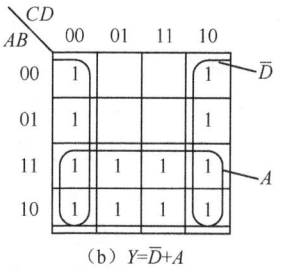

(a) $Y=\bar{B}+D$ （b) $Y=\bar{D}+A$

图 8.2.12　八个相邻最小项合并

② 用卡诺图化简逻辑函数

利用卡诺图化简逻辑函数的步骤如下：

第一步，将逻辑函数变换为最小项之和的形式；

第二步，画出表示该逻辑函数的卡诺图；

第三步，找出可以合并的最小项并画出合并圈；

第四步，每个合并圈对应写作一个与项，将所有与项相或得到最简与-或表达式。

其中关键步骤在于画合并圈。合并圈画得不同，逻辑函数的表达式也不相同，即逻辑函数的最简表达式并不是唯一的。画合并圈时应注意以下几点：

● 首先找出孤立的 1 方格并画圈；

● 合并圈的范围越大越好，但必须包含 2^i（$i=0,1,2,3\cdots$）个 1 方格；

● 合并圈的个数越少越好，因为合并圈的个数与化简结果中与项的个数相对应，圈数越少意味着与-或表达式中与项越少；

● 每个合并圈中至少要包含一个其他合并圈中没有包含的 1 方格，这样才能保证这个合并圈不是多余的；

● 卡诺图中所有的 1 方格至少要被圈一次，不能有漏圈的 1 方格，另外为了化简的需要，1 方格可以被重复圈。

例 8.2.1　化简逻辑函数

$$Y(A,B,C,D) = \sum m(0,3,7,8,9,10,11,12,14)$$

解：(1) 由于逻辑函数已给出最小项之和的标准形式，故第一步可省略；

(2) 画出表示该逻辑函数的卡诺图，如图 8.2.13（a）所示；

(3) 找出可以合并的最小项（1 方格），并画出合并圈，如图 8.2.13（b）所示；

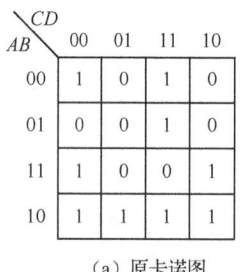
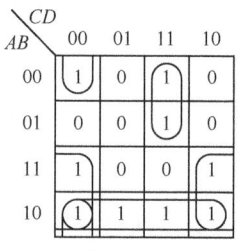

(a) 原卡诺图　　　(b) 合并1方格的卡诺图

图 8.2.13　例 8.2.1 逻辑函数卡诺图

(4) 合并最小项，并把每个合并圈对应的与项相或，得到最简与-或表达式。

$$Y = A\overline{B} + A\overline{D} + \overline{BCD} + \overline{A}CD$$

3. 具有无关项的逻辑函数化简

在一些实际应用中，逻辑函数的某些输入变量取值所对应的最小项不会出现或不允许出现，而这些最小项称为约束项。例如，用三个输入逻辑变量 A,B,C 分别表示一台电动机的正转、反转、停止，$A=1$ 表示电动机正转，$B=1$ 表示电动机反转，$C=1$ 表示电动机停止。而实际应用中，电动机只能执行其中的一个命令，不可能出现两个及两个以上的变量同时为 1。故 ABC 的取值只能为 001，010，100 当中的一种，而不可能是 000，011，101，110，111 中的任何一种。这些不可能取值对应的最小项即为该问题的约束项，可用 $\sum d(0,3,5,6,7)$ 表示。在另外一些实际应用中，逻辑函数在输入变量的某些取值组合时其输出值不确定，可能为 1，也可能为 0。这些取值组合对应的最小项称为任意项。约束项和任意项统称为无关项，在卡诺图中用×表示。在化简具有无关项的逻辑函数时，无关项作为 0 方格还是作为 1 方格处理，以有利于逻辑函数的化简及得到最简结果为前提。

例 8.2.2 化简 $Y(A,B,C,D)=\sum m(0,2,5,9,15)+\sum d(6,7,8,10,12,13)$

解：如不使用这些无关项，即将它们作为 0 格处理（如图 8.2.14（a）所示），所得结果为
$$Y = \overline{ABD} + \overline{A}B\overline{C}D + ABCD + A\overline{B}\overline{C}D$$

若合理使用这些无关项，将有利于化简的无关项作 1 格处理，如 $m_7,m_8,m_{10},m_{12},m_{13}$，而不利于化简的无关项 m_6 作 0 格处理，如图 8.2.14（b）所示，可得化简结果为
$$Y = \overline{B}\overline{D} + A\overline{C} + BD$$

由此可见，无关项的应用应以有利于化简为前提。

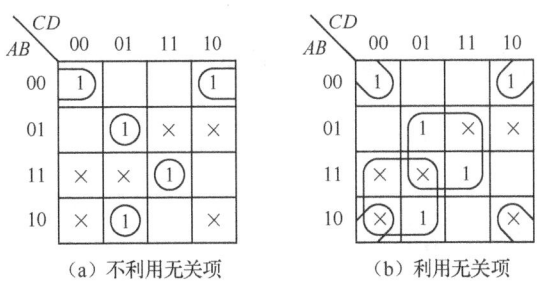

（a）不利用无关项　　　　（b）利用无关项

图 8.2.14　具有无关项的卡诺图化简

8.3　组合逻辑电路的分析与设计

数字电路按逻辑功能的不同特点可分为两大类：一类是组合逻辑电路，简称组合电路；另一类是时序逻辑电路，简称时序电路。

8.3.1　组合逻辑电路的特点

组合逻辑电路的特点是任意时刻电路的输出状态，仅取决于该时刻电路各输入端的状态，而与电路以前各时刻的输入状态无关。

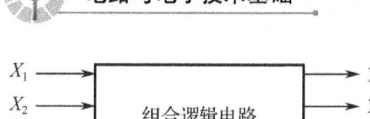

图 8.3.1 组合逻辑电路框图

组合逻辑电路由各种逻辑门电路组合而成，往往具有多个输入端和输出端，如图 8.3.1 所示。$X_1, X_2, \cdots, X_n$ 为二值输入信号，输出信号 $Y_1, Y_2, \cdots, Y_m$ 均可表示成各输入量的逻辑函数

$$\begin{cases} Y_1 = f_1(X_1, X_2, \cdots, X_n) \\ Y_2 = f_2(X_1, X_2, \cdots, X_n) \\ \quad \vdots \\ Y_m = f_m(X_1, X_2, \cdots, X_n) \end{cases} \quad (8.3.1)$$

一旦逻辑函数表达式（8.3.1）确定了，就可利用逻辑代数的规律，或者列出表达式的逻辑真值表，分析输出与输入之间的逻辑关系，确定电路的逻辑功能。

8.3.2 组合逻辑电路的分析

分析组合逻辑电路的目的，就是针对给定的组合逻辑电路利用门电路和逻辑代数知识，确定电路的逻辑功能。分析步骤大致如下：

① 根据给定的逻辑电路图，写出各输出端的逻辑表达式；
② 对各逻辑表达式进行化简与变换；
③ 列出真值表；
④ 对电路的逻辑功能进行评述。

通过第二步得到逻辑表达式后，若电路逻辑功能已明朗，则可通过表达式进行逻辑功能的评述；一般情况下，必须分析真值表中输出和输入之间的取值关系，才能准确判断电路的逻辑功能。

例 8.3.1 试分析确定图 8.3.2 所示组合电路的逻辑功能。

解：首先，写出输出逻辑表达式：

$$\left. \begin{aligned} P_1 &= \overline{ABC} \\ P_2 &= A \cdot P_1 = A \cdot \overline{ABC} \\ P_3 &= B \cdot P_1 = B \cdot \overline{ABC} \\ P_4 &= C \cdot P_1 = C \cdot \overline{ABC} \end{aligned} \right\}$$

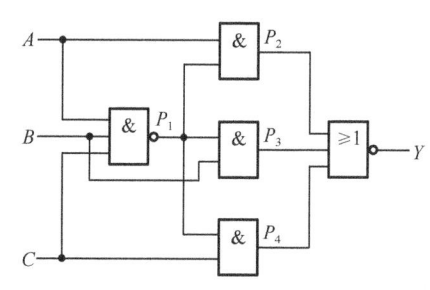

图 8.3.2 例 8.3.1 电路

$$Y = \overline{P_1 + P_2 + P_3} = \overline{A \cdot \overline{ABC} + B \cdot \overline{ABC} + C \cdot \overline{ABC}}$$

其次，对输出表达式进行化简和变换：

$$\begin{aligned} Y &= \overline{P_1 + P_2 + P_3} = \overline{A \cdot \overline{ABC} + B \cdot \overline{ABC} + C \cdot \overline{ABC}} \\ &= \overline{\overline{ABC}(A + B + C)} \\ &= \overline{\overline{ABC}} + \overline{A + B + C} \\ &= ABC + \overline{A}\overline{B}\overline{C} \end{aligned}$$

再次，根据化简后的表达式列出电路真值表（见表 8.3.1）。

最后，对电路逻辑功能进行评述。

根据真值表分析输出、输入之间的取值关系可知，仅当输入量 A、B、C 取值都为0或都为1时，输出 Y 的值为1，其他情况输出 Y 均为0。或者说三个输入量取值一致时输出才为1，三个输入量取值不一致时输出为0。所以该电路具有检查输入信号是否一致的逻辑功能，一旦输出为0，则表明输入不一致。这种电路通常被称为不一致电路。在一些可靠性要求较高的系统中，往往采用几套设备同时工作，一旦运行结果不一致，不一致电路便发报警信号。

表 8.3.1 例 8.3.1 真值表

输入			输出
A	B	C	Y
0	0	0	1
0	0	1	0
0	1	0	0
0	1	1	0
1	0	0	0
1	0	1	0
1	1	0	0
1	1	1	1

8.3.3 组合逻辑电路的设计

组合逻辑电路的设计过程与分析过程正好相反，采用各种逻辑门设计组合电路，其设计步骤大致如下：

① 逻辑抽象，建立真值表

根据设计要求，分析其因果关系，确定输入变量和输出变量，并对输入、输出变量进行状态赋值，即用 0 或 1 表示有关的状态，并按设计要求建立输出与输入之间的真值表。

② 由真值表写出逻辑函数表达式

把真值表转换为对应的逻辑函数表达式，可采用 8.2.4 节介绍的有关方法。

③ 对逻辑表达式进行化简和变换

逻辑表达式的化简可使用代数法或卡诺图法，化简的目的是为了获得最简的形式，以便能用最少的门电路来构成逻辑电路。当选定了某种器件（或门，与非门、或非门等）来设计逻辑电路时，必须对逻辑表达式进行变换。比如：要用与非门实现某逻辑电路时，必须将表达式变换为最简的与非-与非表达式。

④ 画出逻辑图

根据化简或变换后的逻辑表达式，画出相应的逻辑电路。

表 8.3.2 例 8.3.2 真值表

输入			输出
A	B	C	Y
0	0	0	0
0	0	1	0
0	1	0	0
0	1	1	1
1	0	0	0
1	0	1	1
1	1	0	1
1	1	1	1

例 8.3.2 设计一个三变量多数表决电路，输出信号与三个输入信号中多数情况相一致。

解： 首先，逻辑抽象，建立真值表。

分析输出、输入之间的因果关系，可确定电路应有三个输入端，假设用 A、B、C 表示，表决某一项决议是否通过，所以电路只有一个输出端，用 Y 表示。

逻辑假定，对于输入端逻辑变量取值为1表示同意、取值为0表示反对；对于输出端，取值为1表示决议被通过，取值为0表示决议被否决。按照少数服从多数的原则可以建立输出与输入之间的逻辑关系，当三变量 A、B、C 中有两个或两个以上取值为1时，输出 Y 的值为1，其真值表见表 8.3.2。

其次，由真值表写出逻辑函数表达式：

$$Y(A,B,C) = \overline{A}BC + A\overline{B}C + AB\overline{C} + ABC$$
$$= \sum m(3,5,6,7)$$

再次，对逻辑表达式进行化简与变换。

由真值表或逻辑表达式可得卡诺图，如图 8.3.3 所示。

利用卡诺图化简可得最简与-或表达式：

$$Y = AB + AC + BC$$

若采用与非门实现，可对上式求两次非，表达式变成与非-与非表达式

$$Y = \overline{\overline{AB + AC + BC}} = \overline{\overline{AB} \cdot \overline{AC} \cdot \overline{BC}}$$

最后，可以画出采用与非门实现的逻辑电路，如图 8.3.4 所示。

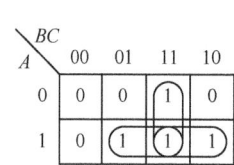

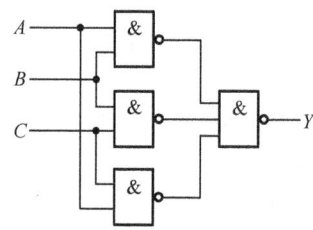

图 8.3.3　例 8.3.2 卡诺图　　　　　图 8.3.4　例 8.3.2 用与非门实现的逻辑电路

若采用与或非门实现，与非-与非表达式可变换为

$$Y = \overline{\overline{AB} \cdot \overline{AC} \cdot \overline{BC}}$$
$$= \overline{(\overline{A}+\overline{B})(\overline{A}+\overline{C})(\overline{B}+\overline{C})}$$
$$= \overline{(\overline{A}+\overline{B}\overline{C})(\overline{B}+\overline{C})}$$
$$= \overline{\overline{A}\overline{B} + \overline{B}\overline{C} + \overline{A}\overline{C}}$$

若采用或非门实现，与或非表达式可变换为

$$Y = \overline{\overline{A}\overline{B} + \overline{B}\overline{C} + \overline{A}\overline{C}}$$
$$= \overline{\overline{A}\overline{B}} \cdot \overline{\overline{B}\overline{C}} \cdot \overline{\overline{A}\overline{C}}$$
$$= (A+B)(B+C)(A+C)$$
$$= \overline{\overline{(A+B)(B+C)(A+C)}}$$
$$= \overline{\overline{(A+B)} \cdot \overline{(B+C)} \cdot \overline{(A+C)}}$$

图 8.3.5 和图 8.3.6 分别给出了例 8.3.2 采用与或非门及或非-或非门实现的逻辑电路图。

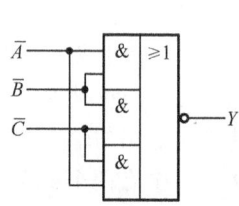

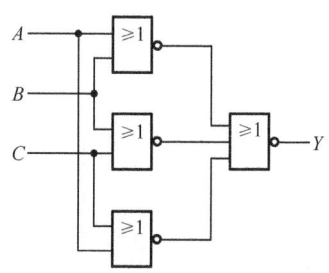

图 8.3.5　例 8.3.2 用与或非门实现的逻辑电路　　　图 8.3.6　例 8.3.2 用或非门实现的逻辑电路

例 8.3.3 设计由三个开关控制一只电灯的逻辑电路，要求改变任何一个开关的状态都能控制电灯由亮变灭或由灭变亮，用异或门实现该电路。

解：三个开关用 A、B、C 表示，是逻辑电路的输入端，电灯用 Y 表示，是逻辑电路的输出端，取值 1 表示电灯"亮"，取值 0 表示电灯"灭"。假定 A、B、C 的取值均为 0 时，电灯"灭"。按题意，三个开关 A、B、C 安装在不同的地方，不可能同时改变状态，任何时候只能有一个变量改变取值，因此建立真值表如表 8.3.3 所示。

表 8.3.3 例 8.3.3 真值表

输入			输出
A	B	C	Y
0	0	0	0
0	0	1	1
0	1	1	0
0	1	0	1
1	1	0	0
1	1	1	1
1	0	1	0
1	0	0	1

由真值表可画出卡诺图，如图 8.3.7 所示。根据卡诺图可写出最简逻辑表达式

$$Y = \overline{A}\overline{B}C + \overline{A}B\overline{C} + A\overline{B}\,\overline{C} + ABC$$

对最简与或表达式进行变换

$$Y = \overline{A}(\overline{B}C + B\overline{C}) + A(\overline{B}\,\overline{C} + BC)$$
$$= \overline{A}(B \oplus C) + A(\overline{B \oplus C})$$
$$= A \oplus B \oplus C$$

最后，画出用异或门实现的逻辑电路，如图 8.3.8 所示。

A\\BC	00	01	11	10
0	0	1	0	1
1	1	0	1	0

图 8.3.7 例 8.3.3 卡诺图

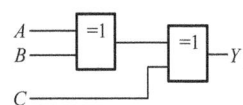

图 8.3.8 例 8.3.3 用异或门实现的逻辑电路

8.4 常用中规模集成组合逻辑电路及应用

8.3 节讨论了基于小规模集成器件（SSI）——逻辑门的组合电路分析与设计。本节将介绍常用中规模集成器件（MSI）的工作原理、逻辑功能及其典型应用。

8.4.1 算术运算电路

1. 二进制数加法电路

两个 n 位二进制数相加，从低位开始运算，得到和数并向高位进位。最低位只有加数和被加数相加，这种两个一位二进制数相加称为半加，实现半加的电路称为半加器；完成加数、被加数以及低位进位三个一位二进制数相加称为全加，实现全加的电路称为全加器。

（1）半加器

半加器是仅考虑两个一位二进制数相加，而不考虑低位进位的运算电路。如果用 A_i 和 B_i 表示两个一位的二进制数，用 S_i 表示它们相加后的和数，用 C_i 表示它们相加后可能的进位，则半加器的真值表如表 8.4.1 所示。

根据真值表可以写出

$$S_i = \overline{A_i}B_i + A_i\overline{B_i} = A_i \oplus B_i$$
$$C_i = A_iB_i$$

实现半加功能的逻辑电路及符号图如图 8.4.1 所示。

表 8.4.1 半加器真值表

输入		输出	
A_i	B_i	S_i	C_i
0	0	0	0
0	1	1	0
1	0	1	0
1	1	0	1

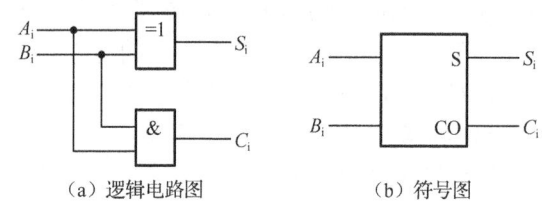

(a) 逻辑电路图 (b) 符号图

图 8.4.1 半加器逻辑电路及符号图

（2）全加器

全加器是不仅考虑两个一位二进制数相加，还考虑低位进位的运算电路。用 A_i 和 B_i 表示两个一位的二进制数，用 C_{i-1} 表示来自低位的进位，用 S_i 表示它们相加后的和数，用 C_i 表示它们相加后向高位的进位，则全加器真值表如表 8.4.2 所示。

根据真值表可以写出

$$\begin{aligned}S_i &= \overline{A_i}\overline{B_i}C_{i-1} + A_iB_iC_{i-1} + \overline{A_i}B_i\overline{C_{i-1}} + A_i\overline{B_i}\overline{C_{i-1}} \\ &= \overline{A_i}(B_i \oplus C_{i-1}) + A_i(\overline{B_i \oplus C_{i-1}}) \\ &= A_i \oplus B_i \oplus C_{i-1} \end{aligned}$$

$$\begin{aligned}C_i &= \overline{A_i}B_iC_{i-1} + A_i\overline{B_i}C_{i-1} + A_iB_i\overline{C_{i-1}} + A_iB_iC_{i-1} \\ &= (A_i \oplus B_i)C_{i-1} + A_iB_i \end{aligned}$$

实现全加功能的逻辑电路及符号图如图 8.4.2 所示。

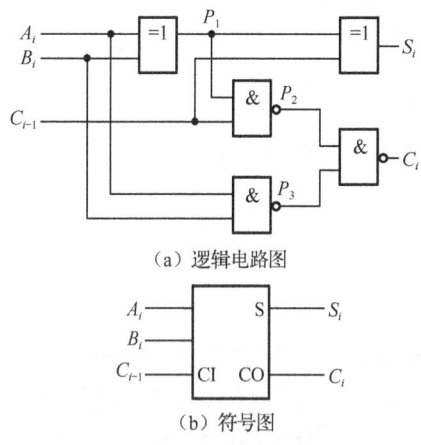

(a) 逻辑电路图

(b) 符号图

图 8.4.2 全加器逻辑电路及符号图

表 8.4.2 全加器真值表

输入			输出	
A_i	B_i	C_{i-1}	S_i	C_i
0	0	0	0	0
0	0	1	1	0
0	1	0	1	0
0	1	1	0	1
1	0	0	1	0
1	0	1	0	1
1	1	0	0	1
1	1	1	1	1

（3）多位二进制数加法电路

① 四位串行进位加法器

在一位二进制数全加器的基础上，可以构成多位二进制数加法电路[如图 8.4.3(a)所示]。

由于每一位相加的结果，必须等到低位的进位产生以后才能建立，因此这种加法电路也叫作串行进位加法器，其最大缺点是运算速度慢。

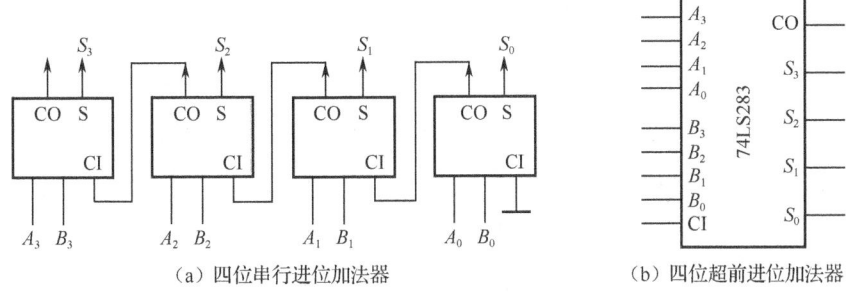

（a）四位串行进位加法器　　　　（b）四位超前进位加法器

图 8.4.3　多位二进制数加法电路

② 四位超前进位加法器

为了提高多位加法器的运算速度，必须设法减小或消除由于进位信号串行传送所消耗的时间。所谓"超前进位"，是指进位信号由加数和被加数直接产生，每位相加的结果不需要等待低位的向前进位，从而消除了传送低位进位信息所需的时间，大大提高了多位数相加时的运算速度。74LS283 即为四位超前进位加法器，如图 8.4.3（b）所示。

2．二进制数减法电路

二进制数的减法可由其补码相加来实现。因此，有必要先来了解二进制正、负数的表示方法。

（1）二进制正、负数表示方法

① 原码表示法

二进制正、负数的原码表示法又称为符号-数值表示法。它是在二进制数的最高位增加一位符号位，正数符号为 0，负数符号位为 1，其余各位表示数值部分。例如：$A=+11001$，则 $[A]_{原}=011001$；$B=-01011$，则 $[B]_{原}=101011$。

② 补码表示法

一个正数的补码与其原码相同。例如：$A=+11001$，则 $[A]_{补}=[A]_{原}=011001$。但一个负数的补码则是在原码的基础上，保持符号位不变，数值位按位取反加 1 得到的。例如：$B=-01011$，则 $[B]_{补}=110101$。

（2）二进制数减法电路

① 用补码实现减法运算

减一个数可以看作加上一个负数，对于补码满足 $[A-B]_{补}=[A]_{补}+[-B]_{补}$。例如 $A=7$、$B=3$，则有

$$[A-B]_{补}=[A]_{补}+[-B]_{补}$$
$$=[7]_{补}+[-3]_{补}$$
$$=0111+1101$$
$$=(1)\ 0100 \quad \rightarrow 舍去符号位进位$$
$$=0100$$

此例采用了四位表示，最高位为符号位，低三位是数值部分。计算中若符号位产生了进位应舍去。注意：计算结果为补码。由于$[A-B]_\text{补}=0100$，符号位为0，表示结果是正数。因此，$[A-B]_\text{原}=0100$，即$A-B=4$。

再比如，$A=2$、$B=7$，则有

$$[A-B]_\text{补}=[A]_\text{补}+[-B]_\text{补}=[2]_\text{补}+[-7]_\text{补}=0010+1001=1011$$

由于$[A-B]_\text{补}=1011$，符号位为1，表示结果是负数。因此，$[A-B]_\text{原}=1101$，即$A-B=-5$。

② 原码输出的二进制数减法电路

原码输出的二进制数减法电路如图8.4.4所示，使用了两个4位超前进位加法器74LS283。由于$A\oplus 1=\overline{A}$、$A\oplus 0=A$，所以图8.4.4中的异或运算可以实现取反控制。第1个74LS283实现了$A-B$的补码运算，得到的$S'_3\sim S'_0$是补码；第2个74LS283根据$S'_3\sim S'_0$的符号位决定是否要进行取反加1的操作，以实现补码结果到原码的变换。

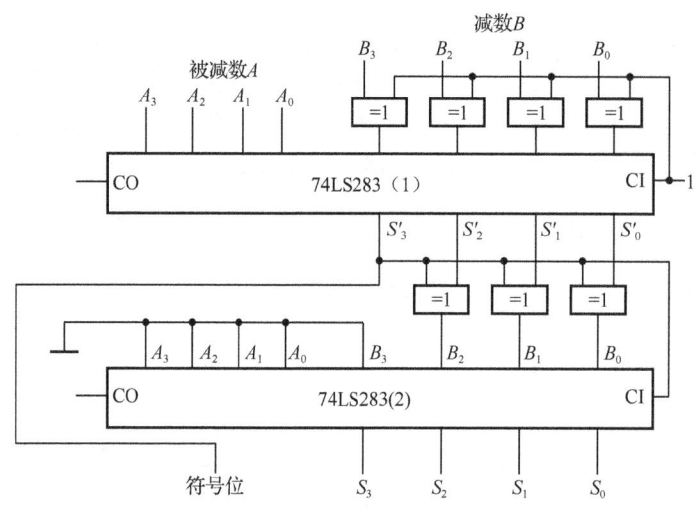

图8.4.4　原码输出的二进制数减法电路

8.4.2　编码器

1．普通编码器

能将指定信息变换为特定的二进制代码的电路称为编码器。图8.4.5（a）所示为普通8线/3线编码器（3位二进制编码器），图8.4.5（b）是其内部逻辑电路结构。8个输入$\overline{I}_0,\overline{I}_1,\cdots,\overline{I}_7$低电平有效，当某一输入有效信时，则输出一组3位二进制代码$Y_2Y_1Y_0$，其真值表如表8.4.3所示。当输入端数量为2^n时，则输出需要n位二进制代码。

对于普通8线/3线编码器，8个输入$\overline{I}_0,\overline{I}_1,\cdots,\overline{I}_7$，每次只允许有一个输入低电平有效，如对$\overline{I}_0$进行编码，则只允许$\overline{I}_0$输入为0，其他输入均为1，输出的二进制代码是000。否则，输出编码将产生混乱。

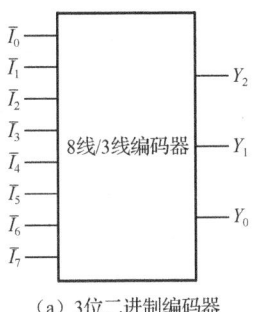 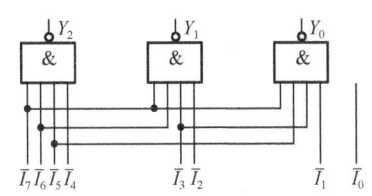

(a) 3位二进制编码器　　　　　　(b) 3位二进制编码器内部逻辑电路

图 8.4.5　普通 8 线/3 线编码器

表 8.4.3　8 线/3 线编码器真值表

输入								输出		
$\bar{I}_0$	$\bar{I}_1$	$\bar{I}_2$	$\bar{I}_3$	$\bar{I}_4$	$\bar{I}_5$	$\bar{I}_6$	$\bar{I}_7$	Y_2	Y_1	Y_0
0	1	1	1	1	1	1	1	0	0	0
1	0	1	1	1	1	1	1	0	0	1
1	1	0	1	1	1	1	1	0	1	0
1	1	1	0	1	1	1	1	0	1	1
1	1	1	1	0	1	1	1	1	0	0
1	1	1	1	1	0	1	1	1	0	1
1	1	1	1	1	1	0	1	1	1	0
1	1	1	1	1	1	1	0	1	1	1

2. 优先编码器

优先编码器允许同时输入两个以上的编码信号，但电路只对其中优先级别最高的进行编码。表 8.4.4 给出了 8 线/3 线优先编码器 74LS148 的真值表，图 8.4.6（a）给出了 8 线/3 线优先编码器 74LS148 的逻辑符号。74LS148 的 $\overline{ST}$ 为输入选通端，在 $\overline{ST}=0$ 的条件下，编码器才正常工作，而当 $\overline{ST}=1$ 时，所有输出均被封锁在高电平；选通输出端 $\overline{Y}_S$ 和扩展端 $\overline{Y}_{EX}$ 用于扩展编码功能，其中 $\overline{Y}_S$ 只有当 $\bar{I}_0,\bar{I}_1,\cdots,\bar{I}_7$ 均为高电平（没有编码信号输入），且 $\overline{ST}=0$ 时，才会输出 0，因此 $\overline{Y}_S=0$（低电平）时表示编码器电路正常工作，但输入端无编码信号输入；当 $\bar{I}_0,\bar{I}_1,\cdots,\bar{I}_7$ 中任意一个为低电平（即有编码信号输入），且 $\overline{ST}=0$ 时，$\overline{Y}_{EX}$ 输出为 0，因此 $\overline{Y}_{EX}=0$（低电平）时表示编码器电路正常工作，且输入端有编码信号输入。正常编码时，编码输出采用反码形式，若同时有多个编码信号输入，$\bar{I}_7 \sim \bar{I}_0$ 的优先级别由高到低。例如，$\bar{I}_6, \bar{I}_7$ 同时输入低电平 0 时，编码器只对 $\bar{I}_7$ 编码，输出编码结果为 000。

表 8.4.4　8 线/3 线优先编码器 74LS148 真值表

输入									输出				
$\overline{ST}$	$\bar{I}_0$	$\bar{I}_1$	$\bar{I}_2$	$\bar{I}_3$	$\bar{I}_4$	$\bar{I}_5$	$\bar{I}_6$	$\bar{I}_7$	$\overline{Y}_2$	$\overline{Y}_1$	$\overline{Y}_0$	$\overline{Y}_{EX}$	$\overline{Y}_S$
1	×	×	×	×	×	×	×	×	1	1	1	1	1

续表

$\overline{ST}$	$\overline{I}_0$	$\overline{I}_1$	$\overline{I}_2$	$\overline{I}_3$	$\overline{I}_4$	$\overline{I}_5$	$\overline{I}_6$	$\overline{I}_7$	$\overline{Y}_2$	$\overline{Y}_1$	$\overline{Y}_0$	$\overline{Y}_{EX}$	$\overline{Y}_S$
0	1	1	1	1	1	1	1	1	1	1	1	1	0
0	×	×	×	×	×	×	×	0	0	0	0	0	1
0	×	×	×	×	×	×	0	1	0	0	1	0	1
0	×	×	×	×	×	0	1	1	0	1	0	0	1
0	×	×	×	×	0	1	1	1	0	1	1	0	1
0	×	×	×	0	1	1	1	1	1	0	0	0	1
0	×	×	0	1	1	1	1	1	1	0	1	0	1
0	×	0	1	1	1	1	1	1	1	1	0	0	1
0	0	1	1	1	1	1	1	1	1	1	1	0	1

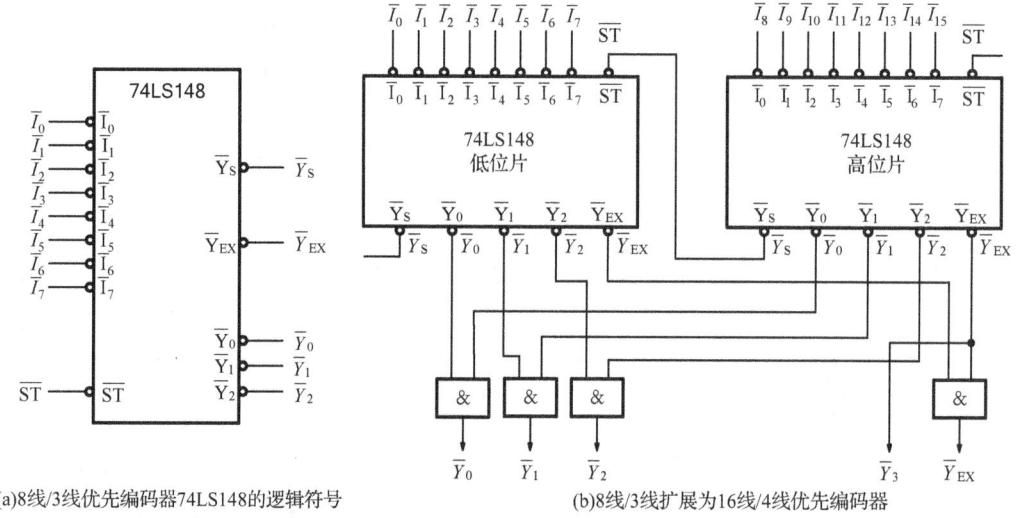

(a) 8线/3线优先编码器74LS148的逻辑符号　　　　(b) 8线/3线扩展为16线/4线优先编码器

图 8.4.6　优先编码器

图 8.4.6（b）所示的 16 线/4 线优先编码器是由两片 8 线/3 线优先编码器扩展而成的。图中将高位片选通输出端 $\overline{Y}_S$ 接到低位片选通输入端 $\overline{ST}$。当高位片 $\overline{I}_8 \sim \overline{I}_{15}$ 输入线中有一个为 0 时，则 $\overline{Y}_S = 1$，使低位片 $\overline{ST} = 1$，则低位片输出被封锁，$\overline{Y}_2\overline{Y}_1\overline{Y}_0 = 111$。此时编码器输出 $\overline{Y}_3\overline{Y}_2\overline{Y}_1\overline{Y}_0$ 取决于高位片 $\overline{Y}_{EX}\overline{Y}_2\overline{Y}_1\overline{Y}_0$ 的输出。例如，$\overline{I}_{13}$ 线输入为低电平 0，则高位片 $\overline{Y}_2\overline{Y}_1\overline{Y}_0 = 010$，$\overline{Y}_{EX} = 0$，因此总输出为 $\overline{Y}_3\overline{Y}_2\overline{Y}_1\overline{Y}_0 = 0010$。当高位片 $\overline{I}_8 \sim \overline{I}_{15}$ 输入全部为高电平 1 时，则 $\overline{Y}_S = 0$，$\overline{Y}_{EX} = 1$，所以低位片 $\overline{ST} = 0$，低位片正常工作。例如，$\overline{I}_4$ 线输入为低电平 0，则低位片 $\overline{Y}_2\overline{Y}_1\overline{Y}_0 = 011$，总编码输出 $\overline{Y}_3\overline{Y}_2\overline{Y}_1\overline{Y}_0 = 1011$。

还有一类常用电路是二-十进制优先编码器（如 74LS147），其有 10 个输入端 $\overline{I}_0$、$\overline{I}_1$、…、$\overline{I}_9$，输出为 8421BCD 代码的反码形式，在 10 个输入信号中 $\overline{I}_9$ 的优先级别最高，$\overline{I}_0$ 的最低。

8.4.3 译码器

译码是编码的逆进程，译码器是将二进制代码所代表的特定对象还原出来的组合逻辑电路。

1. 二进制译码器

二进制译码器是将 n 位二进制代码所代表的 2^n 种特定对象还原出来的组合逻辑电路。74LS138 是常用的 3 线/8 线二进制译码器，它能把 3 位二进制代码译成 8 位输出。表 8.4.5 给出了 74LS138 的真值表，图 8.4.7（a）给出了 74LS138 的电路图符号。

表 8.4.5　74LS138 译码器真值表

输入					输出							
ST_A	$\overline{ST_B}+\overline{ST_C}$	A_2	A_1	A_0	$\overline{Y_0}$	$\overline{Y_1}$	$\overline{Y_2}$	$\overline{Y_3}$	$\overline{Y_4}$	$\overline{Y_5}$	$\overline{Y_6}$	$\overline{Y_7}$
0	×	×	×	×	1	1	1	1	1	1	1	1
×	1	×	×	×	1	1	1	1	1	1	1	1
1	0	0	0	0	0	1	1	1	1	1	1	1
1	0	0	0	1	1	0	1	1	1	1	1	1
1	0	0	1	0	1	1	0	1	1	1	1	1
1	0	0	1	1	1	1	1	0	1	1	1	1
1	0	1	0	0	1	1	1	1	0	1	1	1
1	0	1	0	1	1	1	1	1	1	0	1	1
1	0	1	1	0	1	1	1	1	1	1	0	1
1	0	1	1	1	1	1	1	1	1	1	1	0

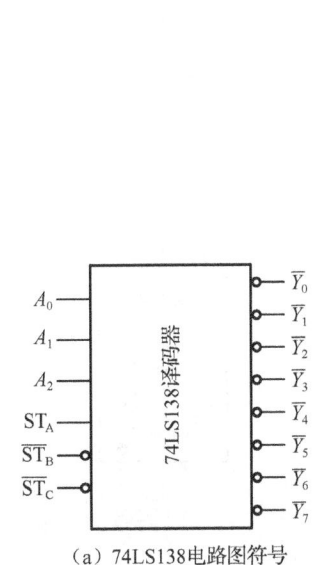

（a）74LS138 电路图符号

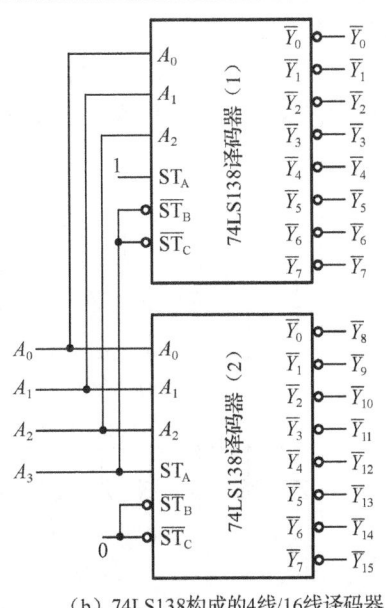

（b）74LS138 构成的 4 线/16 线译码器

图 8.4.7　二进制译码器

ST_A、$\overline{ST_B}$、$\overline{ST_C}$是74LS138的使能信号端，正常工作时要求$ST_A=1$、$\overline{ST_B}=\overline{ST_C}=0$，即$\overline{ST_B}+\overline{ST_C}=0$。而正常译码时，$A_2 \sim A_0$每输入一组二进制代码时，$\overline{Y_0} \sim \overline{Y_7}$对应会有一个输出为低电平0。例如：$A_2A_1A_0=101$时，则有$\overline{Y_5}=0$，而其他输出都为1。因此，根据74LS138的真值表不难得到，当$ST_A=1$、$\overline{ST_B}=\overline{ST_C}=0$时

$$\overline{Y_0}=\overline{\overline{A_2}\overline{A_1}\overline{A_0}}=\overline{m_0}, \overline{Y_1}=\overline{\overline{A_2}\overline{A_1}A_0}=\overline{m_1}, \overline{Y_2}=\overline{\overline{A_2}A_1\overline{A_0}}=\overline{m_2}, \overline{Y_3}=\overline{\overline{A_2}A_1A_0}=\overline{m_3}$$

$$\overline{Y_4}=\overline{A_2\overline{A_1}\overline{A_0}}=\overline{m_4}, \overline{Y_5}=\overline{A_2\overline{A_1}A_0}=\overline{m_5}, \overline{Y_6}=\overline{A_2A_1\overline{A_0}}=\overline{m_6}, \overline{Y_7}=\overline{A_2A_1A_0}=\overline{m_7}$$

即每个译码输出都是与3位二进制代码输入的某一个最小项相对应的，这是后续译码器用作组合电路设计的重要依据。

利用两片74LS138可以方便地扩展成4线/16线译码器，如图8.4.7（b）所示。当$A_3A_2A_1A_0$从0000～0111时，上方74LS138译码得到$\overline{Y_0} \sim \overline{Y_7}$；当$A_3A_2A_1A_0$从1000～1111时，下方74LS138译码得到$\overline{Y_8} \sim \overline{Y_{15}}$。

2. 二-十进制译码器

二-十进制译码器通常有4个输入端、10个输出端，故也称为4线/10线译码器（如74LS42）。其主要功能是将输入的8421BCD码译成$\overline{Y_0} \sim \overline{Y_9}$十个高、低电平的输出信号。例如输入为1000时，$\overline{Y_8}$译出低电平0，而其他输出都为高电平1。当输入的代码为1010～1111（8421BCD码以外的代码）中的任一个时，$\overline{Y_0} \sim \overline{Y_9}$全部输出高电平1。

3. 七段显示译码器

在数字系统中，经常需要将测量或数值运算的结果用十进制数显示出来。而七段显示数码管是最常用的一种显示器件。

（1）七段数码显示器

七段数码显示器是一种分段式显示器，数码由分布在同一平面上若干段发光的"笔画"组成，每一段由一只发光二极管构成，也称为半导体数码管（Light Emitter Display，LED），如图8.4.8所示。

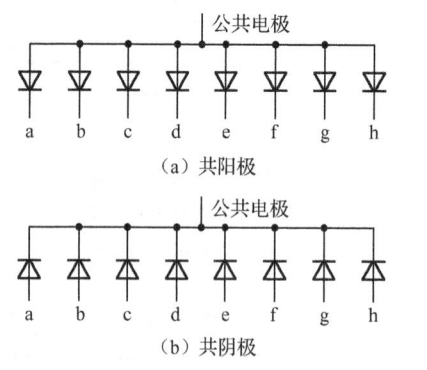
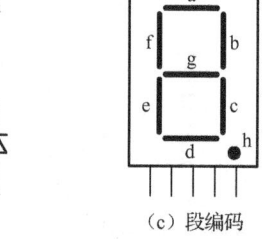

图8.4.8 七段数码显示器

要点亮某一段时，必须给该段两端加上一定的电压。对于共阳极数码管（如图 8.4.8（a）所示），引脚a～h加上低电平，对应段点亮；对于共阴极数码管（如图 8.4.8（b）所示），引脚a～h加上高电平，对应段点亮。

（2）七段显示译码器

74LS48 是常用的七段显示译码器（如图 8.4.9 所示），输出高电平有效，用于驱动共阴极数码管。表 8.4.6 给出了 74LS48 的功能表。

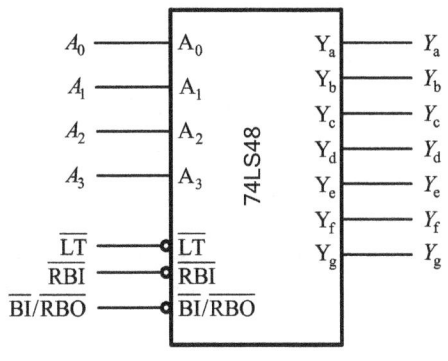

图 8.4.9 七段显示译码器 74LS48

表 8.4.6 七段显示译码器 74LS48 功能表

十进制或功能	输入							输出							字形
	$\overline{LT}$	$\overline{RBI}$	A_3	A_2	A_1	A_0	$\overline{BI}/\overline{RBO}$	Y_a	Y_b	Y_c	Y_d	Y_e	Y_f	Y_g	
0	1	1	0	0	0	0	1	1	1	1	1	1	1	0	0
1	1	×	0	0	0	1	1	0	1	1	0	0	0	0	1
2	1	×	0	0	1	0	1	1	1	0	1	1	0	1	2
3	1	×	0	0	1	1	1	1	1	1	1	0	0	1	3
4	1	×	0	1	0	0	1	0	1	1	0	0	1	1	4
5	1	×	0	1	0	1	1	1	0	1	1	0	1	1	5
6	1	×	0	1	1	0	1	0	0	1	1	1	1	1	6
7	1	×	0	1	1	1	1	1	1	1	0	0	0	0	7
8	1	×	1	0	0	0	1	1	1	1	1	1	1	1	8
9	1	×	1	0	0	1	1	1	1	1	0	0	1	1	9
10	1	×	1	0	1	0	1	0	0	0	1	1	0	1	c
11	1	×	1	0	1	1	1	0	0	1	1	0	0	1	⊐
12	1	×	1	1	0	0	1	0	1	0	0	0	1	1	u
13	1	×	1	1	0	1	1	1	0	0	1	0	0	1	ᴤ
14	1	×	1	1	1	0	1	0	0	0	1	1	1	1	t
15	1	×	1	1	1	1	1	0	0	0	0	0	0	0	
熄灭	×	×	×	×	×	×	0	0	0	0	0	0	0	0	
灭零	1	0	0	0	0	0	0	0	0	0	0	0	0	0	
灯测试	0	×	×	×	×	×	1	1	1	1	1	1	1	1	8

图 8.4.9 中，$A_3A_2A_1A_0$ 为 8421BCD 码的信号输入；$Y_a \sim Y_g$ 为译码器输出（高电平有效）。$\overline{LT}$、$\overline{RBI}$、$\overline{BI}/\overline{RBO}$ 三个功能端简介如下：

$\overline{LT}$：称为灯测输入端，当 $\overline{LT}=0$，且 $\overline{BI}=1$时，不论 $A_3 \sim A_0$ 状态如何，输出 $Y_a \sim Y_g$ 全部为高电平1，即数码管七段同时点亮。因此，$\overline{LT}=0$ 可以检查数码管的各段是否正常

发光。

$\overline{BI}/\overline{RBO}$：为双重功能端口，既可作为输入信号 $\overline{BI}$，也可作为输出信号 $\overline{RBO}$。$\overline{BI}$ 为灭灯输入，当 $\overline{BI}=0$ 时，不论 $\overline{LT}$、$\overline{RBI}$ 及输入 $A_3 \sim A_0$ 为何值，输出 $Y_a \sim Y_g$ 全部为低电平 0，使数码管七段全部熄灭。作为输出信号 $\overline{RBO}$ 为灭零状态输出，通常配合 $\overline{RBI}$ 使用。

$\overline{RBI}$：称为灭零输入，当 $\overline{LT}=1$，$\overline{RBI}=0$，且 $A_3A_2A_1A_0=0000$ 时，输出端 $Y_a \sim Y_g$ 均为低电平 0，使数码管七段全部熄灭，而此时 $\overline{RBO}$ 输出 0 表示灭零状态；而 $A_3 \sim A_0$ 输入其他代码时，译码器能正常译出显示结果，而 $\overline{RBO}$ 输出 1 表示非灭零状态。因此，$\overline{RBI}$ 只熄灭数码 0，不熄灭其他数码。

用 74LS48 可直接驱动共阴极的半导体数码管，如图 8.4.10 所示。考虑到 74LS48 输出高电平时驱动数码管的电流不足，因此在每个输出端并联了上拉电阻。

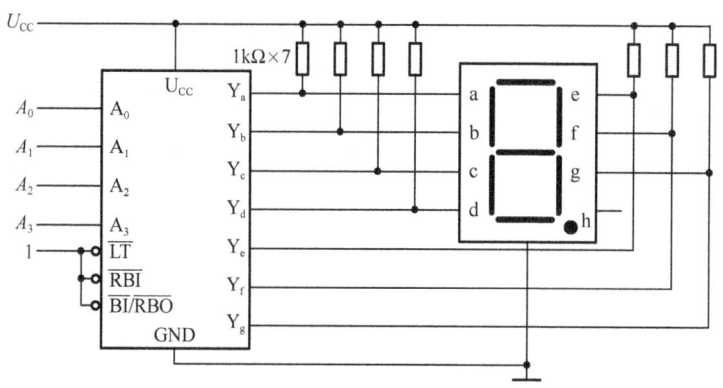

图 8.4.10 用 74LS48 驱动共阴极数码管

将 $\overline{BI}/\overline{RBO}$ 和 $\overline{RBI}$ 配合使用，很容易实现多位数码显示的灭零控制，如图 8.4.11 所示。图中片 I（最高位，百位）的 $\overline{RBI}$ 接地，把片 I 的 $\overline{BI}/\overline{RBO}$ 和片 II（十位）的 $\overline{RBI}$ 相连，片 III（个位）的 $\overline{RBI}$ 接高电平（+5V），片 VI（最低位，1/1000 位）$\overline{RBI}$ 接地，把片 VI 的 $\overline{BI}/\overline{RBO}$ 和片 V（1/100 位）的 $\overline{RBI}$ 相连，片 IV 的 $\overline{RBI}$ 接高电平（+5V）。这样就会使不希望显示的 0 熄灭。例如，若要显示"5.6"而不希望显示"005.600"，由于片 I、片 II 的输入数码 $A_3A_2A_1A_0$ 均为 0000，又由于片 I 的 $\overline{RBI}=0$，它的输出 $\overline{BI}/\overline{RBO} = \overline{\overline{A_3 A_2 A_1 A_0} \cdot \overline{RBI} \cdot \overline{LT}}$ 为 0，所以片 II 处于灭零状态，这样百位、十位的 0 均被熄灭；片 V、VI 的灭零原理和片 I、II 相似，因此只显示"5.6"而不会显示"005.600"。图 8.4.11 所示系统中还用了一个占空比约为 50%的振荡器与 $\overline{BI}/\overline{RBO}$ 相连接，其目的是实现"亮度调制"。显示器在振荡波形作用下，间歇地闪现数码，改变脉冲波形宽度可以控制闪现的时间，达到调节亮度的目的。

8.4.4 数据选择器

在数字系统中，经常需要从多个通道的信号中选择一路信号输出，完成这一功能的逻辑电路称为数据选择器，其框图和等效电路如图 8.4.12 所示。图中 $D_0 D_1 \sim D_{2^n-1}$ 是 2^n 路数据，$A_{n-1} A_{n-2} \sim A_1 A_0$ 为地址码，Z 为输出端，数据选择器是能将 2^n 路并行输入的数据在 n 位地址码的控制下有选择地送到输出端的电路。

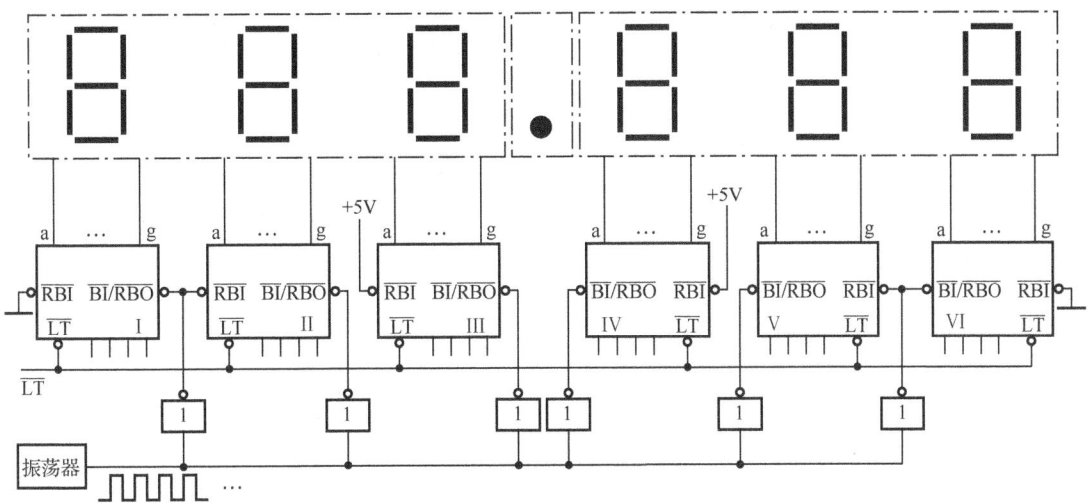

图 8.4.11 多位数码管显示译码电路

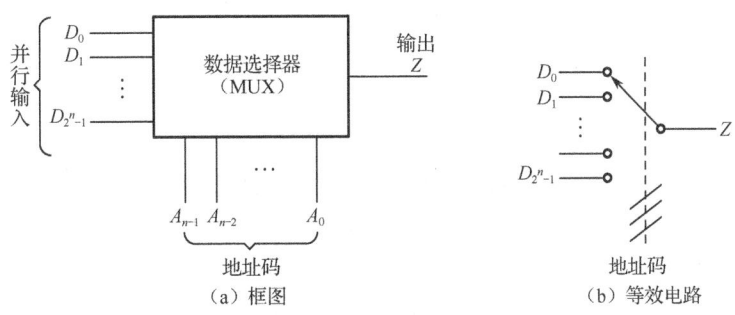

图 8.4.12 数据选择器

74LS153 是双 4 选 1 数据选择器（如图 8.4.13（a）所示），内部集成了两个 4 选 1 的数据选择器。表 8.4.7 给出了数据选择器 74LS153 的功能表。$\overline{EN}(\overline{EN'})$ 是使能端，低电平有效，$D_0 \sim D_3(D_0' \sim D_3')$ 是 4 个数据输入端，两个数据选择器共用 2 位地址码 $A_1 A_0$，$Y_1(Y_2)$ 是数据输出端。当 $\overline{EN}(\overline{EN'})=1$ 时，电路不工作，输出 $Y_1(Y_2)=0$；当 $\overline{EN}(\overline{EN'})=0$ 时，电路完成 4 选 1 功能。

表 8.4.7 双 4 选 1 数据选择器 74LS153 功能表

使能	选择地址		输出
$\overline{EN}(\overline{EN'})$	A_1	A_0	$Y_1(Y_2)$
1(1)	×	×	0(0)
0(0)	0	0	$D_0(D_0')$
0(0)	0	1	$D_1(D_1')$
0(0)	1	0	$D_2(D_2')$
0(0)	1	1	$D_3(D_3')$

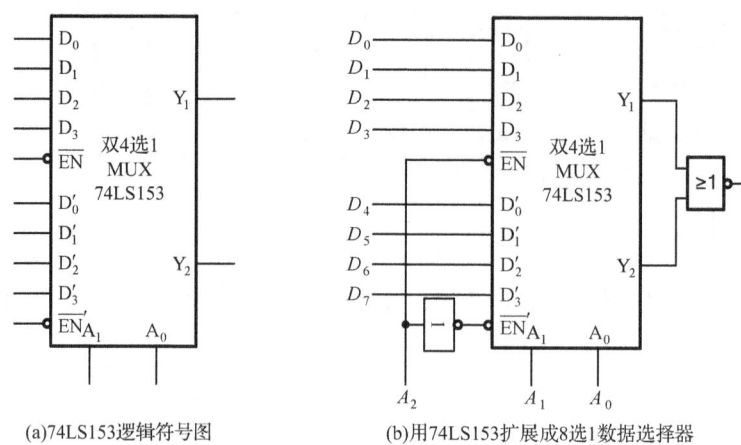

(a) 74LS153逻辑符号图   (b) 用74LS153扩展成8选1数据选择器

图 8.4.13　数据选择器 74LS153

根据 74LS153 功能表不难得到，当 $\overline{EN}=0$ 时

$$Y_1 = D_3(A_1A_0) + D_2(A_1\overline{A}_0) + D_1(\overline{A}_1 A_0) + D_0(\overline{A}_1\overline{A}_0)$$
$$= D_3 m_3 + D_2 m_2 + D_1 m_1 + D_0 m_0 = \sum_{i=0}^{3} D_i m_i$$

同理，当 $\overline{EN'}=0$ 时

$$Y_2 = D'_3(A_1A_0) + D'_2(A_1\overline{A}_0) + D'_1(\overline{A}_1 A_0) + D'_0(\overline{A}_1\overline{A}_0)$$
$$= D'_3 m_3 + D'_2 m_2 + D'_1 m_1 + D'_0 m_0 = \sum_{i=0}^{3} D'_i m_i$$

推广到一般情况，对于 n 位地址码的 2^n 选 1 数据选择器则有

$$Y = \sum_{i=0}^{2^n-1} D_i m_i$$

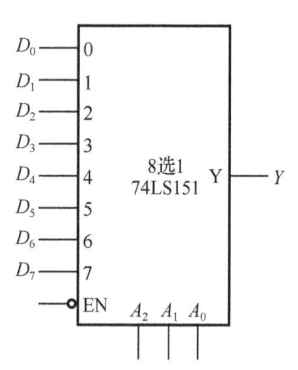

图 8.4.14　8 选 1 数据选择器 74LS151

其中 m_i 是地址码对应的最小项。

用两个 4 选 1 数据选择器，可构成 8 选 1 数据选择器，如图 8.4.13（b）所示。8 选 1 数据选择器输入地址码为 $A_2 A_1 A_0$，将高位地址码 A_2 接至 $\overline{EN}$，而将 $\overline{A}_2$ 接至 $\overline{EN'}$，同时两个数据选择器的输出相或。74LS151 是集成的 8 选 1 数据选择器（如图 8.4.14 所示），在 $\overline{EN}=0$ 时

$$Y = \sum_{i=0}^{7} D_i m_i$$

其中 m_i 是 3 位地址码 $A_2 A_1 A_0$ 对应的最小项。

8.4.5　数据比较器

数据（值）比较器就是对两个二进制数 A 和 B 进行比较，判断两个数大小关系的逻辑电路。比较的结果可能有 $A>B$，$A<B$，$A=B$ 三种。

1. 一位数值比较器

一位数值比较器完成的是两个一位二进制数之间的比较，其逻辑电路如图 8.4.15 所示，表 8.4.8 给出了一位数值比较器的真值表。

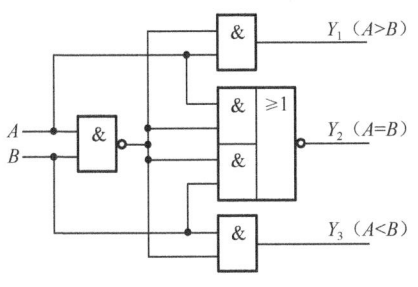

图 8.4.15　一位数值比较器逻辑电路

表 8.4.8　一位数值比较器真值表

输入		输出		
A	B	$Y_1(A>B)$	$Y_2(A=B)$	$Y_3(A<B)$
0	0	0	1	0
0	1	0	0	1
1	0	1	0	0
1	1	0	1	0

根据真值表不难得到 $Y_{1(A>B)} = \overline{A\overline{AB}} = A\overline{B}$，$Y_{2(A=B)} = \overline{A\overline{AB} + B\overline{AB}} = \overline{A}\overline{B} + AB = A \odot B$，而 $Y_{3(A<B)} = \overline{B\overline{AB}} = \overline{A}B$。

2. 多位数值比较器

多位数值比较器完成多位二进制数的大小比较。74LS85 是常用的 4 位二进制数值比较器（如图 8.4.16 所示），表 8.4.9 给出了 4 位数值比较器的真值表。

在比较两个多位数的大小时，必须自高而低逐位比较，而且高位相等时，才需比较低位。例如，两个 4 位二进制数 $A = A_3A_2A_1A_0$ 和 $B = B_3B_2B_1B_0$，在比较 A 和 B 的大小时，首先比较 A_3 和 B_3，如果 $A_3 > B_3$，则肯定是 $A > B$。相反，如果 $A_3 < B_3$，则 $A < B$。如果 $A_3 = B_3$ 时，就必须通过比较下位 A_2 和 B_2 来判断 A 和 B 的大小了。依次类推，定能比较出结果。当所有位都比较相等时，则根据级联输入来判定比较结果的大小。

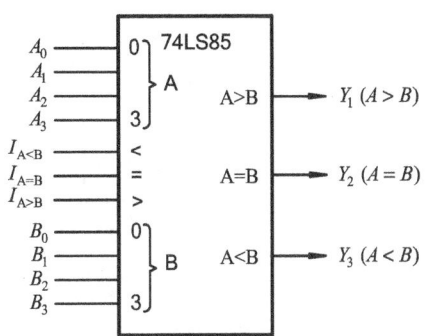

图 8.4.16　4 位数值比较器 74LS85

表 8.4.9　4 位数值比较器真值表

输入							输出		
$A_3\ B_3$	$A_2\ B_2$	$A_1\ B_1$	$A_0\ B_0$	$I_{A>B}$	$I_{A<B}$	$I_{A=B}$	$Y_{1(A>B)}$	$Y_{3(A<B)}$	$Y_{2(A=B)}$
$A_3 > B_3$	× ×	× ×	× ×	×	×	×	1	0	0
$A_3 < B_3$	× ×	× ×	× ×	×	×	×	0	1	0
$A_3 = B_3$	$A_2 > B_2$	× ×	× ×	×	×	×	1	0	0
$A_3 = B_3$	$A_2 < B_2$	× ×	× ×	×	×	×	0	1	0
$A_3 = B_3$	$A_2 = B_2$	$A_1 > B_1$	× ×	×	×	×	1	0	0
$A_3 = B_3$	$A_2 = B_2$	$A_1 < B_1$	× ×	×	×	×	0	1	0

续表

输入								输出		
$A_3\ B_3$	$A_2\ B_2$	$A_1\ B_1$	$A_0\ B_0$	$I_{A>B}$	$I_{A<B}$	$I_{A=B}$	$Y_{1(A>B)}$	$Y_{3(A<B)}$	$Y_{2(A=B)}$
$A_3=B_3$	$A_2=B_2$	$A_1=B_1$	$A_0>B_0$	×	×	×	1	0	0
$A_3=B_3$	$A_2=B_2$	$A_1=B_1$	$A_0<B_0$	×	×	×	0	1	0
$A_3=B_3$	$A_2=B_2$	$A_1=B_1$	$A_0=B_0$	1	0	0	1	0	0
$A_3=B_3$	$A_2=B_2$	$A_1=B_1$	$A_0=B_0$	0	1	0	0	1	0
$A_3=B_3$	$A_2=B_2$	$A_1=B_1$	$A_0=B_0$	0	0	1	0	0	1

根据 4 位数值比较器的真值表，可以得到

$$Y_{1(A>B)} = A_3\overline{B_3} + \overline{A_3\oplus B_3}\cdot A_2\overline{B_2} + \overline{A_3\oplus B_3}\cdot\overline{A_2\oplus B_2}\cdot A_1\overline{B_1} +$$
$$\overline{A_3\oplus B_3}\cdot\overline{A_2\oplus B_2}\cdot\overline{A_1\oplus B_1}\cdot A_0\overline{B_0} +$$
$$\overline{A_3\oplus B_3}\cdot\overline{A_2\oplus B_2}\cdot\overline{A_1\oplus B_1}\cdot\overline{A_0\oplus B_0}\cdot I_{A>B}$$

$$Y_{3(A<B)} = \overline{A_3}B_3 + \overline{A_3\oplus B_3}\cdot\overline{A_2}B_2 + \overline{A_3\oplus B_3}\cdot\overline{A_2\oplus B_2}\cdot\overline{A_1}B_1 +$$
$$\overline{A_3\oplus B_3}\cdot\overline{A_2\oplus B_2}\cdot\overline{A_1\oplus B_1}\cdot\overline{A_0}B_0 +$$
$$\overline{A_3\oplus B_3}\cdot\overline{A_2\oplus B_2}\cdot\overline{A_1\oplus B_1}\cdot\overline{A_0\oplus B_0}\cdot I_{A<B}$$

$$Y_{2(A=B)} = \overline{A_3\oplus B_3}\cdot\overline{A_2\oplus B_2}\cdot\overline{A_1\oplus B_1}\cdot\overline{A_0\oplus B_0}\cdot I_{A=B}$$

利用级联输入端，可以扩展数值比较的位数。图 8.4.17 所示为两片 4 位数值比较器扩展为 8 位数值比较器的电路图。低位片级联输入 $I_{A>B}$、$I_{A<B}$ 置 0，$I_{A=B}$ 置 1。

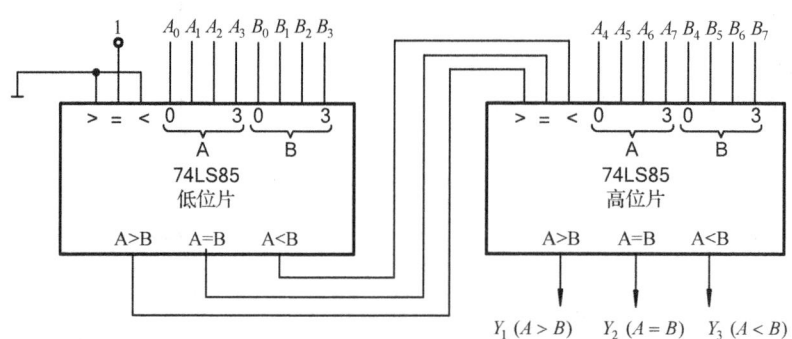

图 8.4.17　两片 4 位数值比较器扩展成 8 位数值比较器

8.4.6　中规模集成组合逻辑电路应用

用中规模集成器件（MSI）实现组合逻辑电路，不仅可以省去烦锁的设计，同时还可避免设计中可能带来的错误。其基本设计方法就是对照法。如果需要实现的逻辑函数表达式与某种中规模集成器件的逻辑函数表达式形式上完全一致，则使用这种 MSI 器件最方便；如果需要实现的逻辑函数是某种 MSI 器件的逻辑函数表达式的一部份，则只需对中规模集成器件的多余输入端适当处理（固定为 0 或固定为 1）；当需要实现的逻辑变量数比中规模集成器件的输入变量多，则可以通过扩展的方法来实现。

1．用数据选择器实现组合逻辑函数

在 8.4.4 节中已经介绍了数据选择器的功能，在使能有效的情况下，数据选择器的输出 $Y=\sum_{i=0}^{2^n-1}D_i m_i$，其中 m_i 是 n 位地址码的所有最小项。当 $n=3$，即对应 8 选 1 数据选择器时，则有 $Y=\sum_{i=0}^{7}D_i m_i$，而 m_i 是 3 位地址码的所有最小项。8 选 1 数据选择器的功能还可以用卡诺图进行表示，如图 8.4.18 所示。采用 8 选 1 数据选择器，可以方便地实现 3 输入变量的组合逻辑函数。

A_2 \ A_1A_0	00	01	11	10
0	D_0	D_1	D_3	D_2
1	D_4	D_5	D_7	D_6

图 8.4.18　8 选 1 数据选择器的卡诺图

例 8.4.1　用 8 选 1 数据选择器实现逻辑函数

$$Y=\overline{A}\overline{B}+A\overline{C}+BC$$

解：首先将逻辑函数变换成最小项之和的标准型

$$\begin{aligned}Y&=\overline{A}\overline{B}(C+\overline{C})+A(B+\overline{B})\overline{C}+(A+\overline{A})BC\\&=\sum m(0,1,3,4,6,7)\end{aligned}$$

画出逻辑函数的卡诺图如图 8.4.19 所示，并与 8 选 1 数据选择器卡诺图进行对比。可以看出，只需将 8 选 1 数据选择器的地址码 A_2、A_1、A_0 与逻辑函数的变量 A、B、C 对应（即 $A_2\to A$，$A_2\to A$，$A_2\to A$），且令 8 选 1 数据选择器的各数据输入端分别为

$$D_0=1\qquad D_1=1\qquad D_2=0\qquad D_3=1$$
$$D_4=1\qquad D_5=0\qquad D_6=1\qquad D_7=1$$

则 8 选 1 数据选择器的卡诺图与逻辑函数卡诺图相等，即 8 选 1 数据选择器实现了逻辑函数的功能。此时 8 选 1 数据选择器的连线图如图 8.4.20 所示。

A \ BC	00	01	11	10
0	1	1	1	0
1	1	0	1	1

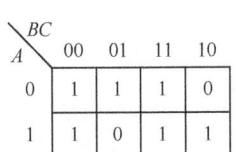

图 8.4.19　逻辑函数卡诺图

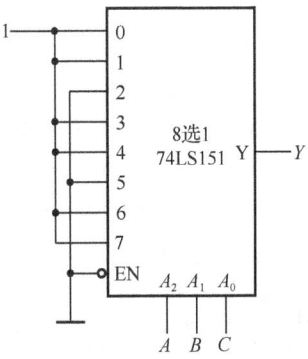

图 8.4.20　例 8.4.1 电路图

当待实现逻辑函数的输入变量比数据选择器的地址码数量要多时，例如用 8 选 1 数据选择器实现 4 输入变量的函数，则可用两片 8 选 1 数据选择器级联成 16 选 1 数据选择器，再按例 8.4.1 的方法实现即可。若只有一片 8 选 1 数据选择器，不能使用级联，则必须先对待实现的逻辑函数进行输入变量降维处理。

例 8.4.2　用一片 8 选 1 数据选择器实现逻辑函数
$$Y(A,B,C,D) = \sum m(2,3,4,5,9,10,12,14)$$

解：首先画出该逻辑函数的卡诺图（如图 8.4.21（a）所示），然后对卡诺图进行降维（如图 8.4.21（b）所示）。

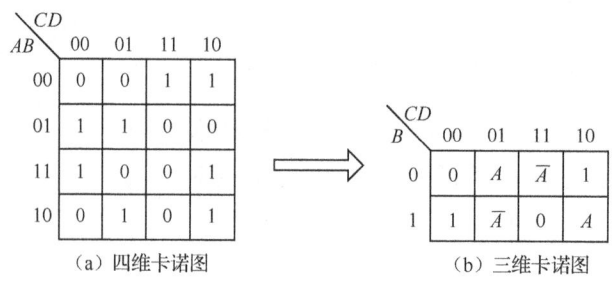

图 8.4.21　例 8.4.2 卡诺图

降维过程中，本例选择 A 变量降入单元格中，这样图 8.4.21（a）中变量 B 取值为 0 的行有两行，即 $A=0$ 的第一行和 $A=1$ 的第四行，要合并成图 8.4.21（b）中变量 B 取值 0 的一行中；同样图 8.4.21（a）中变量 B 取值为 1 的行也有 $A=0$ 的第二行和 $A=1$ 的第三行，要合并成图 8.4.21（b）中 B 为 1 的一行中。若要合并的两个单元格均为 0，合并后为 0；若要合并的两个单元格均为 1，合并后为 1；若要合并的两个单元格在 $A=0$ 时为 0，在 $A=1$ 时为 1，则合并后的单元格取值为 A，若要合并的两个单元格在 $A=0$ 时为 1，在 $A=1$ 时为 0，则合并后的单元格为 $\overline{A}$。当然，用同样的方法也可选择其他变量降入单元格中。

将降维后的卡诺图［见图 8.4.21（b）］与 8 选 1 数据选择器的卡诺图进行对比，只要将地址码 A_2、A_1、A_0 与逻辑函数的变量 B、C、D 对应，各单元格中的数据取值为

$D_0 = 0$　　　　　$D_1 = A$　　　　　$D_2 = 1$　　　　　$D_3 = \overline{A}$

$D_4 = 1$　　　　　$D_5 = \overline{A}$　　　　　$D_6 = A$　　　　　$D_7 = 0$

则 8 选 1 数据选择器实现了逻辑函数的功能。此时 8 选 1 数据选择器的连线图如图 8.4.22 所示。如对三维卡诺图再次降维，即降维成二维卡诺图，如图 8.4.23 所示，可以看出在增加适当的门电路后可用一片 4 选 1 数据选择器实现该逻辑函数。相应的逻辑电路读者可以自己画出。

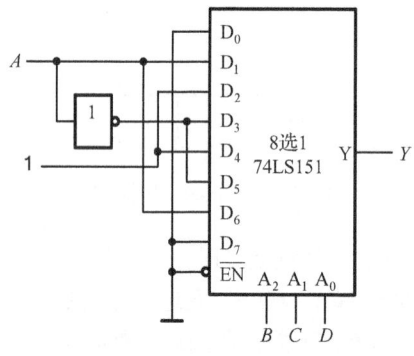

图 8.4.22　例 8.4.2 电路图

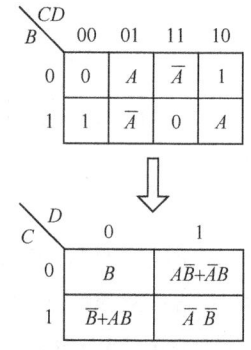

图 8.4.23　卡诺图降维

下面归纳用数据选择器实现逻辑函数的步骤：

① 由逻辑函数表达式画出其卡诺图，并根据选定的数据选择器的个数以及数据选择器地址码输入端个数，确定是否需要对卡诺图降维；

② 将逻辑函数的卡诺图与数据选择器输出函数卡诺图进行对比，确定连线规律；

③ 画出数据选择器的连线图和外围电路。

必须指出，使用数据选择器实现组合逻辑函数十分方便，但仅适合实现单路输出逻辑函数。对于多路输出函数，则每路输出就需要至少一片数据选择器。

2. 用译码器实现组合逻辑函数

一个 n 变量的二进制译码的输出包含了 n 个变量的所有最小项。例如，3 线/8 线译码器 74LS138 的 8 个输出包含了 3 个变量的所有最小项的非，在使能有效、译码器处于译码状态时，各输出端表达式为 $\overline{Y_0} \sim \overline{Y_7} = \overline{m_0} \sim \overline{m_7}$。因此，应用 n 变量译码器实现逻辑函数时，首先将逻辑函数变换成最小项之和的标准型，再根据需要在译码器输出端连接适当的与非门，就能获得任何形式的输入变量不大于 n 的组合逻辑函数。

例 8.4.3 用 3 线/8 线译码器 74LS138 实现多路输出函数

$$\begin{cases} Y_1 = \overline{A}B + AC + \overline{AC} \\ Y_2 = \overline{A}C + A\overline{C} \\ Y_3 = \overline{B}C + B\overline{C} \end{cases}$$

解：首先将各路输出函数变换成最小项标准型，然后再变换为与非-与非表达式：

$$Y_1 = \overline{A}B + AC + \overline{AC} = m_0 + m_1 + m_2 + m_5 + m_7$$
$$= \overline{\overline{m_0} \cdot \overline{m_1} \cdot \overline{m_2} \cdot \overline{m_5} \cdot \overline{m_7}}$$
$$Y_2 = \overline{A}C + A\overline{C} = m_1 + m_3 + m_4 + m_6$$
$$= \overline{\overline{m_1} \cdot \overline{m_3} \cdot \overline{m_4} \cdot \overline{m_6}}$$
$$Y_3 = \overline{B}C + B\overline{C} = m_1 + m_2 + m_5 + m_6$$
$$= \overline{\overline{m_1} \cdot \overline{m_2} \cdot \overline{m_5} \cdot \overline{m_6}}$$

将多路输出函数输入变量 A、B、C 分别接入到 74LS138 的地址输入 A_2、A_1、A_0，则译码器的每个输出端与变量 A、B、C 的一个最小项的非相对应，用与非门作为 Y_1、Y_2、Y_3 的输出门，就可以得到用 74LS138 实现的多输出函数的逻辑电路，如图 8.4.24 所示。可以看出，译码器比较适合实现多路输出的逻辑函数。

3. 用运算电路实现组合逻辑函数

当某一逻辑函数的输出恰好是输入代码所表示的数和另一常数或另一组输入代码的某种运算关系时，则用运算电路实现就十分方便。

例 8.4.4 用 4 位二进制数加法器实现将 8421BCD 码转换成余 3BCD 码的码制转换电路。

解：电路有 4 个输入端和 4 个输出端，输入变量 A、B、C、D 为 8421BCD 码，输出量 Y_3、Y_2、Y_1、Y_0 为余 3BCD 码。由于余 3 码是在 8421BCD 码基础上加上恒定常数 3（0011），所以输出 Y_3、Y_2、Y_1、Y_0 与输入 A、B、C、D 有固定关系

$$Y_3Y_2Y_1Y_0 = ABCD + 0011$$

因此，用 4 位二进制数加法器实现该电路十分简单，如图 8.4.25 所示。

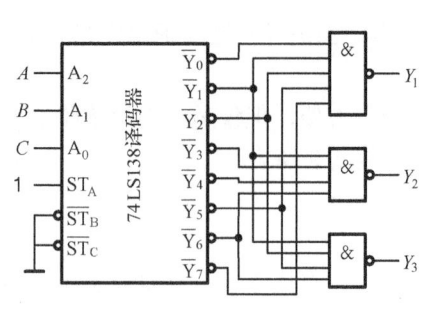

图 8.4.24　例 8.4.3 电路图

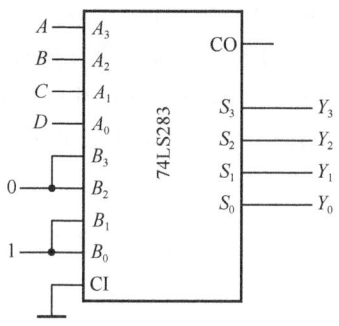

图 8.4.25　例 8.4.4 电路图

习题 8

一、填空题

8.1　S 是 r 进制数，则以 r 为基数的 n 位整数、m 位小数的 r 进制数，按权展开式可写为____。

8.2　二进制数转换成十进制数，只需将二进制数写成____，并计算其中各乘积项的结果，再____。

8.3　将十进制数转换成二进制数，整数部分采用____法，小数部分采用____法。

8.4　十进制数的二进制编码简称为二-十进制码或____，它用____位二进制数来表示 1 位十进制数。

8.5　最基本的逻辑关系有三种：____、____、____。

8.6　异或运算和同或运算互为____运算。

8.7　在任意逻辑等式中，如果将等式两边所有出现变量 A 的位置都代以一个逻辑函数 Y，则原等式____。

8.8　由真值表写出逻辑函数表达式时，首先找到使逻辑函数输出为 1 的输入变量组合，并写成____的形式，其中输入变量取值为 1 的写作____，取值为 0 的写作____；然后将所有与项进行____，便得到了输出逻辑函数的表达式。

8.9　对于 n 个变量的逻辑函数，其最小项是包含所有这 n 个变量的____，且每个变量以原变量或____的形式出现，且仅出现一次。

8.10　所谓逻辑相邻是指两个最小项只有____个变量不同，而其他的变量均相同，n 变量的最小项 m_i，与其逻辑相邻的最小项有____个。

8.11　卡诺图中小方格代表的最小项在几何位置上相邻时，必须保证____。

8.12　逻辑函数表达式是最小项之和的标准式，则只需在卡诺图上找到表达式中最小项对应的方格填入____，其余方格填入____，便得到了该逻辑函数的卡诺图。

8.13 在一个 n 输入变量的卡诺图中，若一个合并圈中存在 2^i 个具有相邻性的最小项，则这些相邻的最小项可以合并为一项，并消去____个变量，留下由____个没有发生变化的变量构成与项（乘积项）。

8.14 ____和____统称为无关项，在卡诺图中用×表示。

8.15 完成加数、被加数、以及____3 个一位二进制数相加称为全加。

8.16 二进制数的减法可由其____相加来实现。

8.17 n 位二进制代码能实现____个对象的编码。

8.18 对于 n 位地址码的 2^n 选 1 数据选择器，其输出 $Y = $ ____。

8.19 译码器比较适合实现____路输出的逻辑函数。

二、纠错题（判断下列说法是否正确，并对错误描述进行改正）

8.20 将二进制数转换成八进制数是以小数点为分隔，向左向右每 4 位分一组，最后不满 4 位的，则需加 0 补齐，最后每 4 位对应写成 1 位八进制数。

8.21 余 3 码是由 8421BCD 码加 3 后形成的，所以称为余 3 码，它是一种恒权码。

8.22 格雷码又叫循环码，它只有一种编码形式，特点是任意两个相邻的格雷码之间，仅有一位不同。

8.23 奇偶校验码是一种能检验出二进制信息在传送过程中是否出现错误、并进行纠错的代码。

8.24 在决定某一事件的各种条件中，只要有一个条件具备时，这一事件就会发生，这种因果关系称之为与逻辑关系。

8.25 对偶和反演变换都需要将所有原变量换成反变量、所有反变量换成原变量。

8.26 逻辑函数化简的结果是唯一的。

8.27 所有最小项之积为 1。

8.28 逻辑函数的最小项之和标准式不是唯一的。

8.29 卡诺图中所有的 1 方格至少要被圈一次，不能有漏圈的 1 方格，但特别注意：1 方格不能被重复圈。

8.30 在化简具有无关项的逻辑函数时，无关项应视作 0 方格处理。

8.31 组合逻辑电路的特点是任意时刻电路的输出状态，不仅取决于该时刻电路各输入端的状态，还与电路以前各时刻的输入状态有关。

8.32 串行进位加法器的最大优点是运算速度快。

8.33 一个数的补码是在原码的基础上，保持符号位不变，数值位按位取反加 1 得到的。

8.34 74LS138 的每个译码输出都是与 3 位二进制编码输入的某一个最小项对应的。

8.35 用一个数据选择器可以实现多路输出的逻辑函数设计。

三、解答计算题

8.36 将下列二进制数转换成十进制数、八进制数、十六进制数。

（1）1101001　　　（2）101.011　　　（3）0.101001

8.37 将下列十进制数转换成二进制数、八进制数、十六进制数（精确到小数点后 4 位）。

（1）19　　　（2）1.25　　　（3）15.333

8.38 用补码完成下列运算。
(1) 01010011-00110011　　　　　　　　(2) 0.100100-0.110010

8.39 写出下列各十进制数的 8421BCD 码、余 3 码、格雷码。
(1) 13　　　　　(2) 6.25　　　　　(3) 0.125

8.40 请分别给出下列各数的奇、偶校验码。
(1) 0110010　　　　(2) 1000101　　　　(3) 0101110

8.41 列出下列问题的真值表，并写出逻辑函数表达式。
(1) 有 A、B、C 三个输入信号，如果三个输入信号均为 1 或其中两个信号为 0 时，输出信号 $Y=1$，其余情况下，输出信号 $Y=0$；
(2) 有 A、B、C、D 四个输入信号，当 4 个输入信号出现偶数个 0 时，输出为 1，其余情况下，输出为 0。

8.42 写出下列函数的反函数表达式和对偶函数表达式。
(1) $Y = \overline{\overline{A + B} \, (\overline{B} + C) + \overline{DE}}$
(2) $Y = \overline{(A \oplus D) \overline{\overline{B} + C}}$

8.43 将下列函数化为最小项之和的标准式。
(1) $Y(A,B,C,D) = B\overline{C}\,\overline{D} + \overline{A}B + AB\overline{C}D + BC$
(2) $Y(A,B,C,D) = \overline{A}\,\overline{B} + \overline{ABD(B+CD)}$

8.44 用公式法证明下列等式。
(1) $A\overline{BC} + AC + \overline{A}BC + B\overline{C}D = A\overline{B} + BC + BD$
(2) $\overline{A} \oplus B = A \oplus \overline{B} = \overline{A \oplus B} = A \odot B$

8.45 用公式法化简下列函数为最简与-或式。
(1) $Y = \overline{(A\overline{B} + \overline{A}B \, C + A\overline{B}C)(AD + BC)}$
(2) $Y = A\overline{B} + \overline{AC} + \overline{BC}$

8.46 写出下列逻辑函数最简的与非-与非表达式和或非-或非表达式。
(1) $Y = AB + BC + AC$
(2) $Y = (A\overline{B} + \overline{A}B + \overline{C})BC$

8.47 用卡诺图法化简下列函数。
(1) $Y(A,B,C,D) = \sum m(2,4,7,9,10,11,12,15)$
(2) $Y(A,B,C,D) = \sum m(4,5,6,13,14,15) + \sum d(8,9,10,11)$

8.48 用卡诺图法将下列函数化为最简与-或-非表达式。
(1) $Y(A,B,C,D) = A\overline{B}C + \overline{B}CD + \overline{A}CD + ABD$
(2) $Y(A,B,C,D) = \sum m(0,1,3,6,8,10,11,12,14)$

8.49 写出题图 8.49 所示各电路的逻辑函数表达式，并说明其功能。

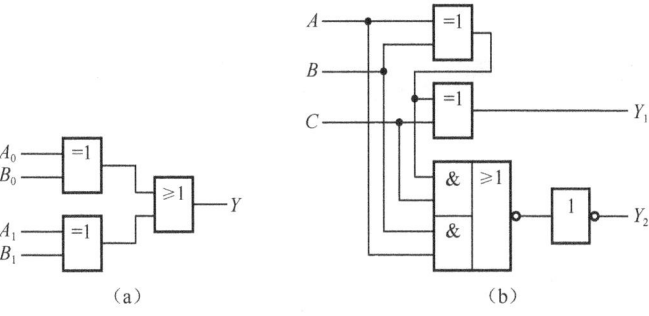

题图 8.49

8.50 写出题图 8.50 所示各电路的输出逻辑表达式。

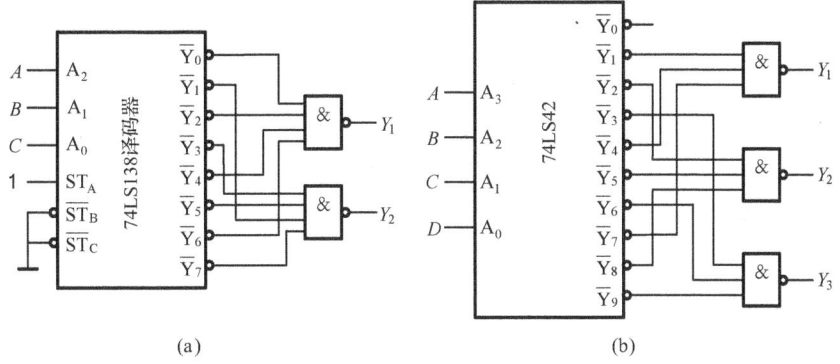

题图 8.50

8.51 设计一个组合逻辑电路,该电路输入端接收两个 2 位二进制数 $A = A_2A_1$,$B = B_2B_1$。当 $A < B$ 时,输出 $Y = 1$,否则 $Y = 0$。

8.52 用与非门设计一个多功能电路,满足下列要求:

① 当 $C_1C_0 = 00$ 时,$Y = 0$;

② 当 $C_1C_0 = 01$ 时,$Y = X$;

③ 当 $C_1C_0 = 10$ 时,$Y = \overline{X}$;

④ 当 $C_1C_0 = 11$ 时,$Y = 1$。

8.53 试用 4 位全加器和非门电路,实现余 3BCD 码到 8421BCD 码的转换。

8.54 用 8 选 1 数据选择器实现逻辑函数 $Y(A,B,C,D) = \sum m(0,2,3,5,6,8,10,12)$。

8.55 利用 1 片 3 线/8 线译码器 74LS138 和与非门实现一位二进制数全减器。

第 9 章 触发器与时序逻辑电路

时序逻辑电路的输出不仅与电路当前时刻的输入有关,还与以前时刻的输入有关。将以前时刻的信息存储到当前时刻使用,需要使用到触发器。触发器是构成时序逻辑电路的基本单元。

9.1 触发器

触发器能够接收、存储和输出数码 0、1。各类触发器都可以由基本的逻辑门构成。基本的触发器具有以下两个明显的特征:

第一,具有两个能自行保持的稳定状态,并且这两个稳定状态可以用二进制数 0 和 1 来表示,当没有外来触发信号时,将维持一个稳定状态不变;

第二,根据不同的实际需要,触发器可以预置成 0,也可以预置成 1。

9.1.1 基本触发器

根据不同的逻辑功能,触发器可分为 RS 触发器、JK 触发器、D 触发器、T 触发器和 T′ 触发器等。其中最简单的触发器是基本 RS 触发器,可由两个与-非门构成。

1. 基本 RS 触发器

图 9.1.1(a)是由与-非门构成的基本 RS 触发器,而图 9.1.1(b)是它的逻辑符号图。$\bar{R}_D$ 和 $\bar{S}_D$ 是两个低电平有效的输入控制端,Q 和 $\bar{Q}$ 是两个互补的输出端。触发器的状态由 Q 的状态决定。当 $Q=1$、$\bar{Q}=0$ 时,触发器为 1 状态;当 $Q=0$、$\bar{Q}=1$ 时,触发器为 0 状态。根据基本 RS 触发器的电路结构,可以分析得到

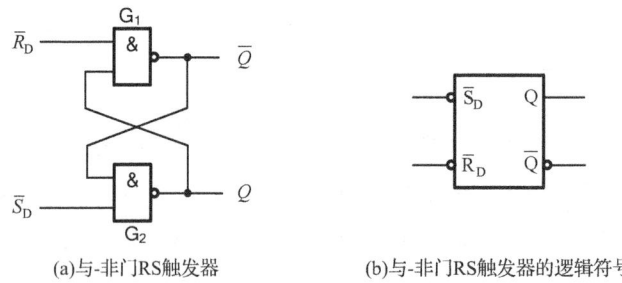

(a)与-非门RS触发器　　　(b)与-非门RS触发器的逻辑符号

图 9.1.1　与-非门构成的基本 RS 触发器

① 当 $\bar{R}_D=0$、$\bar{S}_D=1$ 时,有 $Q=0$、$\bar{Q}=1$,触发器为 0 状态;
② 当 $\bar{R}_D=1$、$\bar{S}_D=0$ 时,有 $Q=1$、$\bar{Q}=0$,触发器为 1 状态;
③ 当 $\bar{R}_D=1$、$\bar{S}_D=1$ 时,触发器两个输出端的值不变,触发器保持原有状态;
④ 当 $\bar{R}_D=0$、$\bar{S}_D=0$ 时,有 $Q=1$、$\bar{Q}=1$,此时触发器既不是 1 状态,也不是 0 状态,

破坏了Q和$\overline{Q}$的互补特性。另外，当$\overline{R}_D$和$\overline{S}_D$的有效信号同时消失时，即$\overline{R}_D$和$\overline{S}_D$同时从 0 变到 1 时，输出端的值不确定。其实，$\overline{R}_D$和$\overline{S}_D$的有效信号同时消失时，做不到绝对的同步，总有一个信号先消失，另外一个后消失。若$\overline{R}_D$先消失，则$\overline{S}_D$的作用会使触发器下一时刻为 1 状态；若$\overline{S}_D$先消失，则$\overline{R}_D$的作用会使触发器下一时刻为 0 状态（如图 9.1.2 所示）。

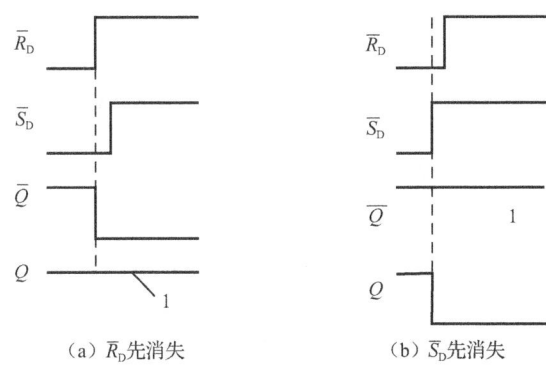

（a）$\overline{R}_D$先消失　　　　　　（b）$\overline{S}_D$先消失

图 9.1.2　$\overline{R}_D$和$\overline{S}_D$同时低电平消失的输出情况

由以上分析可知，$\overline{R}_D$和$\overline{S}_D$的低电平同时消失时，输出端状态是不确定的。因此，正常使用时应避免$\overline{R}_D$和$\overline{S}_D$同时为 0。可用式$\overline{R}_D+\overline{S}_D=1$来约束两个输入端，称为约束条件。

$\overline{R}_D$低电平使输出端Q为 0，所以$\overline{R}_D$称为低电平有效的置 0 端或复位端。$\overline{S}_D$低电平使输出端Q为 1，所以$\overline{S}_D$称为低电平有效的置 1 端或置位端。

对于基本的 RS 触发器，可通过逻辑状态转移真值表来描述其功能，如表 9.1.1 所示。其中，用Q^n表示触发器的初始状态，而用Q^{n+1}表示下一时刻新的状态，即次态。

真值表还可以写成逻辑状态转移表的形式（如表 9.1.2 所示），还可以将其转换为卡诺图［如图 9.1.3（a）所示］，以及状态转换图［如图 9.1.3（b）所示］的形式。经卡诺图化简可得基本 RS 触发器的特性方程（也称为状态方程或次态方程），如式（9.1.1）所示。从中可以看出，次态Q^{n+1}与初态Q^n有关，这是组合逻辑电路所不具有的特点。

表 9.1.1　RS 触发器真值表

$\overline{R}_D$	$\overline{S}_D$	Q^n	Q^{n+1}	功　能
0	0	0	1	应避免
0	0	1	1	应避免
0	1	0	0	复位
0	1	1	0	复位
1	0	0	1	置位
1	0	1	1	置位
1	1	0	0	保持
1	1	1	1	保持

表 9.1.2　RS 触发器逻辑状态转移表

	初态Q^n	0	1
次态Q^{n+1}	$\overline{R}_D=0,\overline{S}_D=0$	×	×
	$\overline{R}_D=0,\overline{S}_D=1$	0	0
	$\overline{R}_D=1,\overline{S}_D=1$	0	1
	$\overline{R}_D=1,\overline{S}_D=0$	1	1

"×"表示输入端低电平同时消失时，输出状态不定。

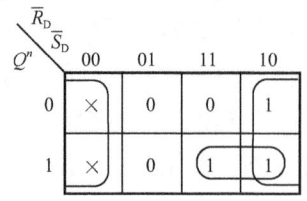
(a) 与-非门 RS 触发器 Q^{n+1} 卡诺图

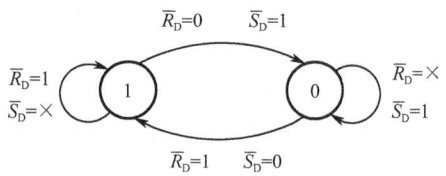
(b) 与-非门 RS 触发器状态转换图

图 9.1.3 基本 RS 触发器的卡诺图和状态转换图

$$\begin{cases} Q^{n+1} = S_D + \overline{R}_D Q^n \\ \overline{S}_D + \overline{R}_D = 1 \quad \text{约束条件} \end{cases} \tag{9.1.1}$$

例 9.1.1 用与-非门组成的 RS 触发器中，已知输入端的波形如图 9.1.4 所示，试画出输出端 Q 和 $\overline{Q}$ 的波形图。

解：与-非门组成的 RS 触发器中，$\overline{R}_D$ 和 $\overline{S}_D$ 都是低电平有效，Q 和 $\overline{Q}$ 的波形如图 9.1.4 所示。

2．钟控 RS 触发器

为使触发器能够有条不紊地工作，将时钟脉冲应用到基本 RS 触发器中，即为钟控 RS 触发器（也称为同步 RS 触发器），其电路的结构形式如图 9.1.5（a）所示，图 9.1.5（b）为其逻辑符号。

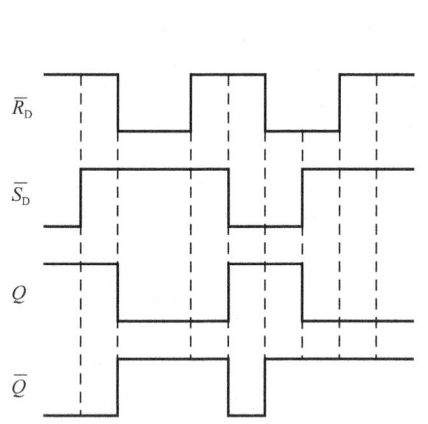

图 9.1.4 例 9.1.1 工作波形

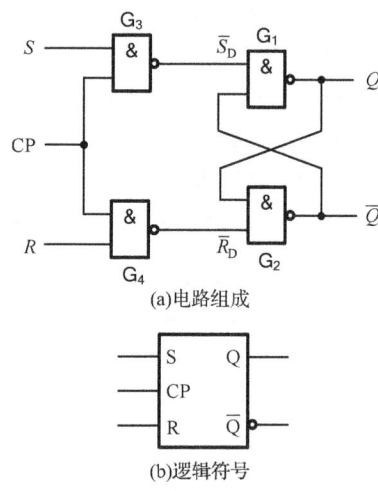

图 9.1.5 钟控 RS 触发器

当钟控信号 CP = 0 时，G_3 和 G_4 被封锁，则 $\overline{R}_D = 1$，$\overline{S}_D = 1$，触发器输出保持不变，即 $Q^{n+1} = Q^n$；当钟控信号 CP = 1 时，G_3 和 G_4 逻辑门打开，则 $\overline{R}_D = \overline{R}$，$\overline{S}_D = \overline{S}$，触发器状态由 R、S 决定，其逻辑状态转移表如表 9.1.3 所示。可以看出，R 是高电平有效的复位端，S 是高电平有效的置位端。R、S 不能同时有效，约束条件为 $R \cdot S = 0$。根据状态转移表可以得到钟控 RS 触发器在 CP = 1 时的特性方程

$$\begin{cases} Q^{n+1} = S + \overline{R}Q^n \\ R \cdot S = 0 \quad \text{约束条件} \end{cases} \quad (9.1.2)$$

例 9.1.2 对于图 9.1.5 所示的钟控 RS 触发器，其输入端的信号波形如图 9.1.6 所示，试画出输出端 Q 和 $\overline{Q}$ 的波形。

解： 图 9.1.5 所示的钟控 RS 触发器，在时钟信号 CP = 1 时，输出端的状态可以发生变化，在 CP = 0 时，输出端的状态不变。其 R、S 端是高电平有效的复位和置位，输出端的波形如图 9.1.6 所示。

表 9.1.3 钟控 RS 触发器逻辑状态转移表

		初态 Q^n	0	1
次态 Q^{n+1}	CP = 0	$R=\times, S=\times$	0	1
	CP = 1	$R=0, S=0$	0	1
		$R=0, S=1$	1	1
		$R=1, S=0$	0	0
		$R=1, S=1$	×	×

"×"表示输入端高电平同时消失时，输出状态不定。

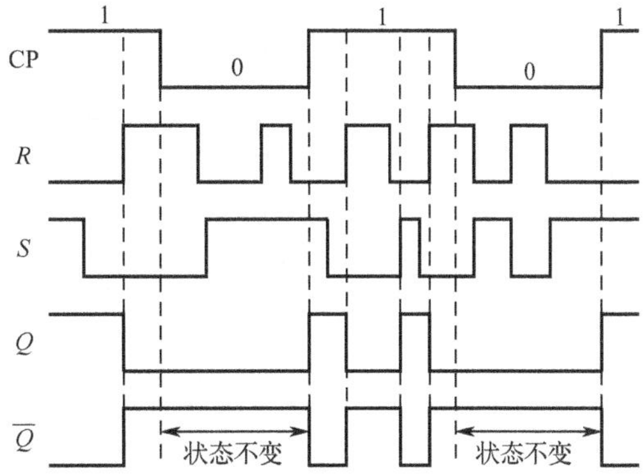

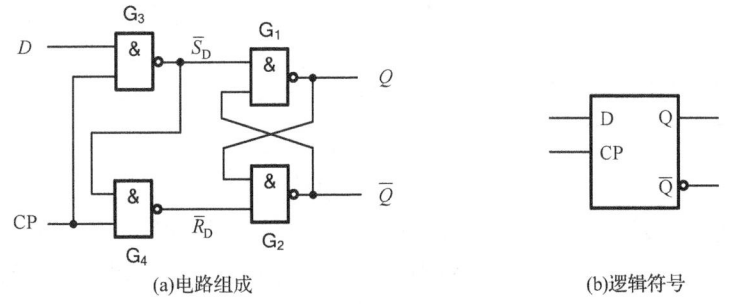

图 9.1.6 例 9.1.2 工作波形

3. 其他功能的触发器

（1）D 触发器

在钟控 RS 触发器的基础上，稍加改动便可以得到钟控的 D 触发器，如图 9.1.7（a）所示，图 9.1.7（b）是其逻辑符号。

图 9.1.7 钟控 D 触发器

当 CP = 0 时，$\overline{S}_D = 1$、$\overline{R}_D = 1$，所以 D 触发器的输出保持不变。当时钟信号 CP = 1 时，$\overline{S}_D = \overline{D}$、$\overline{R}_D = \overline{\overline{S}_D} = D$，代入基本 RS 触发器特性方程可得

$$Q^{n+1} = S_D + \overline{R}_D Q^n = D + \overline{D} \cdot Q^n = D \quad (9.1.3)$$

即 $Q^{n+1} = D$，此为 D 触发器的特性方程。另外有 $\overline{S}_D + \overline{R}_D = \overline{D} + D = 1$，因此 D 触发器没有约束输入。根据特性方程可得钟控 D 触发器的逻辑状态转移表如表 9.1.4 所示。

表 9.1.4 钟控 D 触发器的逻辑状态转移表

		初态 Q^n	0	1
次态 Q^{n+1}	CP = 0	$D=\times$	0	1
	CP = 1	$D=0$	0	0
		$D=1$	1	1

(2) JK 触发器

在钟控 RS 触发器的基础上,增加 J、K 输入端及两条反馈线可组成钟控 JK 触发器,如图 9.1.8(a)所示,图 9.1.8(b)是其逻辑符号。当 CP=0 时,$\overline{S}_D=1$、$\overline{R}_D=1$,所以 JK 触发器输出保持不变。当时钟信号 CP=1 时,$\overline{S}_D = \overline{J\overline{Q}^n}$、$\overline{R}_D = \overline{KQ^n}$,代入基本 RS 触发器特性方程可得

$$Q^{n+1} = S_D + R_D Q^n = J\overline{Q}^n + \overline{KQ^n} \cdot Q^n = J\overline{Q}^n + \overline{K}Q^n \qquad (9.1.4)$$

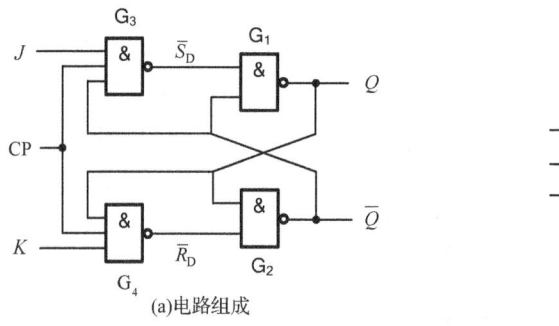

(a)电路组成　　　　　　　(b)逻辑符号

图 9.1.8　钟控 JK 触发器

表 9.1.5　钟控 JK 触发器的逻辑状态转移表

	初态 Q^n		0	1
次态 Q^{n+1}	CP=0	$J=\times, K=\times$	0	1
	CP=1	$J=0, K=0$	0	1
		$J=0, K=1$	0	0
		$J=1, K=0$	1	1
		$J=1, K=1$	1	0

即 $Q^{n+1} = J\overline{Q}^n + \overline{K}Q^n$,此为 JK 触发器的特性方程。另外有 $\overline{S}_D + \overline{R}_D = \overline{J\overline{Q}^n} + \overline{KQ^n} = 1$,因此 JK 触发器同样没有输入约束。根据特性方程可得钟控 JK 触发器的逻辑状态转移表如表 9.1.5 所示。

(3) T 触发器

将 JK 触发器的 J、K 端连接在一起,可得到 T 触发器,如图 9.1.9(a)所示,图 9.1.9(b)是其逻辑符号。将 $J=K=T$ 代入 JK 触发器特性方程可得

$$Q^{n+1} = J\overline{Q}^n + \overline{K}Q^n = T\overline{Q}^n + \overline{T}Q^n \qquad (9.1.5)$$

即 $Q^{n+1} = T\overline{Q}^n + \overline{T}Q^n$,此为 T 触发器特性方程。根据特性方程可得钟控 T 触发器的逻辑状态转移表如表 9.1.6 所示。当 T 触发的 T 端恒为 1 时,即为 T′ 触发器,其特性方程为

$$Q^{n+1} = \overline{Q}^n \qquad (9.1.6)$$

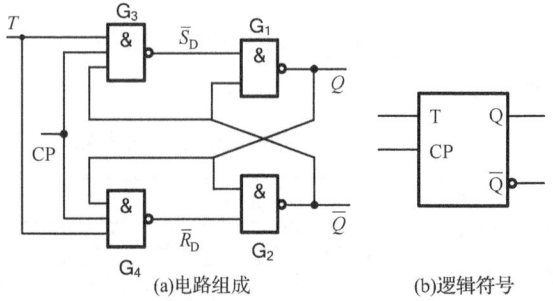

(a)电路组成　　　　(b)逻辑符号

图 9.1.9　钟控 T 触发器

表 9.1.6　钟控 T 触发器的逻辑状态转移表

	初态 Q^n		0	1
次态 Q^{n+1}	CP=0	$T=\times$	0	1
	CP=1	$T=0$	0	1
		$T=1$	1	0

对于钟控触发器，在时钟有效（CP=1）期间，输入端（如 R、S，D，J、K，T）都会作用于触发器，使得 Q 和 $\bar{Q}$ 随之变化，这降低了触发器的抗干扰性。为了使触发器的输出状态在一个时钟周期内只根据输入端改变一次，因此有了主从、边沿、维持-阻塞等不同结构的触发器。

9.1.2 其他结构触发器

1. 主从 JK 触发器

主从 JK 触发器的内部采用了主、从两级触发器结构，使得触发器的输出状态只会在时钟边沿发生改变，其逻辑符号如图 9.1.10 所示。$\bar{S}_D$、$\bar{R}_D$ 是低电平有效的异步复位端及置位端。输出端的"⌐"标记及 CP 前的小圆圈代表这是一个输出状态在 CP 下降沿改变的主从触发器。图 9.1.11 给出了主从 JK 触发器的工作波形。Q 起始状态为 0，并保持到第 1 个时钟下降沿；$J=1$、$K=0$，Q 被置成 1，并保持到第 2 个时钟下降沿；$J=0$、$K=1$，Q 被复位成 0，并保持到第 3 个时钟下降沿；$J=1$、$K=1$，Q 从 0 翻转成 1，并保持到第 4 个时钟下降沿；$J=0$、$K=0$，Q 保持 1；但在第 5 个时钟下降沿之前，出现了 $\bar{R}_D=0$，因此 Q 被复位成 0 并保持；在第 6 个时钟下降沿之前，又出现了 $\bar{S}_D=0$，因此 Q 被置位成 1 并保持。

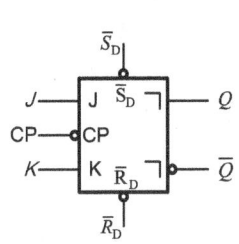

图 9.1.10 主从 JK 触发器的逻辑符号

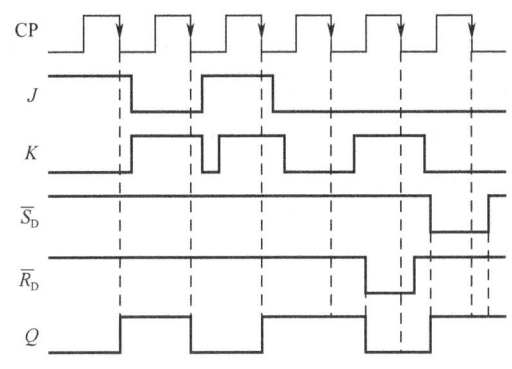

图 9.1.11 主从 JK 触发器工作波形

注意，对于主从 JK 触发器在 CP=1 期间，J、K 必须保持某种取值不变，否则触发器输出会出现一次翻转现象，而此时就不能再根据 CP 下降沿时刻 J、K 的值去判断输出状态了。

2. 边沿 JK 触发器

主从结构的 JK 触发器存在一次翻转现象，抗干扰能力也较弱。为了提高其抗干扰能力，同时能根据时钟下降沿时 J、K 的值得出输出端的状态，便有了边沿 JK 触发器，如图 9.1.12 所示，它是利用其内部门传输延时来达到时钟边沿触发的效果。$\bar{S}_D$、$\bar{R}_D$ 是低电平有效的异步置位端及复位端，而 CP 前的小圆圈及尖角符代表这是一个 CP 下降沿触发的 JK 触发器。图 9.1.13 给出了边沿 JK 触发器的工作波形。

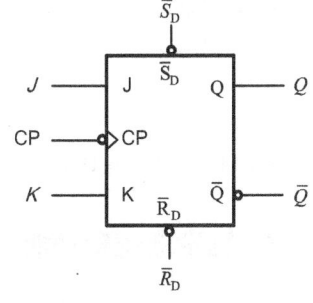

图 9.1.12 边沿 JK 触发器

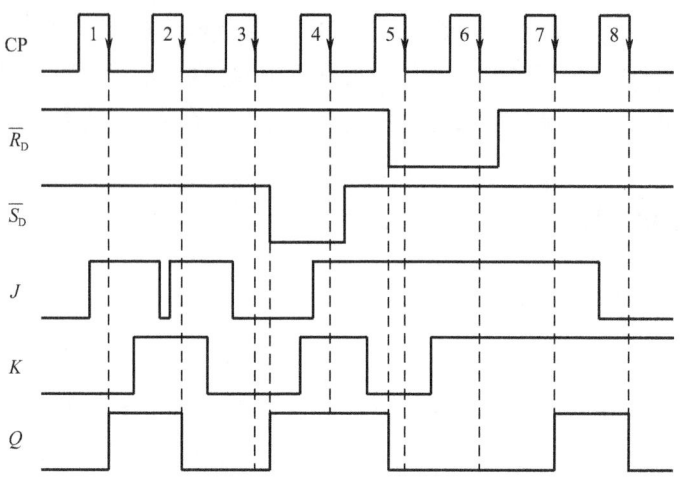

图 9.1.13 边沿 JK 触发器工作波形

从图 9.1.13 中可以看出，对于边沿 JK 触发器，在 CP＝1 期间，无需让 J、K 保持某种取值不变，并且可以直接根据 CP 下降沿时刻 J、K 的值去判断输出状态。

3. 维持阻塞结构的 D 触发器

维持阻塞结构的 D 触发器是靠其内部结构中的维持、阻塞线来获得边沿触发效果的，其逻辑符号如图 9.1.14 所示。$\overline{S}_D$、$\overline{R}_D$ 是低电平有效的异步置位端及复位端，而 CP 前的尖角符代表这是一个 CP 上升沿触发的 D 触发器。图 9.1.15 给出了维持阻塞 D 触发器的工作波形。可以看出，维持阻塞结构的 D 触发器，只在 CP 信号的上升沿将 D 的数据送到了输出端，具有边沿触发效果，而在 CP 信号上升沿之后，D 的数据即使发生变化，也不会影响到输出端。

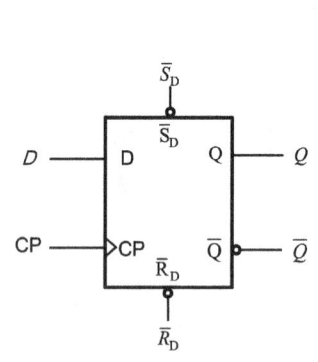

图 9.1.14 维持阻塞 D 触发器

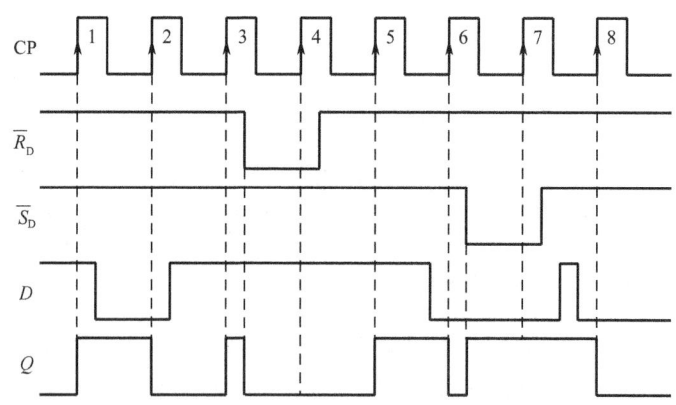

图 9.1.15 维持阻塞 D 触发器工作波形

9.1.3 触发器逻辑功能的转换

在 RS、JK、D 和 T 触发器中，JK 和 D 触发器是比较常见的。当需要使用不同功能的触发器时，就必须要掌握逻辑功能的转换方法。

1. JK 触发器转换为其他触发器

JK 触发器的逻辑功能是最完善的,可以方便地转换为 RS 触发器、D 触发器、T 触发器、T′ 触发器。

(1) JK 触发器转换为 RS 触发器

从表 9.1.5 可以看出,JK 触发器的 J 具有置位功能、K 具有复位功能。因此,只要将 JK 触发器的 J 端视作 RS 触发器的 S 端,K 端视作 R 端,则 JK 触发器就可以直接作为 RS 触发器使用,如图 9.1.16 所示。

(2) JK 触发器转换为 D 触发器

令 $J = D$、$K = \overline{D}$,代入 JK 触发器的特性方程,则有 $Q^{n+1} = J\overline{Q}^n + \overline{K}Q^n = D\overline{Q}^n + DQ^n = D$。因此,将 JK 触发器的 J 端视作 D,并经过非门接到 K 端,则 JK 触发器就转变成了 D 触发器,如图 9.1.17 所示。

(3) JK 触发器转换为 T 和 T′ 触发器

令 $J = K = T$,代入 JK 触发器的特性方程,则有 $Q^{n+1} = J\overline{Q}^n + \overline{K}Q^n = T\overline{Q}^n + \overline{T}Q^n$。因此,只要将 JK 触发器的 J 端和 K 端并接并视作 T,则 JK 触发器就转变成了 T 触发器,如图 9.1.18 所示。将 T 端恒接为 1,则 T 触发器可转为 T′ 触发器。

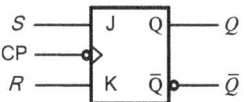 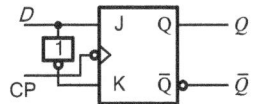 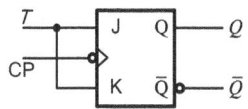

图 9.1.16 JK 触发器转为 RS 触发器　　图 9.1.17 JK 触发器转为 D 触发器　　图 9.1.18 JK 触发器转为 T 触发器

2. D 触发器转换为其他触发器

D 触发器的特性方程是最简单的。因此,将 D 触发器转为其他功能的触发器,外电路会比较复杂。

(1) D 触发器转换为 RS 触发器

令 $D = S + \overline{R}Q^n$,代入 D 触发器特性方程,则有 $Q^{n+1} = D = S + \overline{R}Q^n = \overline{\overline{S} \cdot \overline{\overline{R}Q^n}}$。此时 D 触发器就转为了 RS 触发器,如图 9.1.19 所示。

(2) D 触发器转换为 JK 触发器

令 $D = J\overline{Q}^n + \overline{K}Q^n$,代入 D 触发器特性方程,则有 $Q^{n+1} = D = J\overline{Q}^n + \overline{K}Q^n = \overline{\overline{J\overline{Q}^n} \cdot \overline{\overline{K}Q^n}}$。此时 D 触发器就转为了 JK 触发器,如图 9.1.20 所示。

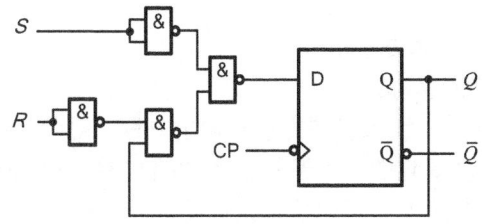 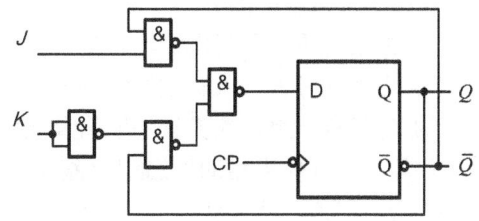

图 9.1.19 D 触发器转为 RS 触发器　　　　图 9.1.20 D 触发器转为 JK 触发器

（3）D 触发器转换为 T 和 T′ 触发器

将图 9.1.20 中的 J 端和 K 端并接后视作 T，则 D 触发器就转变成了 T 触发器。在此基础上，将 T 端接为 1，则 T 触发器可转为 T′ 触发器。

9.2 时序逻辑电路

时序逻辑电路的输出不仅与电路当前时刻的输入有关，还与电路原来的状态（即以前时刻的信息）有关。以前时刻的信息留作现在使用需要进行存储，而存储电路可由触发器组成。因此，时序逻辑电路是组合逻辑电路和触发器的综合。

9.2.1 时序逻辑电路的表示方法

时序逻辑电路的组成框图如图 9.2.1 所示。电路中的输入信号为 X，输出信号为 Y，存储电路的输入信号为 W，存储电路的输出信号为 Q，存储电路主要由各种触发器组成。X、Y、W、Q 是分别表示 $X_1 \cdots X_i$、$Y_1 \cdots Y_j$、$W_1 \cdots W_l$、$Q_1 \cdots Q_k$ 的向量。描述时序逻辑电路需要用到三个方程，分别为

输出方程：$Y(t_n) = F[X(t_n), Q(t_n)]$ （9.2.1）

驱动方程：$W(t_n) = G[X(t_n), Q(t_n)]$ （9.2.2）

状态方程：$Q(t_{n+1}) = H[W(t_n), Q(t_n)]$ （9.2.3）

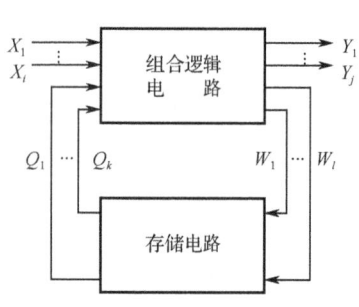

图 9.2.1 时序逻辑电路框图

其中，t_n 和 t_{n+1} 表示两个相邻的离散时间。由于 Y 是电路的输出信号，因此式（9.2.1）称为输出方程；W 是存储电路的驱动（或激励）信号，因此式（9.2.2）称为驱动方程或激励方程；Q 是存储电路的状态，因此式（9.2.3）称为状态方程。

时序逻辑电路中的存储电路主要是由不同的触发器组成。根据触发器时钟连接方式的不同，可分为同步时序逻辑电路和异步时序逻辑电路。在同步时序逻辑电路中，触发器共用同一时钟信号；在异步时序逻辑电路中，触发器的时钟不是来自同一时钟源。按输出信号特点的不同，还可以将时序电路分为 Mealy 型和 Moore 型。如果输出信号不仅取决于存储电路的状态，而且还与输入变量有关，这种时序电路称为 Mealy 型；如果输出信号仅仅取决于存储电路的状态，则称为 Moore 型。可以看出，Moore 型实际上是 Mealy 型的一种特例。

9.2.2 时序逻辑电路的分析方法

时序逻辑电路的分析，就是根据时序逻辑电路，得出该电路在时钟信号及输入信号的作用下，存储电路的状态转换关系及电路的输出结果，概括该电路的逻辑功能。这一节主要介绍同步时序逻辑电路的分析方法，具体步骤为：

① 根据逻辑电路写出输出方程，及各个触发器的驱动方程；

② 将驱动方程代入触发器特性方程，得到电路的状态方程；

③ 将任意一组输入变量的取值及电路的初始状态，代入状态方程和输出方程，得到时钟信号作用下的存储电路的次态逻辑值和输出值；再以得到的次态逻辑值为初始状态，和此时的输入变量取值，代入状态方程和输出方程，得到新的次态逻辑值以及电路的输出值，如此循环代入逻辑值，直到所有输入变量的取值和所有逻辑状态值全部代入；将存储电路的状态

转换以及电路的输出用表格的形式来描述它们之间的关系,称为状态转移表;将存储电路状态之间的转换关系用图形的方式来描述,就是状态转换图;

④ 检查状态转换图(状态转移表),检查电路是否能自启动;

⑤ 画出电路工作波形图,并对逻辑功能进行概述。

例 9.2.1 分析图 9.2.2 所示的同步时序逻辑电路功能。

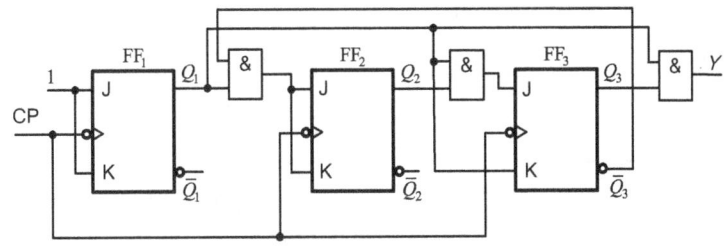

图 9.2.2 例 9.2.1 电路图

解:该电路是由三个 JK 触发器组成的同步时序逻辑电路,除 CP 外,没有其他的输入信号,CP 下降沿触发。触发器的 3 个输出端为:Q_1、Q_2、Q_3,电路的输出端为 Y。根据电路得到驱动方程

$$\begin{cases} J_1 = K_1 = 1 \\ J_2 = K_2 = \overline{Q}_3^n Q_1^n \\ J_3 = Q_2^n Q_1^n, \ K_3 = Q_1^n \end{cases}$$

代入 JK 触发器的特性方程 $Q^{n+1} = J\overline{Q}^n + \overline{K}Q^n$,可得电路的状态方程为

$$\begin{cases} Q_1^{n+1} = \overline{Q}_1^n \\ Q_2^{n+1} = \overline{Q}_3^n Q_1^n \overline{Q}_2^n + \overline{\overline{Q}_3^n Q_1^n} Q_2^n \\ Q_3^{n+1} = Q_2^n Q_1^n \overline{Q}_3^n + \overline{Q}_1^n Q_3^n \end{cases}$$

由电路得到输出方程

$$Y = Q_3^n Q_1^n$$

接下来,作出状态转移表。可以先假设初始状态为 $Q_3^n Q_2^n Q_1^n = 000$,代入状态方程得到次态 $Q_3^{n+1} Q_2^{n+1} Q_1^{n+1} = 001$,代入输出方程得到 $Y=0$;再以 001 作为初态,再次代入状态方程和输出方程,得到新的次态和输出;依此类推,得到一系列的次态值,记录在状态转移表中,如表 9.2.1 所示。表中的"↓"表示状态的更替发生在时钟的下降沿。

表 9.2.1 例 9.2.1 的状态转移表

	时钟信号	初态			次态			输出
		Q_3^n	Q_2^n	Q_1^n	Q_3^{n+1}	Q_2^{n+1}	Q_1^{n+1}	Y
有效状态	1↓	0	0	0	0	0	1	0
	2↓	0	0	1	0	1	0	0

续表

	时钟信号	初态			次态			输出
		Q_3^n	Q_2^n	Q_1^n	Q_3^{n+1}	Q_2^{n+1}	Q_1^{n+1}	Y
有效状态	3↓	0	1	0	0	1	1	0
	4↓	0	1	1	1	0	0	0
	5↓	1	0	0	1	0	1	0
	6↓	1	0	1	0	0	0	1
偏离状态	1↓	1	1	1	1	1	1	0
	2↓	1	1	1	0	1	0	1

有了状态转换表，可以进一步得到状态转换图，如图9.2.3所示。其中，左上侧为状态转换图的图例，圆圈中的值为状态信号，横线上给出了状态转换的条件及对应的输出，通常"/"的前面是输入信号，后面是输出信号。

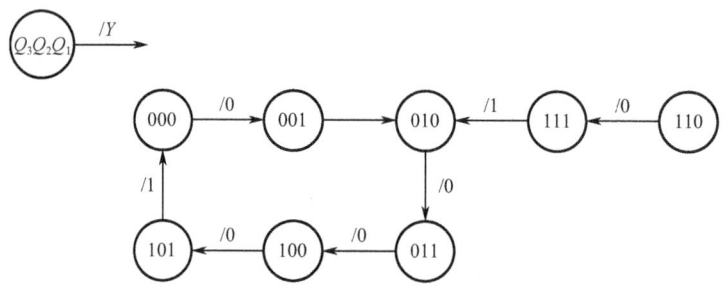

图9.2.3　例9.2.1的状态转换图

根据状态转换表（图）还可以画出电路工作波形，如图9.2.4所示。从状态转换表（图）和工作波形图可以看出，该逻辑电路实现了6个逻辑状态的循环，是六进制计数器。Y是进位输出端，每6个计数脉冲产生一个高电平进位信号。偏离状态111和110也可以经过1个或2个时钟节拍进入主循环，这说明电路是能自启动的。

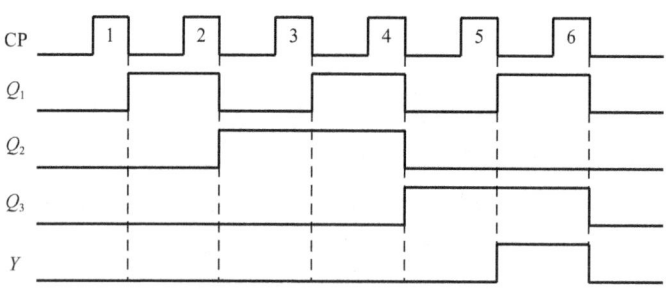

图9.2.4　例9.2.1的工作波形

例9.2.2　分析图9.2.5所示同步时序逻辑电路的功能。

解：该电路是由两个上升沿触发的D触发器组成的同步时序逻辑电路，电路中输入信号为M_0和M_1，触发器的两个输出端为Q_0和Q_1，电路的输出端为BO和CO。根据电路写出各触发器的驱动方程

$$\begin{cases} D_0 = \overline{M}_1 M_0 \overline{Q}_1^n + M_1 \overline{M}_0 Q_1^n \\ D_1 = M_0 Q_0^n + M_1 \overline{Q}_0^n \end{cases}$$

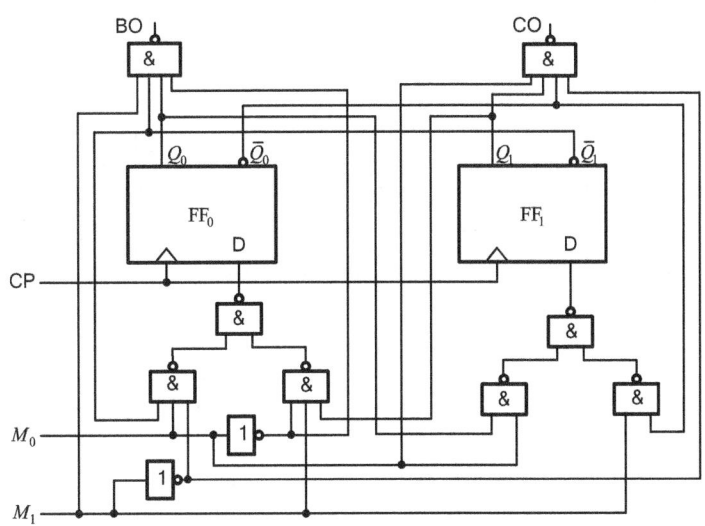

图 9.2.5　例 9.2.2 电路图

代入 D 触发器特性方程 $Q^{n+1} = D$，可得电路的状态方程为

$$\begin{cases} Q_0^{n+1} = D_0 = \overline{M}_1 M_0 \overline{Q}_1^n + M_1 \overline{M}_0 Q_1^n \\ Q_1^{n+1} = D_1 = M_0 Q_0^n + M_1 \overline{Q}_0^n \end{cases}$$

根据电路写出输出方程为

$$\text{BO} = \overline{M_1 \overline{M}_0 \overline{Q}_1^n Q_0^n}, \quad \text{CO} = \overline{\overline{M}_1 M_0 Q_1^n \overline{Q}_0^n}$$

根据状态方程和输出方程作出状态转换表，如表 9.2.2 所示。根据状态表可以作出状态转换图，如图 9.2.6 所示。可以看出，电路采用了循环码的计数编码方式。当 $M_1 = 0$，$M_0 = 1$ 时 [见图 9.2.6（a）]，电路为 4 进制加法计数；当 $M_1 = 1$，$M_0 = 0$ 时 [见图 9.2.6（b）]，电路为 4 进制减法计数；当 $M_1 = 0$，$M_0 = 0$ 时 [见图 9.2.6（c）]，电路复位到 00 状态；当 $M_1 = 1$，$M_0 = 1$ 时 [见图 9.2.6（d）]，电路置数到 10 状态。CO 在加计数循环中，计数状态为 10 时才输出 0，所以 CO 是低电平有效的进位标志；BO 在减计数循环中，计数状态为 01 时才输出 0，所以 BO 是低电平有效的借位标志。由于电路不存在偏离状态，因此必然是可以自启动的。

表 9.2.2　例 9.2.2 状态转换表

输入		时钟	初态		次态		输出		功　能
M_1	M_0	CP	Q_1^n	Q_0^n	Q_1^{n+1}	Q_0^{n+1}	BO	CO	
0	1	↑	0	0	0	1	1	1	加计数
0	1	↑	0	1	1	1	1	1	
0	1	↑	1	1	1	0	1	1	
0	1	↑	1	0	0	0	1	0	

续表

输入		时钟	初态		次态		输出		功能
M_1	M_0	CP	Q_1^n	Q_0^n	Q_1^{n+1}	Q_0^{n+1}	BO	CO	
1	0	↑	0	0	1	0	1	1	减计数
1	0	↑	1	0	1	1	1	1	
1	0	↑	1	1	0	1	1	1	
1	0	↑	0	1	0	0	0	1	
0	0	↑	×	×	0	0	1	1	置0
1	1	↑	×	×	1	0	1	1	置10

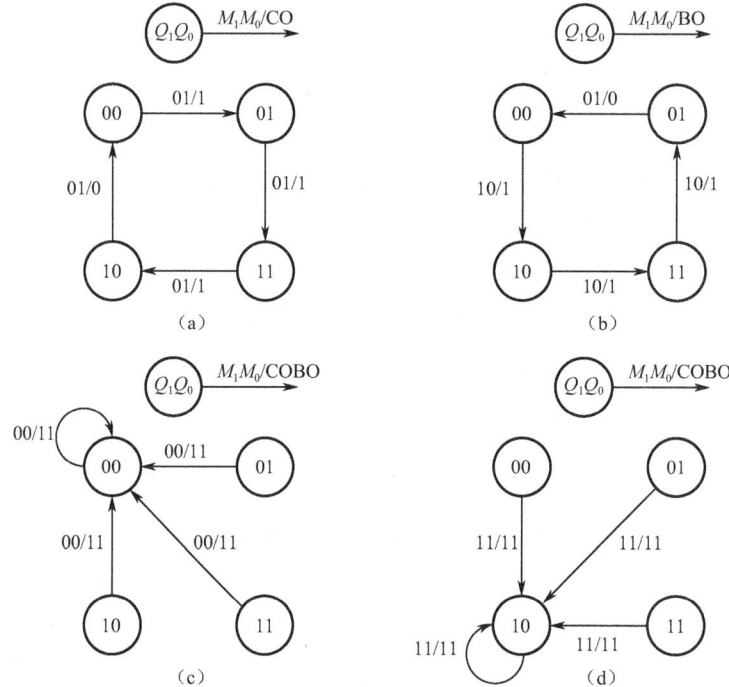

图 9.2.6　例 9.2.2 的状态转换图

9.2.3　常用时序逻辑电路

常用的同步时序逻辑电路有寄存器和计数器等。

1. 寄存器

寄存器按照其电路结构可分为并行数据寄存器和移位串行数据寄存器。

（1）并行数据寄存器

并行数据寄存器一般用 D 触发器组成，图 9.2.7 所示为 4 位并行数据寄存器的电路结构。D 触发器的时钟端连接在一起，4 位数据输入端为 $D_1 \sim D_4$，4 位数据输出端为 $Q_1 \sim Q_4$。该电路的状态方程为

$$Q_4^{n+1} = D_4, \quad Q_3^{n+1} = D_3, \quad Q_2^{n+1} = D_2, \quad Q_1^{n+1} = D_1$$

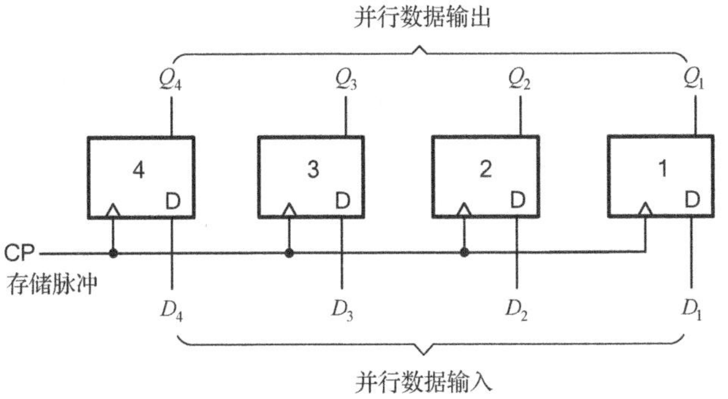

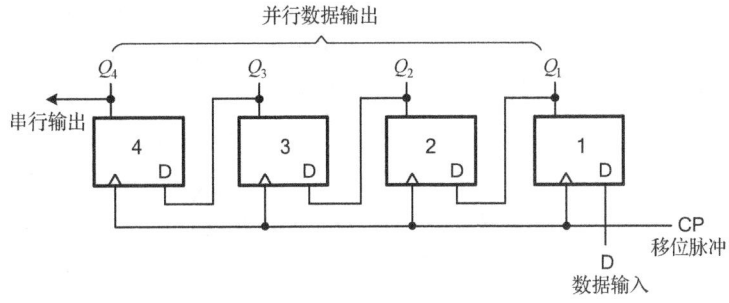

图 9.2.7 4 位并行数据寄存器

将需要存储的 4 位二进制数置于 $D_1 \sim D_4$，等待 1 个时钟上升沿后，4 位数据就能并行地存入 $Q_1 \sim Q_4$。

（2）移位数据寄存器

4 位左移移位数据寄存器的电路结构如图 9.2.8 所示。该电路的状态方程为

$$Q_1^{n+1} = D, \quad Q_2^{n+1} = Q_1^n, \quad Q_3^{n+1} = Q_2^n, \quad Q_4^{n+1} = Q_3^n$$

图 9.2.8 4 位左移移位寄存器

假设 $Q_1 \sim Q_4$ 的初始状态全为 0，现将一个 4 位二进制数 1010 存储下来。首先，令 $D=1$，加入第一个时钟脉冲后，只有 $Q_1 = 1$；然后，令 $D=0$，加入第二个时钟脉冲，则得到 $Q_2 = 1$、$Q_1 = 0$；如此 4 个时钟脉冲后可将数据 1010 存储到 $Q_1 \sim Q_4$。表 9.2.3 给出了数据移位的过程。

CC40194 是 CMOS 工艺的 4 位可预置数双向移位寄存器，其电路图符号如图 9.2.9 所示。$\bar{R}$ 是低电平有效的异步复位端；$DP_0 \sim DP_3$ 为置数数据输入端，将所要置入的数据加入，在时钟脉冲的上升沿到来时完成置数；D_{SR} 为寄存器右移时的串行数据输入端；D_{SL} 为寄存器左移时的串行数据输入端；M_1 和 M_0 为工作模式的控制端；$Q_0 \sim Q_3$ 为寄存器输出端。CC40194 的功能如表 9.2.4 所示。

表 9.2.3 4 位左移移位寄存器的移位过程表

时钟次数	D	触发器输出			
		Q_4	Q_3	Q_2	Q_1
0		0	0	0	0
1	1	0	0	0	1
2	0	0	0	1	0
3	1	0	1	0	1
4	0	1	0	1	0

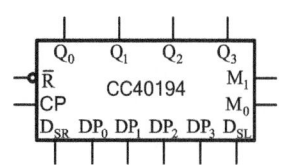

图 9.2.9　CC40194 电路图符号

表 9.2.4　CC40194 功能表

CP	模式选择		$\overline{R}$	输出				功能
	M_1	M_0		Q_0	Q_1	Q_2	Q_3	
×	×	×	0	0	0	0	0	复位
×	0	0	1	Q_0	Q_1	Q_2	Q_3	保持
↑	0	1	1	D_{SR}	Q_0	Q_1	Q_2	右移
↑	1	0	1	Q_1	Q_2	Q_3	D_{SL}	左移
↑	1	1	1	DP_0	DP_1	DP_2	DP_3	置数

2. 计数器

计数器是一种累计时钟脉冲数的逻辑器件。在计时、分频、延时等方面有广泛的应用。按照时钟信号作用方式的不同，可以分为同步计数器和异步计数器。同步计数器属于同步时序逻辑电路，异步计数器属于异步时序逻辑电路。根据计数数值的增减不同，可分为加法计数器（其计数结果是递增的）、减法计数器（其计数结果是递减的）和可逆计数器（可加可减）。根据计数的数制不同，可分为二进制、十进制和其他进制计数器。

1）二进制计数器

4 位同步二进制加法计数器 74LS161 是常用的中规模集成计数器，其计数周期为 16（也称为模 16 或十六进制）。图 9.2.10 给出了 74LS161 的电路图符号，$\overline{CR}$ 为异步复位端（低电平有效），$\overline{LD}$ 为同步预置数控制端（低电平有效），$D_0 \sim D_3$ 为预置数输入端，$Q_0 \sim Q_3$ 为计数输出端，CO 为进位输出端；CT_P、CT_T 为计数器功能控制端，其功能表如表 9.2.5 所示。图 9.2.11 给出了 74LS161 的工作波形图。

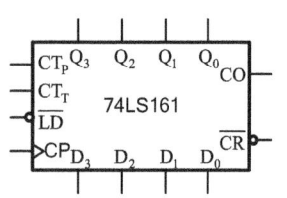

图 9.2.10　74LS161 的电路图符号

表 9.2.5　74LS161 的功能表

$\overline{CR}$	$\overline{LD}$	CT_P	CT_T	CP	D_3	D_2	D_1	D_0	Q_3	Q_2	Q_1	Q_0
0	×	×	×	×	×	×	×	×	0	0	0	0
1	0	×	×	↑	D_3	D_2	D_1	D_0	D_3	D_2	D_1	D_0
1	1	1	1	↑	×	×	×	×	加计数（十六进制）			
1	1	×	0	×	×	×	×	×	保持，CO = 0			
1	1	0	×	×	×	×	×	×	保持			

根据功能表可知，74LS161 有如下功能：

① 异步复位。当 $\overline{CR}=0$ 时，计数器的 $Q_3Q_2Q_1Q_0$ 被立即清为 0000。不复位时应使 $\overline{CR}=1$。

② 同步预置数。当 $\overline{CR}=1$，即不复位的情况下，若 $\overline{LD}=0$，并且时钟 CP 来了一个上升沿，计数器被置数，$D_0 \sim D_3$ 的数据被置入 $Q_0 \sim Q_3$。不置数时应使 $\overline{LD}=1$。

③ 计数。当 $\overline{CR}=1$、$\overline{LD}=1$，且 $CT_P = CT_T = 1$ 时，电路处于计数工作状态，每来一个时钟 CP 上升沿，$Q_3Q_2Q_1Q_0$ 状态值加 1，计数范围从 0000 ~ 1111；当 $Q_3Q_2Q_1Q_0$ 计数到 1111 时，

进位输出 CO = 1，再来一个 CP 上升沿，$Q_3Q_2Q_1Q_0$ 回到 0000 的状态，并且 CO 由 1 变为 0。

④ 保持。当 $\overline{CR}$ = 1、$\overline{LD}$ = 1，而 CT_T = 0、CT_P = × 时，计数器处于保持状态，$Q_3Q_2Q_1Q_0$ 的值不变，且进位输出 CO = 0；当 $\overline{CR}$ = 1、$\overline{LD}$ = 1，而 CT_P = 0、CT_T = × 时，计数器处于保持状态，且进位输出 CO 也保持不变。

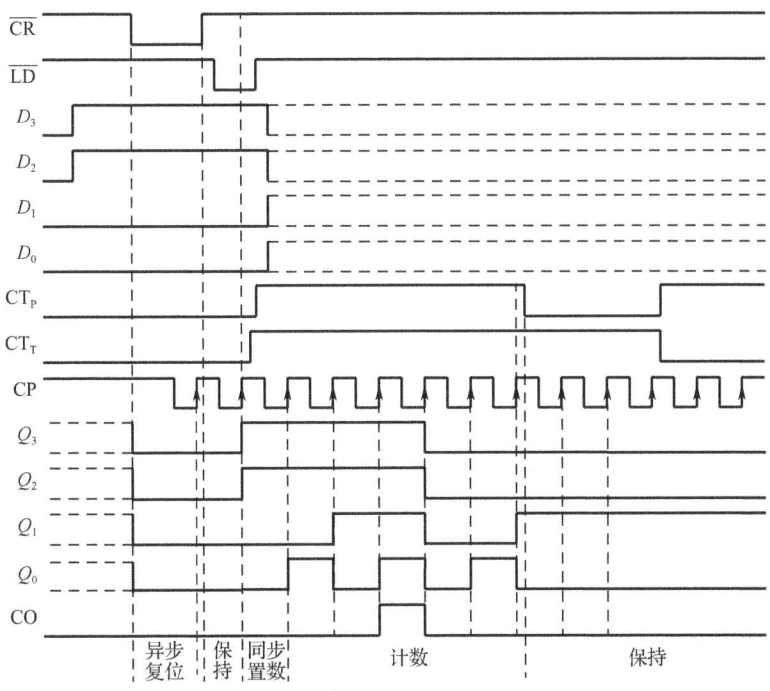

图 9.2.11 74LS161 工作波形

常用的集成二进制计数器还有：带同步复位和同步预置数的 4 位二进制加法计数器 74LS163、CC40163；可逆（加/减）4 位二进制计数器采用单时钟的有 74LS169、74LS191、CD4516，采用双时钟结构的有 74LS193、CD40193。

图 9.2.12 给出了 74LS193 的电路图符号，其功能表如表 9.2.6 所示。其中，$Q_3Q_2Q_1Q_0$ 为计数输出；$D_3D_2D_1D_0$ 为预置数输入端；R 为高电平有效的异步复位；$\overline{PE}$ 为低电平有效的异步置数端；CP_U 为加计数脉冲输入端，上升沿计数，作减法计数时该端处于高电平；CP_D 为减计数脉冲输入端，上升沿计数，作加法计数时该端处于高电平；$\overline{CO}$ 为加计数进位输出端，低电平有效；$\overline{BO}$ 为减计数借位输出端，低电平有效。根据功能表可知，74LS193 有如下功能：

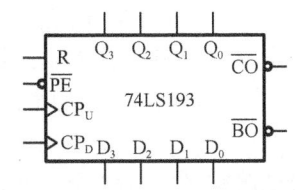

图 9.2.12 74LS193 的电路图符号

表 9.2.6 74LS193 功能表

R	$\overline{PE}$	CP_U	CP_D	功能
1	×	×	×	复位
0	0	×	×	异步预置数
0	1	↑	1	加计数
0	1	×	0	保持
0	1	1	↑	减计数
0	1	0	×	保持

（1）异步复位。当 $R=1$ 时，计数器 $Q_3Q_2Q_1Q_0$ 被立即清为 0000。不复位时应使 $R=0$。

（2）异步预置数。当 $R=0$，即不复位时，若 $\overline{PE}=0$，计数器被立即置数，$D_0 \sim D_3$ 的数据被置入 $Q_0 \sim Q_3$。不置数时应使 $\overline{PE}=1$。

（3）加计数。当 $R=0$、$\overline{PE}=1$，即不复位也不置数时，若 $CP_D=1$，则电路处于加计数状态，每来一个 CP_U 上升沿，$Q_3Q_2Q_1Q_0$ 状态值加 1，计数范围从 $0000 \sim 1111$；当 $Q_3Q_2Q_1Q_0$ 计数到 1111 时，进位输出 $\overline{CO}$ 在后半个时钟周期输出 0，再来一个 CP_U 上升沿，$Q_3Q_2Q_1Q_0$ 回到 0000 的状态，并且 $\overline{CO}$ 由 0 变为 1。

（4）减计数。当 $R=0$、$\overline{PE}=1$，即不复位也不置数的情况下，若 $CP_U=1$，则电路处于减计数状态，每来一个 CP_D 上升沿，$Q_3Q_2Q_1Q_0$ 状态值减 1，计数范围从 $1111 \sim 0000$；当 $Q_3Q_2Q_1Q_0$ 计数到 0000 时，借位输出 $\overline{BO}$ 在后半个时钟周期输出 0，再来一个 CP_D 上升沿，$Q_3Q_2Q_1Q_0$ 回到 1111 的状态，并且 $\overline{BO}$ 由 0 变为 1。

（5）保持。当 $R=0$、$\overline{PE}=1$，而 CP_D、CP_U 中有一个为 0 时，计数器处于保持状态。

2）十进制计数器

十进制计数器是 10 个状态构成计数循环。常用集成十进制计数器有 74LS160、CC40160，其引脚及逻辑功能与二进制计数器 74LS161 相同，也是异步复位同步置数的 4 位加法计数器。不同之处是输出端 $Q_3Q_2Q_1Q_0$ 的循环状态数，74LS160 的计数循环是从 0000→1001，再往下又重新回到 0000 状态，没有二进制计数器状态循环中 1010→1111 的六个状态，其功能表如表 9.2.7 所示。

表 9.2.7 74LS160 的功能表

$\overline{CR}$	$\overline{LD}$	CT_P	CT_T	CP	D_3	D_2	D_1	D_0	Q_3	Q_2	Q_1	Q_0
0	×	×	×	×	×	×	×	×	0	0	0	0
1	0	×	×	↑	D_3	D_2	D_1	D_0	D_3	D_2	D_1	D_0
1	1	1	1	↑	×	×	×	×	加计数（十进制）			
1	1	×	0	×	×	×	×	×	保持，CO = 0			
1	1	0	×	×	×	×	×	×	保持			

常用的集成十进制计数器还有：带同步复位和同步预置数的十进制加法计数器 74LS162、CC40162；可逆（加/减）十进制计数器采用单时钟的有 74LS168、74LS190、CD4510，采用双时钟结构的有 74LS192、CD40192。74LS192 与 74LS193 有相同的引脚及逻辑功能，不同之处是 74LS193 的双向计数范围在 $0000 \sim 1111$ 之间，而 74LS192 在 $0000 \sim 1001$ 之间。

3）任意进制计数器的构成方法

时序电路设计时，往往会遇到待设计电路的计数周期与已有集成计数器同期不同的情况。因此，需要使用已有集成计数器来改造得到待设计的计数电路。假设已有集成计数器为 N 进制，待设计计数器为 M 进制，若 $N=M$ 则直接使用即可，若 $N \neq M$ 则分两种情况进行讨论。

（1）$N > M$

当 $N > M$ 时，只需在已有计数器的 N 个计数状态中设法跳转掉 $N-M$ 个状态，剩下 M 个状态即可构成 M 进制计数器。若使用计数器的复位端实现跳转，则称为复位法；若使用置数端实现跳转，则称为置数法。

例 9.2.3　试用 74LS161 采用复位法和置数法构成十二进制计数器。

解：① 采用复位法实现

74LS161 是具有异步复位、同步置数的 4 位二进制加法计数器。正常 $Q_3Q_2Q_1Q_0$ 计数状态是从 0000～1111。复位会使 $Q_3Q_2Q_1Q_0=0000$，因此构成十二进制的计数状态应是 0000～1011。考虑到 74LS161 是异步复位，因此选择有效循环的最后一个状态（1011）的下一个状态（1100）来译码产生复位的低电平信号，即 $\overline{CR}=\overline{Q_3Q_2\overline{Q_1}\overline{Q_0}}$。虽然 1100 状态会在计数中出现，但异步复位会使其立即清到 0000，因此 1100 是一个"稍纵即逝"的状态，并不能持续一个时钟周期，所以不是一个有效的计数状态，真正有效的计数状态还是 0000～1011。考虑到加法计数时，首先使 $Q_3Q_2=11$ 的即为 1100 状态，因此可以进一步简化 $\overline{CR}=\overline{Q_3Q_2}$。复位法电路如图 9.2.13 所示。

② 采用置数法实现

假设十二进制计数的状态还是选择 0000～1011，但采用置数法来跳转掉 1100～1111 四个状态。考虑到 74LS161 是同步置数，因此选择有效循环的最后一个状态（1011）来译码产生置数的低电平信号，即 $\overline{LD}=\overline{Q_3\overline{Q_2}Q_1Q_0}$。虽然在 1011 状态置数，但同步置数会使 $\overline{LD}$ 在低电平有效时，必须等待时钟 CP 出现上升沿后再置数，所以 1011 将维持一个时钟周期，是一个有效的计数状态。将 $D_3D_2D_1D_0=0000$，这样 1011 状态后，下一个时钟周期将置数到 0000。另外，考虑到加法计数时，首先使 $Q_3Q_1Q_0=111$ 的即为 1011 状态，因此可以进一步简化 $\overline{LD}=\overline{Q_3Q_1Q_0}$。置数法电路如图 9.2.14 所示。

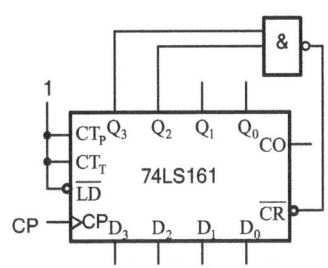

图 9.2.13　例 9.2.3 复位法电路

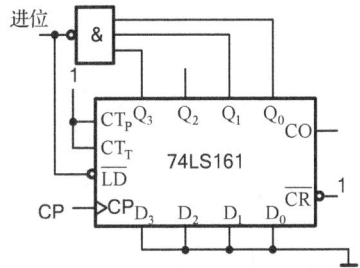

图 9.2.14　例 9.2.3 置数法电路

（2）$N<M$

当 $N<M$ 时，需要使用多片 N 进制计数器构成 M 进制计数器。若 M 可以写成 $M_1\times M_2$，且 M_1 和 M_2 都小于或等于 N，则可以使用 N 进制计数器先构成 M_1、M_2 进制计数器，再级联成 M 进制计数器。

例 9.2.4　试用 74LS160 构成 100 进制计数器。

解：74LS160 是十进制计数器，具有异步复位和同步置数功能。而 100 进制可以写成 10×10，可用两片 74LS160 计数器级联构成。可将两片 74LS160 的时钟 CP 共接在一起，采用同步级联工作方式。但两片计数器不能同时计数，只有低位（1）号计数器从 1001 变为 0000 时，高位（2）号计数器才能计数加 1。

令（1）号片的 $CT_P=CT_T=1$，$\overline{LD}=1$，$\overline{CR}=1$，使（1）号片处于 10 进制计数状态。（1）号片从 1001 变为 0000 时（2）号片加 1。即（1）号片计数到 1001 时，（2）号片应具备计

数条件，即 $CT_P = CT_T = 1$，而其他情况下，（2）号片应处于保持状态。因此，可将（1）号片的进位输出 CO 接到（2）号片的 CT_P。同步级联方式电路如图 9.2.15 所示。

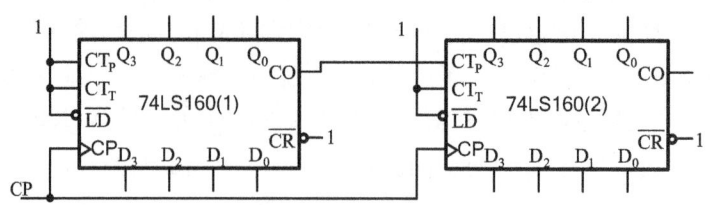

图 9.2.15　例 9.2.4 同步级联方式电路图

两片 74LS160 计数器也可以采用异步级联方式构成 100 进制计数器。当然也要保证低位计数器从 1001 变为 0000 时，高位计数器才能计数加 1。因此，可将低位（1）号片的进位输出 CO 取非后连接到高位（2）号片的 CP。取非的目的是保证（2）号片 CP 的上升沿对应的是（1）号片 1001 变为 0000 的时刻。异步级联方式电路如图 9.2.16 所示。

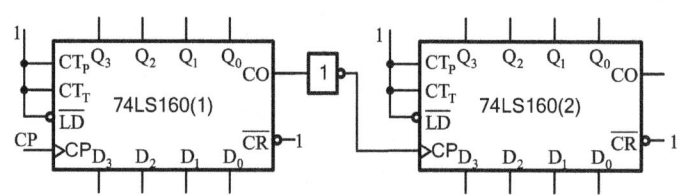

图 9.2.16　例 9.2.4 异步级联方式电路图

若 M 是素数，不能被拆分，则可先用多片 N 进制计数器级联出大于 M 进制的计数器，再采用复位或置数的方法构成 M 进制计数器。

例 9.2.5　试用 74LS160 构成 23 进制计数器。

解：23 是素数，且大于 74LS160 的计数周期 10。因此，可先采用同步或异步级联方式，用两片 74LS160 构成 100 进制计数器。然后，再采用复位或置数法构成 23 进制计数器。100 进制计数器，其计数采用的是 BCD 码方式，计数状态在 0000 0000～1001 1001 范围内。构成 23 进制计数器，计数范围在 0000 0000～0010 0010。若采用置数法，则可在 0010 0010 译出低电平置数信号，并在下一时刻将计数状态置为 0000 0000。23 进制计数器的计数电路如图 9.2.17 所示。

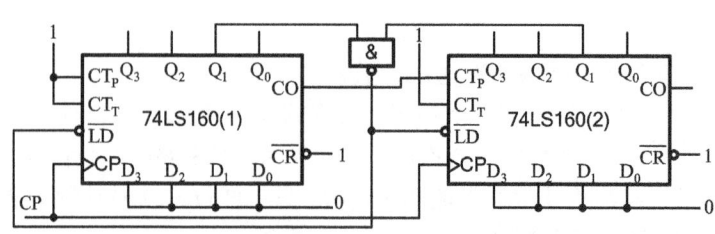

图 9.2.17　例 9.2.5 电路图

9.2.4 时序逻辑电路设计

时序逻辑电路的设计，就是根据逻辑问题的具体要求，结合时序逻辑电路的特点，设计出能够实现该逻辑功能的最简时序电路。

1. 基于触发器的时序逻辑电路设计

采用最基本的触发器设计时序逻辑电路，其具体步骤为：

① 根据逻辑设计要求，进行逻辑抽象。确定输入量和输出量，并且定义输入和输出量逻辑值的含义，用字母表示出这些变量。

② 建立原始状态转换图或状态转移表。根据设计要求，确定系统的原始状态数，用字母表示出这些原始状态，例如用 S_m 来表示（m=0，1，2，…）。找到原始状态 S_m 之间的转换关系，作出在各种输入条件下状态间的转换图或状态转移表，标明输入和输出的逻辑值。

③ 原始状态的化简。当然这一步并不是必要的。状态的化简就是进行状态合并。用一个状态代替与之等价的状态。逻辑状态等价的依据是：第一，状态 S_i、S_j，在相同的输入条件下，状态 S_i、S_j 对应的输出结果相同；第二，状态 S_i、S_j，在相同的输入条件下，状态 S_i、S_j 转移效果完全相同（通常是次态相同）。满足上述两个条件的状态，就是等价状态，可以将这些等价状态合并为一个状态。

④ 状态分配。状态分配就是给化简后的各个状态分别分配一组代码。代码的位数 n 也就是将来用到的触发器个数，应满足 $2^{n-1} < m \leq 2^n$，而 m 是化简后状态的个数。

⑤ 求出状态方程和驱动方程及输出方程。根据状态转移表或者状态转换图作出卡诺图，并化简得到状态方程和输出方程，再根据触发器的特性方程进一步得到驱动方程。

⑥ 自启动检查，并根据驱动方程和输出方程画出电路。

例 9.2.6 分别用 JK 触发器和 D 触发器设计一个五进制计数器，进位输出端为 Y。

解：根据时序逻辑电路的设计步骤，解题如下。

步骤 1：逻辑抽象。该设计为计数电路，除时钟信号外，没有其他的输入量，输出量为 Y，表示进位，用 1 来表示有进位，0 表示没有进位。

步骤 2：建立状态转换图。用 S_0、S_1、S_2、S_3 和 S_4 表示五进制计数器的 5 个循环状态，对应状态图如图 9.2.18 所示。

步骤 3：状态化简。图 9.2.18 所示状态图中任一状态的次态都不一样，即次态转移效果不同。因此，不存在等价状态。化简这一步可以省去。

步骤 4：状态分配。5 个逻辑状态，选择 3 位二进制数表示，即触发器数为 3。令 S_0= 000、S_1 = 001、S_2 = 010、S_3 = 011、S_4 = 100，则编码后的状态图如图 9.2.19 所示。

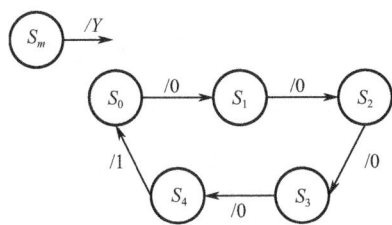

图 9.2.18 例 9.2.6 状态转换图

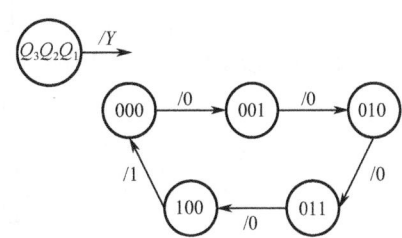

图 9.2.19 例 9.2.6 编码后状态转换图

步骤5：求解驱动方程和输出方程。根据编码后的状态转换图，当初态 $Q_3^n Q_2^n Q_1^n = 000$ 时，次态 $Q_3^{n+1} Q_2^{n+1} Q_1^{n+1} = 001$，输出 $Y = 0$，将其填入卡诺图中对应的小方格里。按此方法填入状态循环中的所有状态，由于偏离状态101～111在状态转换图中没有出现，所以在这些小方格中填入任意项。得到状态转换卡诺图如图9.2.20（a）所示。

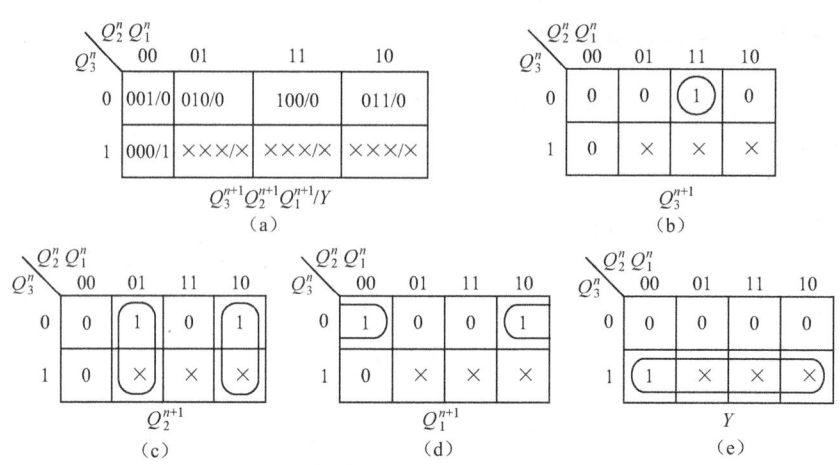

图 9.2.20　例 9.2.6 卡诺图

将图9.2.20（a）的卡诺图分解得到图（b）、（c）、（d）和（e）。得到输出方程时，无关项视作0或1以得到最简结果为依据，则输出方程为

$$Y = Q_3^n$$

得到状态方程时，若使用JK触发器实现设计，化简时无关项视作0或1以得到最简结果为依据，同时还应尽可能保留 Q^n 和 $\overline{Q}^n$ 项。例如 $Q_3^{n+1} = Q_2^n Q_1^n \overline{Q}_3^n$，而没有化简得到 $Q_3^{n+1} = Q_2^n Q_1^n$，这样更方便得到驱动方程的 J_3 和 K_3。根据上述原则得到状态方程

$$\begin{cases} Q_1^{n+1} = \overline{Q}_3^n \overline{Q}_1^n \\ Q_2^{n+1} = Q_1^n \overline{Q}_2^n + \overline{Q}_1^n Q_2^n \\ Q_3^{n+1} = Q_2^n Q_1^n \overline{Q}_3^n \end{cases}$$

JK触发器的特性方程为 $Q^{n+1} = J\overline{Q}^n + \overline{K}Q^n$，与上述状态方程对比得到驱动方程

$$\begin{cases} J_1 = \overline{Q}_3^n, \ K_1 = 1 \\ J_2 = Q_1^n, \ K_2 = Q_1^n \\ J_3 = Q_2^n Q_1^n, \ K_3 = 1 \end{cases}$$

若以D触发器实现设计，化简时无关项视作0或1以得到最简结果为依据，则状态方程为

$$\begin{cases} Q_1^{n+1} = \overline{Q}_3^n \overline{Q}_1^n \\ Q_2^{n+1} = Q_1^n \overline{Q}_2^n + \overline{Q}_1^n Q_2^n \\ Q_3^{n+1} = Q_2^n Q_1^n \end{cases}$$

结合 D 触发器的特性方程 $Q^{n+1}=D$，得到驱动方程为

$$\begin{cases} D_1 = \overline{Q}_3^n \overline{Q}_1^n \\ D_2 = Q_1^n \overline{Q}_2^n + \overline{Q}_1^n Q_2^n \\ D_3 = Q_2^n Q_1^n \end{cases}$$

步骤 6：自启动检查，并根据驱动方程和输出方程画出电路。将偏离状态代入状态方程和输出方程，可以得到完整状态转换图（如图 9.2.21 所示）。可以看出，采用 JK 触发器和 D 触发器的状态转换图中，偏离状态的转移情况有所不同，但都可以回到主循环中，所以用 JK 触发器和 D 触发器设计的电路都是可以自启动的。最后根据驱动方程和输出方程画出电路如图 9.2.22 所示。

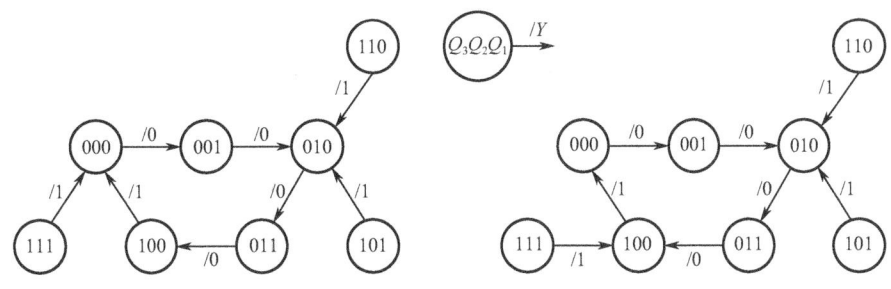

(a) 用JK触发器设计的状态转换图　　　　(b) 用D触发器设计的状态转换图

图 9.2.21　例 9.2.6 完整状态转换图

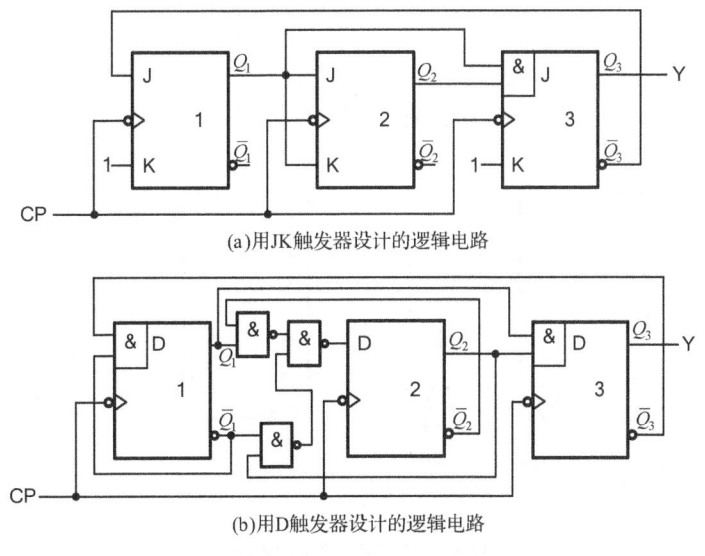

(a) 用JK触发器设计的逻辑电路

(b) 用D触发器设计的逻辑电路

图 9.2.22　例 9.2.6 电路图

2. 基于中规模集成电路的时序逻辑电路设计

前面介绍了一些中规模时序逻辑电路，如集成移位寄存器，计数器等。使用这些器件完

成时序逻辑电路设计，主要采用的就是对比法，对电路进行功能拆分，找到适合的器件实现。

例 9.2.7 设计一个时序逻辑电路，能产生两个周期性的二进制序列1010001和0001101。

解：序列的周期为7，因此首先要构造一个7进制的计数器，可用 74LS161 构造得到，计数范围在 $000 \sim 110$；然后根据计数状态译码得到序列值，而译码可用 3 线/8 线译码器 74LS138 实现，译码的二进制序列输出分别用 Z_1、Z_2 表示。根据分析，列出该设计的真值表如表 9.2.8 所示。

表 9.2.8 例 9.2.7 真值表

CP	Q_2	Q_1	Q_0	$\overline{Y_0}$	$\overline{Y_1}$	$\overline{Y_2}$	$\overline{Y_3}$	$\overline{Y_4}$	$\overline{Y_5}$	$\overline{Y_6}$	Z_1	Z_2
0	0	0	0	0	1	1	1	1	1	1	1	0
1	0	0	1	1	0	1	1	1	1	1	0	0
2	0	1	0	1	1	0	1	1	1	1	1	0
3	0	1	1	1	1	1	0	1	1	1	0	1
4	1	0	0	1	1	1	1	0	1	1	0	1
5	1	0	1	1	1	1	1	1	0	1	0	0
6	1	1	0	1	1	1	1	1	1	0	1	1
7	0	0	0	0	1	1	1	1	1	1	1	0

表中，$Q_2Q_1Q_0$ 是计数状态，$\overline{Y_0} \sim \overline{Y_6}$ 是 74LS138 对应计数状态的译码结果，而 Z_1、Z_2 是序列值输出。根据真值表可以得到

$$\begin{cases} Z_1 = \overline{\overline{Y_6}\,\overline{Y_2}\,\overline{Y_0}} \\ Z_2 = \overline{\overline{Y_6}\,\overline{Y_4}\,\overline{Y_3}} \end{cases}$$

根据分析得到设计电路如图 9.2.23 所示。74LS161 通过置数法构造成了 $000 \sim 110$ 的 7 进制计数器；而 74LS138 根据 $000 \sim 110$ 的计数状态译码得到序列值 Z_1、Z_2。

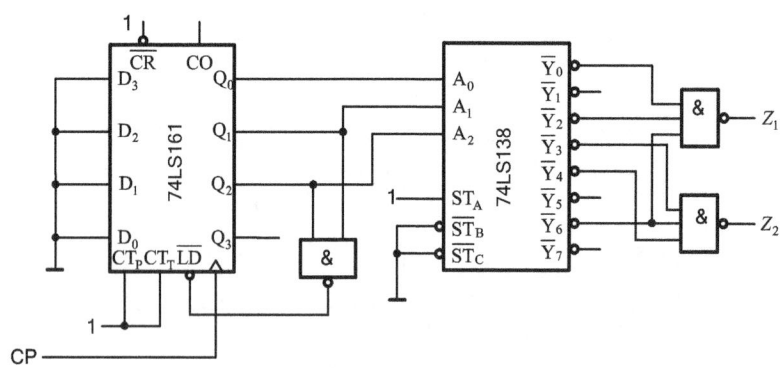

图 9.2.23 例 9.2.7 电路图

9.3 555 定时器及应用

555 定时器是一种多用途的中规模集成电路，它是一种数-模混合器件，可以方便地构成

矩形波发生电路和整形电路，在定时、检测、控制等领域有广泛应用。

9.3.1 555 定时器电路结构及工作原理

1. 电路结构

555 定时器电路结构及引脚图如图 9.3.1 所示。其中"1"脚为接地端，"2"脚 TL 为低电平触发端，"3"脚为输出端，"4"脚 $\overline{R}$ 为复位端，"5"脚 U_{CO} 为控制电压输入端，"6"脚为高电平触发端，"7"脚为放电端，"8"脚为电源。555 内部电路可分成以下五个部分。

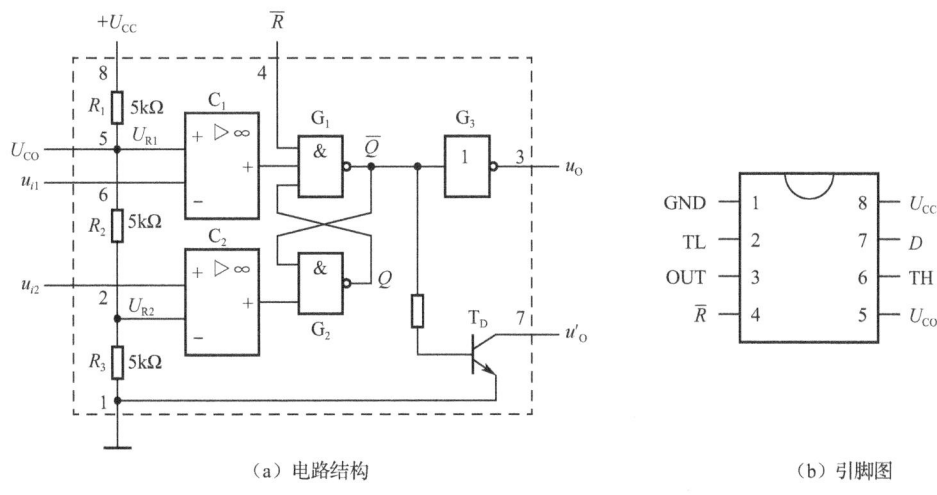

(a) 电路结构　　　　　　　　　　(b) 引脚图

图 9.3.1　555 定时器

（1）电压比较器。C_1 和 C_2 为两个电压比较器，当同相输入端电压 U_+ 大于反相输入端电压 U_- 时，电压比较器输出为高电平（对应逻辑值"1"），反之电压比较器输出为低电平（对应逻辑值"0"）。

（2）分压器。三个 5kΩ 的串联电阻构成分压器，在 U_{CO} 悬空时，$U_{R1}=2U_{CC}/3$，$U_{R2}=U_{CC}/3$，分别为电压比较器 C_1 同相端和 C_2 反相端的参考电压；若 U_{CO} 外接固定电压，则 $U_{R1}=U_{CO}$，$U_{R2}=U_{CO}/2$；若不使用 U_{CO} 端，应用时一般通过一个 0.01μF 的电容接地，以旁路高频干扰。

（3）基本 RS 触发器。G_1、G_2 两个与非门构成基本 RS 触发器，C_1 和 C_2 的输出决定基本 RS 触发器 Q 端的状态。$\overline{R}$ 端为基本 RS 触发器的复位端，当 $\overline{R}=0$ 时，$\overline{Q}=1$。

（4）放电三极管 T_D。放电三极管 T_D 受 $\overline{Q}$ 的控制，当 $\overline{Q}=0$ 时，三极管 T_D 截止，当 $\overline{Q}=1$ 时，三极管 T_D 导通，555 定时器 7 脚与地相通形成放电通道。

（5）输出缓冲器 G_3。输出缓冲器的作用是提高 555 定时器的带负载能力和隔离负载对 555 定时器的影响。

2. 工作原理

由图 9.3.1 可知，只要在 $\overline{R}$ 端加上低电平，RS 触发器 $\overline{Q}=1$，输出端 u_O（OUT）为低电平 0，而 $\overline{Q}=1$（即高电平）使放电管 T_D 饱和导通。

当 $u_{i1} > U_{R1}$，$u_{i2} > U_{R2}$ 时，C_1 输出低电平，C_2 输出高电平，RS 触发器 $Q=0$、$\overline{Q}=1$，输出端 $u_O=0$，放电管 T_D 导通；当 $u_{i1} < U_{R1}$，$u_{i2} > U_{R2}$ 时，C_1、C_2 都输出高电平，RS 触发器保持不变，输出 u_O 和放电管 T_D 的状态也保持不变；当 $u_{i1} < U_{R1}$，$u_{i2} < U_{R2}$ 时，C_1 输出高电平，C_2 输出低电平，RS 触发器 $Q=1$、$\overline{Q}=0$，而输出端 $u_O=1$，此时放电管 T_D 截止；当 $u_{i1} > U_{R1}$，$u_{i2} < U_{R2}$ 时，C_1、C_2 都输出低电平，RS 触发器的 Q 和 $\overline{Q}$ 端同时为 1，输出电压 $u_O=0$，放电管 T_D 导通。在 U_{CO} 端悬空或通过 0.01μF 电容接地时，555 定时器的功能如表 9.3.1 所示。

表 9.3.1 555 定时器功能表

输入			输出	
$\overline{R}$	u_{i1}	u_{i2}	u_O	T_D
0	×	×	0	导通
1	$>\frac{2}{3}U_{CC}$	$>\frac{1}{3}U_{CC}$	0	导通
1	$<\frac{2}{3}U_{CC}$	$>\frac{1}{3}U_{CC}$	不变	不变
1	$<\frac{2}{3}U_{CC}$	$<\frac{1}{3}U_{CC}$	1	截止
1	$>\frac{2}{3}U_{CC}$	$<\frac{1}{3}U_{CC}$	0	导通

9.3.2 555 定时器的应用

1. 多谐振荡器

数字系统中经常要用到矩形波信号，如时钟脉冲。多谐振荡器就是一种能产生矩形波的电路。它没有稳定状态，接通电源后，无须外部触发，就能周而复始地产生高、低电平的矩形波输出。因为矩形波含有丰富的多次谐波分量，因此把产生矩形波的电路称为多谐振荡器。

利用 555 定时器能方便地构成多谐振荡器，如图 9.3.2 所示。其中 R_1、R_2、C 为外接定时元件，复位端 $\overline{R}$ 与电源 U_{CC} 相接，U_{CO} 通过 0.01μF 电容接地，6 脚和 2 脚并接连电容 u_C 端，7 脚放电端接在 R_1、R_2 之间。

555 多谐振荡器工作波形如图 9.3.3 所示。接通电源前，电容 C 上无电荷，即 $u_C=0$。接通电源时，由于电容两端电压不能突变，因此 $u_C(0^+)=0$，555 内部的电压比较器 C_1 输出为 1，C_2 输出为 0，所以 RS 触发器的 $Q=1$、$\overline{Q}=0$，而输出端 $u_O=1$，放电管 T_D 处于截止状态。此时电路处于第一暂稳态。但这一状态不会一直保持，因为在这一状态下，电源 U_{CC} 会通过 R_1、R_2 向 C 充电，充电时间常数 $\tau_1=(R_1+R_2)C$，随着充电的进行，u_C 端电压逐渐上升，如图 9.3.3 所示。

当 u_C 上升到 $2U_{CC}/3$ 时，555 内部电压比较器 C_1 输出变为 0、C_2 输出为 1，所以 RS 触发器的 $Q=0$，$\overline{Q}=1$，而输出 $u_O=0$，放电管 T_D 饱和导通，此时电路处于第二暂稳态。但这一状态也不会一直保持，因为在这一状态下，电容 C 通过 R_2、T_D 的集电极放电，放电时间常数 $\tau_2 = R_2C$（忽略了放电管 T_D 饱和导通电阻），随着放电的进行，u_C 端电压逐渐下降。

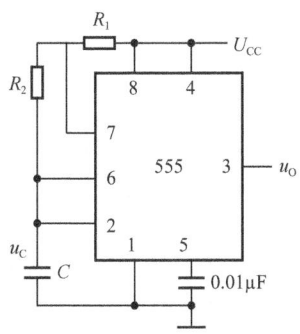

图 9.3.2 555 多谐振荡器

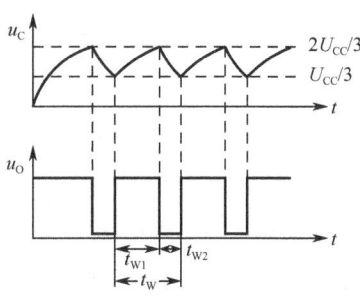

图 9.3.3 555 多谐振荡器工作波形

当 u_C 下降到 $U_{CC}/3$ 时，555 内部的电压比较器 C_1 输出为 1、C_2 输出为 0，所以 RS 触发器的 $Q=1$、$\overline{Q}=0$，而输出端 $u_O=1$，放电管 T_D 处于截止状态，电路回到第一暂稳态。然后，电容 C 又是充电，u_C 从 $U_{CC}/3$ 开始上升……随着电容 C 的充、放电，电路在第一暂稳态和第二暂稳态之间来回翻转，电容 C 的电压 u_C 在 $U_{CC}/3$ 和 $2U_{CC}/3$ 之间振荡，而输出 u_O 在高电平与低电平间振荡，如图 9.3.3 所示。

电路的振荡周期 $t_W = t_{W1} + t_{W2}$。t_{W1} 是 u_C 从 $U_{CC}/3$ 充电至 $2U_{CC}/3$ 所持续的时间；t_{W2} 是 u_C 从 $2U_{CC}/3$ 放电至 $U_{CC}/3$ 所持续的时间。根据三要素法可以得到

$$t_{W1} = \tau_1 \ln \frac{u_C(\infty) - u_C(0^+)}{u_C(\infty) - u_C(t_{W1})} = \tau_1 \ln \frac{U_{CC} - U_{CC}/3}{U_{CC} - 2U_{CC}/3}$$
$$= (R_1 + R_2)C \ln 2 \approx 0.7(R_1 + R_2)C$$
$$t_{W2} = R_2 C \ln 2 \approx 0.7 R_2 C$$

因此，电路的振荡周期

$$t_W = t_{W1} + t_{W2} = 0.7(R_1 + 2R_2)C$$

图 9.3.2 所示振荡器的输出幅值 $U_m \approx U_{CC}$，而占空比 $q = t_{W1}/t_W = (R_1 + R_2)/(R_1 + 2R_2)$，一旦 R_1、R_2 确定后，占空比是不可调的。图 9.3.4 给出了 555 构成的占空比可调的多谐振荡器，利用半导体二极管的单向导电特性，把电容 C 的充、放电回路隔离开来，再增加一个电位器，便可实现占空比可调。

电容 C 的充电回路为：$U_{CC} \to R_1 \to D_1 \to C$，充电时间常数为 $\tau_1 = R_1 C$；放电回路为：$C \to D_2 \to R_2 \to T_D$，放电时间常数 $\tau_2 = R_2 C$。所以可求得 $t_{W1} = 0.7 R_1 C$、$t_{W2} = 0.7 R_2 C$，振荡周期 $t_W = 0.7(R_1 + R_2)C$，而占空比

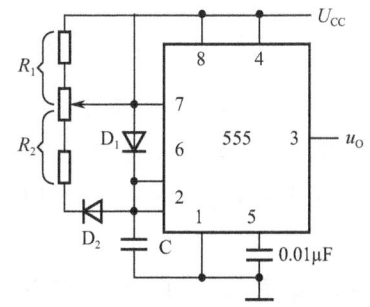

图 9.3.4 555 占空比可调多谐振荡器

$q = R_1/(R_1 + R_2)$。通过调节电位器，就可以调节 R_1、R_2 的大小，从而实现占空比的调节。当 $R_1 = R_2$ 时，占空比 $q = 50\%$，u_O 输出对称矩形脉冲，即方波信号。

例 9.3.1 如图 9.3.2 所示多谐振荡电路，若 $R_1 = R_2 = 0.95\text{k}\Omega$，$C = 1\mu\text{F}$，试计算振荡器

所生产矩形波的周期及占空比。

解：振荡周期　$t_W = 0.7(R_1 + 2R_2)C = 0.7(0.95\text{k}\Omega + 2\times 0.95\text{k}\Omega)\times 1\mu\text{F} \approx 2\text{ms}$，

占空比　$q = (R_1 + R_2)/(R_1 + 2R_2) = 2/3$。

2. 单稳态电路

单稳态电路有一个稳态和一个暂稳态。在外部触发信号作用下，电路会由稳态进入暂稳态，但维持一段时间后又会自动回到稳态。暂稳态的维持时间与触发信号无关，取决于电路本身参数。单稳态电路多用于延时、定时和波形整形。

555 单稳态电路如图 9.3.5 所示。复位端 $\overline{R}$ 接 U_{CC}，2 脚为触发输入信号 u_I，放电管 T_D 的集电极（7 脚）与 6 脚相连，并通过电阻 R 与 U_{CC} 相连，同时通过电容 C 接地。

无触发信号时，$u_I = 1$，电路处于稳定状态，基本 RS 触发器 $Q = 0$、$\overline{Q} = 1$，输出 $u_O = 0$，放电管 T_D 饱和导通，如图 9.3.6 所示。$u_I = 1$，电路处于稳定状态的过程如下：接通电源瞬间，U_{CC} 通过 R 对电容 C 充电，u_C 逐渐上升，当 $u_C > 2U_{CC}/3$ 时，电压比较器 C_1 输出低电平 0，由于 $u_I = 1$，电压比较器 C_2 输出高电平 1，因此 RS 触发器被复位到 0 状态，即 $Q = 0$，$\overline{Q} = 1$，输出 $u_O = 0$，放电管 T_D 饱和导通。此后，电容 C 通过放电管 T_D 迅速放电，使 $u_C = 0$，RS 触发器维持状态不变，所以电路处于 $u_O = 0$ 的稳定状态不变。

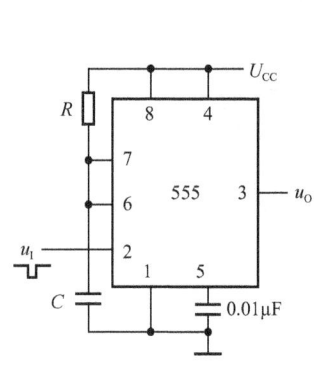

图 9.3.5　555 单稳态电路

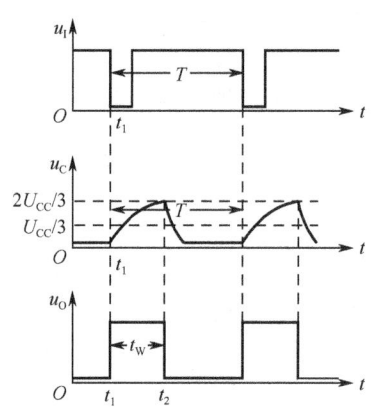

图 9.3.6　单稳态电路工作波形

t_1 时刻，u_I 输入负向窄脉冲，电压比较器 C_2 输出为低电平 0，RS 触发器被置 1，即 $Q = 1$，$\overline{Q} = 0$，输出 $u_O = 1$，放电管 T_D 截止，电路翻转到暂稳态。

暂稳态不会一直维持。因为放电管 T_D 截止，U_{CC} 会通过 R 对电容 C 充电，u_C 逐渐上升，当 $u_C > 2U_{CC}/3$ 时（t_2 时刻），电压比较器 C_1 输出低电平 0，RS 触发器被置 0，即 $Q = 0$，$\overline{Q} = 1$，暂稳态结束，输出 $u_O = 0$，放电管 T_D 导通，电容 C 通过 T_D 快速放电至 0，电路恢复到稳定状态。暂稳态的持续时间 t_W 是电容 C 由开始充电至 $u_C = 2U_{CC}/3$ 所需的时间。根据三要素法可得

$$t_W = RC \ln \frac{U_{CC} - 0}{U_{CC} - \frac{2}{3}U_{CC}} = RC \ln 3 \approx 1.1RC$$

从暂稳态结束到电容 C 放电至 $u_C = 0$ 所需时间称为恢复时间 t_{re}，通常 $t_{re} = (3 \sim 5)R_{ces}C$，而

R_{ces} 是放电管 T_D 的导通电阻。因此,触发信号 u_I 的两次触发间隔 $T > t_W + t_{re}$。另外,触发信号 u_I 的脉宽(即 u_I 低电平持续时间)必须小于暂稳态时间 t_W,否则电路翻转到暂稳态后,u_I 持续低电平会使电压比较器 C_2 的输出保持为 0,RS 触发器保持在置 1 状态,电容 C 充电至大于 $2U_{CC}/3$ 时,无法自动从暂稳态回到稳态。为了解决这一问题,通常的办法是在其输入端增加一个微分电路,以减小 u_I 低电平持续的时间,如图 9.3.7 所示。

3. 施密特触发电路

施密特触发电路作为脉冲整形电路,能将变化缓慢的信号(如正弦波、锯齿波等)整为矩形波。而且施密特触发电路具有回差电压,因此抗干扰能力比较强。

用 555 定时器构成的施密特触发电路如图 9.3.8 所示。$\overline{R}$(4 脚)接 U_{CC},U_{CO} 通过 0.01μF 电容接地,2 脚和 6 脚连在一起作为施密特触发电路的输入端。

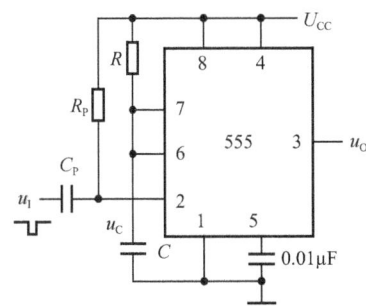
图 9.3.7 微分输入的单稳态电路

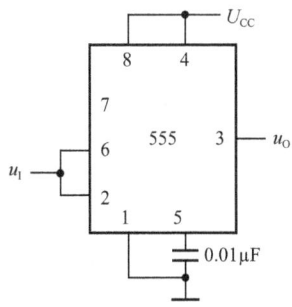
图 9.3.8 555 施密特触发电路

设输入 u_I 为三角波,则施密特触发电路的工作波形和电压传输特性如图 9.3.9 所示。当 $u_I = 0V$ 时,比较器 C_1 输出高电平,而比较器 C_2 输出低电平 RS 触发器被置 1,即 $Q=1$,$\overline{Q}=0$,输出 $u_O = 1$。当 $U_{CC}/3 < u_I < 2U_{CC}/3$ 时,两个电压比较器 C_1 和 C_2 都输出高电平,RS 触发器保持状态不变,即 u_O 保持 1。当 u_I 上升至 $u_I > 2U_{CC}/3$ 时,电压比较器 C_1 输出低电平,而此时电压比较器 C_2 仍输出为高电平,RS 触发器被置 0,即 $Q=0$,$\overline{Q}=1$,输出 $u_O = 0$。可见,u_I 上升至 $2U_{CC}/3$ 处,输出 u_O 由高电平翻转为低电平,即上限阈值 $U_{T+} = 2U_{CC}/3$。

当 u_I 由大于 $2U_{CC}/3$ 开始下降时,下降到 $U_{CC}/3 < u_I < 2U_{CC}/3$ 时,由于两个电压比较器均输出为高电平,RS 触发器维持状态不变,即 $Q=0$,$\overline{Q}=1$,输出 u_O 仍为低电平 0。当 u_I 下降至 $u_I < U_{CC}/3$ 时,电压比较器 C_2 输出低电平,而此时电压比较器 C_1 仍输出为高电平,RS 触发器被置 1,即 $Q=1$,$\overline{Q}=0$,输出 $u_O = 1$。可以看出,u_I 下降到 $U_{CC}/3$ 处,输出由低电平翻转为高电平,即下限阈值电平 $U_{T-} = U_{CC}/3$。

输出电压 u_O 随输入电压 u_I 的变化关系,即电压传输特性如图 9.3.9(b)所示。可以看出,电路具有滞回特性。u_I 上升阶段,当 u_I 上升到上限阈值 $U_{T+} = 2U_{CC}/3$ 时,输出 u_O 由高电平翻转为低电平;u_I 下降阶段,当 u_I 下降到下限阈值 $U_{T-} = U_{CC}/3$ 时,输出 u_O 由低电平翻转为高电平。回差电压 $\Delta U_T = U_{T+} - U_{T-} = U_{CC}/3$。若在控制端(5 脚)加入电压 U_{CO},改变两个内部电压比较器的参考电压 U_{R1} 和 U_{R2},则可改变滞回电压的大小。

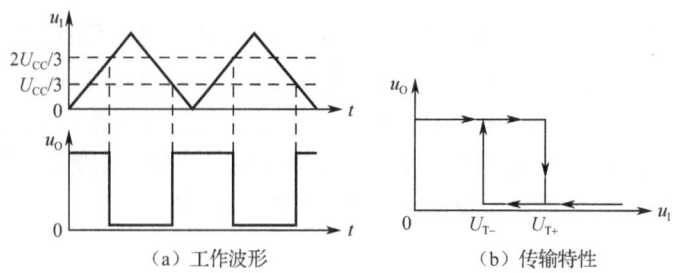

(a) 工作波形　　　　　(b) 传输特性

图 9.3.9　施密特触发电路工作特性

习题 9

一、填空题

9.1　____是构成时序逻辑电路的基本单元。

9.2　根据触发器的逻辑功能不同，可分为 RS 触发器、____、____、T 触发器和____等。

9.3　对于基本的 RS 触发器，$\overline{R}_D$ 低电平使输出端 Q 为 0，所以 $\overline{R}_D$ 称为低电平有效的____。$\overline{S}_D$ 低电平使输出端 Q 为 1，所以 $\overline{S}_D$ 称为低电平有效的____。

9.4　若用 Q^n 表示触发器的初始状态，则用____表示下一时刻新的状态，即次态。

9.5　RS 触发器的特性方程（也称为状态方程和或次态方程）写作____。

9.6　D 触发器、JK 触发器，以及 T 触发的特性方程分别为____、____、____。

9.7　主从 JK 触发器在 CP 有效期间，J、K 必须保持某种取值不变，否则触发器输出会出现____现象。

9.8　JK 触发器的 J 具有____功能、K 具有____功能，所以只要将 JK 触发器的 J 端视作 RS 触发器的____端，K 端视作____端，则 JK 触发器就可以直接作为 RS 触发器使用。

9.9　将 JK 触发器的 J 视作 D，并经过____门接到 K 端，则 JK 触发器就转变成了 D 触发器。

9.10　只要将 JK 触发器的 J 端和 K 端____，则 JK 触发器就转变成了 T 触发器。

9.11　描述时序逻辑电路需要用到三个方程分别是____、____、____。

9.12　常用的同步时序逻辑电路有____和____等。

9.13　计数数值的增减不同，可分为____、____和____；根据计数的数制不同，可分为____、十进制和其他进制计数器。

9.14　74LS161 是 4 位同步二进制加法计数器，计数周期为____，具有异步____、同步____功能。

9.15　假设已有集成计数器为 N 进制，待设计计数器为 M 进制，当 $N > M$ 时，只需在已有计数器的 N 个计数状态中设法跳转掉____个状态，剩下____个状态即可构成 M 进制计数器。

9.16　若使用计数器的____实现跳转，则称为复位法；使用____实现跳转，则称为置数法。

9.17 假设已有集成计数器为 N 进制，待设计计数器为 M 进制，当 $N<M$ 时，若 M 是素数，不能被拆分，则可先用多片 N 进制计数器级联出____进制的计数器，再采用____的方法构成 M 进制计数器。

9.18 逻辑状态等价的依据是：第一，状态 S_i、S_j，在相同的输入条件下，状态 S_i、S_j 对应的____相同；第二，状态 S_i、S_j，在相同的输入条件下，状态 S_i、S_j____完全相同。

9.19 时序电路设计中的状态分配就是给各个状态分别分配一组代码，若 m 是状态的个数，代码的位数 n 应满足____。

9.20 555 定时器内部是由电压比较器、____、____、____、输出缓冲器多部分组成。

9.21 单稳态电路有一个____态和一个____态。在外部触发信号作用下，电路会由____态进入____态，但维持一段时间后又会自动回到____态。

9.22 施密特触发电路具有____，因此抗干扰能力比较强。

二、纠错题（判断下列说法是否正确，并对错误描述进行改正）

9.23 对于基本的 RS 触发器，当 $\overline{R}_D$ 和 $\overline{S}_D$ 的低电平同时消失时，输出端状态是保持不变的。

9.24 对于基本的 RS 触发器，其输入是没有约束条件的。

9.25 钟控 RS 触发器在时钟无效期间，可根据 R、S 的值置触发器的状态。

9.26 触发器的状态指的是 $\overline{Q}$ 的输出状态。

9.27 当 T 触发器的 T 端恒为 0 时，即为 T′ 触发器。

9.28 CP 前的小圆圈及尖角符代表这是一个 CP 上升沿触发的触发器。

9.29 时序逻辑电路的输出仅与电路当前时刻的输入有关，而与电路原来的状态（即以前时刻的信息）无关。

9.30 异步时序逻辑电路中，触发器共用同一时钟信号；而同步时序逻辑电路中，触发器的时钟不是来自同一时钟源。

9.31 如果输出信号不仅取决于存储电路的状态，而且还与输入变量有关，这种时序电路称为 Moore 型；如果输出信号仅仅取决于存储电路的状态，称为 Mealy 型。

9.32 时序逻辑电路分析时，将输出方程代入触发器特性方程，得到电路的状态方程。

9.33 计数器可以实现串行和并行数据之间的转换。

9.34 74LS160 是十进制加法计数器，具有异步置数和同步复位功能。

9.35 复位法改造计数器时，若为异步复位端，则应选择有效循环的最后一个状态来译码产生复位信号。

9.36 置数法改造计数器时，若为同步置数端，则应选择有效循环最后一个状态的下一个状态来译码产生置位信号。

9.37 555 定时器是一种多用途的中规模集成电路，它是一种纯数字器件。

9.38 多谐振荡器就是一种能产生矩形波的电路。它有两个稳定状态，接通电源后，无需外部触发，就能周而复始地产生高、低电平的矩形波输出。因为矩形波含有丰富的多次谐波分量，因此把产生矩形波的电路称为多谐振荡器。

9.39 单稳态电路的暂稳态的维持时间与电路本身参数及触发信号有关。

三、解答计算题

9.40 由与-非门组成的基本 RS 触发器中，已知输入端的电压波形如题图 9.40 所示，画出输出端 Q 和 $\overline{Q}$ 的电压波形图。

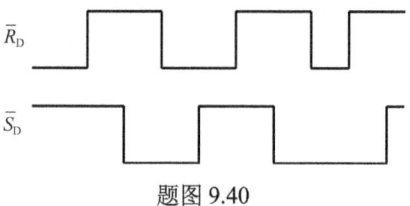

题图 9.40

9.41 已知边沿 JK 触发器（如图 9.1.12 所示）CP、J、K、$\overline{R}_D$、$\overline{S}_D$ 的电压波形如题图 9.41 所示，画出输出端 Q 和 $\overline{Q}$ 的电压波形图。设初始状态 $Q^n = 0$。

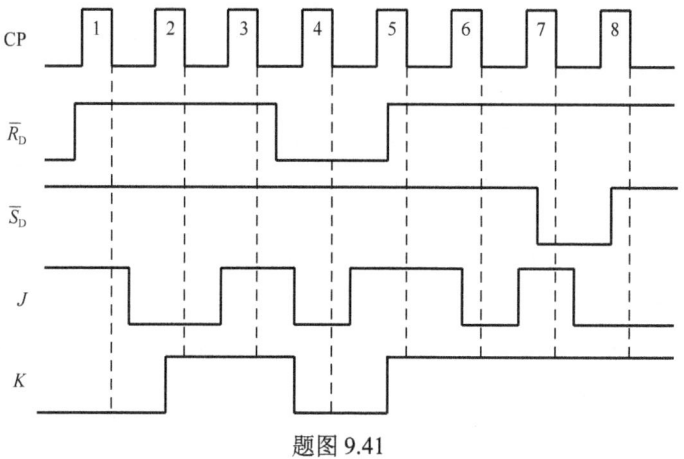

题图 9.41

9.42 已知边沿 D 触发器构成的电路及输入波形如题图 9.42 所示，设触发器的初态为 0，试分别画出 Q_1 和 Q_2 的电压波形。

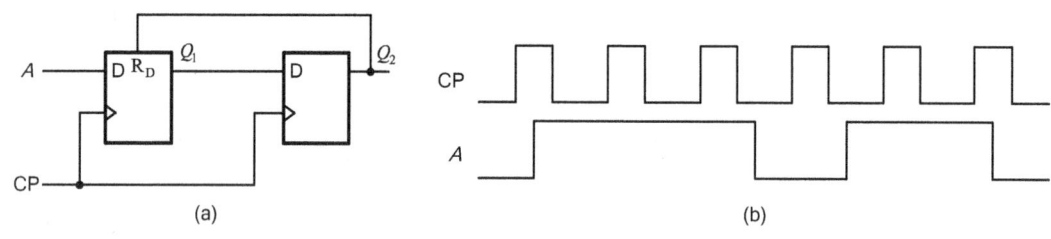

题图 9.42

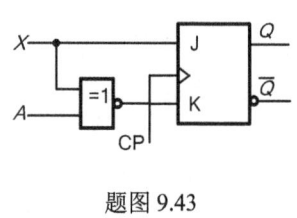

题图 9.43

9.43 在题图 9.43 所示的逻辑电路中，分别写出 $A = 1$ 和 $A = 0$ 时 Q 的函数表达式，说明实现的功能。

9.44 由边沿 D 触发器组成的电路如题图 9.44 所示，已知时钟信号如图中所示，试画出时钟信号作用下，输出端 Q_1、和 Q_2 和 Y 的电压波形图。设初始状态 $Q^n = 0$。

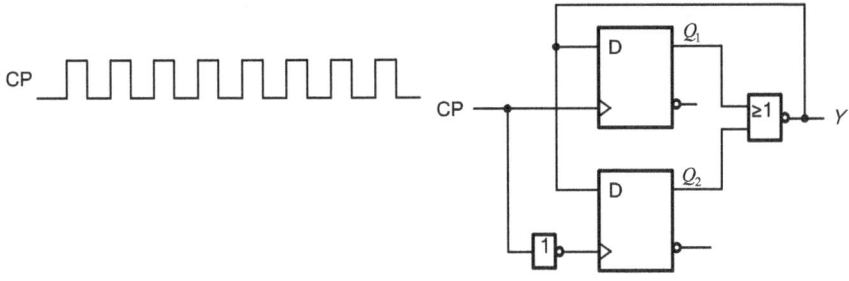

题图 9.44

9.45 分析题图 9.45 所示时序逻辑电路,写出电路的驱动方程、状态转移方程和输出方程,画出状态转换图,说明电路能否自启动,分析逻辑功能。

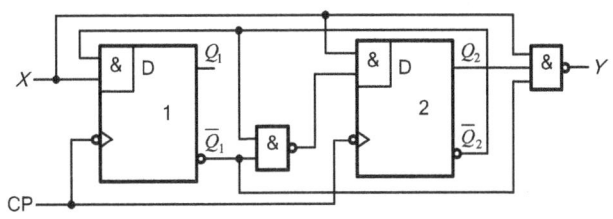

题图 9.45

9.46 设计一个同步时序逻辑电路,要求输入时钟脉冲作用下,输出端电压波形满足题图 9.46 所示的要求。

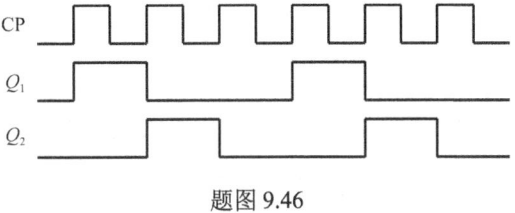

题图 9.46

9.47 分析题图 9.47 所示时序逻辑电路,写出电路的驱动方程、状态转移方程和输出方程,画出状态转换图,说明电路能否自启动,分析逻辑功能。

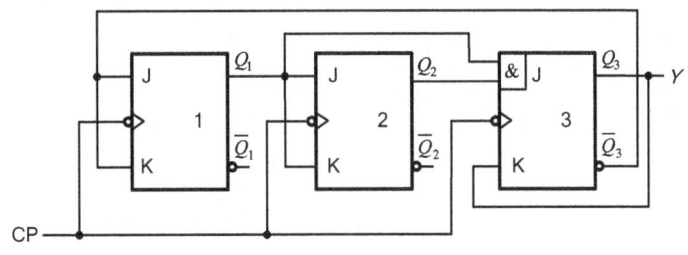

题图 9.47

9.48 用 D 触发器设计一个九进制同步计数器。

9.49 用 JK 触发器设计一个十三进制同步计数器。

9.50 题图 9.50 是由集成 4 位双向移位寄存器 74LS194 和 3 线/8 线译码器 74LS138 组成的双序列产生器，分析该电路的状态转移关系，作出状态转换表，写出输出端 Y_1 和 Y_2 的序列码。

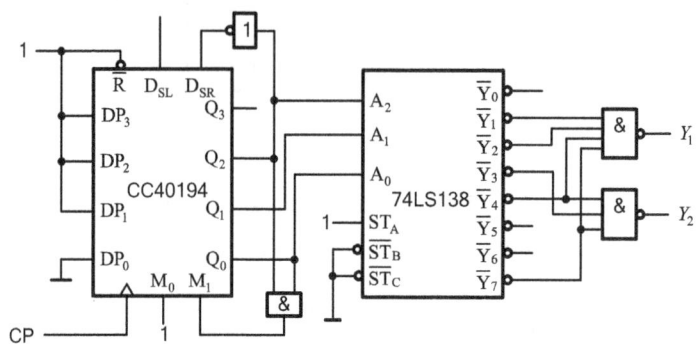

题图 9.50

9.51 分析题图 9.51 所示中规模集成电路 74LS161 组成的计数器，画出状态转换图，判断计数器的模值。

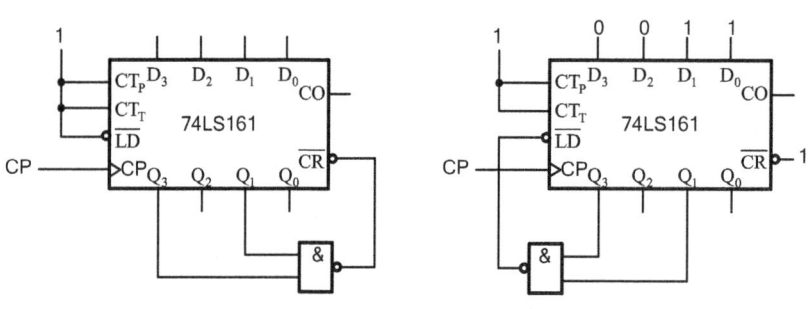

题图 9.51

9.52 分析题图 9.52 所示中规模集成电路 74LS161 组成的计数器，判断计数器的模值。

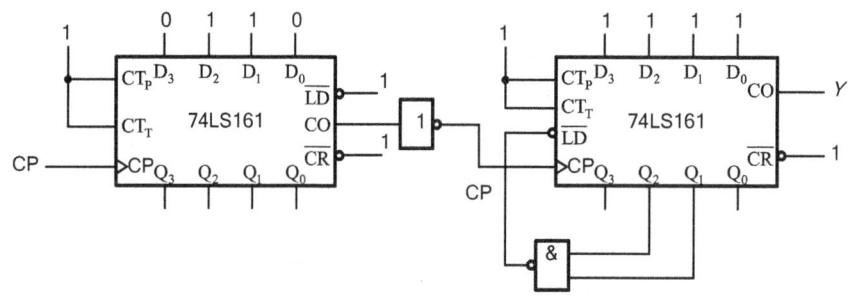

题图 9.52

9.53 用同步十进制计数器 74LS160 设计一个五进制计数器。要求分别用复位法和置数法来实现电路要求。

9.54 用中规模集成十进制计数器 74LS160 和必要的门电路，设计一个 24 进制计数器。

9.55 在图 9.3.2 所示用 555 构成的多谐振荡器中，若 $R_1 = R_2 = 5.1\text{k}\Omega$，$C = 0.01\mu\text{F}$，$U_{CC}=12\text{V}$，试计算电路的振荡频率及占空比。

9.56 由 555 定时器构成的单稳态电路如图 9.3.5 所示，$R = 10\text{k}\Omega$，$C = 1\mu\text{F}$，$U_{CC}=5\text{V}$，试计算其暂稳态脉宽。

9.57 题图 9.57 是变音调发音电路，在图中给出的电路参数下，试计算扬声器发出声音的高、低音频率以及高、低音的持续时间。假设在 $U_{CC}=12\text{V}$ 时，555 定时器输出的的高、低电平分别为 11V 和 0.2V，输出电阻小于100Ω。

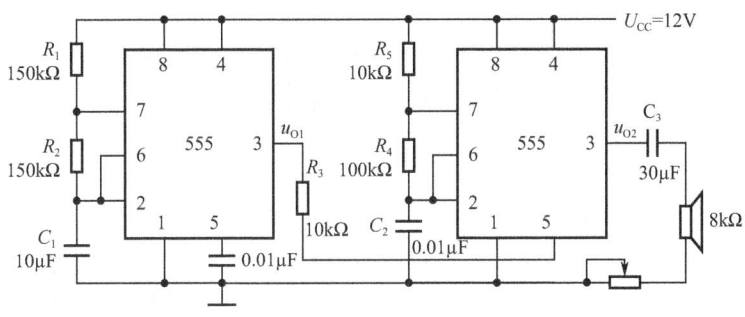

题图 9.57

第 10 章　电子电路仿真与设计

10.1　计算机辅助设计技术简介

计算机辅助电路分析与设计（Computer Aided Circuit Analysis and Design，CAA 和 CAD）以及电子设计自动化（Electronic Design Automation，EDA）是近年来在计算机技术、模拟理论和应用数学等基础上迅速发展起来的一门新技术，它不但是计算机应用的重要发展，而且也给电路分析与设计带来了新的生命力，使得电路分析与设计走向了一个更高的层次。目前对复杂电路的分析和设计，尤其是大规模和超大规模集成电路的分析与设计，几乎都离不开计算机辅助设计技术。

传统的电路设计方法一般仅适合于中小规模的电路分析与设计。其设计过程是：首先根据实际需要提出电路的技术指标，然后根据理论计算（同时借助经验）初步完成设计方案的比较和最终方案的确定，同时确定相关元件的参数，最后将电路模型简化，并对电路进行检验。检验的方法一般可以分为物理模拟法和解析法两种。物理模拟法是用实际的元件组成一个实验电路，通过实验的方法对原定的技术指标进行检验，如果实验得出的性能参数与原定的技术指标不符（或偏差超过允许范围），则必须重新设计（改变元件参数或电路结构）直到满足要求为止。由此可以看出，该设计方法在实际中设计周期长而且效率很低。解析法是利用数学的方法进行数学模拟（电路性能参数的精确计算），事实上由于计算过程的复杂性和实际电路元件分布参数等原因的影响，这种方法也仅适合于中小规模的电路分析与设计，最后也必须通过实验检验。

在现代电子设计领域，随着电子技术的飞速发展，无论是电路设计、系统设计还是芯片的设计，由于电子设备（系统）的复杂程度不断增加，电路的规模越来越大，仅仅依靠传统的电路设计方法已经无法满足设计要求，这样就必须采用电路的 CAD（或 EDA）技术。

CAA 和 CAD 技术的应用从根本上改变了电路的设计方式，它利用现代计算机技术设计产品，设计周期短，设计质量高，在加速电子产品的更新换代方面起了非常重要的作用。其中 CAA 是整个电路的重要环节，即 CAA 是 CAD 的基础和前提。CAA 是在给定电路结构和元件参数的条件下，通过相关软件计算电路的性能指标。而 CAD 是在给定电路结构功能和性能指标参数的条件下，通过相关软件计算电路中各个元件的最佳参数值。

在现代电子设计领域，计算机辅助设计技术不但应用广泛，而且发展迅猛，设计技术正从 CAD 向电子设计自动化（EDA）发展。EDA 是一门将计算机软件、硬件、微电子技术交叉运用的现代电子学科，是在 CAD（计算机辅助设计）、CAM（计算机辅助制造）、CAT（计算机辅助测试）和 CAE（计算机辅助工程）技术基础上发展来的。现代 EDA 技术的基本特征是采用高级语言描述，具有系统仿真和综合能力，主要应用领域是数字系统的自动化设计。

随着计算机技术的迅速发展，计算机辅助设计技术（CAD）已渗透到电子线路设计的各个领域，包括电路图生成、逻辑模拟、电路分析、优化设计、最坏情况分析、印制板设计等。目前国际上比较流行两个仿真软件：Multisim（EWB 的版本，EWB 的英文全称是 Electronics

Workbench）和 PSpice。Multisim 与 PSpice 都可以对电路进行功能仿真，如直流工作点分析、交流分析、瞬态分析、傅里叶分析、噪声分析、直流扫描分析、温度分析、参数分析、最坏情况分析、蒙特卡罗分析。其中 Multisim 还可以对电路进行失真分析、直流/交流灵敏度分析、零点/极点分析、交流传递函数分析、RF（射频）电路仿真、自定义类型仿真，虽然 PSpice 也有灵敏度、传递函数分析功能，但都只适用于直流情况。

    Multisim 比 PSpice 出色的地方是提供了多种常用的虚拟仪表，包括数字万用表、函数信号发生器、功率计、双踪示波器、波特图示仪、字符发生器、逻辑分析仪、逻辑转换仪、失真度分析仪、频谱分析仪和网络分析仪等，其中，逻辑转换仪是 Multisim 所特有的虚拟仪器（表），实际工作中不存在与之相对应的设备。Multisim 的虚拟仪表与现实中所使用的仪表一样，可以直接通过这些仪表观察电路的运行状态，同时，虚拟仪表还充分利用了计算机处理数据速度快的优点，对测量的数据进行加工处理，并产生相应的结果。事实上，Multisim 和 PSpice 二者在进行电路仿真时各有优缺点。因此从事电子线路设计的人员要熟悉这两个软件的用法，才能在实际仿真工作中做到事半功倍。限于篇幅，本书着重介绍仿真软件 Multisim 2001 的应用，以适应初学者的需要。

10.2　Multisim 2001 仿真软件基础

    Multisim 是 Interactive Image Technologies（Electronics Workbench）公司推出的以 Windows 为基础的仿真工具，适用于板级的模拟/数字电路板的设计工作。它包含了电路原理图的图形输入、电路硬件描述语言输入方式，具有丰富的仿真分析能力。为适应不同的应用场合，Multisim 推出了许多版本，用户可以根据自己的需要加以选择。本书将结合教学的实际需要，简要地介绍该软件的概况和使用方法，并给出几个应用实例。

10.2.1　Multisim 2001 仿真软件简介

    Multisim 软件以图形界面为主，采用菜单、工具栏和热键相结合的方式，具有一般 Windows 应用软件的界面风格，用户可以根据自己的习惯和熟悉程度自由使用。

1．Multisim 的主窗口界面

    启动 Multisim 2001 后，将出现如图 10.2.1 所示的界面。
    界面由多个区域构成：菜单栏，各种工具栏，电路输入窗口，状态条，列表框等。通过对各部分的操作可以实现电路图的输入、编辑，并根据需要对电路进行相应的观测和分析。用户可以通过菜单或工具栏改变主窗口的视图内容。

2．菜单栏

    菜单栏位于界面的上方，如图 10.2.2 所示，通过菜单可以对 Multisim 的所有功能进行操作。
    不难看出菜单中有一些与大多数 Windows 平台上的应用软件一致的功能选项，如 File，Edit，View，Options，Help。此外，还有一些 EDA 软件专用的选项，如 Place，Simulate，Transfer 以及 Tools 等。这里不作详细介绍。

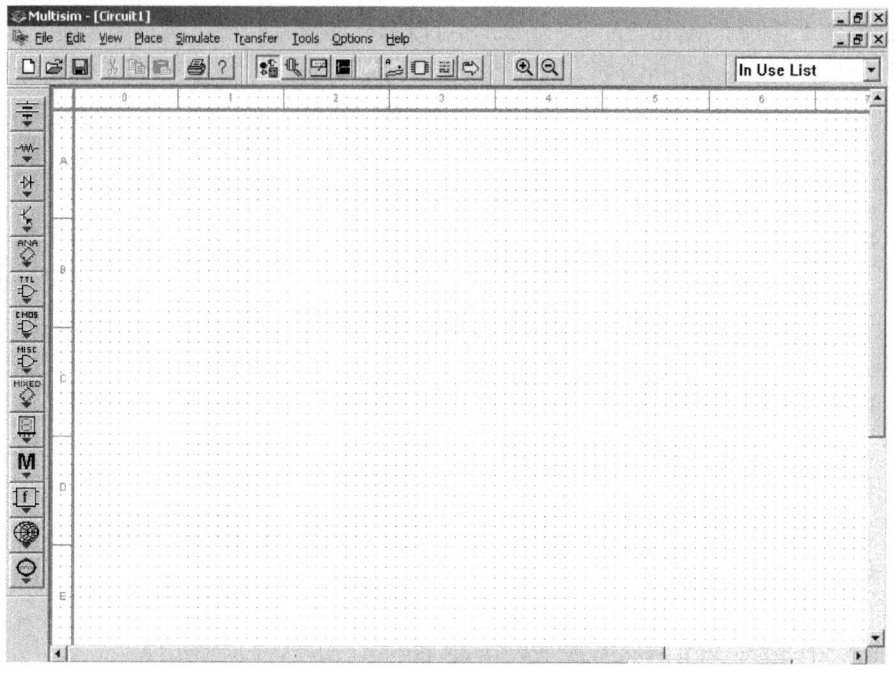

图 10.2.1　Multisim 2001 的基本操作界面

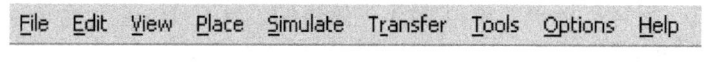

图 10.2.2　菜单栏

3．工具栏

Multisim 2001 提供了多种工具栏，并以层次化的模式加以管理，用户可以通过 View 菜单中的选项方便地将顶层的工具栏打开或关闭，再通过顶层工具栏中的按钮来管理和控制下层的工具栏。通过工具栏，用户可以方便地使用软件的各项功能。

顶层的工具栏有：Standard 工具栏、Design 工具栏、Zoom 工具栏，Simulation 工具栏。

（1）Standard 工具栏

Standard 工具栏包含了常见的文件操作和编辑操作，如图 10.2.3 所示。

（2）Design 工具栏

Design 工具栏是 Multisim 的核心工具栏，通过对该工作栏按钮的操作可以完成对电路从设计到分析的全部工作，如图 10.2.4 所示，其中的按钮可以直接开关下层的工具栏：Component 中的 Multisim Master 工具栏，Instrument 工具栏。

图 10.2.3　系统工具栏

图 10.2.4　设计工具栏

① Multisim Master 工具栏是元器件（Component）工具栏中的一项，如图 10.2.5 所示，

可以在 Design 工具栏中通过按钮来开关 Multisim Master 工具栏。该工具栏有 14 个按钮，每一个按钮都对应一类元器件，其分类方式和 Multisim 元器件数据库中的分类相对应，通过按钮上图标就可大致清楚该类元器件的类型。具体的内容可以从 Multisim 的在线文档中获取。

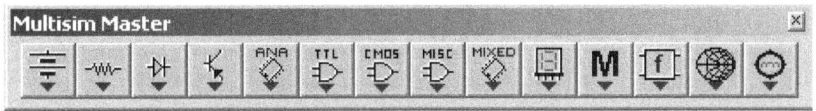

图 10.2.5 元器件工具栏

这个工具栏作为元器件的顶层工具栏，每一个按钮又可以开关下层的工具栏，下层工具栏是对该类元器件更细致的分类工具栏。以第一个按钮 为例，通过这个按钮可以开关如图 10.2.6 所示的电源和信号源类的工具栏。

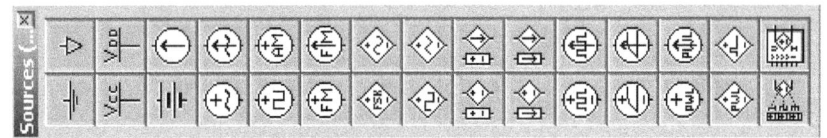

图 10.2.6 电源和信号源类的工具栏

② Instruments 工具栏。这个工具栏集中了 Multisim2001 为用户提供的所有虚拟仪器仪表，如图 10.2.7 所示，用户可以通过按钮选择自己需要的仪器对电路进行观测。

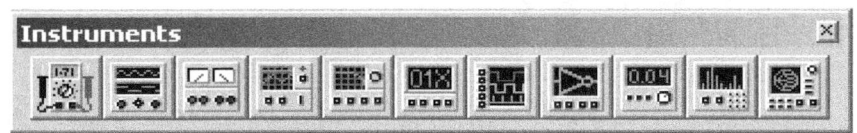

图 10.2.7 仪器库工具栏

（3）Zoom 工具栏

用户可以通过 Zoom 工具栏方便地调整所编辑电路的视图大小，如图 10.2.8 所示。

（4）Simulation 工具栏

用户通过 Simulation 工具栏可以控制电路仿真的开始、结束和暂停，如图 10.2.9 所示。

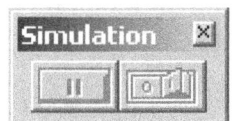

图 10.2.8 屏幕工具栏　　　　　　　　图 10.2.9 仿真开关

10.2.2 Multisim 2001 仿真软件的电路应用实例

Multisim 2001 的基础是正向仿真，为用户提供了一个软件平台，允许用户在硬件实现以前，对电路进行观测和分析。这里将以一个电路实例说明 Multisim 2001 在电路设计和分析中的使用方法，具体包括电路的建立、元器件的放置、电路的连接、仪表的连接、仿真的运行和电路文件的保存等基本操作。

首先说明如何在 Multisim 2001 中创建和连接电路，并且利用 Multisim 2001 提供的虚拟仪器进行仿真实验。假设要建立的电路如图 10.2.10 所示，具体步骤如下：

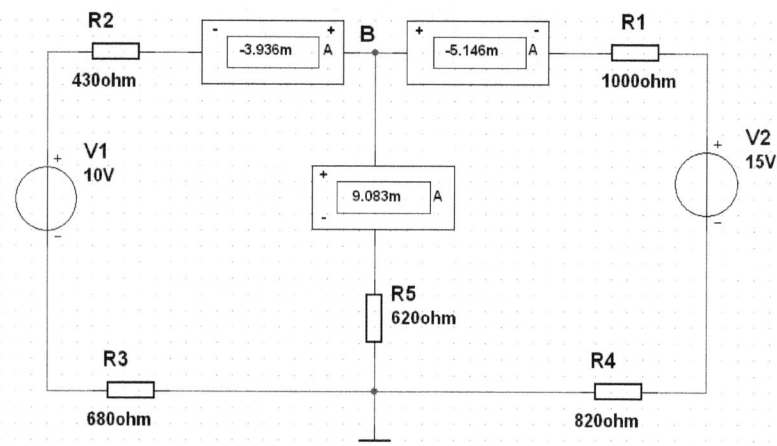

图 10.2.10　Multisim 2001 的电路应用实例

（1）在菜单栏 File 中单击 New，新建一个空白的电路图，如图 10.2.11 所示。

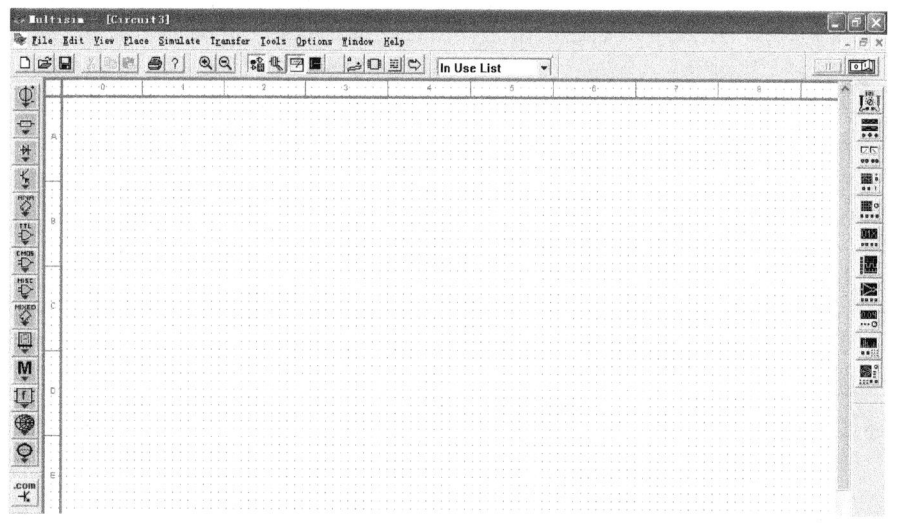

图 10.2.11　建立空白的电路图

（2）从元件库中调用所需要的元件，放置在刚刚建立的空白电路图上。对于电阻、电感和电容等基本元件有现实元件和虚拟元件两种模型，现实元件是根据实际存在的元件参数设计的，与实际元件相对应。虚拟元件的参数是指该元件的理想值，在使用的时候，自己可以任意设定它的参数。为了快速方便地选取本例题中的元件参数，我们在此选用虚拟元件。单击基本元件库的电阻图标，出现如图 10.2.12 所示的窗口，单击右边（绿色）的电阻符号，拖动鼠标到空白电路图的合适位置并单击，就可以把该虚拟电阻放入空白的电路图中。双击该虚拟电阻，则出现了如图 10.2.12 所示的窗口，在相应的窗口中输入你自己需要的电阻值就可以了。同样地,在电源库当中选取直流电源,并用同样的方法设置好直流电源的数值。

然后按下鼠标左键从仪器库中将数字万用表拖到工作区,如图 10.2.13 所示的窗口,双击数字万用表的图标就可以出现数字万用表的面板,数字万用表使用时自动调整量程,可以测量交直流电压、交直流电流以及电阻等。数字万用表面板上部有一个数字显示窗口,可显示 5 位数字。面板的中部有七个按钮,分别为电流(A)、电压、电阻、电平、交流、直流和设置,根据万用表测量信号的需要可进行相应的变换。面板的下部是正负表笔的连接端。按下 Settings 按钮,弹出数字万用表的参数设置对话框,可以设置数字万用表的内部参数(如电流表的内阻、电压表的内阻等)以满足不同测试场合的需要。

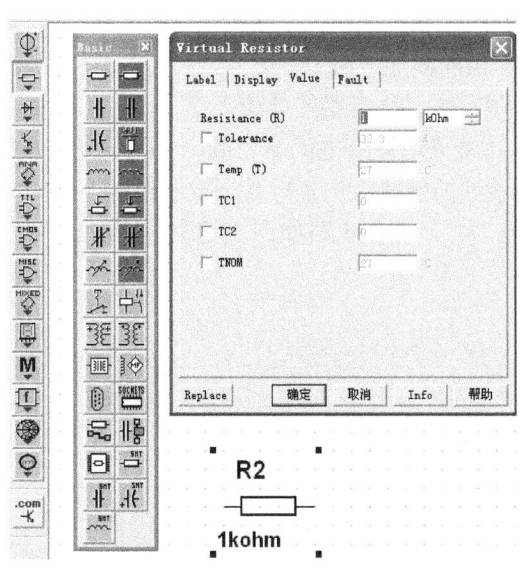

图 10.2.12　元件的放置与元件参数的设置

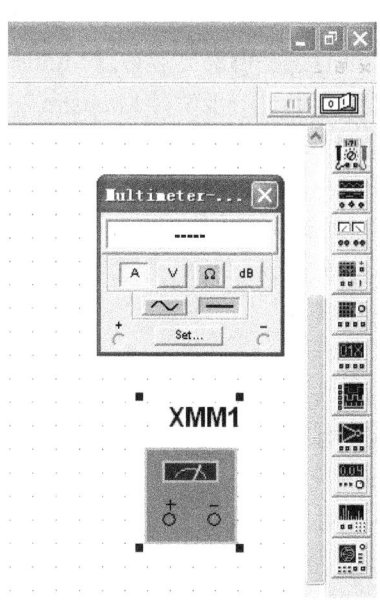

图 10.2.13　数字万用表的图标

(3) 电路的连接和放置节点。

① 连接线路。Multisim 2001 具有非常方便的连线功能,只要将光标移到所要连接元件的引脚一端,单击并拖动鼠标,就会出现一条虚线,到达连线的拐点处(或其他元件的引脚)时,再单击鼠标左键,系统就会自动连接两个引脚之间的线路。按照此方法完成电路中的所有连线。

② 放置节点。节点即导线与导线的连接点,在电路图中表现为一个圆点。一个节点最多可以连接 4 条导线。放置节点的方法是:执行菜单命令 Place\Place Junction,出现一个节点跟随光标移动,你可以把它放置在需要的位置。

③ 元件与线路的连接。从元件引脚的一端开始,单击该引脚后拖向所要连线的线路上再单击,系统将会自动连接两个点,同时放置一个节点。

④ 连接仪器和仪表。电路图连接好后就可以将仪器仪表接入,以供分析使用。本例中使用的是一台数字万用表,使用的时候只要将电流表串接在相应的电路支路中,就可以测量出该支路的支路电流。

(4) 电路的运行和仿真。电路图绘制好后,电路并没有工作,按下工作界面右上角的开

关图标 ，软件自动开始仿真，电路才真正开始工作。本例题的仿真结果如图 10.2.10 所示。如果有其他虚拟仪器，如示波器，要双击该示波器图标，展示示波器的面板，并对示波器进行适当的设置，就可以显示相应的电路的测试数值和波形了。

10.3 Multisim 2001 仿真软件在电路分析中的基本应用

学习电路的原理和技术，不仅要掌握电路的基本定律和定理等基础理论，而且要熟练地掌握电路的计算和分析方法，Multisim 2001 仿真软件从某种程度上可以帮助读者达到学习的目的。限于篇幅，本节仅仅介绍 Multisim 2001 仿真软件在电路教学中的一些基本应用，希望读者通过这些例题灵活掌握 Multisim 2001 仿真软件的使用方法，并且在学习完其他后续专业课程后能够进一步学习 Multisim 2001 仿真软件提供的其他分析方法。

例 10.3.1　试用叠加定理计算图 10.3.1 所示电路中 R2 支路的电流 I。

解　分析，该电路含有两个独立电源，可以直接采用直流电流表测量，内阻设置为 $1n\Omega$，DC 模式。使用电流表时，要注意电流表的正负极性的接法，仿真电路一定要接地。

（1）假设 25V 电压源单独作用时产生的电流为 I'，测量电路如图 10.3.2 所示，测得电流 $I'=1.000\text{A}$。

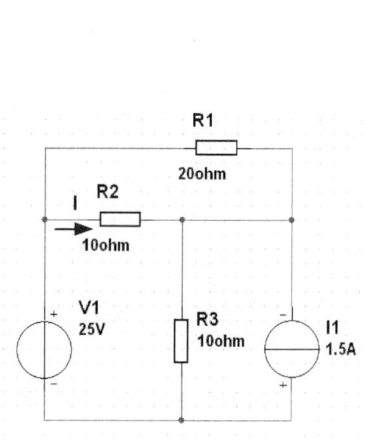
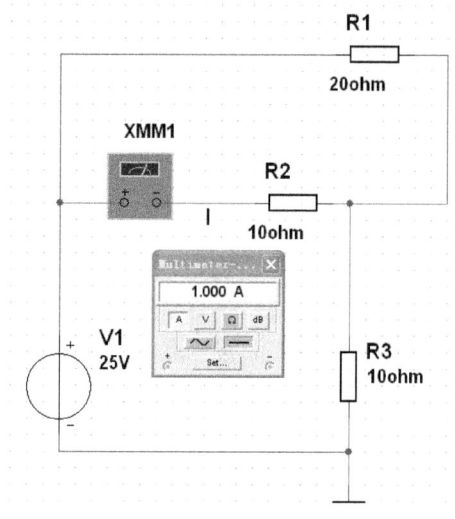

图 10.3.1　例 10.3.1 电路图　　　　图 10.3.2　25V 电压源单独作用时产生的电流

（2）假设 1.5A 电流源单独作用时产生的电流为 I''，测量电路如图 10.3.3 所示，测得电流 $I''=600.000\text{mA}$。

（3）假设 25V 电压源和 1.5A 电流源共同作用时产生的电流为 I，测量电路如图 10.3.4 所示，测得电流 $I=1.600\text{A}$。

仿真结果和理论计算结果一致，读者可以自己进行理论计算。

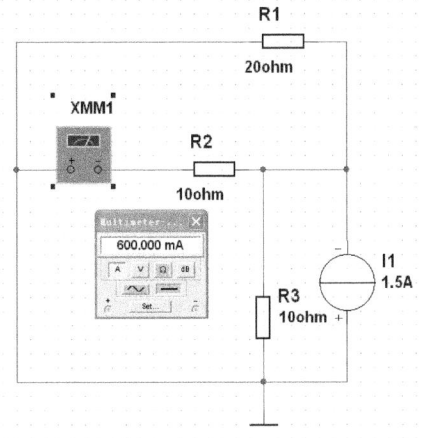

图 10.3.3　1.5A 电流源单独作用时产生的电流

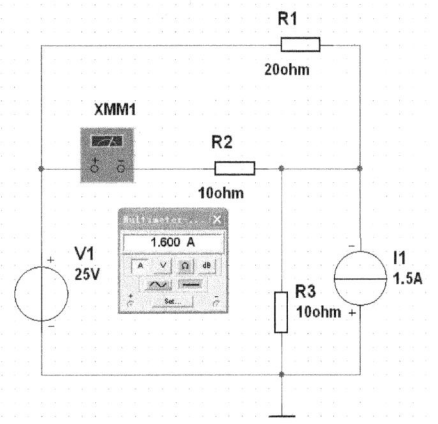

图 10.3.4　25V 电压源和 1.5A 电流源
共同作用时产生的电流

例 10.3.2　试用戴维南定理计算图 10.3.5 所示电路中的电流 I。

解　分析，本例题电路图中含有独立电压源、独立电流源和电流控制电压源，有关电压或电流可以采用数字万用表直接测量。理想数字万用表在测量时不会对电路产生影响。

（1）用数字万用表直流电压挡测量开路电压的电路如图 10.3.6 所示。测得开路电压 $U_{oc}=14.000\text{V}$。

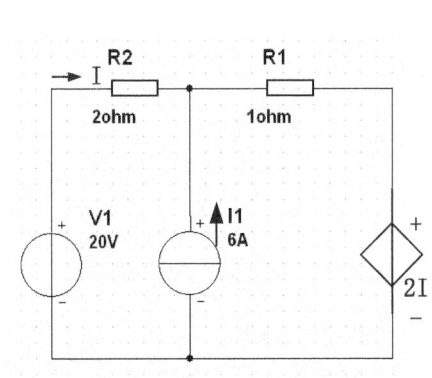

图 10.3.5　例 10.3.2 电路图

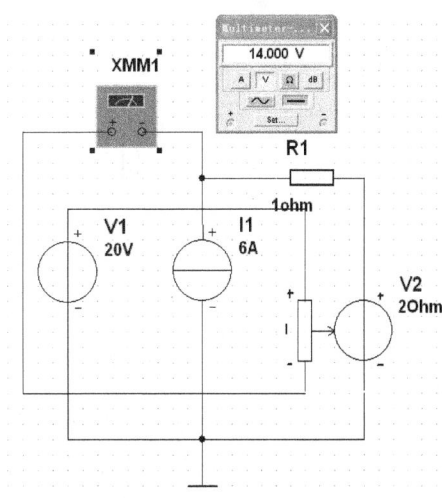

图 10.3.6　用万用表测量开路电压

（2）等效电阻可以采用开路电压除以短路电流的方法求得。用数字万用表直流电流挡测量短路电流的电路如图 10.3.7 所示。测得短路电流 $I_{Sc}=4.667\text{A}$。则等效电阻 $R_o=\dfrac{U_{oc}}{I_{Sc}}=\dfrac{14.000}{4.667}\Omega=3.000\Omega$。

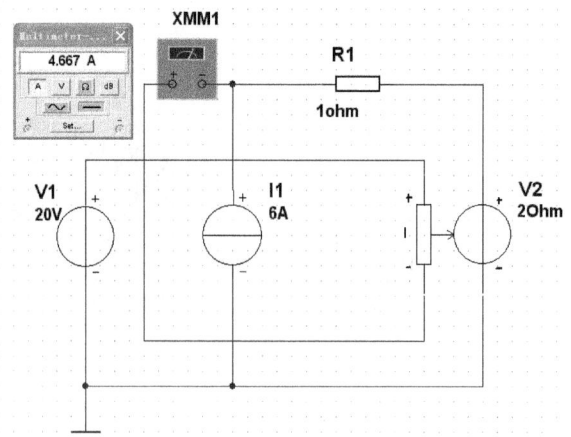

图 10.3.7 数字万用表直流电流挡测量短路电流

（3）戴维南等效电路图如图 10.3.8 所示，测量得到 $I = 2.800\mathrm{A}$。

例 10.3.3 图 10.3.9 所示电路原来已经处于稳态，在 $t=0$ 时将开关闭合，求换路后电容电压 $u_C(t)$ 的表达式，并且给出它的变化曲线。

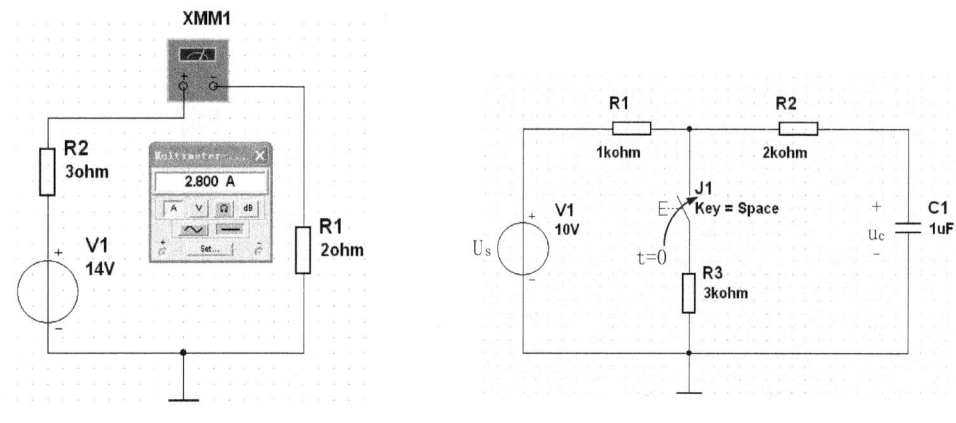

图 10.3.8　戴维南等效电路测量电流　　　　图 10.3.9　例 10.3.3 电路图

解 图 10.3.9 所示电路为一阶电路全响应的问题，分析步骤如下：

（1）在电路的工作窗口创建仿真电路图，如图 10.3.10 所示。设置好开关 J1，并连接示波器。

（2）用鼠标左键单击主窗口右上角的开关按钮，并双击示波器，此时可以看到示波器显示的稳态波形。为方便观察波形，应该合理调整示波器的各个开关旋钮，然后在键盘上按下空格键（SPACE），开关 J1 接通，电容上的电压波形经历一个过渡过程，最终达到另外一个稳态，仿真结果如图 10.3.11 所示。

（3）根据仿真波形的测量结果可以知道：$u_C(0_+) = 10\mathrm{V}$，$u_C(\infty) = 7.5\mathrm{V}$。断开电容，将该有源网络变为无源网络（即内部独立电源置零），用万用表的电阻挡测量（测量电路略）从电容两端看进去的等效电阻：$R_{\mathrm{eq}} = 2.75\mathrm{k}\Omega$。

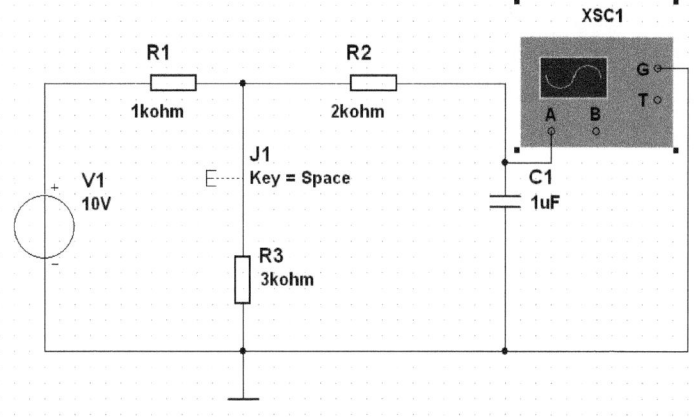

图 10.3.10　例 10.3.3 仿真电路图

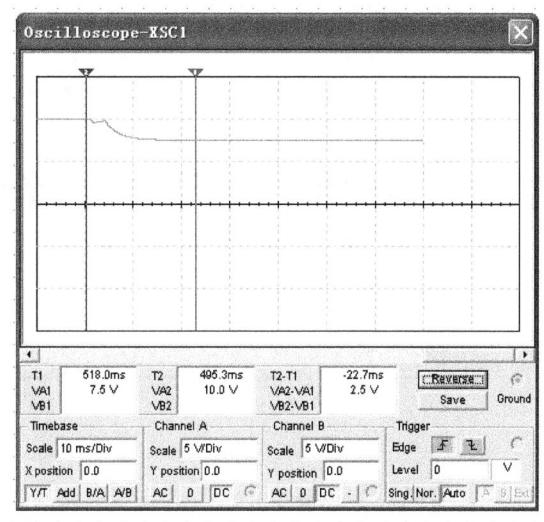

图 10.3.11　例 10.3.3 电容上的电压波形

（4）根据上面的分析很容易得到，该电路的时间常数 $\tau = R_{eq}C = 2.75\text{ms}$，于是该电路中的电容上的电压在换路后的表达式为：

$$u_c(t) = u_c(\infty) + [u_c(0_+) - u_c(\infty)]e^{-t/\tau} = (7.5 + 2.5e^{-363.6t}) \text{ V}$$

例 10.3.4　图 10.3.12 所示电路为最简单的一阶 RC 电路，设电路的信号源为 5V，1000kHz 的方波信号，如图 10.3.12 中的函数发生器所示（注意连接 COMMON 和正极端时，输出信号为正极性信号，峰峰值等于幅值的 2 倍），画出电阻两端的电压波形，根据仿真波形图确定时间常数 τ，并且与理论值比较。

解　我们采用示波器观察电阻两端的电压波形，当电阻上的电压减少为最大值的 36.8% 时（即回路中的电流降为最大值的 36.8%时），此时电压 $U_R = 5 \times 36.8\%\text{V} = 1.84\text{V}$。对应的时间就是时间常数 τ。

理论计算 $\tau = RC = 0.1\text{ms} = 100\mu\text{s}$。分析步骤如下：

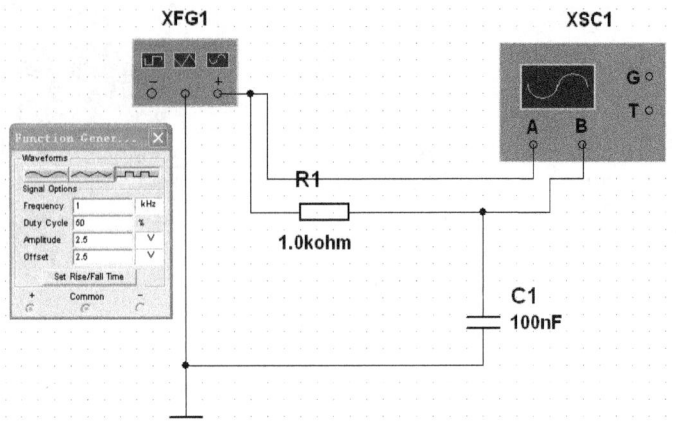

图 10.3.12 例 10.3.4 的仿真测试电路

（1）在电路的工作窗口创建仿真电路图，并连接示波器和信号发生器。

（2）用鼠标左键单击主窗口右上角的开关按钮，并双击示波器，此时可以看到示波器显示的稳态波形，为方便观察波形，应该合理调整示波器的各个开关旋钮，仿真结果如图 10.3.13 所示。

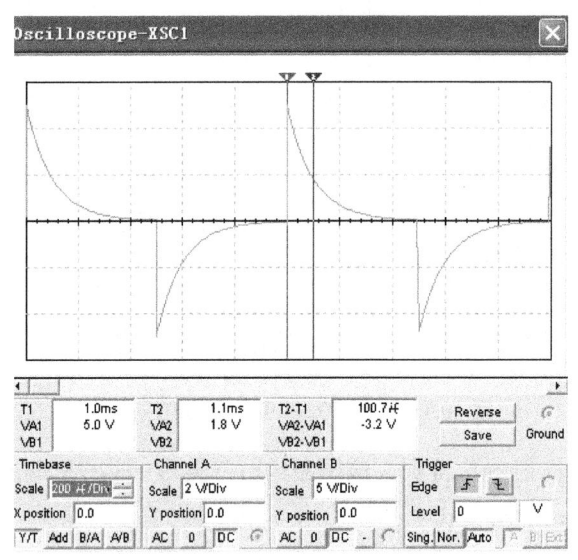

图 10.3.13 例 10.3.4 的仿真结果

（3）从图 10.3.13 仿真结果可见，测量的时间常数 $\tau' = 100.7\mu s$，比较接近理论计算的 $\tau = RC = 0.1ms = 100\mu s$。误差主要来自近似计算。

例 10.3.5 已知某二阶电路如图 10.3.14 所示，其中 $L = 0.3333H$，$C = 0.1667\mu F$，电源为正弦信号，$u_S(t) = 40\sqrt{2}\cos 3000t V$，$R_1 = 1.5k\Omega$，$R_2 = 1k\Omega$，求电感中的电流 $i(t)$。

解 本题采用交流电流表测量支路电流的有效值，使用扫频仪测量电感支路电流的相位。分析步骤如下：

（1）在电路的工作窗口创建仿真电路图，如图 10.3.15 所示，并连接扫频仪和电流表。

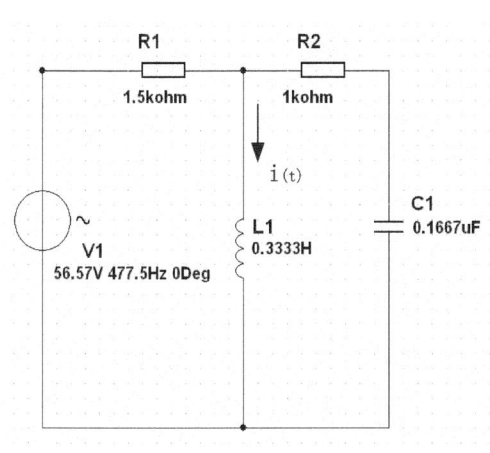

图 10.3.14　例 10.3.5 电路图

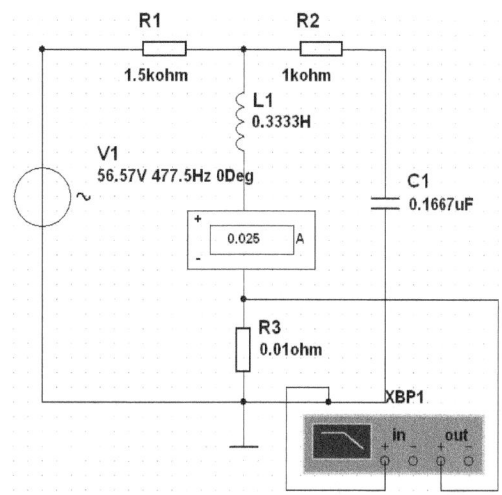

图 10.3.15　例 10.3.5 电路仿真电路图

（2）按题目要求设置相关元器件的参数，如双击交流电源，在对应的选项中设置电源的有效值为 40V，频率 $f = \dfrac{3000}{2\pi} = 477.5\text{Hz}$，电流表设置为交流挡，由于电阻的电压和电流同相位，在电感支路串联一个足够小的电阻，使用扫频仪测量相位。

（3）确定扫频仪显示的频率范围。设置初始值（Initial）和最终值（Final）分别为 470Hz 和 485Hz。

（4）测量读数。启动仿真开关按钮，双击扫频仪，单击 Phase，获得相频特性如图 10.3.16。利用鼠标拖动（或单击读数指针移动按钮）读数指针到该电路的激励源的频率 477.5Hz 的位置如图 10.3.16 所示，读出此时的相位值为 −55.3°。仿真结果与理论计算值一致，读者可以自己验证。

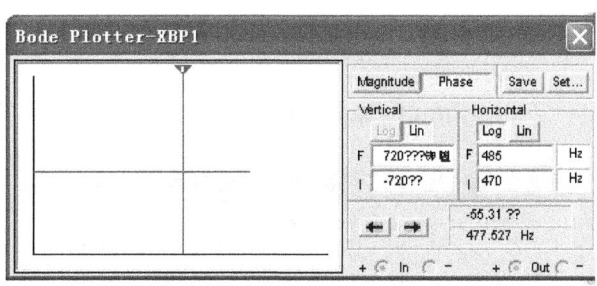

图 10.3.16　例 10.3.5 电路仿真相频特性

（5）根据仿真结果得出电感支路电流 $i(t) = 25\sqrt{2}\cos(3000t - 55.3°)\text{mA}$。

10.4　Multisim 2001 仿真软件在电路分析中的高级应用

Multisim 2001 仿真软件提供了多种基本的分析方法，它们分别是：直流工作点的分析、交流分析、瞬态分析、傅里叶分析、噪声分析、失真分析、直流扫描分析、灵敏度分析、参数扫描分析、温度扫描分析、极点-零点分析、传递函数分析、最坏情况分析、蒙特卡罗分析、批处理分析、用户自定义分析、RF 电路分析等。Multisim 2001 仿真软件可以快速而准确地求得电路中任意节点的节点电压和电压的波形,也可以很方便地求得任意支路的支路电流,能够对电路参数的变化对电路的影响给予仿真。下面结合电路分析的后续课程"电子线路"的相关知识,介绍几种常用的仿真分析方法,并且通过实例综合运用 Multisim 2001 的分析功能,完成特定功能电路的分析与设计。

10.4.1 直流工作点的分析

直流工作点的分析(DC operating point analysis)即静态工作点的分析,Multisim 2001 在进行静态工作点的分析时,自动将电路的条件设置为交流电源置零,电感短路,电容开路。

建立单级放大电路的仿真电路如图 10.4.1 所示,执行 Simulate\Analysis\DC Operating 命令,弹出如图 10.4.2 所示的直流工作点分析对话框,该对话框包括 Output variables、Miscellaneous Options 及 Summary 共三个标签页。

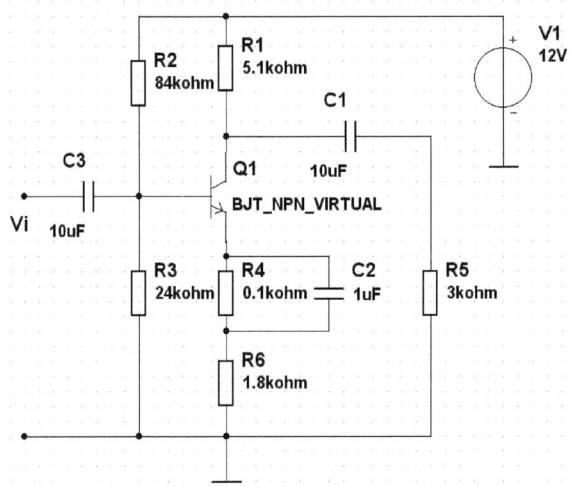

图 10.4.1　单级放大电路的仿真电路

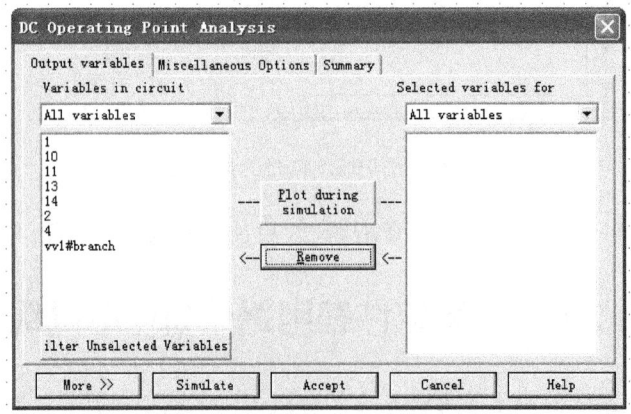

图 10.4.2　直流工作点分析对话框

Output variables 标签页用来设置所要分析的节点和支路电流,其中 Variables in circuit 用来选择需要分析的电路变量,选中 Variables in circuit 一栏中的变量,单击 Plot during simulation 按钮即可把需要分析的变量加入 Selected variables for 当中。Miscellaneous Options 标签页是与仿真分析有关的设置页,用来设置程序是否采用户所设定的分析选项。Summary 标签页可以对分析设置进行汇总确认,在 Summary 标签页中,程序给出了所设定的参数和选项,用户可确认检查所要进行的分析设置是否正确。

经过设置以后,单击对话框下面的 Simulate 按钮即可进行仿真分析,本例题的直流工作点的分析结果如图 10.4.3 所示。

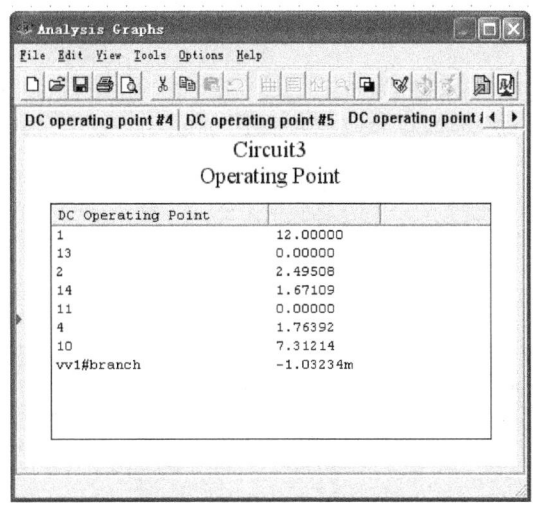

图 10.4.3 直流工作点的分析结果

如果不想立即分析,而要保存设定的话,可以单击 Accept 按钮;如果要放弃设定,则可以单击 Cancel 按钮。

10.4.2 瞬态分析

瞬态分析(transient analysis)是一种非线性时域分析,是指对所选定的电路节点进行的时域响应分析,即观察该节点在整个周期中每一个时刻的电压波形,所以也可以用示波器观察到同样的结果。在进行瞬态分析时,直流电源具有恒定的数值,电路的初始状态可由用户指定,也可以由程序自动进行直流分析,用直流解作为初始状态。以图 10.4.1 单级放大电路的仿真的电路为例,在电路的输入端接入电压的峰峰值为 10mV、频率为 1000Hz、初相角为 0 的交流信号(仿真图略)。

执行"Simulate\Analysis\transient analysis"命令,显示对话框如图 10.4.4 所示。该对话框包括 Analysis Parameters、Output variables、Miscellaneous Options 及 Summary 四个选项,后三个选项的设置方法与前面介绍的相同,下面仅仅介绍 Analysis Parameters 选项的设置,该区由三个部分组成,其功能是对时间间隔和步长等参数进行设置,具体包括:①Parameters 部分用于设置分析的时间参数,Start time 设置开始分析的时间,End time 设置结束分析的时间,Maximum time step(TMAX)设置以时间间隔设置的分析步长,选取该项后,在右边栏中指定最大的时间间距；②Initial Conditions 区，其功能是设置初始条件，包括 Automatically determine initial conditions（程序自动设置）、Set to zero（初始值设置为零）、User defined（用户定义初始值）和 Calculate DC operating point（通过计算直流工作点得到初始值）；③Reset to default，所有设置恢复为默认值。

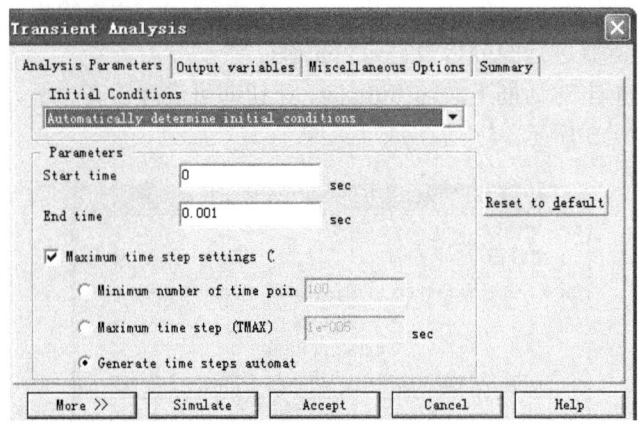

图 10.4.4　瞬态分析设置对话框

分析设置完毕后，单击对话框下面的 Simulate 按钮即可以进行仿真分析，得到的分析结果如图 10.4.5 所示，可以很方便地观察到多个节点电压的波形。

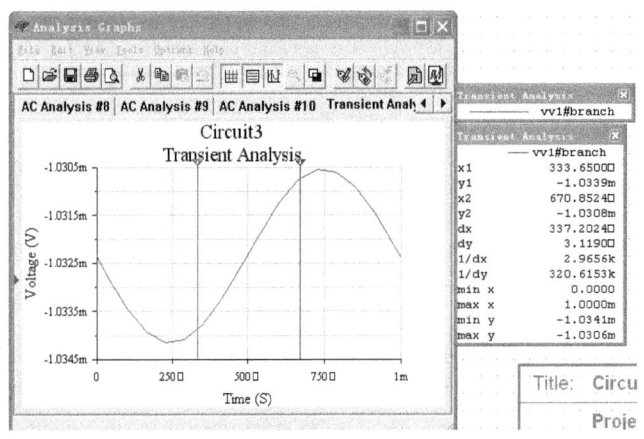

图 10.4.5　瞬态分析仿真结果

10.4.3　交流分析

交流分析（AC Analysis）是一种频域分析，就是把用户指定的交流输出变量作为频率响应函数来计算，可以得到电路的幅频特性和相频特性。进行交流分析时，程序先自动对电路进行直流工作点的分析，以便建立三极管的交流小信号模型，并把直流电源置零，耦合电容短路。

交流分析（AC Analysis）以正弦波作为输入信号，不管我们在电路的输入端加入何种信号，在进行分析时，程序将自动以正弦波作为输入信号，同时输入信号的频率也将在设定范围内作用。仿真结果是得到电路的幅频特性和相频特性两个图形,如果将扫频仪接在电路的输入端和输出端,也可以得到同样的频率特性曲线。

以图 10.4.1 所示单级放大电路的仿真电路为例,在电路的输入端接入电压的峰峰值为 10mV、频率为 1000Hz、初相角为 0 的交流信号,建立的仿真电路如图 10.4.6 所示。

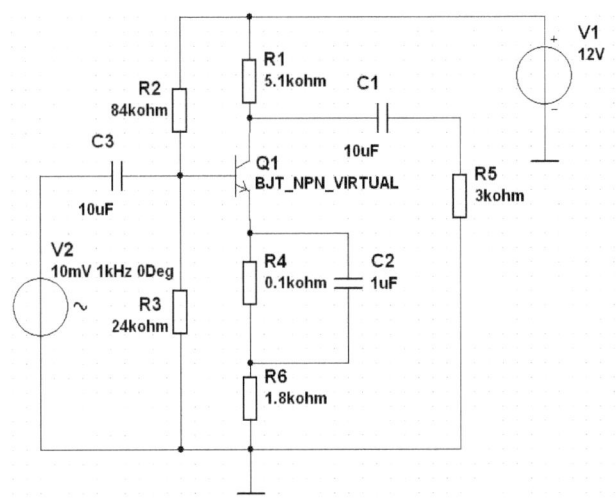

图 10.4.6　单级放大电路的交流分析仿真电路

执行 Simulate\Analysis\AC analysis 命令,将弹出如图 10.4.7 所示的对话框,该对话框包括 Frequency Parameters、Output variables、Miscellaneous Options 及 Summary 四个选项,后三个选项的设置方法与前面介绍的直流工作点分析中的设置相同,下面仅仅介绍 Frequency Parameters 选项的设置。

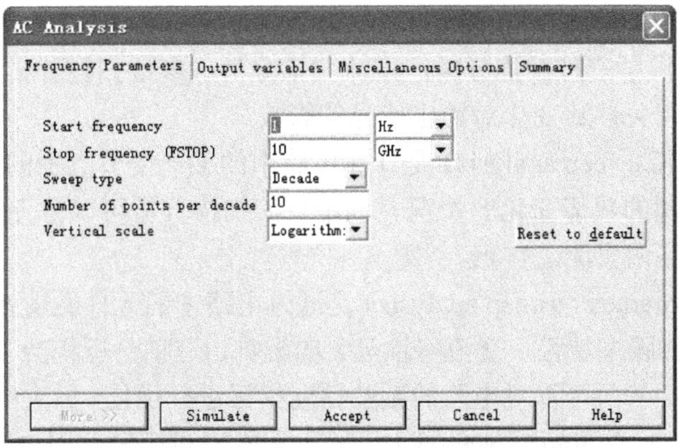

图 10.4.7　交流分析设置对话框

Start frequency:设置交流分析的起始频率。

Stop frequency(FSTOP):设置交流分析的终止频率。

Sweep type:设置交流分析的扫描方式,包括 Decade(10 倍程扫描)、Octave(8 倍程扫描)以及 Linear(线性扫描)三种模式。

Number of points per decade：设置每 10 倍频的取样数量（即计算的频率的点数）。

Vertical scale：从该下拉菜单中选择输出波形的纵坐标刻度，可以选择 Decibel（分贝）、Logarithmic（对数）、Octave（8 倍频程）及 Linear（线性）四种模式作为纵坐标刻度的取值。

分析设置完毕后，单击图 10.4.7 下方的 Simulate 按钮，即可以进行交流仿真分析，分析结果如图 10.4.8 所示。

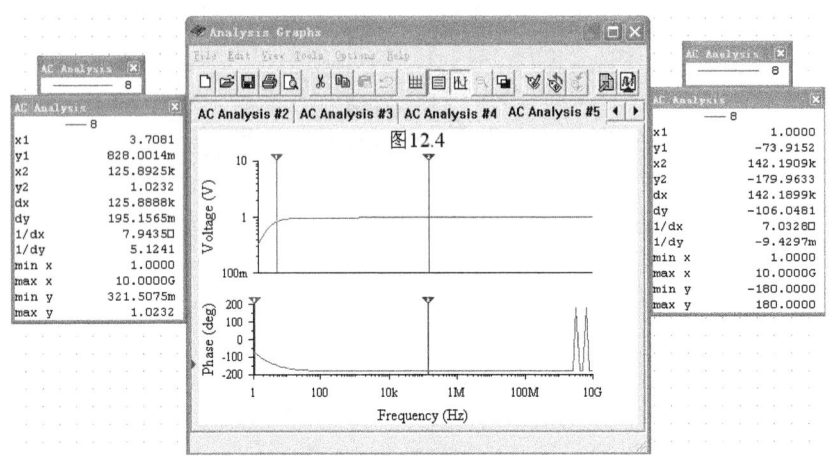

图 10.4.8　交流仿真分析结果

分别移动幅频特性和相频特性两个图形中游标，可以获得每一点的频率特性。从图 10.4.8 中可以发现，幅频特性的纵轴由该点电压值来表示。这是因为不管输入信号的数值是多少，程序一律将它视为一个幅度为一个单位且相位为零的单位信号源，这样从输出端获得的幅度就是增益值，相位就是输入和输出的相位差。

10.4.4　扫描分析

Multisim 2001 提供了三种扫描分析：直流扫描分析、参数扫描分析和温度扫描分析，通过扫描分析可以得到相关参数变化对输出信号的影响。

直流扫描分析（DC sweep analysis）是计算电路中的某一个节点上的直流工作点随电路中的一个或两个直流电源的数值变化的情况。利用直流扫描分析可以方便地根据直流电源的变动范围准确地确定电路的直流工作点。

参数扫描分析（parameter sweep analysis）是通过电路中的元件数值在一定范围内的变化，观察其对电路性能（如瞬态特性、交流特性等）的影响，这种分析相当于该元件取不同的值，进行多次实验（仿真），从而可以对电路的某些性能指标进行优化，大大缩短电路设计的周期。

温度扫描分析（temperature sweep analysis）是研究温度变化对电路性能参数的影响。Multisim 2001 中，温度扫描分析仅仅限于一些半导体器件和虚拟电阻，不是对所有的器件都起作用的。

下面以 RLC 电路为例，介绍参数扫描分析的使用方法。首先建立如图 10.4.9 所示的 RLC 串联电路的仿真电路图。

执行 Simulate\Analysis\parameter sweep 命令，将弹出如图 10.4.10 所示的对话框，该对话框包括 Analysis Parameter、Output variables、Miscellaneous Options 及 Summary 四个选项，后

三个选项的设置方法与前面介绍的直流工作点分析中的设置相同。

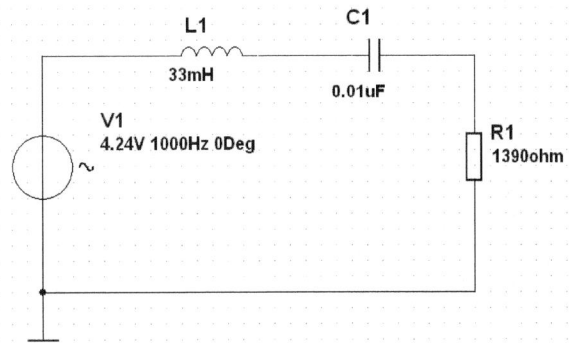

图 10.4.9　RLC 串联电路的仿真电路图

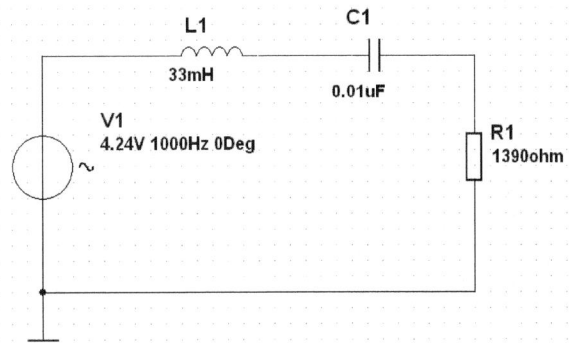

图 10.4.10　参数扫描分析设置对话框

Analysis Parameter 选项中的各项含义说明：

Sweep Parameter 区用于设置扫描的元件及参数。选择下拉菜单中的 Device Parameter 项后，该区的右边 5 个栏中出现与器件参数有关的一些信息（如元件种类、序号以及参数），还需进一步选择。

Points to sweep 区的功能是选择扫描方式。可以选择 Decade（10 倍刻度扫描）、Octave（8 倍刻度扫描）、Linear（线性刻度扫描）以及 List（区列表值）四种模式作为纵坐标刻度的取值。选定扫描方式后，在 Points to sweep 右边设定扫描的起始值（start：）、终止值（stop：）、扫描的点数（#of：）和扫描的增量（Increment：）。其中终止值（stop：）和扫描的点数（#of：）只需要指定一个，另一个由程序自行给定。

More Options 区的功能是选择分析类型，有直流工作点分析（DC operating point）、交流分析（AC analysis）和瞬态分析（Transient analysis）。本电路选择交流分析。

对该电路中的 R_1 进行扫描分析，分别取 $R_1 = 710\Omega$ 和 $R_1 = 1390\Omega$，单击图 10.4.10 下方的 Simulate 按钮，即可以进行仿真分析，分析结果如图 10.4.11 所示。

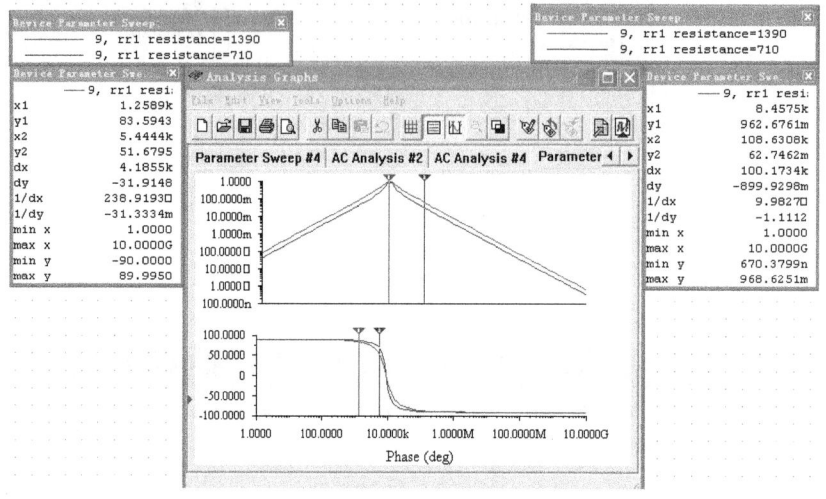

图 10.4.11　参数扫描的仿真分析结果

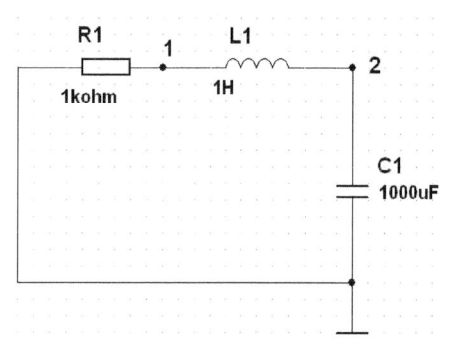

图 10.4.12　例 10.4.1 的仿真电路图

例 10.4.1　已知二阶 RLC 电路如图 10.4.12 所示，其中 $R_1 = 1\text{k}\Omega$，$L_1 = 1\text{H}$，$C = 1000\mu\text{F}$，$u_c(0_+) = -2\text{V}$，求电容两端的电压变化曲线。

解　本题为二阶 RLC 电路的零输入响应问题。分析步骤如下：

（1）在 Multisim 2001 的主窗口建立仿真电路图如 10.4.12 所示。单击电阻和电感之间的连线，显示电路默认的节点编号 1，如图 10.4.13 所示。同样，单击电容和电感之间的连线，显示电路默认的节点编号 2。如果需要自己设置节点编号，可以输入相应的编号，并且单击 OK 按钮就可以了。

为了方便分析，我们可以在图 10.4.12 的电路图中插入相应的节点编号 1 和 2。具体方法是执行 Place\place text 命令，直接输入编号就可以了。另外一种方法是执行 Options\preferences 命令，在出现的窗口界面里单击 circuit，在 show node names 一栏前面选中它，则可以在图 10.4.12 中自动显示节点（这种方法我们将在例 10.4.2 中应用）。

（2）设置元件初始值条件。双击电容，出现如图 10.4.14 所示的对话框，直接在 Initial condition 栏中输入 -2V，Tolerance（设置元件的误差）一栏中可以不填。

（3）执行 Simulate\Analysis\transient analysis 命令，显示对话框如图 10.4.15 所示。设置初始值条件（Initial conditions）为用户自定义（User-defined）。设置开始时间（Start time）为 0s，结束时间（End time）为 10s。选择输出电路参数（Output variables）为节点 2。

第10章 电子电路仿真与设计

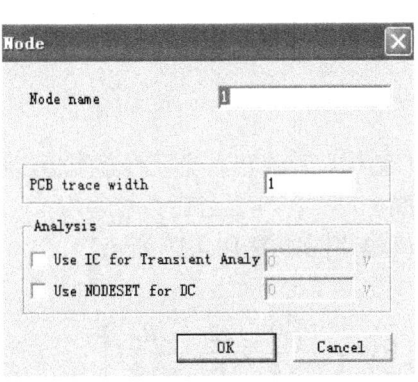

图 10.4.13 显示节点编号

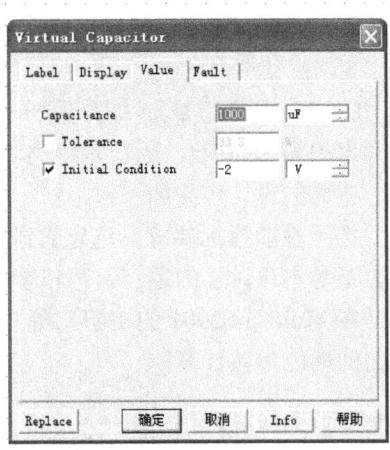

图 10.4.14 设置元件初始值条件

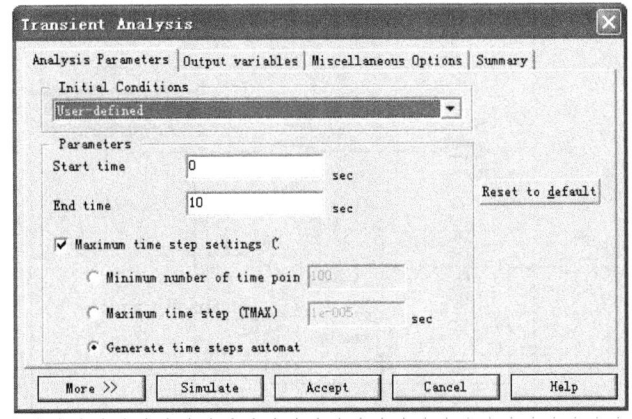

图 10.4.15 设置仿真初始条件

（4）设置完毕后，单击对话框下面的 Simulate 按钮即可以进行仿真分析，得到的分析结果如图 10.4.16 所示。

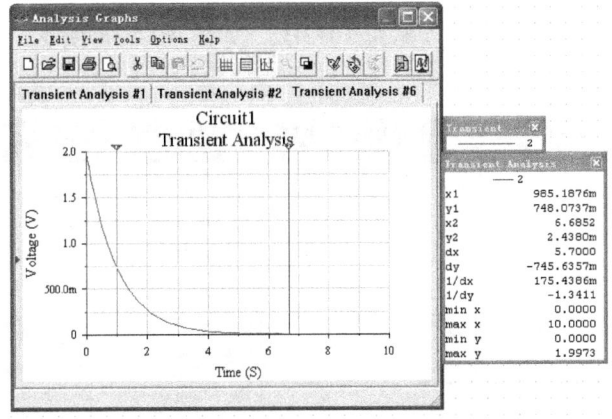

图 10.4.16 例题 10.4.1 的仿真分析结果

从仿真分析结果来看，移动图 10.4.16 中的游标可以很方便地获得不同时刻的电容上的电压值。

例 10.4.2 利用运算放大器设计一个有源带通滤波器，并且完成该电路的仿真分析。要求中心频率约为 1000Hz，频带宽度约为 180Hz。

解 电路的设计步骤如下：

（1）按照性能指标要求，选定有源带通滤波器的结构，计算出各个元件参数值，计算过程（略）不是本章讨论的重点，可以参阅相关文献资料。

（2）在 Multisim 2001 的主窗口建立设计好的仿真电路图如图 10.4.17 所示。

电路的性能参数计算：

通带增益为：$A_{up} = \dfrac{R_4 + R_f}{R_4 R_f C(BW)}$，通带宽度为：$BW = \dfrac{1}{C}\left(\dfrac{1}{R_1} + \dfrac{2}{R_2} - \dfrac{R_f}{R_3 R_4}\right)$

中心频率为：$f_0 = \dfrac{1}{2\pi}\sqrt{\dfrac{1}{R_2 C^2}\left(\dfrac{1}{R_1} + \dfrac{1}{R_2}\right)}$，选择性为：$Q = \dfrac{f_0}{BW}$

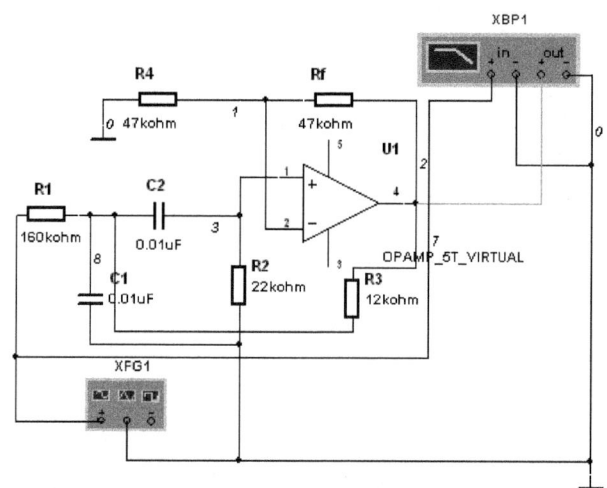

图 10.4.17 二阶有源带通滤波器的电路设计

（3）通过扫频仪的显示，中心频率为 1013Hz，如图 10.4.18 所示，与理论计算的中心频率 1016Hz 非常接近。

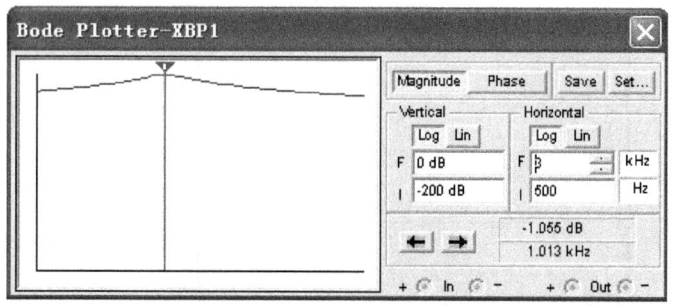

图 10.4.18 扫频仪测试的二阶有源滤波器的中心频率

(4) 完成交流特性分析相关选项的设置,设置分析频率从 10Hz 到 10kHz,并且选择分析节点,单击 Simulate 按钮进行交流特性分析,得出该滤波器的幅频特性曲线,如图 10.4.19 所示,由仿真结果图形可以知道,仔细移动游标,可以测出中心频率约为 1028Hz,频带宽度约为 200Hz,相关参数基本满足设计指标。

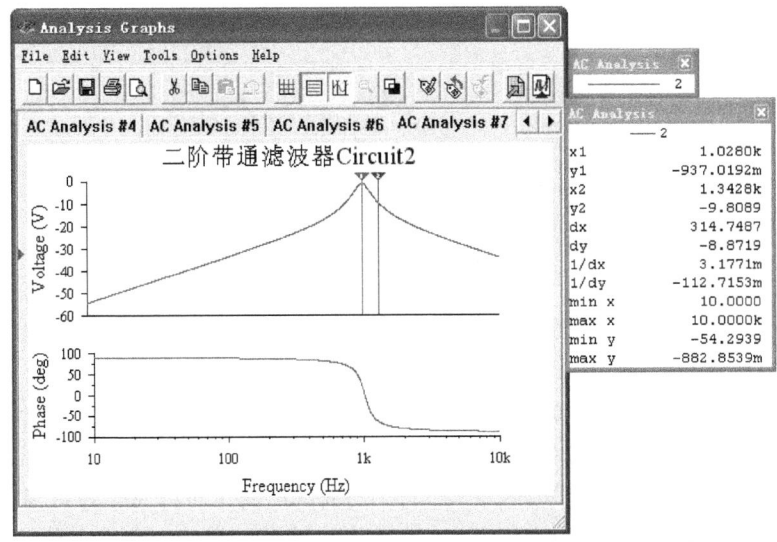

图 10.4.19　二阶有源滤波器的交流特性分析

(5) 进行参数扫描分析,观察电阻值的变化对幅频特性的影响。首先,假定其他参数不变,分析电阻 R_2 的变化对电路的幅频特性的影响,根据前面介绍的方法,在参数扫描对话框中设置参数扫描方式为 List 方式,在 R_2 原来的阻值前后任意取几个参数,例如 10kΩ、22kΩ、44kΩ、80kΩ 的电阻阻值,如图 10.4.20 所示。

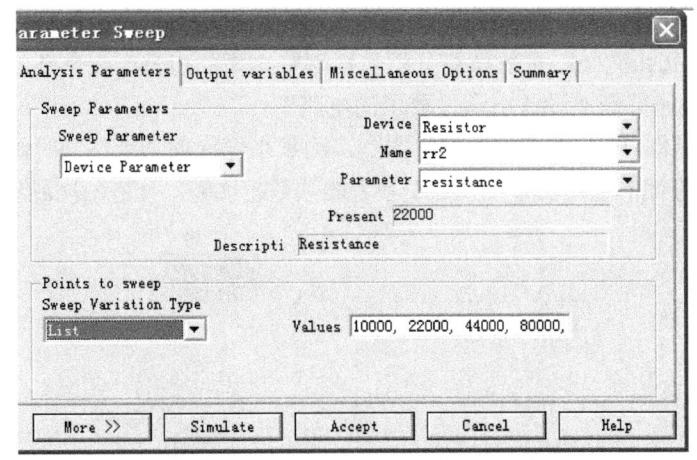

图 10.4.20　参数扫描分析选项的设置

设置参数扫描分析方式仍然为交流分析,完成设置后,单击 Simulate 按钮,得到相应的幅频特性曲线,如图 10.4.21 所示。

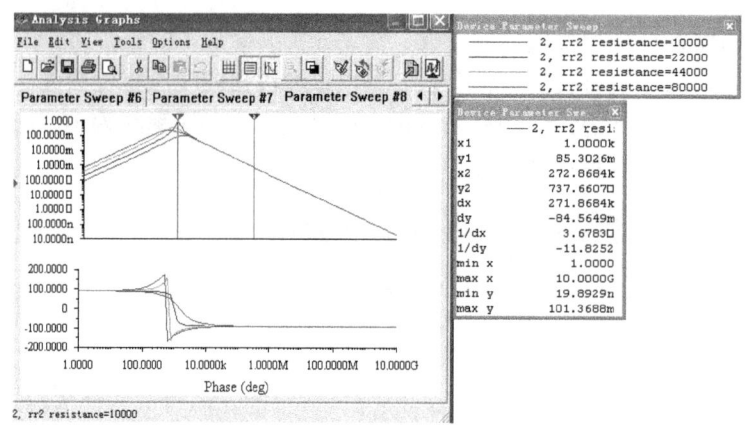

图 10.4.21　电阻 R_2 的变化对电路的幅频特性的影响

从图 10.4.21 可以看出，电阻 R_2 的变化对电路的幅频特性的影响不是特别大，尤其是在高频段，当电阻 R_2 的阻值等于 22kΩ 时，电路的幅频特性相对来说比较尖锐，电路的选择性较强。电路的其他参数，如滤波器的增益、Q 值和中心频率也略有变化。

对于电路中其他参数的变化对该滤波器的性能的影响，我们就不一一列出。从上面仿真结果可以看出，该滤波器的设计基本上符合设计要求，从而也可以验证设计方法的正确性。通过本例题的设计过程，可以看出 Multisim 2001 在电路辅助设计中起着重要的作用。

习题 10

10.1　使用 Multisim 2001 如何建立一个仿真电路图？在进行电路分析时通常包括哪些步骤？

10.2　使用 Multisim 2001 如何进行参数扫描分析？参数应该如何设置？说明参数扫描分析的意义。

10.3　使用 Multisim 2001 进行电路分析包括哪些典型的步骤？在电路的设计中，如何利用 Multisim 2001 快速准确地设计出满足要求的电路？

10.4　建立如题图 10.4 所示仿真电路图图，测量小灯泡的功率，同时测量小灯泡的电压和电流，计算出小灯泡的损耗功率，并与功率表的读数相比较，分析两次测量结果的误差。

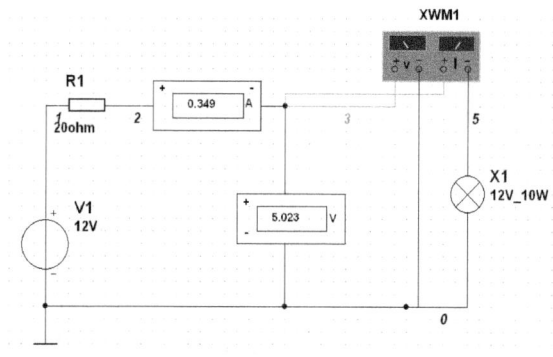

题图 10.4

10.5 使用 Multisim 2001 求解题图 10.5 所示电路的输出电压波形，并求出电路的电压增益。

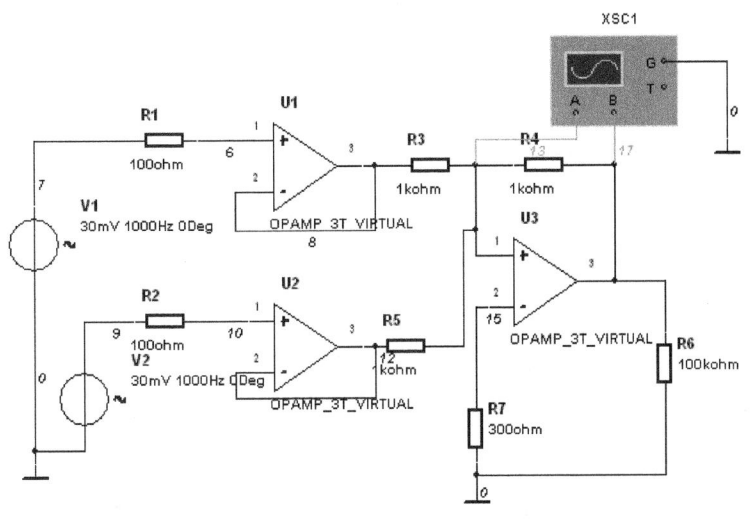

题图 10.5

10.6 自行建立仿真电路图，使用 Multisim 2001 进行网孔电流分析，求解题图 10.6 所示电路的支路电流 I。

10.7 自行建立仿真电路图，使用 Multisim 2001 求解题图 10.6 所示电路的戴维南等效电路，并求支路电流 I。

10.8 建立如题图 10.8 所示的仿真电路图，使用 Multisim 2001 仿真，记录交流电压表和交流电流表的读数，并根据示波器显示的波形图计算电压和电流之间的相位差。（注意电阻的取值尽可能小。）

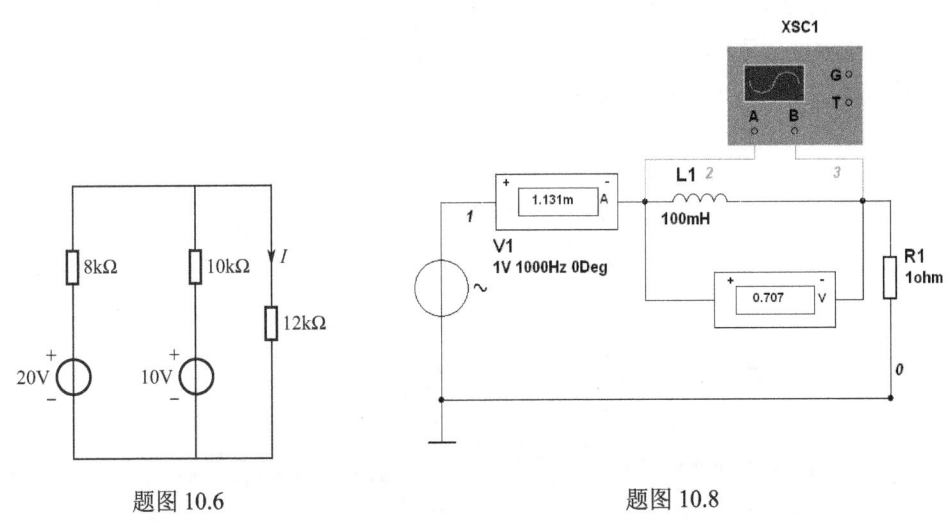

题图 10.6　　　　　　　　　　　题图 10.8

10.9 建立如题图 10.9 所示的仿真电路图，使用 Multisim 2001 仿真，记录交流电压表和交流电流表的读数，并根据示波器显示的波形图计算电压和电流之间的相位差。

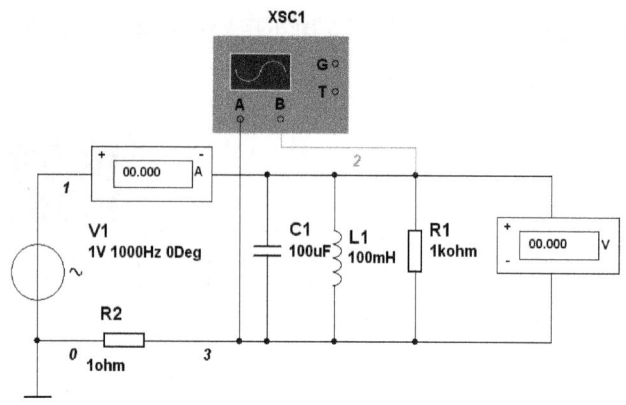

题图 10.9

10.10 自行建立仿真电路图，使用 Multisim 2001 求解题图 10.10 所示电路的戴维南等效电路，并求支路电流 I。

10.11 如题图 10.11 所示电路原来处于稳态，在 $t=0$ 时将开关 S 闭合，自行建立仿真电路图，使用 Multisim 2001 求换路后电容电压 $u_C(t)$ 的表达式，并画出其变化曲线。

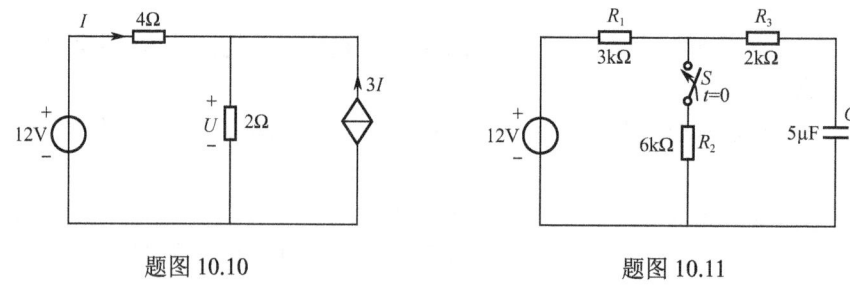

题图 10.10　　　　　　　　题图 10.11

10.12 利用两级运算放大器设计一个有源带通滤波器，并且完成该电路仿真分析。要求中心频率约为 1MHz，品质因数不低于 30，增益大于 10，参考电路如题图 10.12 所示，如果性能参数不能满足要求，请问如何进行参数扫描分析？写出详细的分析过程。

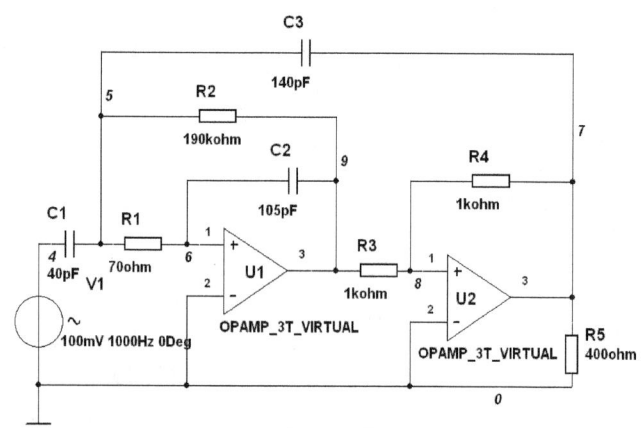

题图 10.12

第 11 章　实验与实训

本章主要介绍电路与电子技术课程中的基本实验和常用电工实训项目，对于电工实训的基本要求和实训报告的格式可参照本章介绍的电路与电子技术测量理论。

11.1　电路与电子技术测量理论简介

11.1.1　电路与电子技术实验的基本要求

科学实验是科学技术发展、进步必不可少的重要手段，人类科学史上许多重要的发现和发明就是在实验室中完成的。从事科学技术工作的专业技术人员除了应具有扎实的、本学科的理论知识，还应掌握相关的实验技术，具备娴熟的实验技能。

电路与电子技术实验是电类各专业重要的实践性教学课程，通过它可对学生进行电路与电子技术实验技能的训练，锻炼其实践动手能力，使其学会进行电路与电子技术实验的基本方法，同时也使学生进一步加深对电路与电子技术理论知识的理解和掌握。

1. 电路与电子技术实验课程的主要学习内容

（1）有关电路与电子技术实验的基础知识，包括测量及测量误差的概念、测量数据的处理方法等。

（2）常用电路与电子技术测量仪器仪表的结构、工作原理及其正确使用方法。

（3）电路测量的基本技能和基本方法。

2. 电路与电子技术实验课程的教学目的

（1）训练电路与电子技术实验的基本技能，掌握电路测量的基本方法。

（2）培养良好的实验习惯，树立实事求是、严谨认真的科学作风。

（3）锻炼通过实验方法观察电磁现象、研究电路规律的能力，为今后从事科学研究及专业技术工作打下必要的基础。

3. 对实验技能的要求

培养和提高实验技能是电路与电子技术实验课的基本目的之一。对实验技能的基本要求如下。

1）熟悉常用电路与电子技术仪器仪表的用法

（1）会正确使用电流表、电压表、万用表、功率表及其他常用的电子测量设备。

（2）熟悉示波器（模拟示波器、数字示波器）、信号发生器、稳压电源等仪器的使用方法。

2）实验操作正确、合理

（1）能正确地连接实验电路，线路布局合理，仪器设备摆放整齐。

（2）能正确地读取、记录实验数据，并对观察到的实验现象有一定的分析判断能力。

（3）初步具备排除电路故障的能力。

3）实验报告规范

能写出合乎要求的实验报告。能正确绘制各种图表，具有分析、处理实验数据的初步能力，能对实验结果作出较为合理的解释。

4）初步具备综合实验的能力

能根据给定的实验任务制定实验方案、设计实验线路、确定参数，选择仪器仪表，拟定数据记录表格并完成具体的实验操作。

4．实验报告的要求和格式

每次实验后均应独立完成实验报告。

1）实验报告的要求

实验报告是实验工作的全面总结，也是工程技术报告的模拟训练。要用简明的形式将实验的过程和结果完整、真实地表达出来。实验报告的基本要求是文字通顺、简明扼要、书写工整、图表规范、分析合理、讨论深入，结论正确。

实验报告应采用规定的报告用纸，并用钢笔或圆珠笔认真填写实验名称、实验时间等栏目。

2）实验报告的格式

实验报告中一般应包括下列各项：

① 实验目的；
② 实验任务；
③ 实验原理；
④ 实验线路；
⑤ 注意事项；
⑥ 数据图表及计算示例；
⑦ 实验结果的分析处理；
⑧ 结论、收获、体会及意见；
⑨ 回答问题。

5．实验课的进行方式

实验课通常分为课前预习、进行实验和课后完成实验报告等三个阶段。

1）课前预习

课前预习是实验课的准备阶段，预习是否充分关系到实验能否顺利进行及能否收到预期效果的问题。因此，课前预习必须予以强调，引起重视。

课前预习阶段应完成下述工作：

（1）认真阅读实验指导书并复习有关的理论知识。弄清实验原理，明确实验的目的和任务，了解实验的方法和步骤，并对实验过程中要观察的现象、要记录的数据及应注意的事项做到心中有数。

（2）完成预习报告。预习报告包括实验报告中的实验目的、实验任务、实验原理、实验线路、注意事项等项目。

预习报告是预习准备工作好坏的反映，实验前需将预习报告交指导教师检查。本次预习或预习报告不合格者不得进行实验。

2）进行实验

学生需在指定的时间到实验室完成实验，实验过程中应遵守操作规程和实验室的有关规定。实验一般按下述程序进行。

（1）指导教师讲解实验要求及注意事项。

（2）学生到指定的桌位上进行实验前的准备工作，包括清点实验用仪器设备，并了解设备的使用方法，做好记录的准备工作，将设备的盖布、罩布叠放整齐等。

（3）按实验线路图接好线路，经自查无误并请指导教师复查或同意后方可合上电源．务必注意，切不可不经指导教师许可而擅自合上电源，否则极易引起人身和设备的安全事故。

（4）按拟定的实验步骤进行操作，观察现象，读取、记录数据。注意，实验数据需记录在指定的原始记录纸的表格中，表格须用工具绘制，不可徒手画；数据不能用铅笔记录。

（5）完成全部的实验操作后，将实验数据交指导教师检查并由教师在原始记录上签字（实验者须对自己的原始数据负责，指导教师签字只表示确认实验者进行了该项实验）。注意：指导教师签字前不可拆除实验线路。

（6）切断电源并拆除实验线路。

（7）做好实验设备、实验台（桌、椅）及周围环境的清洁整理工作。

（8）经指导教师同意后离开实验室。

3）编写实验报告

实验后按前述的格式和要求在规定的时间内完成实验报告。实验报告是学生平时成绩的重要依据。无故不交报告者不能参加下一次实验。

6．实验过程中若干问题的说明

1）设备的使用

（1）使用实验设备前，要仔细阅读使用说明书，掌握其操作方法，不明操作方法不得动手。

（2）看清设备的种类和用途，如不能将直流仪表用于测量交流电量，反之亦然。

（3）设备的工作电压、电流不能超过额定值。

（4）将设备、元件的参数调整到实验所需值。

（5）调整好仪表的指示零点。

（6）恰当地选择仪表的量程。

（7）实验时，设备要布局合理，其原则是安全、方便、整齐、防止相互影响。

2）实验线路的连接

（1）要按合理的步骤连接线路，其一般做法是"先串（联）后并（联）""先主（回路）后辅（助回路）"。

（2）养成良好的接线习惯，走线要合理。导线的长短粗细要合适；能用短线的地方不要用过长的导线，导线的连接不要过多地集中于某一点上，应适当予以分散；导线的连接点要牢靠，防止导线脱落。

（3）电路中的每个接线柱上一般不要多于两个接线片。

（4）电源的正、负极（或火、地线）的引出线用红、黑色导线加以区分。

（5）线路连接后要仔细复查，通电前要排除连线错误。

3）图表、曲线的绘制

（1）实验报告中的所有图表和曲线均需按工程图的要求绘出。

（2）原始记录纸上的实验线路和表格也需用作图工具绘制。

（3）波形、曲线必须绘制坐标标纸上。注意比例要适当，各坐标轴须注明其所代表的物理量的符号和单位，还要标明各波形、曲线所对应电量的名称。

（4）要求绘制曲线时力求曲线光滑。

11.1.2　测量误差

1．测量误差的基本概念

1）误差的概念

误差通常定义为：误差等于测量值减去真值，例如，在电压测量中，电压真值为220V，测得的电压为228V，则误差=228V-220V= +8V。真值是一个理想的概念，真值虽然客观存在，但却难以获得。因为自然界任何物体都处于永恒的运动中，一个量在不同时间、空间都会发生变化，从而有不同的真值。所以真值是指在瞬间条件下的值，一般来说无法通过完善的测量来获得。实际上对"真值"的应用通常有以下三种办法：①真值可由理论（或定义）给出；②用"约定真值"代替"真值"；③用"不确定度"评定测量结果。

2）基本术语

（1）测量仪器的示值：测量仪器所给出的量的值，也称测量值、测得值。

（2）测量结果：由测量所得到的赋予被测量的值，是在示值的基础上经过数据处理后的估计值，包括修正值、平均值及不确定度等。

（3）测量准确度：测量结果与被测量的真值的一致程度。但由于真值难以获得，故准确度是一个定性概念。

（4）额定值：设备或仪器设备在规定条件下工作允许的指定量值。

2．测量误差及其表示方法

1）误差产生的原因

任何测量都不可避免会有误差，如果不能准确地确定误差或误差范围的大小，那就无法衡量测量结果的准确程度、测量结果的可靠性或可依赖性，从而也就失去了测量的意义和价值。造成测量误差的原因是多方面的，客观上影响测量结果及测量误差的因素大体上可分为外部的和内部的两类。能对测量结果产生影响的量，称为影响量，它通常来自测量系统的外部，如环境温度、湿度、电源电压，外界电磁干扰等。测量系统内部会对测量结果产生影响的工作特性，称为影响特性。例如交流电压表中检波器的检波特性，会随着被测电压的频率和波形而有所改变，从而影响测量结果。前面已经提到，电子测量中另一个难以避免而又无法准确估算其实际影响大小的因素，是测量仪器内部各元器件之间，测量与被测量装置之间无处无时不在的寄生电容、电感、电导等的不良影响。不难看出，电子测量中的影响量和影响特性众多而又复杂，其规律难以确定，这就给测量结果的误差分析和处理带来困难。

2）测量误差的常用表示方法

（1）绝对误差

绝对误差定义为：

$$\Delta x = x - A_0 \tag{11.1.1}$$

式中，Δx 为绝对误差，x 为测得值，A_0 为被测量真值。前面已提到，真值 A_0 一般无法得到，所以用实际值 A 代替 A_0，因而绝对误差更有实际意义的定义是：

$$\Delta x = x - A \tag{11.1.2}$$

对于绝对误差，应注意以下几个特点：①绝对误差是有单位的量，其单位与测得值和实际值相同；②绝对误差是有符号的量，其符号表示测量值与实际值的大小关系，若测得值较实际值大，则绝对误差为正值，反之为负值；③测得值与实际值间的偏离程度和方向通过绝对误差来体现。

（2）相对误差

相对误差用来说明测量精度的高低，又可分为：实际相对误差和示值相对误差。

实际相对误差用 γ_A 表示，定义为：

$$\gamma_A = \frac{\Delta x}{A} \times 100\% \tag{11.1.3}$$

示值相对误差误差用 γ_x 表示，也叫标称相对误差，定义为：

$$\gamma_x = \frac{\Delta x}{x} \times 100\% \tag{11.1.4}$$

（3）满度相对误差

满度相对误差用 γ_m 表示，定义为仪器量程内最大绝对误差与测量仪器满度值（量程上限值）的百分比值，即：

$$\gamma_m = \frac{\Delta x_m}{x_m} \times 100\% \tag{11.1.5}$$

11.1.3　实验数据的表示

对获取的实验数据应在整理后以适当的形式表示出来，基本的要求是简洁、直观，便于阅读、比较和分析计算。常用的表示方法有列表法和图形表示法。

1．列表法

列表法是最基本和常用的实验数据表示方法，其特点是形式紧凑、便于数据的比较和检验。列表法的要点如下：

（1）先对原始数据进行整理，完成有关数值的计算，剔除坏值等。

（2）在表头处给出表的编号和名称。

（3）必要时在表尾处对有关情况予以说明（如数据来源等）。

（4）确定表格的具体格式，合理安排表格中的变量，一般将能直接测量的物理量选作自变量。

（5）表中数据应以有效数字的形式表示。

（6）数据需有序排列，如按照由大到小的顺序排列等。

（7）表中的各项物理量要给出其单位，如电压/V，电流/A，功率/W 等。

（8）要注意书写整洁，如将每列的小数点对齐，数据空缺处记为斜杠"\"等。另外，要注意检查记录数据有无笔误。

表 11.1.1 给出了一个实验数据列表的示例。

表 11.1.1 基尔霍夫电流定理（KCL）实验数据

	计算值	测量值	误差（ΔI）
I_1（mA）	3.45	3.39	0.06
I_2（mA）	6.50	6.37	0.13
I_3（mA）	−9.95	−9.78	−0.17
$\sum_k I_k$	0	−0.02	

2．图形表示法

将测量数据在图纸上绘制为图形也是常用的实验数据表示法。图形表示法的优点是直观、形象，能清晰地反映出变量间的函数关系和变化规律。图形表示法的要点如下：

（1）选择合适的坐标系。常用的坐标系有直角坐标系、半对数坐标系和全对数坐标系等。选择哪种坐标系，要视是否便于描述数据和表达实验结果而定。最常用的是直角坐标系，但若测量值的数值范围很大，就可选用对数坐标系。

（2）在坐标系中，一般横坐标代表自变量，纵坐标代表因变量。

（3）在横、纵坐标轴的末端要标明其代表的物理量及其单位。

（4）要合理地进行坐标分度。在直角坐标系中，最常用的是线性分度，分度的原则是使图上坐标分度对应的示值有效数字位数，能反映实验数据的有效数字位数。横、纵坐标轴的分度可以不同，需根据具体情况确定，原则是使所绘曲线能明显地反映出变化规律。图 11.1.1 给出了一个坐标轴分度的示例，其中图 11.1.1（b）所示较图 11.1.1（a）所示的分度为好，图 11.1.1（b）对曲线变化规律的表示更为清楚。

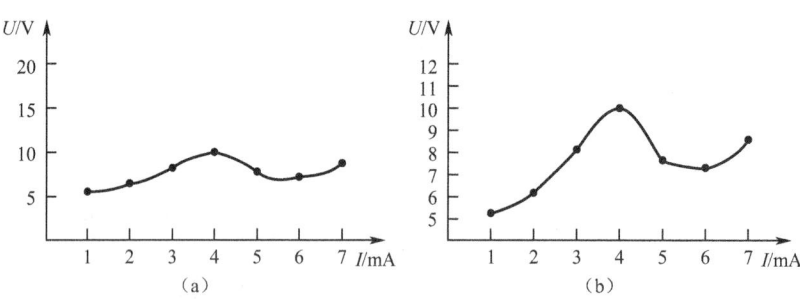

图 11.1.1 坐标轴分度的示例

坐标分度可不必从原点开始，但要包括变量的最小值与最大值，并且使所绘图形占满全幅图纸为宜。

（5）必要时可分别绘制全局图和局部图。

（6）可用不同形状和颜色的线条来绘制曲线，譬如可使用实线、虚线、点画线等。

（7）根据所得数据描点时，可使用实心圆、空心圆、叉、三角形等符号。同一曲线上的数据点用同一符号，而不同曲线上的数据点则用不同的符号。

（8）由图上的数据点作曲线时，不可将各点连成如图 11.1.2（a）所示的折线，而应视情况作出拟合曲线。所绘出的曲线应尽可能地靠近各数据点，并且曲线要光滑。当数据点分散程度较小时，可直接绘出曲线，如图 11.1.2（b）所示。若数据点分散程度较大时，则应将相邻的点取平均值后再绘出曲线，如图 11.1.2（c）所示。

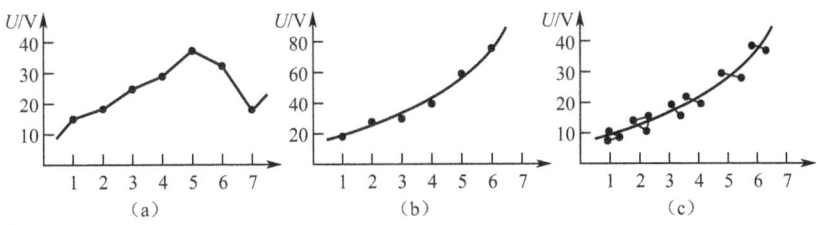

图 11.1.2　根据数据点作曲线的示例

11.1.4　实验数据的记录与整理

1．测量数据的记录

下面分数字式仪表和指针式仪表讨论测量数据的记录。

1）数字式仪表读数的记录

从数字式仪表上可直接读出被测量的量值，读出值即可作为测量结果予以记录而无须再经换算。需注意的是，对数字式仪表而言，若测量时量程选择不当则会丢失有效数字，因此应合理地选择数字式仪表的量程，例如用某 3½ 位数字电压表测量 1.682V 的电压，在不同量程时的显示值如表 11.1.2 所示。

表 11.1.2　不同量程时的显示值

量　　程	2V	20V	200V
显　示　值	1.682	1.68	1.6
有效数字位数	4	3	2

由此可见在不同的量程时，测量值的有效数字位数不同，量程不当将损失有效数字。在此例中选择"2V"的量程才是恰当的。实际测量时一般是使被测量值小于但接近于所选择的量程，而不可选择过大的量程。

2）指针式仪表测量数据的记录

与数字式仪表不同，直接读取的指针式仪表的指示值一般不是被测量的测量值，而要经过换算才可得到所需的测量结果。下面介绍有关的概念和方法。

（1）指针式仪表的读数。

指针式仪表的指示值称为直接读数，简称为读数，它是指指针式仪表指针所指出的标尺值并用格数表示。如图 11.1.3 所示为某电压表的标度尺有效数字读数示意图，图中指针的两次读数为 18.8 格和 118.0 格，它们的有效数字位数分别为 3 位和 4

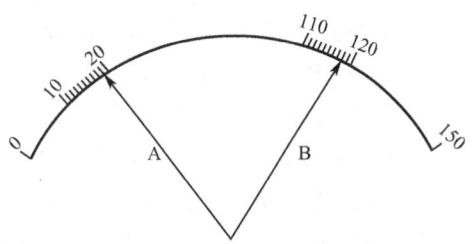

图 11.1.3　指针式仪表有效数字读数示意图

位。测量时应首先记录仪表的读数。

（2）指针式仪表的仪表常数。

指针式仪表的标度尺每分格所代表的被测量的大小称为仪表常数，也称为分格常数，用 C_α 表示，其计算式为：$C_\alpha = x_m / \alpha_m$，式中，$x_m$ 为选择的仪表量程，α_m 为指针式仪表满刻度格数。可以看出，对于同一仪表，选择的量程不同则分格常数也不同。

数字式仪表也有仪表常数的概念，它是指数字式仪表的每个字所代表的被测量的大小。

（3）被测量的示值。

示值是指仪表的读数对应的被测量的测量值，它可由下式计算得出：

$$示值 = 读数（格）\times 仪表常数（C_\alpha）$$

应注意的是，示值的有效数字的位数应与读数的有效数字的位数一致。

例 11.1.1 若图 11.1.3 所示为某电压表的标度尺有效数字读数，试求下述两种情况下指针所处位置对应的示值：

（1）仪表量程为 30V；

（2）仪表量程为 150V。

解 （1）指针在图 11.1.3 所示的 A 处时的读数是 $k_1 = 18.8$ 格，在图 11.1.3 所示的 B 处时的读数为是 $k_2 = 188.0$ 格。此时电压表的量程为 30V，则分格常数为

$$C_{a1} = \frac{x_{m1}}{a_m} = \frac{30\text{V}}{150\text{div}} = 0.2\text{V/div}$$

指针在 A 处的示值为：$U_{1A} = k_1 C_{\alpha 1} = 18.8 \times 0.2 = 3.76\text{V}$

指针在 B 处的示值为：$U_{1B} = k_2 C_{\alpha 1} = 118.0 \times 0.2 = 23.60\text{V}$

因此要保持示值的有效数字位数与读数的相同，U_{1A} 和 U_{1B} 的有效数字位数分别为 3 位和 4 位。

（2）此时电压表的读数未变，但量程改变为 $U_{m2} = 150\text{V}$，则分格常数为：

$$C_{a1} = \frac{x_{m1}}{a_m} = \frac{150\text{V}}{150\text{div}} = 1\text{V/div}$$

所求示值为：$U_{2A} = k_1 C_{\alpha 1} = 18.8 \times 1 = 18.8\text{V}$，$U_{2B} = k_2 C_{\alpha 2} = 118.0 \times 1 = 118.0\text{V}$。

3）测量结果的完整填写

上述示值为被测量的测得值。在电路与电子技术实验中，最终的测量结果通常由测得值和相应的误差共同表示。这里的误差是指仪表在相应量程时的最大绝对误差。在例 11.1.1 中，设仪表的准确度等级为 0.2 级（我国电工仪表等级通常分为 0.1、0.2、0.5、1.0、1.5、2.5 和 5.0 共七级），则在 150V 量程时的最大绝对误差为：$\Delta U_m = \pm 0.2\% \times 150 = \pm 0.3\text{V}$。

在工程测量中，误差的有效数字一般只取一位，并采用进位法，即只要有效数字后面应予舍弃的数字是 1~9 中的任何一个时都应进一位。所以应记录的测量结果为：$U_{2A} = (18.8 \pm 0.3)\text{V}$，$U_{2B} = (118.0 \pm 0.3)\text{V}$。

注意，在测量结果的最后表示中，测得值的有效数字位数取决于测量结果的误差，即测得值的有效数字的末位数与测量误差的末位数是同一个数位。

2．测量数据的整理

对在实验中所记录的测量原始数据，通常还需加以整理，以便于进一步的分析，作出合理的评估，给出切合实际的结论。

1）数据的排列

为了分析计算的便利，通常希望原始实验数据按一定的顺序排列。若记录的数据未按期望的次序排列，则应予以整理，如将原始数据按从小到大或从大到小的顺序进行排列。当数据量较大时，这种排序工作最好由计算机完成。

2）坏值的剔除

在测量数据中，有时会出现偏差较大的测量值，这种数据被称为离群值。离群值可分为两类，一类是因为粗大误差而产生的，或是因为随机误差过大而超过了给定的误差界限，这类数据为异常值，属于坏值，应予以剔除。另一类是因为随机误差较大而产生的，未超过规定的误差界限，这类测量值属于极值，应予保留。需说明的是，若确知测量值为粗大误差，则即便其偏差不大，未超过误差界限，也必须予以剔除。

11.2 常用电子元件的识别与检测

一、实验目的

1．学习使用数字万用表和常用元器件的识别。
2．掌握用数字万用表来检查常用电子元件的方法。

二、常用元件简介

1．电阻器

（1）电阻的种类

常见的电阻有碳膜电阻，金属膜电阻，线绕电阻，热敏电阻，电位器等。

（2）电阻阻值的表示

电阻的阻值可用Ω，kΩ，MΩ等为单位来表示。

电阻的阻值和偏差一般都用数字标印在电阻器上。对于体积较小的电阻器，其阻值和偏差常用色环标在电阻上：第一色环表示阻值的有效数字，第二色环也表示阻值有效数字，第三色环仍表示阻值有效数字，第四色环表示阻值有效数字后零的个数，第五色环表示容许误差，即五色环电阻有三位有效数字。电阻的色环和数值的关系如表 11.2.1 所示。

表 11.2.1　色环和数值的关系

色　别	第一色环 （数字）	第二色环 （数字）	第三色环 （数字）	第四色环 （10 的方幂）	第五色环 （容许误差）
黑	0	0	0	0	
棕	1	1	1	1	±1%

续表

色　别	第一色环（数字）	第二色环（数字）	第三色环（数字）	第四色环（10 的方幂）	第五色环（容许误差）
红	2	2	2	2	±2%
橙	3	3	3	3	
黄	4	4	4	4	
绿	5	5	5	5	±0.5%
蓝	6	6	6	6	±0.25%
紫	7	7	7	7	±0.1%
灰	8	8	8	8	
白	9	9	9	9	
金					±5%
银					±10%
无					±20%

为了生产和使用的方便，通常在区分电阻时，按阻值的约 5%分挡，叫标称值，分别为：1.0、1.1、1.2、1.3、1.5、1.8、2.0、2.2、2.4、2.7、3.0、3.3、3.6、3.9、4.3、4.7、5.1、5.6、6.2、6.8、7.5、8.2、9.1。

例如：五色环电阻器如图 11.2.1 所示。靠近电阻器边缘色环依次为红红黄黄红，则电阻的阻值为 $224×10^4Ω±2\%$，即 $2.24MΩ$。

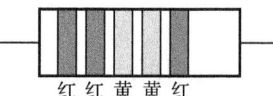

图 11.2.1　用色环表示电阻器的阻值和偏差

（3）电阻阻值的标注规则
- 1Ω以下加上电阻单位符号，如 0.5Ω；
- 1kΩ以下可以只写数字不写单位，如 200Ω可写成 200；
- 1kΩ～1MΩ可以只写单位千（k），如 6800Ω可写成 6.8k；
- 1MΩ以上可以只写单位 M，如 2.2M；
- 三位数表示法，如 0.22M 表示为 224，单位是欧姆，第三位是 10 的倍率。

电位器的阻值一般标注在外壳上，可直接读取。如电位器的标注为 103，则前两位表示有效数字，第三位数字表示乘以 10 的 n 次方，即 103 表示 $10×10^3 =10kΩ$。

2．电容

（1）电容的分类

电容以绝缘介质分类，可分为空气、聚苯乙烯、云母、陶瓷、电解电容等。

（2）电容容量的表示

电容容量可用 μF, nF, pF 为单位来表示，1μF=1000nF=1 000 000pF，如："103"=$10×10^3$pF；"3n3"=3.3nF；"0.01"或".01"=0.01μF。电容容量也可用色环表示，其表示方法和电阻相同，单位为 pF。

（3）电容器的识别与标注规则
- 体积较大的电容器直接标注，如 100V，2μF；

- 体积较小的电容器一般不标注耐压值（小于 25V），大于 1000pF 用 μF 单位，小于 1μF 不标单位，没有小数点的单位是 pF，有小数点的单位是 μF，如 3300，即 3300pF，0.1 即 0.1μF；
- 进口电容器，用 n 或 R 表示小数点，如 3300pF 标成 3n3；0.56F 标成 R56F；
- 体积较小的瓷片或表贴电容器，用三位数表示标称容量，单位 pF，如 104 表示 0.1μF。

3. 电感

电感一般是使用漆包线绕制而成的。根据绕制基体材料的不同，又可分为空气（芯）电感、铁芯电感、磁芯电感。根据回路不同又可分为自感和互感。一般的电源变压器是铁芯互感器，收音机、电视机中的中频变压器是磁芯互感器。低频扼流圈是铁芯自感，一般市售的小体积电感是磁芯自感。

电感的容量可用 μH、mH 为单位来表示。

电感的容量也可用色环表示，其表示方法和电阻相同，单位为 μH。

4. 晶体管

普通二极管：正向电阻几百欧，反相电阻几十千欧以上。如果使用数字万用表，则有专用的二极管挡，该挡位通常用符号 ▶▎ 表示。

稳压二极管：它和普通二极管相似。稳压二极管工作在反向击穿状态下。

发光二极管：它的正向电阻小于 50kΩ，反向电阻大于 200kΩ，正向压降约在 1.6~1.9V 之间。

三、实验内容与步骤

按下列表格测量数据并填入表格。

1. 读、测电阻（见表 11.2.1）

表 11.2.1　电阻的认读和测量

电阻编号	色环颜色	标称阻值	实测阻值
1			
2			
3			
4			

2. 读、测电容（见表 11.2.2）

表 11.2.2　电容的认读与测量

电容编号	标称容量	实测容量
1		
2		
3		
4		

3．测量电感（见表 11.2.3）

表 11.2.3　电感的认读与测量

器件名称	色点/（电感量）	电阻（电感）测量值
L1		
L2		

4．测量二极管（见表 11.2.4）

表 11.2.4　二极管的认读与测量

器件名称	正向电压	色环/极性	器件名称	工作电压	极性判断
1N4148			发光二极管		
1N4001			稳压二极管		

四、思考题

1．电阻器是如何命名的？电阻器的主要参数有哪些？
2．如何检测电阻器（电位器）、电容器、电感器和二极管的好坏？
3．某电容器标注为 229，请问它的容量是多少？

11.3　基尔霍夫定律和叠加定理的验证

一、实验目的

1．验证基尔霍夫电流、电压定律和叠加定理，加深对两大电路定律的理解。
2．加深对电流、电压参考方向的理解。
3．正确使用直流稳压电源和万电表。

二、实验原理

1．基尔霍夫定律

基尔霍夫定律是电路理论中最基本也是最重要的定律之一。它包括基尔霍夫电流定律（KCL）和基尔霍夫电压定律（KVL）。

基尔霍夫电流定律：在集总电路中，电路中任意时刻流进（或流出）任一节点的电流的代数和等于零。其数学表达式为：

$$\sum_k \pm I_k = 0 \tag{11.3.1}$$

此定律阐述了电路中任一节点上各支路电流间的约束关系，这种关系与各支路上元件的性质无关。

基尔霍夫电压定律：在集总电路中，电路中任意时刻沿任意闭合回路，沿着该回路的所有支路电压的代数和为零。其数学表达式为：

$$\sum_k \pm U_k = 0 \tag{11.3.2}$$

此定律阐明了任意闭合回路中各电压间的约束关系。这种关系仅与电路的结构有关，而与构成回路的各元件的性质无关。

2．参考方向

KCL 和 KVL 表达式中的电流和电压都是代数量，它们除具有大小之外，还有其方向。为研究问题方便，人们通常在电路中假定一个方向为参考，称为参考方向。当电路中的电流（或电压）的实际方向与参考方向相同时取正值，其实际方向与参考方向相反时取负值。

例如，测量某节点各支路电流时，可以设流入该节点的电流方向为参考方向（反之亦可）。将电流表负极接到该节点上，将电流表的正极分别串入各条支路，当电流表指针正向偏转时，说明该支路电流是流入节点的，与参考方向相同，取其值为正。若指针反向偏转，说明该文路电流是流出节点的，与参考方向相反；倒换电流表极性再测量，记其值为负。

3．叠加定理

叠加定理可简述如下：在线性电路中，任一支路中的电流（或电压）等于电路中各个独立电源分别单独作用时在该支路中产生的电流（或电压）的代数和。所谓一个电源单独作用是指除该电源外其他所有电源的作用都去掉，即理想电压源所在处用短路代替，理想电流源所在处用开路代替，但保留它们的内阻，电路结构也不改变。

由于功率是电压或电流的二次函数，因此叠加定理不能直接用来计算功率。

叠加定理适用于线性交、直流电路。为了测量方便，在本实验中，我们用直流电路来验证它。

三、实验仪器

电路实验箱（EL-DL-I 系列）1 台；直流毫安表 2 只；数字万用表 1 只。

四、实验内容与步骤

1．验证基尔霍夫定律

（1）如图 11.3.1 所示，实验前先任意设定三条支路的电流参考方向。

（2）按图 11.3.1 所示接线。分别将 E_{S1}、E_{S2} 两路直流稳压电源接入电路。实验参数选择如下：$E_{S1} = 3V$，$E_{S2} = 6V$，$R_1 = R_2 = R_3 = 1k\Omega$。

（3）将直流毫安表分别串联在 I_1、I_2、I_3 支路中。确认连线正确后，再通电。将直流毫安表的值记录在表 11.3.1 中。

（4）用数字万用表分别测量两路电源及电阻元件上的电压值，记录在表 11.3.1 中。

2．验证叠加定理

实验线路如图 11.3.2 所示，并按照表 11.3.2 中对应的要求，将测量后的实际数值填写到

表 11.3.2 中。

（1）调节稳压电源输出电压，使 $E_{S1}=10\text{V}$，$E_{S2}=6\text{V}$，断开电源开关待用。按图 11.3.2 接线，调节电位器使 $R_3+R_4=1\text{k}\Omega$，再接通电源开关。

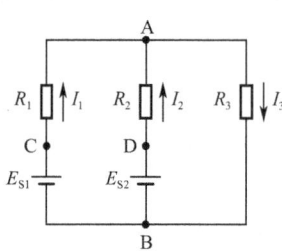

图 11.3.1　验证基尔霍夫定律电路　　　图 11.3.2　验证叠加原理电路

（2）测量 E_{S1}、E_{S2} 同时作用和分别单独作用时的支路电流 I_1、I_2、I_3，并将数据记录在表 11.3.2 中。

五、数据记录

表 11.3.1　基尔霍夫定律测量数据

被测量	I_1（mA）	I_2（mA）	I_3（mA）	U_{R_1}（V）	U_{R_2}（V）	U_{R_3}（V）
计算值						
测量值						
相对误差						

表 11.3.2　叠加原理测量数据

	实验值			计算值		
	I_1（mA）	I_2（mA）	I_3（mA）	I_1（mA）	I_2（mA）	I_3（mA）
E_{S1}、E_{S2} 同时作用						
E_{S1} 单独作用						
E_{S2} 单独作用						

六、注意事项

1．选定实验电路中的任一个节点，将测量数据代入基尔霍夫电流定律加以验证。

2．选定实验电路中任一闭合回路，将测量数据代入基尔霍夫电压定律加以验证。

3．用实验数据验证支路的电流是否符合叠加定理，并对实验误差进行适当分析。

七、思考题

1．已知某支路电流约为 3mA，现有量程分别为 5mA 和 10mA 的二只电流表，你将使用哪只电流表进行测量？为什么？

2．改变电流或电压的参考方向，对验证基尔霍夫定律有影响吗？为什么？

3．在验证叠加定理时，如果电源内阻不能忽略，实验该如何进行。

4．叠加定理的使用条件是什么？

5．根据实测电流值、电阻值计算电阻 R_3 所消耗的功率为多少？能否直接用叠加定理计算？试用具体数值说明之。

6．在一定条件下，采用单量程两次测量法可以减少电压表的测量误差，查阅资料后，给出你的方案，并说明理由。

11.4　电压源与电流源的等效变换及受控电源特性的研究

一、实验目的

1．通过实验加深对电流源及其外特性的认识。
2．掌握电流源和电压源进行等效变换的条件。
3．通过实验加深对受控电源概念的理解。
4．通过对电压控制电压源（VCVS）和电压控制电流源（VCCS）的测量，加深对两种受控电源的受控特性及负载特性的认识。

二、实验原理

电流源是除电压源外的另一种形式的电源，它可以产生电流提供给外电路。电流源可分为理想电流源和实际电流源（实际电流源通常简称电流源），理想电流源可以向外电路提供一个恒定值电流，不论外电路电阻的大小如何。理想电流源具有两个基本性质：第一，它的电流是恒定值的，而与其端电压无关；第二，理想电流源的端电压并不能由它本身决定，而是由与之相连接的外电路确定的。理想电流源及其伏安特性曲线如图 11.4.1 所示。

实际电流源当其端电压增加时，通过外电路的电流并非恒定值而是逐渐减小。端电压越高，电流下降得越多；反之，端电压越低通过外电路的电流越大，当端电压为零时，流过外电路的电流最大，为 I_S。实际电流源可以用一个理想电流源 I_S 和一个内阻 R_S 相并联的电路模型表示。实际电流源及其伏安特性曲线如图 11.4.2 所示。

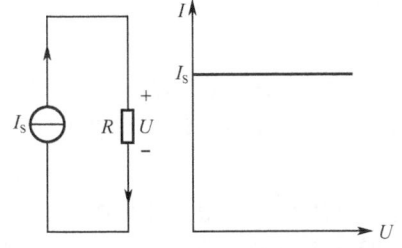
图 11.4.1　理想电流源及其伏安特性曲线

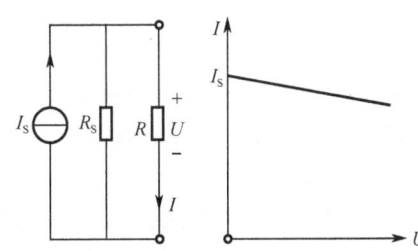
图 11.4.2　实际电流源及其伏安特性曲线

某些器件的伏安特性具有近似理想电流源的性质，如硅光电池，晶体三极管输出特性等。本实验中的电流源是用晶体管来实现的。晶体三极管在共基极连接时，集电极电流 I_C 和集电极与基极间的电压 U_{CB} 的关系如图 11.4.3 所示。由图可见，$I_C = f(U_{CB})$ 关系曲线的平坦部分具有恒流特性，当 U_{CB} 在一定范围变化时，集电极电流 I_C 近乎恒定值，可以近似地将其视为理想电流源。

电源的等效变换：

一个实际的电源，就其外部特性而言，既可以看成是一个电压源，也可以看成是一个电流源。原理证明如下：设有一个电压源和一个电流源分别与相同阻值的外电阻 R 相接，如图 11.4.4 所示。对于电压源来说，电阻 R 两端的电压 U 和流过 R 的电流 I 间的关系可表示为：

$$U = U_S - IR_S \text{ 或 } I = \frac{U_S - U}{R_S}$$

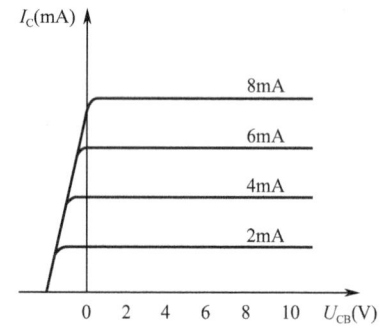

图 11.4.3 共基三极管伏安关系曲线

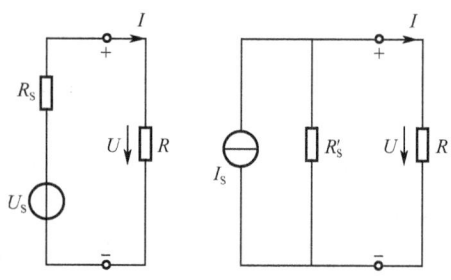

图 11.4.4 实际电源的两种模型

对于电流源电路来说，电阻 R 两端的电压 U 和流过它的电流 I 间的关系可表示为：

$$I = I_S - \frac{U}{R_S'} \text{ 或 } U = I_S R_S' - IR_S'$$

如果两种电源的参数满足以下关系：

$$I_S = \frac{U_S}{R_S} \tag{11.4.1}$$

$$R_S = R_S' \tag{11.4.2}$$

则电压源电路的二个表达式可以写成：

$$U = U_S - IR_S = I_S R_S' - IR_S'$$

$$I = \frac{U_S - U}{R_S} \text{ 或 } I = I_S - \frac{U}{R_S'}$$

可见表达式与电流源电路的表达式是完全相同的，也就是说在满足式（11.4.1）和式（11.4.2）的条件下，两种电源对外电路电阻 R 是完全等效的。两种电源互相替换对外电路将不发生任何影响。

式（11.4.1）和式（11.4.2）为电源等效互换的条件。利用它可以很方便地把一个参数为 U_S 和 R_S 的电压源变换为一个参数为 $I_S = U_S / R_S$ 和 R_S 的等效电流源；反之，也可以很容易地把一个电流源转化成一个等效的电压源。

受控电源是对某些电路元件物理性能的模拟，反映电路中某条支路的电压或电流受另一条支路的电压或电流控制的关系。测量受控量与控制量之间的关系，就可以掌握受控电源输入量与输出量间的变化规律。受控电源具有独立电源的特性，受控电源的受控量仅随控制量的变化而变化，与外接负载无关。

根据控制量与受控量的不同，受控电源可分为四种类型，即电压控制电压源（VCVS）、电流控制电压源（CCVS）、电压控制电流源（VCCS）、电流控制电流源（CCCS）。它们的电路模型如图 11.4.5 所示。

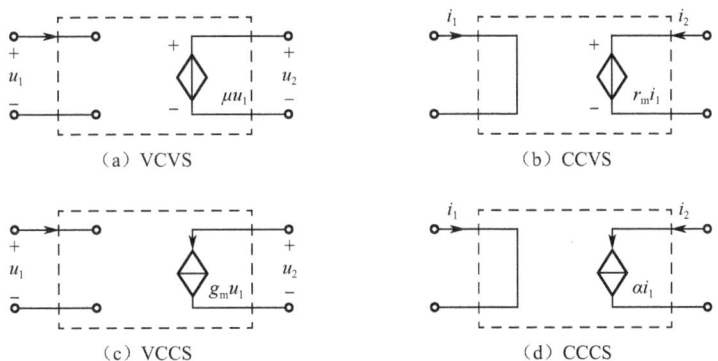

图 11.4.5　受控电源的四种电路模型

受控电源可以用运算放大器来实现。运算放大器是一种高增益、高输入阻抗和低输出阻抗的放大器，常用图 11.4.6（a）所示电路符号表示，其等效电路模型如图 11.4.6（b）所示。它有两个输入端、一个输出端和一个对输入/输出信号的参考接地端。两个输入端中，一个叫同相输入端，另一个叫反相输入端。所谓同相输入端是指：当反相输入端电压为零时，输出电压的极性和该输入端的电压的极性相同，同相输入端在电路符号上用"+"号表示。所谓反相输入端是指：当同相输入端电压为零时，输出电压的极性和该输入端的电压的极性相反，反相输入端在电路符号上用"−"号表示。

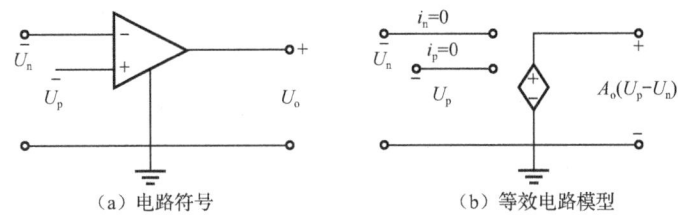

图 11.4.6　运算放大器的电路符号及等效电路模型

当两输入端同时有电压作用时，输出电压 $U_o = A_o(U_P - U_n)$。其中 A_o 称为运算放大器的开环放大倍数。理想情况下，A_o 和输入电阻 R_i 为无穷大，因此有：

$$U_P = U_n \quad i_P = i_n = 0$$

上述式子表明：

① 运算放大器的"+"端与"−"端可以认为是等电位的，通常称为"虚短路"；

② 运算放大器的输入端电流等于零，通常称为"虚断路"。

此外，理想运算放大器的输出电阻很小，可以认为是零。这些重要性质是简化分析含有运算放大器电路的依据。

除两个输入端、一个输出端和一个参考接地端外，运算放大器还有正、负两个电源输入端。运算放大器是有源器件，其工作特性是在接有正、负电源的条件下才具有的。为保证运算放大器输入信号为零，运算放大器外面接有调零电位器。

在运算放大器的外部接入不同的电路元件，可以实现对信号的模拟运算或模拟变换，应用十分广泛。本实验将由运算放大器组成两个受控电源电路，通过实验电路研究受控电源的受控特性和负载特性。

（1）图 11.4.7（a）所示是一个由运算放大器构成的电压控制电压源（VCVS）。由于运算放大器的同相输入端"+"和反相输入端"−"为"虚短路"，所以有：

$$U_1 = I_1 R_1$$

因运算放大器输入阻抗可认为无限大，$i_p = i_n = 0$，故有：

$$I_2 = I_1 - i_n = I_1$$

$$U_2 = -I_2 R_2 = -I_1 R_2 = -\frac{R_2}{R_1} U_1$$

这说明运算放大器的输出电压 U_2 受输入电压 U_1 的控制，它的等效电路模型如图 11.4.7（b）所示。其电压比：

$$\mu = \frac{U_2}{U_1} = \frac{R_2}{R_1}$$

式中，μ 为电压放大倍数，无量纲。

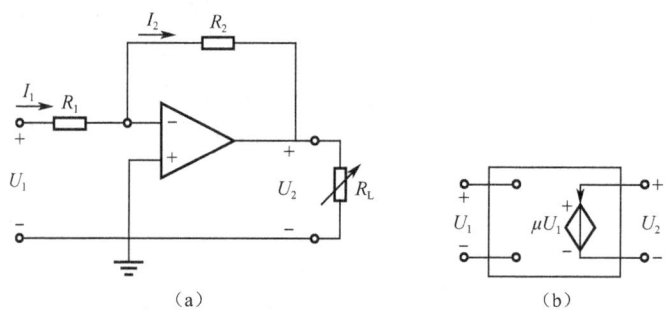

图 11.4.7　电压控制电压源电路及等效电路模型

（2）图 11.4.8（a）所示为一个由运算放大器组成的电压控制电流源（VCCS），由图可见：

$$I_2 = I_1 = \frac{U_1}{R_1} = g_m U_1$$

上式说明负载电流 I_2 受输入电压的控制，说明此电路可以看成是一个电压控制电流源。系数 g_m 具有电导的量纲，称为转移电导，其大小与负载电阻 R_L 无关。这种关系可用图 11.4.8（b）的电路模型表示。其比例系数：$g_m = \dfrac{I_2}{U_1} = \dfrac{1}{R_1}$，$g_m$ 也称为转移电导。

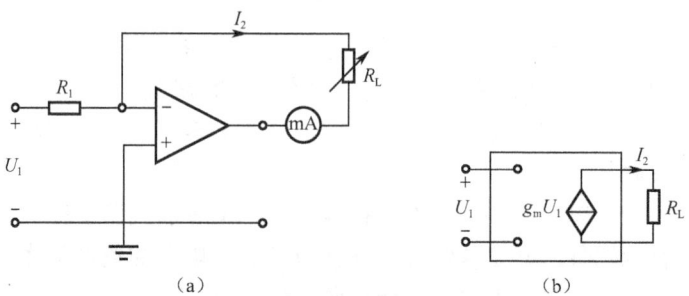

图 11.4.8　电压控制电流源电路及等效电路模型

三、实验仪器

直流稳压电源 1 台；电阻箱 2 只；电压源-电流源变换单元板（TS-B-25）1 块或电路实验箱 1 只；受控电源实验单元板（TS-B-29）1 块；导线若干。

四、参考电路（见图 11.4.9～图 11.4.11）

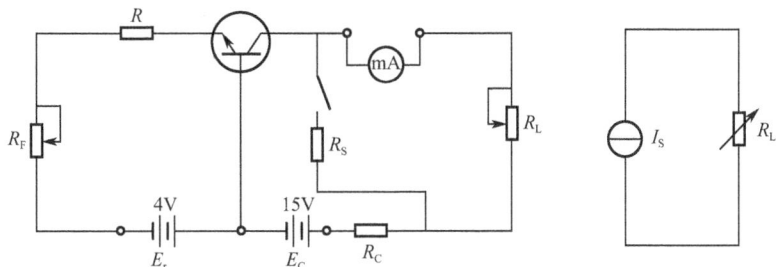

图 11.4.9（a）理想电流源测试电路　　图 11.4.9（b）理想电流源等效电路

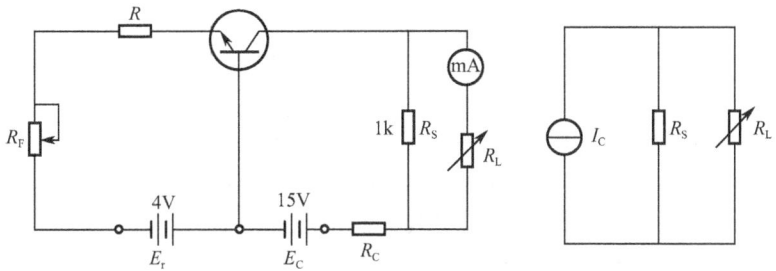

图 11.4.10（a）实际电流源测试电路　　图 11.4.10（b）实际电流源等效电路

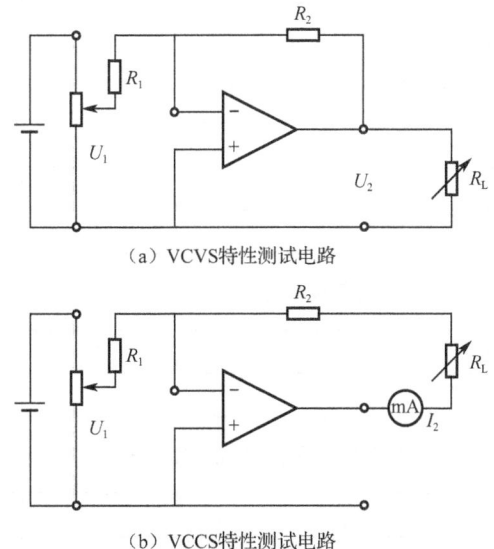

（a）VCVS特性测试电路

（b）VCCS特性测试电路

图 11.4.11　受控电源特性测试电路

五、实验步骤（预习时完成）

1. 测理想电流源的外特性（$I_C = 8\text{mA}$）。
2. 测实际电流源的伏安特性（$I_C = 8\text{mA}$）。
3. 电流源与电压源的等效变换。
4. 电压控制电压源（VCVS）的受控特性及负载特性。
5. 电压控制电流源（VCCS）的受控特性及负载特性。

六、数据记录（见表 11.4.1~表 11.4.7）

表 11.4.1　理想电流源的外特性

R_L（Ω）	0	200	400	600	800	1k
I_C（mA）						
计算 U（V）						

表 11.4.2　实际电流源的伏安特性

R_L（Ω）	0	200	400	600	800	1k
I_C（mA）						
计算 U（V）						

表 11.4.3　等效电压源的伏安特性

R_L（Ω）	0	200	400	600	800	1k
I_C（mA）						
计算 U（V）						

表 11.4.4　VCVS 的受控特性（R_1=1kΩ，R_2=2kΩ，R_L=1kΩ）

U_1（V）	1	2	3	4	5
U_2（V）					
μ					

表 11.4.5　VCVS 的负载特性（R_1=1kΩ，R_2=2kΩ，U_1=3V）

R_L（kΩ）	1	2	3	4	5
U_2（V）					

表 11.4.6　VCVS 的受控特性（R_1=1kΩ，R_L=1kΩ）

U_1（V）	2	4	6	8	10
I_2（mA）					
g_m					

表 11.4.7　VCVS 的负载特性（R_1=1kΩ，U_1=5V）

R_L（k）	0.4	0.8	1.2	1.6	2.0	
I_2（mA）						

七、数据处理

根据实验数据，绘制理想电流源、实际电流源以及电压源的伏安特性曲线。

比较两种电源等效变换后的结果，并分析产生误差的原因。

根据测量数据，说明电压控制电压源的受控特性是什么？负载特性是什么？

根据测量数据，说明电压控制电流源的受控特性是什么？负载特性是什么？

八、思考题

电流源和电压源进行等效变换的条件是什么？

11.5　戴维南定理

一、实验目的

1. 验证戴维南定理。
2. 测定线性有源一端口网络的外特性和戴维南等效电路的外特性。

二、实验原理

1. 戴维南定理

任何一个线性含源一端口网络 N_S [见图 11.5.1（a）]，对外电路来说，总可以等效为一个电压源和一个电阻的串联[见图 11.5.1（b）]；等效电压源电压等于原一端口网络的开路电压 U_{oc} [见图 11.5.1（c）]，串联电阻 $R_0(=R_{eq})$ 等于该网络中独立电源置零后端口处的等效电阻 [见图 11.5.1（d）]。

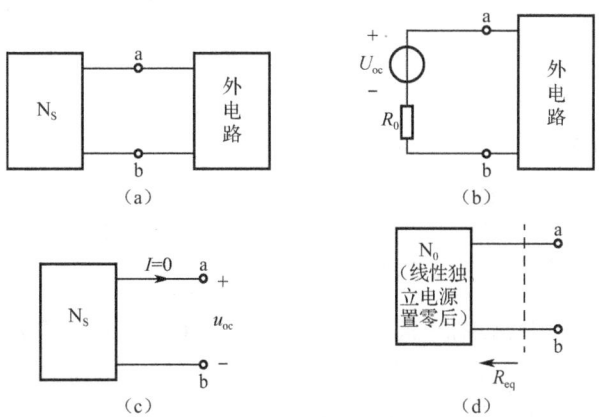

图 11.5.1　戴维南等效电路图

2. 含源一端口网络开路电压的测量方法

（1）直接测量法

当含源一端口网络的入端等效电阻 R_{eq} 与电压表内阻 R_V 相比可以忽略不计时，可以直接用电压表测量其开路电压 U_{oc}。

（2）补偿法

测量电路如图 11.5.2 所示，E_S 为高精度的标准电压源，R 为标准分压电阻箱，G 为高灵敏度的检流计。调节电阻箱的分压比，c、d 两端的电压随之改变，$U_{cd}=U_{ab}$ 时，流过检流计 G 的电流为零，因此

$$U_{cd}=U_{ab}=KE_S, \quad K=\frac{R_2}{R_1+R_2} \tag{11.5.1}$$

式中，K 为电阻箱的分压比，根据标准电压 E_S 和分压比 K 就可求得开路电压 U_{ab}，因为电路平衡时 $I_g=0\text{A}$，不消耗电能，所以此法测量精度较高。

3. 一端口网络入端等效电阻 R_{eq} 的实验求法

入端等效电阻 R_{eq}，可根据一端口网络除源（电压源短路、电流源开路，保留内阻）后的无源网络通过计算求得，也可通过实验的办法求出。

（1）测量含源一端口网络的开路电压 U_{oc} 和短路电流 I_{sc}，则 $R_{eq}=U_{oc}/I_{sc}$。这种方法适用于 a、b 端等效电阻 R_{eq} 较大，而短路电流不超过额定值的情形，否则有损坏电源的危险。

（2）将有源二端网络中的独立电源都去掉，化为无源网络 N_0。然后 a、b 端外加电压 E_S，测量回路 I，则 $R_{eq}=E_S/I$。然而，实际的电压源和电流源都具有一定的内阻，它并不能与电源本身分开，因此在去掉电源的同时，也把电源的内阻去掉了，无法将电源内阻保留下来，影响测量精度。因而这种方法只适用于电压源内阻小和电流源内阻较大的情况。对纯电阻电路，除源后可用万用表直接测量。

（3）两次电压测量法。测量电路如图 11.5.3 所示，第一次测量 a、b 端的开路 U_{oc}，第二次在 a、b 端接一已知电阻 R_L（负载电阻），测量此时 a、b 端的负载电压 U，则 a、b 端的等效电阻 R_{eq} 为：

$$R_{eq}=\left(\frac{U_{oc}}{U}-1\right)R_L \tag{11.5.2}$$

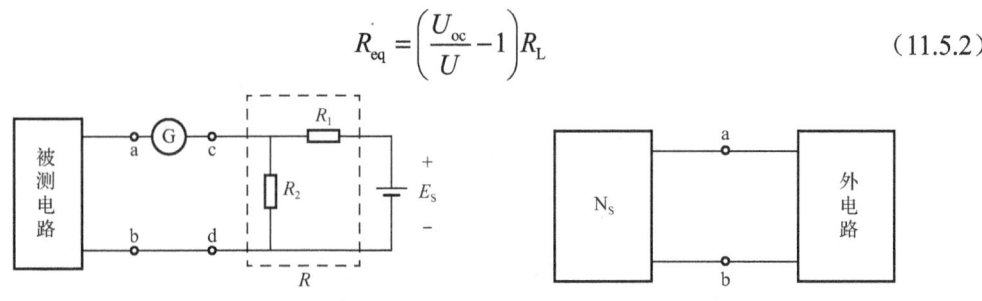

图 11.5.2　补偿法测开路电压　　　　图 11.5.3　两次电压测量法测等效电阻

第三种方法克服了第一和第二种方法的缺点和局限性，在实际测量中常被采用。

如果用电压等于开路电压 U_{oc} 的理想电压源与等效电阻 R_{eq} 相串联的电路（称为戴维南等

效电路,参见图 11.5.4)来代替原有源二端网络,则它的外特性 $U = f(I)$ 应与原有源网络的外特性完全相同。

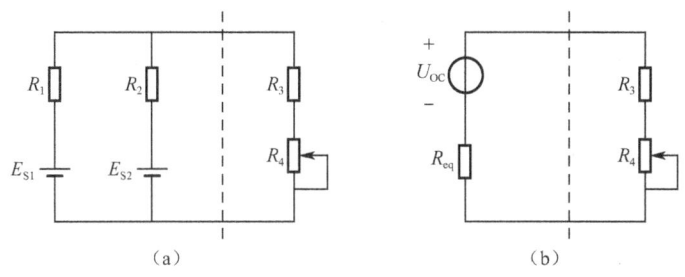

图 11.5.4 电路的等效变换

三、实验仪器

电路基础实验箱(EL-DL-I 系列)1 台;直流毫安表 1 只;数字万用表 1 只。

四、实验内容与步骤

1. 测定有源一端口网络的开路电压 U_{oc}。按图 11.5.4(a)接线,经检查无误后,采用直接测量法测定有源一端口网络的开路电压 U_{oc}。电压表内阻应远大于一端口网络的等效电阻 R_{eq}。(参数:$R_1 = 1\text{k}\Omega$,$R_2 = 1\text{k}\Omega$,$R_3 = 510\Omega$,$E_{S1} = 10\text{V}$,$E_{S2} = 6\text{V}$)

2. 等效电阻 R_{eq} 的测量。估算电路的短路电流 I_{sc} 大小;在 I_{sc} 之值不超过直流稳压电源电流的额定值和毫安表的最大量限的条件下,直接测出短路电流,并将此短路电流 I_{sc} 数据记入表 11.5.1 中。计算等效电阻 R_{eq}。

3. 测量电流 I_L。按图 11.5.4(a)接线,调节变阻器的阻值,使得 $R_3 + R_4$ 分别取表 11.5.2 中的值,测量电流 I_L 与电压 U_L,填入表 11.5.2 中。

4. 根据表 11.5.1 中的数据,将图 11.5.4(a)的电路图用戴维南定理等效成图 11.5.4(b)所示的电路,对同一负载进行等效测量,并将测量数据记入表 11.5.3 中。

五、数据记录(见表 11.5.1~表 11.5.3)

表 11.5.1 测量含源电路的戴维南等效电路参数

项 目	U_{oc}(V)	I_{sc}(mA)	R_{eq}(Ω)计算	备注
数 值				

表 11.5.2 含源电路对外电路的作用

$R_3 + R_4$(Ω)	600	700	800	900	1k	1.5k	开路
I_L(mA)							
U_L(V)							

表 11.5.3 戴维南等效电路对外电路的作用

$R_3 + R_4$(Ω)	600	700	800	900	1k	1.5k	开路
I_L(mA)							
U_L(V)							

六、数据处理及要求

1. 在同一张坐标纸上画出一端口网络和其等效网络的伏安特性曲线，并分析比较，说明如何验证戴维南定理。测试报告中要求在同一坐标纸上画出外特性曲线，通过分析给出你的结论。
2. 理论计算与实际测量值比较，验证学过的理论与公式。

七、思考题

1. 当负载上获得最大功率时，电源内阻上消耗的功率是多少？
2. 为什么要用外特性曲线来验证戴维南定理？能否在测量开路电压的同时测量短路电流？为什么？

11.6　一阶电路实验

一、实验目的

1. 学习示波器和脉冲信号发生器的使用方法。
2. 观察一阶电路（RC 电路）的过渡过程，研究元件参数的改变对过渡过程的影响。

二、实验原理

RC 电路在阶跃信号作用下，电容器充电，其电压按指数规律上升，即

$$U_C(t) = U(1 - e^{-t/\tau}) \tag{11.6.1}$$

U_C 随时间上升的规律可用曲线表示，如图 11.6.1 所示。

电路达到稳态后，将电源短路，电容器放电，其电压按指数规律衰减，即

$$U_C(t) = U e^{-t/\tau} \tag{11.6.2}$$

U_C 随时间衰减的规律可以用曲线表示，如图 11.6.2 所示。

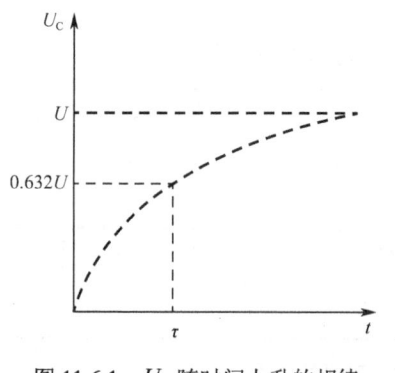

图 11.6.1　U_C 随时间上升的规律

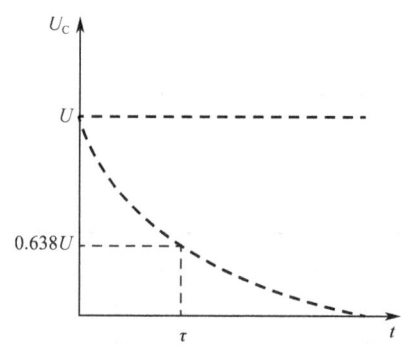

图 11.6.2　U_C 随时间衰减的规律

$\tau = RC$ 称为电路的时间常数，它的大小决定了过渡过程进行的快慢，其物理意义是电路零输入响应衰减到初始值 36.8%所需要的时间，或者是电路零状态响应上升到稳态值的

63.2%所需要的时间。虽然真正到达稳态所需要的时间为无限大，但通常认为经过$(3\sim5)\tau$的时间，过渡过程就基本结束，电路进入稳态。

对于一般电路，时间常数均较小，在毫秒级甚至微秒级，电路会很快达到稳态，一般仪表尚来不及反应，过渡过程已经消失。因此，用普通仪表难以观测到电压随时间的变化规律。示波器可以观察到周期变化的电压波形，如果使电路的过渡过程按一定周期重复出现，示波器荧光屏上就可以观察到过渡过程的波形。本实验用脉冲信号源作为实验电源，由它产生一个固定频率的方波，模拟阶跃信号。在方波的前沿相当于接通直流电源，电容器通过电阻充电，如图 11.6.1 所示；方波后沿相当于电源短路，电容器通过电阻放电，如图 11.6.2 所示。方波周期性重复出现，电路就不断地进行充电、放电。将电容器两端接到示波器输入端，就可观察到一阶电路充电、放电的过渡过程。用同样的方法也可以观察到 RL 电路的过渡过程。

三、实验仪器

双踪示波器 1 台；脉冲信号源 1 台；动态电路元件 L、C；电阻箱 1 只。

四、参考电路（见图 11.6.3）

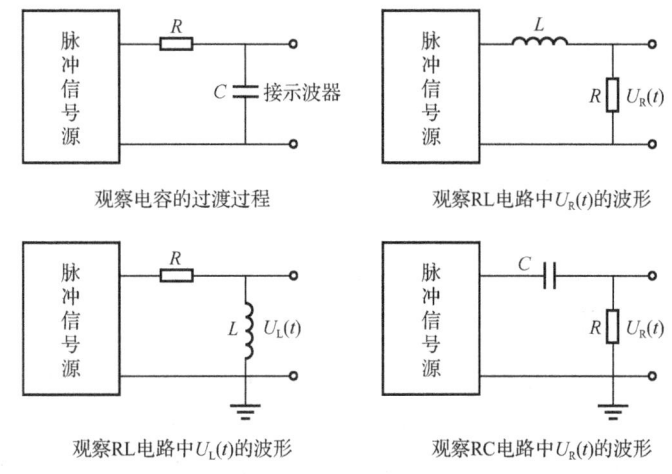

图 11.6.3　实验参考电路

五、实验步骤

1．了解示波器和脉冲信号发生器的使用方法。

2．研究一阶电路的过渡过程，（预习时完成）。

要求：整个实验调节方波频率为 1kHz 并使占空比为 1∶2，方波幅值为 2.5V。观察示波器上的波形，用网格纸记录波形。

（1）观察并记录 RC 电路的过渡过程。（$R=300\Omega$，$C=0.1\mu F$ 时；　$R=800\Omega$，$C=0.1\mu F$ 时）

（2）观察并记录 RL 电路的过渡过程。（$R=300\Omega$，$L=22mH$ 时；$R=800\Omega$，$L=22mH$ 时）

六、数据记录

将实验图形初稿画在网格纸上。

七、数据处理及要求

1. 用方格纸绘制所观察到的各种波形。
2. 说明元件参数的变化对过渡过程的影响。

八、思考题

为什么实验中要使RC电路的时间常数较方波的周期小很多？如果方波周期较RC电路时间常数τ小很多，会出现什么情况？

11.7 单级放大电路

一、实验目的

1. 熟悉电子元件和电子线路实验箱。
2. 掌握放大器静态工作点的调试方法及其对放大器性能的影响。
3. 学习测量放大器 Q 点、A_v、r_i、r_o 的方法，了解共射极放大电路特性。
4. 学习放大器的动态性能。

二、实验仪器

示波器1台；信号发生器1台；数字万用表1只；模拟实验箱1台；导线若干。

三、实验原理和内容

1. 放大器静态工作点的调整与测量

放大器的基本任务是不失真地放大信号。要使放大器正常工作，必须设置合适的静态工作点，保证输出信号波形在不产生失真的条件下，有尽可能大的增益。

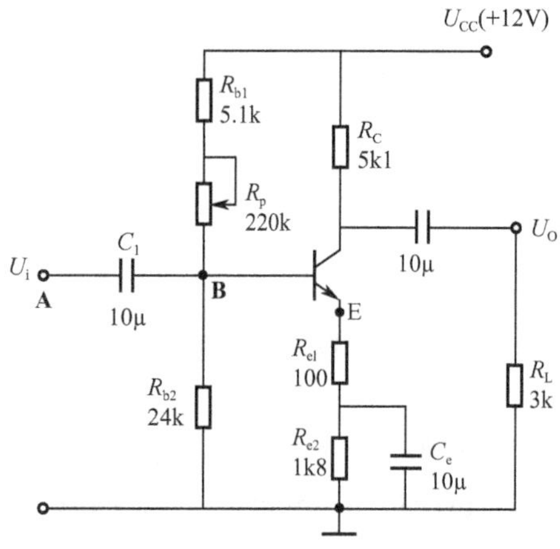

为了获得最大不失真的输出信号，静态工作点应选择在晶体（三极）管输出特性曲线上交流负载线的中点，若工作点选得太高，就会引起饱和失真；如若选得太低，就会产生截止失真。对于小信号放大器，由于输出交流信号幅度小，运用范围也小，工作点不一定选在交流负载线的中点；假若要求放大器的功率小，噪声低，工作点可选得低一点。实验中通过调节 R_P 来调整静态工作点。

按图 11.7.1 接好电路，不接入输入信号时，调整 R_P，观察改变静态工作点对电路的影响。使 U_E=1.9V，测量各电压值并计算，把结果填入表 11.7.1 中。

图 11.7.1 单级放大实验电路

表 11.7.1　静态工作点数据

实　　测			实测计算		理论计算	
U_{BE}（V）	R_b（kΩ）	U_{CE}（V）	I_b（μA）	I_c（mA）	I_b（μA）	I_c（mA）

2．三极管单管放大电路放大倍数 A_V 的测量

电压放大倍数是衡量放大器电压放大能力的一个参数。在输出波形不失真的情况下，其值为放大器的输出电压与输入电压的有效值（或峰值）之比。

三极管工作在放大区时的外部条件为发射结正偏、集电结反偏，其特性是集电极电流主要受基极电流控制，并与管压降无关，这样可通过三极管把电流的变化转化成电压的变化，从而实现放大。

按图 11.7.1 接好电路，不接入 R_L，调节信号波形发生器使之产生 f=1kHz，幅值为 U_i=100mV（有效值）的正弦形，接入 A 端。用示波器观察输出端电压的波形，用万用表测量输出端的电压值（有效值）填入表 11.7.2 中，计算出 A_V，保持信号源频率不变，逐步加大幅度，观察 U_o 不失真时的最大值，把结果填入表 11.7.2 中，计算最大输入信号时的放大倍数。将放大器接入负载 R_L 按上述方法测量和计算，将结果填入表 11.7.2 中。比较负载对放大电路的影响。

表 11.7.2　放大倍数测试

实　　测			实测计算	理论估算
	U_i（mV）	U_o（V）	A_V	A'_V
$R_L=\infty$	100			
$R_L=3k$	100			

3．测量放大器输入、输出电阻

（1）输入电阻测量

由输入电阻的定义，可在输入端串接一个 5k 电阻（用万用表对 10k 电位器调整可得）如图 11.7.2 所示，测量 U_S 与 U_i，根据 $r_i = \dfrac{U_i}{U_S - U_i} R_S$ 可计算 r_i。

（2）输出电阻测量

由输出电阻的定义，可在输出端接入可调电阻作为负载，如图 11.7.3 所示，选择合适的 R_L 值使放大器输出不失真（通过示波器观察），分别测量有负载和空载时的 U_o，根据 $r_o = \left(\dfrac{U_o'}{U_o} - 1 \right) R_L$（其中 U_o' 为空载时的输出电压，U_o 为带负载时的输出电压）将上述测量和计算结果填入表 11.7.3 中。

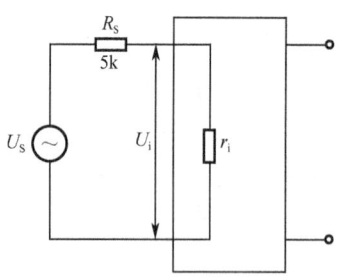

图 11.7.2 输入电阻测量

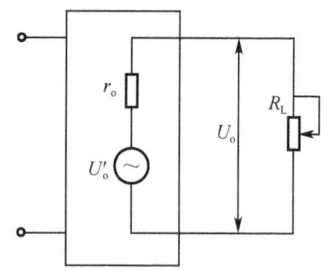

图 11.7.3 输出电阻测量

表 11.7.3 输入电阻和输出电阻的测试

测输入电阻（R_S=5k）				测输出电阻（R_L=3k）			
实 测		实测计算	理论计算	实 测		实测计算	理论计算
U_S (V)	U_i (mV)	r_i (kΩ)	r_i (kΩ)	U'_o (R_L=∞)	U_o	r_o (kΩ)	r_o (kΩ)

4．观察饱和失真和截止失真

保持 U_i 不变，将 R_P 改接到 470kΩ 电位器上，增大和减小 R_P，观察波形变化。自选三个有代表性的点按表 11.7.4 测试。

表 11.7.4 饱和失真和截止失真测试

U_i 值	R_P 值	U_b	U_c	U_e	输出波形情况

四、分析与讨论

1．简述通过实验得出的基本结论。

2．分别增大或减小电阻 R_{b1}、R_c 和电源电压 $+U_{cc}$，对放大器的静态工作点有何影响？为什么？

3．根据放大倍数公式 $A_V = -h_{fe}\dfrac{R_e}{h_{ie}}$ 可知，加大 R_c 值，可提高 A_V，是否可以无限制增大 R_c，为什么？

11.8 负反馈放大器

一、实验目的

1．加深理解负反馈对放大器性能的影响。

2．进一步掌握放大器性能指标的测量方法。

二、实验仪器

示波器 1 台；信号发生器 1 台；数字万用表 1 只；模拟实验箱 1 台；导线若干。

三、实验原理

1．负反馈放大器的工作原理

负反馈放大器由基本放大器（即无反馈的放大器）和反馈网络组成，如图 11.8.1 所示。

由于放大电路的输入量和输出量均可以是电压或电流，所以用 $\dot{X}$ 表示。

负反馈电路的基本类型有 4 种，从反馈电路的输入端看，反馈信号与输入信号并联接入称为并联反馈，若为串联接入称为串联反馈。从反馈电路的输出端取样方式来看，如果反馈量取自输出电压称为电压反馈；反馈量取自输出电流称为电流反馈。概括为 4 种基本类型，即电压串联负反馈，电压并联负反馈，电流串联负反馈，电流并联负反馈。

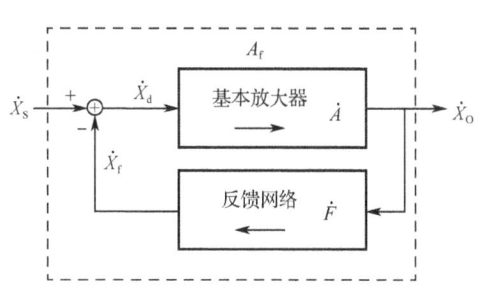

图 11.8.1　负反馈放大器框图

由所学知识易知：

$$开环增益：\dot{A} = \dot{X}_O / \dot{X}_d \tag{11.8.1}$$

$$反馈系数：\dot{F} = \dot{X}_f / \dot{X}_O \tag{11.8.2}$$

$$闭环增益：A_f = \frac{\dot{A}}{1 + \dot{A}\dot{F}} \tag{11.8.3}$$

2．负反馈对放大器性能的影响

（1）提高闭环增益的稳定性。它会受到许多实际因素的影响而发生变化。当引入负反馈后，由于输出量的变化削弱，因而可以稳定闭环放大倍数。

（2）扩展通频带。由阻容耦合放大器的频率特性可知，放大倍数在高频区和低频区都要下降。引入负反馈后，闭环放大倍数减小，提高了放大倍数的稳定性，意味着幅频特性曲线下降的速率减缓，因而相当于放大器频带的扩展。

（3）减少放大器的非线性失真。放大器在小信号输入时，认为输出量与输入量之间具有线性关系。但是，当信号幅度较大时，由于晶体管输入特性的非线性，使输出信号中出现了谐波成分。引入负反馈后，放大倍数的减小可以使放大器的运用范围由非线性部分趋于线性部分，因而减小非线性失真。

负反馈对输入电阻、输出电阻也有影响，反馈类型不同，影响也不一样，在此就不一一讨论了。

四、实验内容

实验电路如图 11.8.2 所示，按图安装好电路。

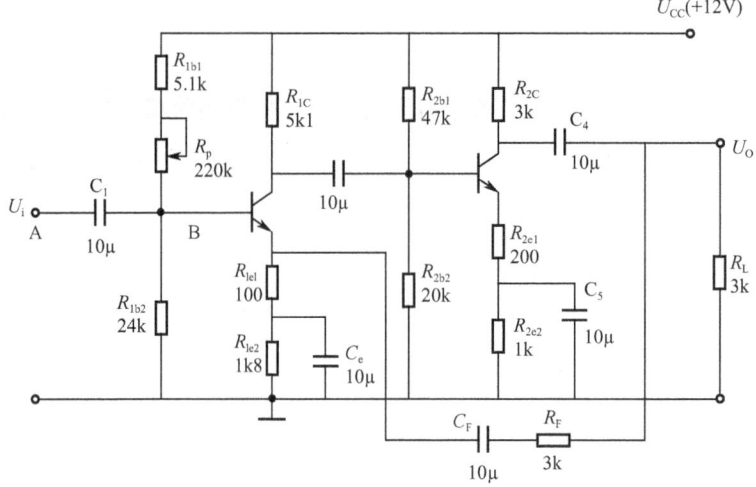

图 11.8.2　负反馈放大电路

1. 测量有负反馈时放大电路的数据

测量有负反馈时放大电路的闭环增益 A_{vf}、输入电阻 R_{if}、输出电阻 R_{of} 和通频带。

（1）测量闭环增益 A_{vf}

从信号发生器中产生 f =1kHz 的正弦波从 A 点输入，用示波器同时显示输入信号和输出信号的波形，在输出不失真的情况下，自定三组有代表性的数据记入表 11.8.1 中。并计算出闭环增益 A_{vf}。

（2）测量输入电阻 R_{if}、输出电阻 R_{of}

在输入信号频率不变的情况下，用单级放大电路测量输入电阻、输出电阻的方法，测出 R_{if}、R_{of} 的值，步骤自定。

表 11.8.1　负反馈放大电路参数测试

	U_i（mV）	U_o（mV）	A_{vf}	f_L（Hz）	f_H（kHz）	BW_f
负反馈放大器						
	U_i（mV）	U_o（mV）	A_v	f_L（Hz）	f_H（kHz）	BW
基本放大器						

（3）测量负反馈放大电路的通频带 BW_f

将输入信号 U_i 的幅值调到与上述测量时的大小一致，f=1kHz，R_L=3kΩ，测出中频时的放大倍数，然后分别向高频段和低频段调节信号发生器的频率，注意输入信号幅值在改变频率时保持不变，使高频段和低频段时放大倍数或输出电压分别等于中频时的 0.707 倍，此时所对应的频率，分别为上限频率 f_H 和下限频率 f_L。通频带 $BW_f=f_H-f_L$，记入表 11.8.1 中。

2．测量无反馈时放大电路的数据

测量无反馈时放大电路的开环增益 A_v、输入电阻 R_i、输出电阻 R_o、上限频率 f_H、下限频率 f_L 和通频带 BW_f。方法同第一步，测量结果记入表 11.8.1 中。

必须指出，输入电阻 R_i 和 R_{if} 均不包括上下偏置电阻 R_{b1}，R_{b2}，而实际测得的输入电阻均包括偏置电阻的并联影响，因此，按理论公式计算时，应考虑到偏置电阻的影响，即实际的输入电阻应为 $R'_{if} = R_{if} // R_b$，其中 $R_b = R_{b1} // R_{b2}$。

同理，输出电阻 R_o 和 R_{of} 也均不包括 R_F 和 $(R_{2c}+R_{1e1})$ 的影响，而实际测得的 R_o 和 R_{of} 值却包括 R_{2c} 和 (R_F+R_{1e1}) 的并联的影响。实际上，无反馈时，晶体管的输出电阻很大，即 $h_{oe}=0$，故实测的基本放大器的输出电阻值 $R_o \approx R_{2c} // (R_F + R_{1e1})$。

3．观察负载电阻变化时，负反馈对放大电路输出电压的影响

在不失真放大的情况下，保持输入信号不变，当输出负载 $R_L = 3k\Omega$ 和 $R_L = \infty$ 时，分别测量基本放大电路和负反馈放大电路的输出电压 U_o，记入表 11.8.2 中。

表 11.8.2　负载对负反馈放大电路输出电压的影响

	基本放大电路		负反馈放大电路	
R_L	$R_L = 3k\Omega$	$R_L = \infty$	$R_L = 3k\Omega$	$R_L = \infty$
U_o				

4．观察负反馈对放大电路的非线性失真的改善

（1）将电路改接成基本放大电路，$R_L=3k\Omega$，输入 $f=1kHz$ 的信号，慢慢加大输入信号电压，用示波器观察使放大电路的输出波形出现明显的非线性失真，将输入输出波形的峰-峰值和失真波形记入表 11.8.3 中。

（2）再将电路改接成为负反馈放大电路，描下此时的输出信号的波形，并记下输出幅度。再将输入信号逐渐加大，使输出电压出现无反馈时的失真波形，记下输入输出波形的峰峰值，记入表 11.8.3 中。观察非线性失真改善的程度。

表 11.8.3　负反馈对放大电路的非线性失真的改善

		峰峰值 U_{pp}	波形记录
基本放大器	输出波形		
	输入波形		
负反馈放大器	输出波形		
	输入波形		

五、分析与讨论

测量放大电路的输入、输出电阻时，为什么信号频率选 1kHz 而不选 100kHz 或更高的频率？

11.9 门电路的应用

一、实验目的

1. 学习分立元件与门、或门逻辑功能的应用方法。
2. 组装受控多谐振荡器电路,并掌握波形的观察及分析方法。

二、预习要求

1. 了解 CMOS 与非门逻辑功能扩展的有关方法。
2. 熟悉各测试电路,了解其测试原理及测试方法。
3. 了解有关数字信号的调制和解调的知识。
4. 了解或非门 CC4001 各引脚功能。

三、实验原理与内容

1. 分立元件与门、或门逻辑功能的应用方法

图 11.9.1(a)是用分立元件构成的双输入与门,只有当 A、B 同时输入高电平时,两个二极管才能同时截止,输出 F 为高电平;而其他情况下,总有二极管导通,使输出 F 为低电平。图 11.9.1(b)是用分立元件构成的双输入或门,只有当 A、B 同时输入低电平时,两个二极管才能同时截止,输出 F 为低电平;而其他情况下,总有二极管导通,使输出 F 为高电平。

图 11.9.2 是一个用分立元件构成的多输入与门电路,其中串入了拨动开关;当调节拨动开关 $S_1 \sim S_3$ 时,可使电路实现两变量、三变量输入与门功能。表 11.9.1 对应的是 $S_1 \sim S_3$ 闭合(也可不用,直接连通)的情况;实验时根据表中 A、B、C 的取值,记录 F 的结果并填入表中。

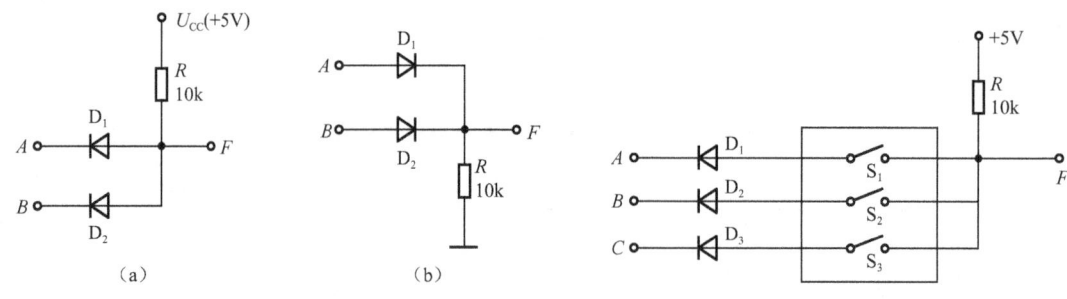

图 11.9.1 基本门电路　　　　图 11.9.2 多输入与门电路

表 11.9.1 多输入与门电路实验数据

A	B	C	F
0	0	0	
0	0	1	

续表

A	B	C	F
0	1	0	
0	1	1	
1	0	0	
1	0	1	
1	1	0	
1	1	1	

实验时,同学还可以自行组合 $S_1 \sim S_3$ 的情况,实现不同输入变量的与门,并可根据表 11.9.1 自拟表格填入 F 的结果并观察数据。

2. 受控多谐振荡电路的应用

受控多谐振荡器利用两个与非门可以组成一个自激振荡器,其电路见图 11.9.3,其振荡周期为 $T=2.2R_2C$,这种振荡器一接通电源便会产生自激振荡。有时为了使振荡信号能够按需产生,则应设计成受控振荡器,即某一规定电平到来时,振荡器产生振荡,一旦规定电平消失,便停止振荡,电路见图 11.9.4。由图 11.9.4 可知,它是在图 11.9.3 的基础上增加了一只二极管 D,电路为输入"0"电平有效(振荡),"1"电平停振。如果将二极管改为反向接入,则电路变为输入"1"电平有效(振荡),"0"电平停振。从而达到受控振荡的目的。

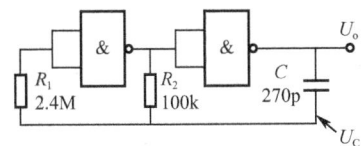
图 11.9.3 与非门构成自激振荡器

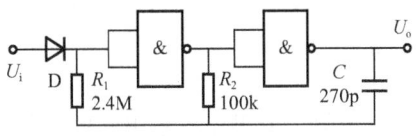
图 11.9.4 受控自激振荡器

实验时,首先按图 11.9.3 连接线路,其输出由双踪示波器的 CH1 输入端观察输出波形,CH2 输入端观察 U_C 波形。

(1) 实测的周期与计算的周期相比较。

(2) 根据图 11.9.4 连接电路,改变成受控振荡器电路,控制输入端 U_i 接实验箱中的 K_1,并把输出振荡波形送到双踪示波器输入端,分别画出低电平有效和高电平有效的波形,填入表 11.9.2 中。

表 11.9.2 受控振荡器波形观测

K_1 连接高、低电平情况	"1"	"0"
输出波形		

(3) 将控制输入端 U_i 改接到时钟脉冲输出上,频率选用 1kHz。用 CH1 端观察 1kHz 的时钟脉冲信号,CH2 端观察输出的振荡波形。观察受脉冲控制下的波形,同时对应(相位对齐)画出两路波形。

3. 设计实验

根据图 11.9.2 设计一个输入变量可变的或逻辑电路。画出设计电路，记录实验数据在表中，表格自拟。

四、实验报告和要求

1. 整理实验数据，比较计算值和实测值的差别。
2. 分析受控振荡器所观察到的波形。

五、思考题

1. 在分立元件与门电路中，若将一个输入端接地或接高电平，对输出有什么影响？
2. 在分立元件或门电路中，若将一个输入端接地或接高电平，对输出有什么影响？

11.10 译码显示与计数

一、实验目的

1. 掌握 CD4513 译码驱动器的工作原理及其应用方法。
2. 掌握数码管的使用方法和应注意的问题。
3. 初步掌握中规模集成电路计数器 CD4518B 的使用。

二、预习要求

1. 预习计数、译码和显示电路的工作原理。
2. 预习译码器和共阴极七段显示器的工作原理和使用方法。

三、实验原理和电路

在数字系统中，经常需要将数字、文字和符号的二进制编码翻译成人们习惯的形式直观地显示出来。显示器的产品很多，如荧光数码管、半导体显示器、液晶显示器和辉光数码管等。显示方式一般有三种，一是重叠式显示，二是点阵式显示，三是分段式显示。

重叠式显示：它将不同的字符电极重叠起来，要显示某字符，只需使相应的电极发亮即可，如荧光数码管就是如此。

点阵式显示：利用一定的规律进行排列、组合，显示不同的数字。例如火车站里列车车次、始发时间的显示就是利用点阵方式显示的。

分段式显示：数码由分布在同一平面上的若干段发光的笔画组成。如电子手表、数字电子钟的显示就是用分段式显示的。

本实验中，我们选用常用的共阴极半导体数码管及其译码驱动器，它们的型号分别为 LC5011-11 共阴极数码管，其引脚如图 11.10.1 所示；CD4513 译码驱动器，图 11.10.2 所示。译码驱动显示的原理框图如图 11.10.3 所示。

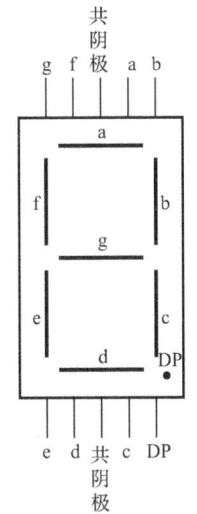

图 11.10.1 LC5011-11 引脚

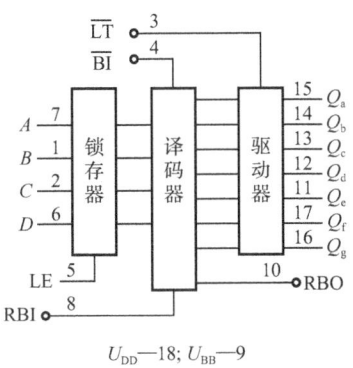

图 11.10.2 CD4513 引脚

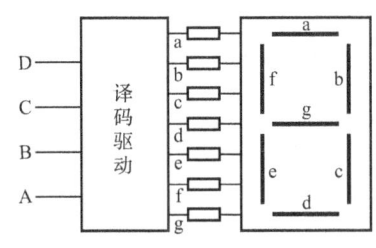

图 11.10.3 译码驱动显示框图

LC5011-11 共阴极数码管的内部实际上是一个八段发光二极管负极连在一起的电路，如图 11.10.4（a）所示。当在 a、b、……、g、DP 段加上正向电压，发光二极管就亮。如显示二进制码 0101（即十进制数 5），应使显示器的 a、f、g、c、d 段加上高电平就行了。同理，共阳极数码管显示应在各段加上低电平而公共端接电源"+"时，相应段就亮了，见图 11.10.4（b）。

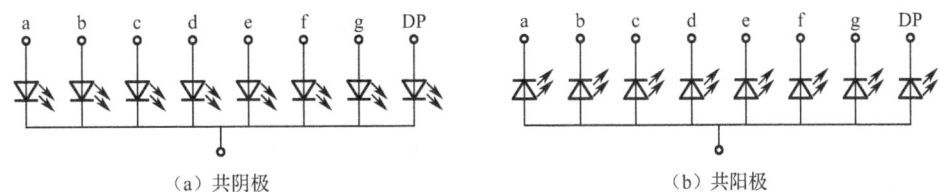

(a) 共阴极　　　　　　　　　　　　　(b) 共阳极

图 11.10.4 数码管内部结构

CD4513 是 4 线-7 段译码驱动器。其逻辑功能见表 11.10.1。它的基本输入信号是 4 位二进制数（也可以是 8421BCD 码）D、C、B、A，基本输出信号有七个：a、b、c、d、e、f、g。用 CD4513 驱动 LC5011-11 的基本接法如图 11.10.5 所示。当输入信号从 0000 至 1111 共 16 种不同状态时，其相应的显示字形如表 11.10.1 所示。

从表 11.10.1 中可以看出，除了上述基本输入和输出外还有几个辅助输入、输出端，其辅助功能如下。

① 灯测试功能（$\overline{LT}$）：当 $\overline{LT}$=0 时，则无论其他输入处于何状态，a~g 段均为 1，显示器这时全亮。常常用此法测试显示器的好坏。

② 灭灯功能（$\overline{BI}$）：只要 $\overline{BI}$=0、$\overline{LT}$=1，则无论其他输入处于何状态，a~g 各段均为 0，显示器这时为整体不亮。

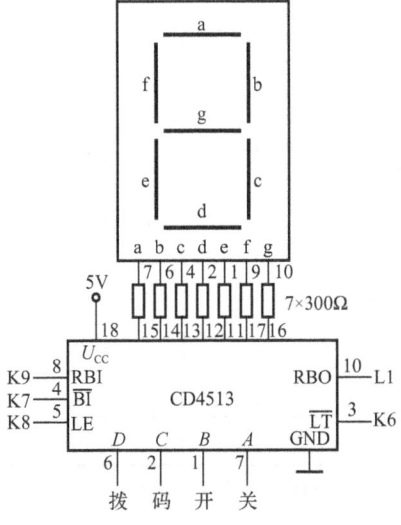

图 11.10.5 CD4513 驱动 LC5011-11 的基本接法

③ 灭零功能（RBI）：在使用无效零不显示功能时，应将前一位 CD4513 的 RBO 端连接到后一位的 RBI 端，而最高位的 RBI 接 VDD（"1"）。当输入数的高位是零（0000）时，由真值表可以看出，此时 CD4513 输出为"熄灭"状态，即该位零不显示，同时 RBO 端输出为"1"。以下各位译码器也都按此方式工作，直至某一位数不为零时，则该位 CD4513 的 RBO 端输出为"0"。这样，在这后面的数中即使有零，由于 RBI 为"0"，由真值表可知，此时的零可以被显示。

表 11.10.1 CD4513 逻辑功能表

输入端								输出端								显示
RBI 8	$\overline{LE}$ 5	$\overline{BI}$ 4	$\overline{LT}$ 3	D 6	C 2	B 1	A 7	RBO 10	Q_a 15	Q_b 14	Q_c 13	Q_d 12	Q_e 11	Q_f 17	Q_g 16	
Ø	Ø	Ø	0	Ø	Ø	Ø	Ø	*	1	1	1	1	1	1	1	8
Ø	Ø	0	1	Ø	Ø	Ø	Ø	*	0	0	0	0	0	0	0	熄灭
1	0	1	1	0	0	0	0	1	0	0	0	0	0	0	0	熄灭
0	0	1	1	0	0	0	0	0	1	1	1	1	1	1	0	0
Ø	0	1	1	0	0	0	1	0	0	1	1	0	0	0	0	1
Ø	0	1	1	0	0	1	0	0	1	1	0	1	1	0	1	2
Ø	0	1	1	0	0	1	1	0	1	1	1	1	0	0	1	3
Ø	0	1	1	0	1	0	0	0	0	1	1	0	0	1	1	4
Ø	0	1	1	0	1	0	1	0	1	0	1	1	0	1	1	5
Ø	0	1	1	0	1	1	0	0	1	0	1	1	1	1	1	6
Ø	0	1	1	0	1	1	1	0	1	1	1	0	0	0	0	7
Ø	0	1	1	1	0	0	0	0	1	1	1	1	1	1	1	8
Ø	0	1	1	1	0	0	1	0	1	1	1	1	0	1	1	9
Ø	0	1	1	1	0	1	0	0	0	0	0	0	0	0	0	熄灭
Ø	0	1	1	1	0	1	1	0	0	0	0	0	0	0	0	熄灭
Ø	0	1	1	1	1	0	0	0	0	0	0	0	0	0	0	
Ø	0	1	1	1	1	0	1	0	0	0	0	0	0	0	0	
Ø	0	1	1	1	1	1	0	0	0	0	0	0	0	0	0	
Ø	0	1	1	1	1	1	1	0	0	0	0	0	0	0	0	
Ø	1	1	1	Ø	Ø	Ø	Ø	取决于 LE 上跳变前输入的 BCD 码								

—RBO=RBI·($\overline{A}·\overline{B}·\overline{C}·\overline{D}$)

四、实验内容及步骤

1. 译码显示

先把共阴极数码管 LC5011-11 和 4 线-7 线译码驱动器 CD4513 芯片插入实验系统中。按图 11.10.5 接线,其中 $\overline{LT}$、$\overline{BI}$、$\overline{LE}$、RBI 接数据开关 K6、K7、K8、K9,RBO 接 LED 发光二极管,D、C、B、A 接 8421 码拨码开关,a、b、c、d、e、f、g 七段分别接显示器对应的各段。地线、电源线接好后,若接线无误后,接通电源,就开始实验。

(1)BCD 码开关置为 "6",$\overline{LT}$=0,其余状态为任意态,观察 LED 数码管显示。然后 $\overline{LT}$ 保持为 "1",观察 LED 数码管显示。结果记入表 11.10.2 中。

(2)保持 BCD 码开关不变。再将 $\overline{BI}$ 端接到 "0" 电平,观察 LED 数码管显示。然后将 $\overline{BI}$ 端接到 "1" 电平,观察 LED 数码管显示。结果记入表 11.10.2 中。

表 11.10.2 译 码 显 示

$\overline{LT}$	LED	$\overline{BI}$	LED	RBI	LED "0"	RBO	LED "6"	RBO
0				1				
1				0				

(3)使 $\overline{LE}$=0,这时按动 BCD 拨码开关,观察 LED 数码管显示。当 BCD 拨码开关为 "5" 后,使 $\overline{LE}$=1,按动 BCD 拨码开关,观察 LED 数码管显示。结果记入表 11.10.3 中。

(4)在步骤(3)后,$\overline{LE}$=0,此时若 RBI=0,按动拨码开关,数码管正常显示工作。若 RBI=1,按动拨码开关,8421 码输出为 0000 时,数码管全灭。这就是 "灭零" 功能。实验结果记入表 11.10.3 中。

表 11.10.3 译码显示中 "灭零" 功能

BCD	0	1	2	3	4	5	6	7	8	9
$\overline{LE}$(0→1)										
RBI= "0"										
RBI= "1"										

2. 计数译码显示

按图 11.10.6 用 CD4518B(8 脚接地,16 脚接电源)连接两级十进制计数器电路,7、15 脚(R)接实验箱中的单次脉冲源(红色插孔),1 脚(个位的 CP 端)接实验箱中的连续脉冲源(1Hz 挡),两级的 BCD 输出端分别接在两个 CD4511 B 的输入端,高位在左、低位在右。并接好 CD4511B 的电源。2 脚接实验箱中的数据开关 K1,9 脚接实验箱中的数据开关 K2。

接通电源,分别观察 K1、K2、K3 在不同状态下二个数码管的计数显示情况,结果记入表 11.10.4 中。

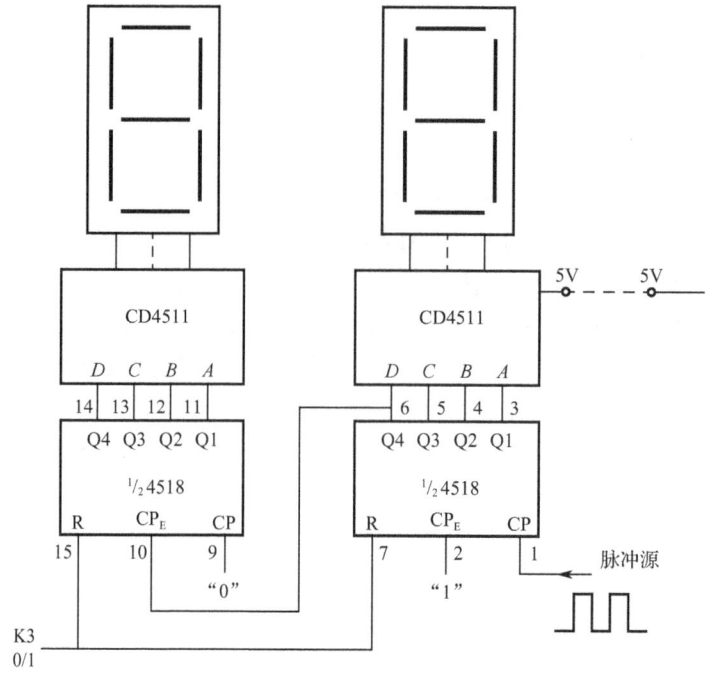

图 11.10.6 计数译码显示电路

表 11.10.4 二个数码管的计数显示

开关状态	计数状态	开关状态	计数状态	开关状态	计数状态	开关状态	计数状态	开关状态	计数状态
K1=1 K2=0		K1=0 K2=1		K1=1 K2=1		K1=0 K2=0		K3=1 K3=0	

注：计数状态可注明为"正常计数、×位计数、×位禁止"。

五、实验报告要求

1. 整理实验电路，归纳数码驱动电路及数码管的使用方法和注意事项。
2. 说明图 11.10.6 所示两级十进制计数器电路的计数原理。

11.11 用电安全与实训

在现代生产和生活中，电气设备被广泛应用，如果安装或使用不当将会造成严重的设备和人身事故。因此，对用电安全知识的了解显得十分重要。

一、安全用电的原则

什么是触电？触电是人体直接或间接接触到带电体，电流通过人体造成伤害的现象。人体也是导体，按照触电对人体的伤害程度可以将触电分为电击和电伤两种。电击是指电流流过人体后对人的神经系统造成伤害，导致心脏和呼吸系统停止工作而死亡。电伤是指对人体皮肤产生的烧伤现象，严重时也可导致死亡。电流对人体的危害性跟电流的大小、通电时间的长短等因素有关。当通过人体的电流为 20mA 时，人手就很难摆脱带电体。当通过人体的电流达到 100mA 时，短时间内人就会窒息致死。电流大小对人体的影响可参考表 11.11.1。

表 11.11.1　电流大小对人体的影响

交流电流/mA	对人体的伤害程度
0.1~0.2	对人体无害，可用于电疗或按摩
1~3	引起手指麻刺的感觉
8~10	有剧痛感，人尚可摆脱电源
30~80	感到剧痛，神经麻痹，呼吸困难，人难以摆脱电源，有生命危险
90~100	呼吸麻痹，如持续 3s 以上时间则使人心跳停止

从表 11.11.1 可以得出结论：通过人体的电流越强，触电死亡越快。由于人体电阻通常在 1~100kΩ 之间，在潮湿或出汗的最坏情况下，人体电阻会略低于1kΩ。因此我国规定安全生产电压等级分别为 42V、36V、24V、12V 和 6V，不考虑十分恶劣的环境，通常认为安全生产电压等级为 36V。

二、触电的方式

按人体触及带电体的方式和电流通过人体的途径，触电可分为三种情况，即单相触电、两相触电和跨步电压触电。

1．单相触电

（1）中性点不接地系统的单相触电

理想情况下，在中性点不接地系统中，由于触电电流不能构成回路，通过人体的电流为零，不会出现触电现象，如图 11.11.1 所示。

（2）中性点接地系统的单相触电

如图 11.11.2 所示，在三相四线制供电系统中，触电电流的路径为：从电源火线通过人体、大地、接地体回到电源火线，构成了回路。流过人体的电流远远大于致命电流，因此这种触电情况是十分危险的。

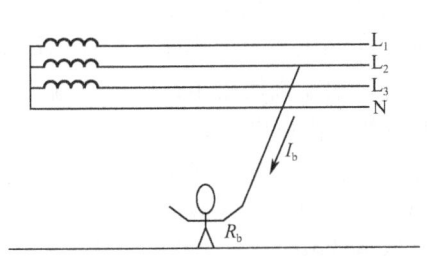

图 11.11.1　单相触电的理想情况

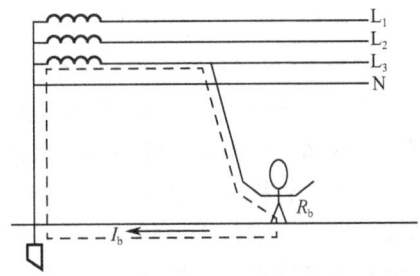

图 11.11.2　中性点接地系统中单相触电

实际情况下，现在广泛采用三相四线制供电系统，中性点（零线）一般接地。多数情况下，发生单相触电的机会很多，此时人体承受 220V 相电压，强大的触电电流会将人体烧焦。

2. 两相触电

两相触电是指人体不同部分同时接触线路中的两根相线时，电流从一根相线经人体流入另一相线而发生的触电，也称双相触电。如图 11.11.3 所示，此时，加在人体上的电压为 380V 线电压，通过人体电流的大小与系统中性点运行方式无关。这种触电方式比单相触电方式的触电电流更大，更危险。

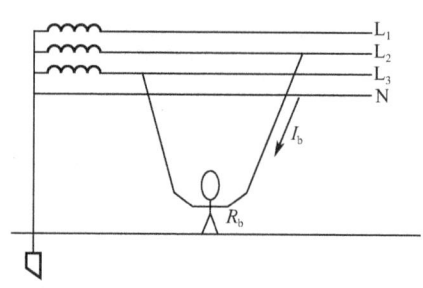

图 11.11.3　两相触电

3. 跨步电压触电

高压电线接触地面时，电流在接地点周围土壤中产生电压降。当人在接近此区域周围时，两脚之间出现的电压即为跨步电压。由跨步电压引起的电击事故为跨步电压触电。为便于比较，通常以 0.8m 距离（这相当于成人正常行走的步长距离）上的电位差的大小作为跨步电压值。

跨步电压一般发生在高压设备附近，人体离接地高压线越近，跨步电压值就越大。为防止跨步电压电击，进入人员应穿绝缘鞋。

三、常见触电的原因

电气设备种类繁多，使用环境和场所各不相同，配电线路的敷设方式有明有暗，操作人员的电气知识相差也很大，因此触电事故的发生难以杜绝。总结触电原因主要如下：

（1）缺乏电气安全知识。因缺乏电气安全知识导致的触电人员，大多是非电工人员操作引起。主要包括在低压系统中不按要求接临时线；带电移动电气设备；不了解电器设备冒险通电运行或带电修理检测；同时剪断两根以上的导线。在高压系统中不懂安全标志冒险接近带电导体引发电弧触电；误入高压带电间域接近带电导体引发高压触电；因地下施工误接触到裸露带电导体；带电灭火使用不合格器材；吊装货物触及高压电线等。

（2）设备不合格。主要发生在一些低压电器和手动工具，包括绝缘不良；未按要求设保护接地线；未按要求使用护套线；未按要求使用耐热导线；电器设备内部接线不良导致外壳带电；电器设备维修后内部遗留金属物造成短路使得外壳带电等。

（3）违反操作规程。这类事故多发生在低压系统中，包括未及时包敷裸露的金属导线部分；保护接零或接地出现故障长期未检测；维修后相线和零线接错，造成设备外壳带电；维修后设备防护罩或灭弧罩未装回原位等。

（4）管理制度不严格。在实际工作中，对于人员的管理不到位，没有严格的管理制度，没有严格遵守安全用电的原则（不接触低压带电体，不靠近高压带电体）。

四、安全用电与防止触电的技术措施

安全用电的措施是，科学用电，预防为主。为保证人身安全和设备安全，在实际工作中严格遵守电工基本操作规程，可参照《电气安全工作规程》GB26860—2011。

（1）正确安装和使用电气设备。严禁带电部分裸露，正确使用绝缘防护的作用，将有可能被人体接触到的导体用绝缘材料包裹起来，并使带电体与带电体之间或带电体与其他导体之间实现电气隔离。瓷、玻璃、云母、橡胶、木材、胶木、塑料、布、纸和矿物油等都是常用的绝缘材料。采用屏护措施将带电体隔离开来，可以有效地防止直接接触触电。即采用遮拦、护罩、护盖等把带电体同外界隔绝开来，高压设备不论是否绝缘，均应采取屏护。

（2）合理选用导线和熔丝。根据实际需要，在满足额定电流值的情况下，选用导线应使得载流能力大于实际输电电流。熔丝的额定电流应和最大实际输电电流相符，严禁用铜丝替代。根据 GB/T6995.2—2008 规定选择电路导线的颜色，如表 11.11.2 所示。

表 11.11.2 导线颜色的选择与标记

项目名称		标 记		颜 色
		电源导线	电器端子	
交流三相电路	A 相	L₁	U	黄
	B 相	L₂	V	绿
	C 相	L₃	W	红
中性线（零线）		N		淡蓝
直流电路	正极	L+		棕
	负极	L−		蓝
	接地线	M		淡蓝
接地线		E		黄绿
保护接地		PE		
内部接线（推荐）				黑

（3）接地和接零。单相电器开关应接相线，不可接在中线上。电气装置或其他装置正常时不带电的金属外壳与大地的连接叫接地。接地分为工作接地和保护接地，利用接地装置足够小的接地电阻，降低故障设备外壳可导电部分对地电压，减小电流的目的。

在正常和故障情况下为了保证电气设备可靠运行，必须将电力系统中某一点接地，这种接地称工作接地，这样可使中性点经常保持零电位。

电力系统中性点接地方式可以采用中性点直接接地和中性点非直接接地（不直接接地或经消弧线圈接地）。中性点不接地系统，为安全起见，不允许引出中性线供单相用电。将在故障情况下可能出现危险对地电压的电气设备的金属外壳、配电装置的金属构架等外露可导电部分通过接地装置与大地可靠连接，这种电气连接称为保护接地。保护接零就是把电器设备在正常情况下不带电的金属外壳与电网的零线紧密地连接起来。应该注意，零线回路中不允许装设熔断器和开关（TN-C 系统），中性点接地系统中用电设备的外壳应采用保护接零。

（4）合理选择照明灯。根据不同的工作环境按规定选用安全电压的灯具，如 36V 或 24V 的照明灯具。我国规定的安全电压是交流 42V、36V、24V、12V、6V 五个等级，直流安全电压上限是 72V。为了保证人身安全，提供安全电压的电源必须要符合以下条件：安全电压由双绕组隔离变压器提供，不能用没有电气隔离功能的自耦变压器。提供安全电压的变压器的外壳，应采用保护接地或保护接零，防止绕组间绝缘击穿时高压窜入低压，并应在高、低压回路安装熔断器作短路保护。安全电压的线路必须与其他电气系统不能有任何联系，包括零线和地线。当采用 24V 以上的安全电压时，必须采取防止直接接触带电体的措施。如 36V 手提照明灯的握持部分应采用橡胶绝缘手柄。凡手提照明灯、高度不足 2.5 米的一般照明灯，如果没有特殊安全结构或安全措施，应采用 36 伏安全电压。

（5）装设漏电保护装置（器）。为了保证在故障情况下人身和设备的安全，应尽量装设漏电流动作保护器。

漏电保护器是一种当人体发生单相触电或线路漏电时能自动切断电源的装置。它既能起到防止直接接触触电的作用，又能起到防止间接接触触电。应安装漏电保护器的场合包括：触电、防火要求较高的场所，新建和扩建工程使用的低压电气设备、插座等；对新制造的低压配电箱、动力箱、操作台、机床、起重机械和各种传动机械等机电设备的动力箱；建筑施工场所、临时用电线路的用电设备；手持式电动工具（除Ⅲ类外）、移动式生活日用电器（除Ⅲ类外）、其他移动式机电、设备以及触电危险性大的用电设备；在潮湿、高温、金属占有系数大场所等。漏电保护器安装使用注意：单极的漏电保护器安装接线时火线、零线必须接正确，否则不能起到触电保护的作用。漏电保护器后不得采用重复接地，否则漏电保护器送不上电。

（6）防止跨步电压触电。不随意接触高压电气设备，远离掉落地面的高压电线。

五、电气控制线路安装要求

（1）板上安装的所有电气控制器件的名称、型号、工作电压性质和数值，信号灯及按钮的颜色等，都应正确无误，安装要牢固，在醒目处应贴上各器件的文字符号。

（2）连接导线要采用规定的颜色：
- 接地保护导线（PE）必须采用黄绿双色；
- 动力电路的中线（N）和接地线（M）必须是浅蓝色；
- 交流和直流动力电路应采用黑色；
- 交流控制电路采用红色；
- 直流控制电路采用蓝色。

（3）导线的绝缘和耐压要符合电路要求，每一根连接导线在接近端子处的线头上必须套上标有线号的套管；进行控制板内部布线，要求走线横平竖直、整齐、合理，接点不得松动；进行控制板外部布线，对于可移动的导线应放适当的余量，使绝缘套管（或金属软管）在运动时不承受拉力，接地线和其他导线接头，同样应套上标有线号的套管。

（4）安装时按钮的相对位置及颜色

①"停止"按钮应置于"启动"按钮的下方或左侧，当用两个"启动"按钮控制相反方向时，"停止"按钮可装在中间。

②"停止"和"急停"用红色，"启动"用绿色，"启动"和"停止"交替动作的按钮用黑色、白色或灰色，点动按钮用黑色，复位按钮用蓝色，当复位按钮带有"停止"作用时则

须用红色。

（5）安装指示灯及光标按钮的颜色

① 指示灯颜色的含义：

红——危险或报警；

黄——警告；

绿——安全；

白——电源开关接通。

② 光标按钮颜色的用法：

红——"停止"或"断开"；

黄——注意或警告；

绿——"启动"；

蓝——指示或命令执行某任务；

白——接通辅助电路。

六、安装后（在接通电源前的）质量检查

（1）再次检查控制线路中各元器件的安装是否正确和牢靠；各个接线端子是否连接牢固。线头上的线号是否同电路原理图相符合，绝缘导线的颜色是否符合规定，保护导线是否已可靠连接。

（2）短接主电路、控制电路，用500V兆欧表测量与保护电路导线之间的绝缘电阻应不得小于2兆欧。

七、安全用电实训

1. 互感电路同名端的测定方法

（1）直流测定法

如图11.11.4所示，将线圈1与直流电源相接，线圈2与直流电流表相接。在开关S闭合瞬间，线圈1和线圈2中分别产生感应电动势e_{L1}，e_{L2}。因为$\frac{di}{dt}>0$，故$e_{L1}=-L_1\frac{di_1}{dt}<0$，$e_{L1}$的实际方向与参考方向相反，即"1"端为$e_{L1}$的"+"极，"1'"端为$e_{L1}$的"-"极。如果此时线圈2所接的电流表正方向偏转，则与电流表正极所接的那一端与"1"是同名端，如果电流表反方向偏转，则与电流表正极所接的那一端与"1'"是同名端。

（2）交流测定法

（a）用电流表测定，如图11.11.5所示，将两个线圈的各一端相接，串入电流表，与交流电压相接，测得电流为I_1，倒换一个线圈两端的接线，与同一交流电压相接，测得电流为I_1'，若$I_1>I_1'$，则第二次连接的两端是异名端（1'与2是异名端），即属于正向串接。若$I_1<I_1'$，则第二次连接的两端是同名端（1'与2是同名端），即属于反向串接。

（b）用电压表测定，如图11.11.6所示，在线圈1上加交流电压，并将线圈1与线圈2的一端相接（1'与2'）。用电压表测没有相接的两端的电压U_{12}。若$U_{12}=U_{11}$，所连接的两端是异名端，即1'与2'是异名端。若$U_{12}<U_{11}$，所连接的两端是同名端。

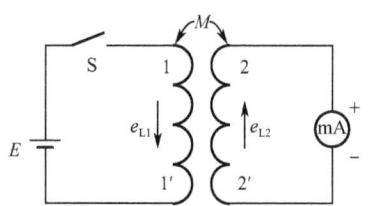
图 11.11.4 直流法测定同名端

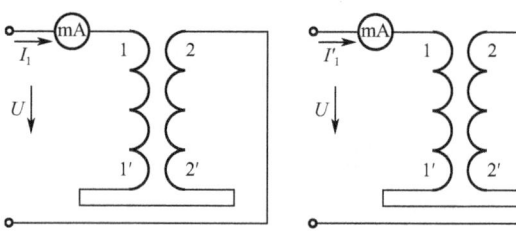
图 11.11.5 交流电流法测定同名端

2．互感系数的测定

（1）在测定了同名端的基础上，将两个线圈正向串联起来（异名端相连），按图 11.11.7 接线，则正向串联的等效阻抗为

$$Z_z = \sqrt{X_z^2 + R_z^2} = \frac{U_z}{I_z}, \quad 等效电阻\ R_z = \frac{P_z}{I_z^2}$$

等效电抗 $\quad X_z = \sqrt{Z_z^2 - R_z^2} = \sqrt{\left(\frac{U_z}{I_z}\right)^2 - \left(\frac{P_z}{I_z^2}\right)^2}$

故等效电感 $L_z = L_1 + L_2 + 2M = \dfrac{X_z}{\omega} = \dfrac{\sqrt{\left(\dfrac{U_z}{I_z}\right)^2 - \left(\dfrac{P_z}{I_z^2}\right)^2}}{\omega}$ （11.11.1）

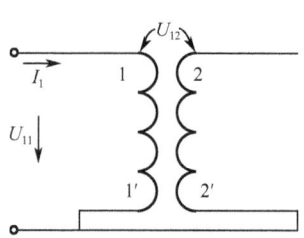
图 11.11.6 交流电压法测定同名端

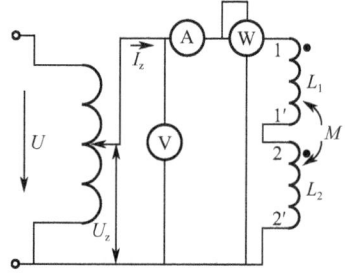
图 11.11.7 互感系数的测定（正向串联）

（2）将两个线圈反向串联起来（同名端相连），按图 11.11.8 接线，则反向串联的等效阻抗为

$$Z_F = \sqrt{X_F^2 + R_F^2} = \frac{U_F}{I_F}, \quad 等效电阻\ R_F = \frac{P_F}{I_F^2}$$

等效电抗 $X_F = \sqrt{Z_F^2 - R_F^2} = \sqrt{\left(\dfrac{U_F}{I_F}\right)^2 - \left(\dfrac{P_F}{I_F^2}\right)^2}$

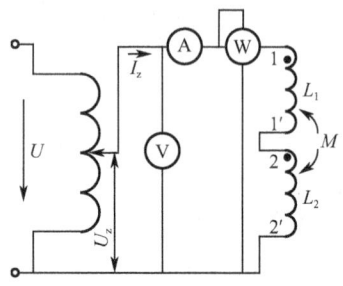
图 11.11.8 互感系数的测定
（反向串联）

故等效电感 $L_F = L_1 + L_2 - 2M = \dfrac{X_F}{\omega} = \dfrac{\sqrt{\left(\dfrac{U_F}{I_F}\right)^2 - \left(\dfrac{P_F}{I_F^2}\right)^2}}{\omega}$

（11.11.2）

于是 $L_z - L_F = (L_1 + L_2 + 2M) - (L_1 + L_2 - 2M) = 4M$

故 $M = \dfrac{L_z - L_F}{4}$ （11.11.3）

3．实训步骤

（1）将变压器 220/36V 原副边看作有互感的两个线圈，按图 11.11.5 接线，E=1.5V，微安表取 100μA（TS-B-01），S 可以用三相闸刀中的一刀，观察指针偏转方向，并判断同名端，作好标记。

（2）交流电压经单相调压器输出，按图 11.11.5 接线，取 U=180V，电流表取 500mA，按线圈的不同接法测量 I_1 和 I_1'，判定两个线圈的同名端，并与直流测定的结果进行比较。

（3）按图 11.11.6 接线，取 U_{11}=220V，交流电压表量程取 450V，测量 U_{12} 的值，判断同名端，并与前两次进行比较。

（4）按图 11.11.7 正向串联接线，取 U_z=250V，测量 I_z 和 P_z，并计算 L_z，填入表 11.11.3 中。

（5）按图 11.11.8 反向串联接线，取 U_F=190V，测量 I_F 和 P_F，并计算 L_F，填入表 11.11.4 中。

表 11.11.3

U_z	I_z	P_z	X_z	L_z
250V				

表 11.11.4

U_F	I_F	P_F	X_F	L_F
190V				

八、思考题

1．安全用电的原则是什么？
2．触电急救原则是什么？
3．电流对人体的伤害有哪些？
4．什么叫保护接地？电气工作中接地线的作用有哪些？
5．什么是安全电压？我国安全电压的等级有哪些？
6．同名端测试有何意义？常用的同名端测试方法有哪些？

11.12 常用电工工具及仪器仪表的使用

一、实训目的

通过本次实训，熟练掌握常用电工工具、仪表的正确使用方法。

二、实训器材

闸刀开关、验电笔、钢丝钳、尖嘴钳、螺丝刀、电工刀、剥线钳、万用表、兆欧表、白炽灯、绝缘胶布；万用表、电烙铁、发光二极管和电阻等。

三、实训内容

1．制作一个单相交流（测试）电路。使用不同色别的导线，构成一个单相交流电路，供本次实训测试之用，用万用表测试该交流电路，并将测量结果填入表 11.12.1 中。

表 11.12.1 单相交流电路测试

测量项目		导线色别	测量值		分析结论
			电压/V	电流/A	
对导线的测试					
单相交流电路测试	不带负载				
	带负载				

2. 验电笔的使用。用验电笔测试判别交流电路中的相线与中性线。测试单相交流电路中带负载与不带负载的相线与中性线，将测量结果填入表 11.12.2 中。

表 11.12.2 验电笔的使用

测量项目		导线色别	分析结论
对导线的测试			
单相交流电路测试	不带负载		
	带负载		

3. 使用剥线钳将直径 1mm 的单股导线剥离出线头，并用尖嘴钳弯成直径 4～5mm 的圆形接线鼻子。每人按规定时间（10 分钟）定量（10 个）完成指定长度线头的剥离。

4. 单股铜导线的直接连接与导线绝缘的恢复。先把两线 X 形相交，互相绞合 2～3 圈，然后扳直两线端，将每线在芯线上紧贴并绕 5～6 圈，将多余的线头剪掉。在规定时间内（5 分钟）规范地操作完成绝缘层的恢复。

5. 每人按规定时间（10 分钟）定量（5 个）完成木螺钉的安装和拆卸。

6. 用兆欧表对电缆绝缘电阻的测量。将兆欧表接线柱 E 接电缆外皮，接线柱 G 接外皮之间的绝缘层上，接线柱 L 接电缆芯线。摇动兆欧表发电机手柄，待指针稳定后读数。测出的是电缆芯线与外皮之间的绝缘电阻值。

7. 焊接一个简单的二极管发光电路。手工焊接是焊接技术的基础，也是电子产品装配中的一项基本操作技能。随着电子元器件的封装更新换代加快，封装由原来的直插式改为了平贴式，连接排线也由 FPC 软板替代，并向小型化、微型化发展，手工焊接难度也随之增加，在焊接当中稍有不慎就会损伤元器件，或引起焊接不良，所以焊接人员必须对焊接原理、焊接过程、焊接方法、焊接质量的评定及电子基础有一定的了解。

1）焊接准备

操作前检查：焊接前 3～5 分钟把电烙铁插头插入规定的插座上，检查烙铁是否发热，如发觉不热，先检查插座是否插好；如插好，若还不发热，应立即向管理员汇报，不能随意拆开烙铁，更不能用手直接接触烙铁头。已经氧化凹凸不平的或带钩的烙铁头应更新，保证良好的热传导效果，保证被焊接物的品质。如果换上新的烙铁嘴，受热后应将保养漆擦掉，立即加上锡保养。烙铁的清洗要在焊锡作业前实施，如果 5 分钟以上不使用烙铁，需关闭电源。

焊接步骤：烙铁焊接的具体操作步骤可分为五步，①准备合适烙铁头；②烙铁头接触被焊件；③送上焊锡丝；④焊锡丝脱离焊点；⑤烙铁头脱离焊点。

要获得良好的焊接质量必须严格按照上述五步骤操作。按上述步骤进行焊接是获得良好焊点的关键之一。在实际生产中，最容易出现的一种违反操作步骤的做法就是烙铁头不是先与被焊件接触，而是先与焊锡丝接触，熔化的焊锡滴落在尚未预热的被焊部位，这样很容易产生焊点虚焊，所以烙铁头必须与被焊件接触，对被焊件进行预热是防止产生虚焊的重要手段。

2）焊接要领

（1）烙铁头与两被焊件的接触方式。接触位置：烙铁头应同时接触要相互连接的 2 个被焊件（如焊脚、焊盘），烙铁一般倾斜 45°，应避免只与其中一个被焊件接触。当两个被焊件热容量悬殊时，应适当调整烙铁倾斜角度，烙铁与焊接面的倾斜角越小，使热容量较大的被焊件与烙铁的接触面积增大，热传导能力加强。如 LCD 拉焊时，倾斜角在 30°左右，焊麦克风、喇叭等倾斜角可在 40°左右。两个被焊件能在相同的时间里达到相同的温度，被视为加热理想状态。接触压力：为保证良好接触传导热量，烙铁头与被焊件接触时应略施压力，热传导强弱与施加压力大小成正比，但以对被焊件表面不造成损伤为原则。

（2）焊丝的供给应掌握 3 个要领，即供给时间、位置和数量。

供给时间：原则上在被焊件升温达到焊料的熔化温度时立即送上焊锡丝。供给位置：在烙铁与被焊件之间，并尽量靠近焊盘。供给数量：应看被焊件与焊盘的大小，焊锡盖住焊盘后焊锡高于焊盘直径的 1/3 即可。

（3）焊接时间及温度设置。①温度由实际使用决定，以焊接一个锡点 4 秒最为合适，最多不超过 8 秒，平时观察烙铁头，当其发紫时候，温度设置过高。②一般直插电子料，将烙铁头的实际温度设置为（350℃～370℃）；表面贴装物料（SMC）物料，将烙铁头的实际温度设置为（330℃～350℃）。③特殊物料，需要特别设置烙铁温度。FPC、LCD 连接器等要用含银锡线，温度一般在 290℃到 310℃之间。④焊接大的元件脚，温度不要超过 380℃，但可以增大烙铁功率。

（4）焊接注意事项：①焊接前应观察各个焊点（铜皮）是否光洁、氧化等。②在焊接物品时，要看准焊接点，以免线路焊接不良引起短路。

3）操作后检查

（1）用完烙铁后应将电烙铁关闭电源。

(2) 将烙铁座上的锡珠、锡渣、灰尘等物清除干净,然后把烙铁放在烙铁架上。

(3) 将清理好的电烙铁放在工作台右上角。

4) 注意事项

(1) 锡点质量的评定:标准的锡点:①锡点成内弧形;②锡点要圆满、光滑、无针孔、无松香渍;③要有线脚,而且线脚的长度要在 1~1.2mm 之间;④零件脚外形可见锡的流散性好;⑤锡将整个上锡位及零件脚包围。不标准锡点的判定:①虚焊:看似焊好,其实没有焊住,主要原因是焊盘和引脚脏污或助焊剂和加热时间不够。②短路:有脚零件在脚与脚之间被多余的焊锡所连接短路,另一种现象则因检验人员使用镊子等操作不当而导致碰触短路,亦包括残余锡渣造成短路。③偏位:由于器件在焊前定位不准,或在焊接时造成失误导致引脚不在规定的焊盘区域内。④少锡:少锡是指锡点太薄,不能将零件铜皮充分覆盖,影响连接固定作用。⑤多锡:零件脚完全被锡覆盖,形成外弧形,使零件外形及焊盘位不能见到,不能确定零件及焊盘是否上锡良好。⑥错件:零件放置的规格或种类与作业规定或 BOM、ECN 不符者,即为错件。⑦缺件:应放置零件的位置,因不正常的原因而产生空缺。⑧锡球、锡渣:PCB 板表面附着多余的焊锡球、锡渣,会导致细小管脚短路。⑨极性反向:极性方位正确性与加工要求不一致,即为极性错误。

(2) 不良焊点可能产生的原因:①形成锡球,锡不能散布到整个焊盘,烙铁温度过低,或烙铁头太小;焊盘氧化。②拿开烙铁时候形成锡尖,烙铁不够温度,助焊剂没熔化,不起作用。烙铁头温度过高,助焊剂挥发掉,焊接时间太长。③锡表面不光滑,烙铁温度过高,焊接时间过长。④助焊剂散布面积大,烙铁头拿得太平。⑤产生锡珠,锡线直接从烙铁头上加入、加锡过多、烙铁头氧化、敲打烙铁。⑥PCB 离层,烙铁温度过高,烙铁头碰在板上。

四、实训总结与思考

1. 总结常用电工工具的使用方法。

2. 完成简单电路的焊接制作,并测试发光二极管的正常的工作电压,总结对发光二极管的认识。

3. 心得体会及其他。

11.13 导线的连接与绝缘的恢复

一、实训目的

通过对导线的连接与绝缘的恢复,进一步掌握常用电工工具的基本使用技能,了解导线的连接与绝缘恢复的一般方法。

二、实训器材

常用电工工具,单股、多股导线和绝缘胶布等。

三、实训原理与方法

1. 导线连接的基本要求

导线连接是电工作业的一项基本工序，也是一项十分重要的工序。导线连接的质量直接关系到整个线路能否安全可靠地长期运行。对导线连接的基本要求是：连接牢固可靠、接头电阻小、机械强度高、耐腐蚀耐氧化、电气绝缘性能好。

2. 常用连接方法

需连接的导线种类和连接形式不同，其连接的方法也不同。常用的连接方法有直接连接、分支连接、焊接等。连接前应小心地剥除导线连接部位的绝缘层，注意不可损伤导线的芯线，可参照 11.12 节的内容。

1）单股铜导线直接连接

直接连接是指将需连接导线的芯线直接紧密绞合在一起。铜导线常用直接连接。小截面单股铜导线连接方法如图 11.13.1 所示，先把两导线的芯线线头 X 形连接，再将它们相互缠绕 2～3 圈后扳直两线头，然后将每个线头在另一芯线上紧密缠绕 5～6 圈，剪去多余线头即可。

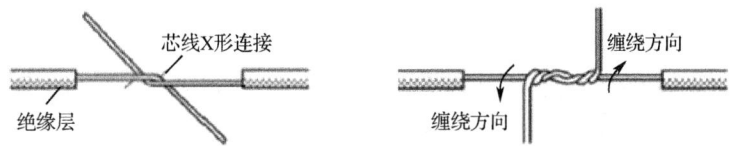

图 11.13.1　小截面单股导线绞合连接

2）大截面单股铜导线直接连接

大截面单股铜导线连接方法如图 11.13.2 所示，先在两导线的芯线重叠处填入一根相同直径的芯线，再用一根截面约 1.5mm² 的裸铜线在其上紧密缠绕，缠绕长度为导线直径的 10 倍左右，然后将被连接导线的芯线线头分别折回，再将两端的缠绕铜线继续缠绕 5～6 圈，剪去多余线头即可。

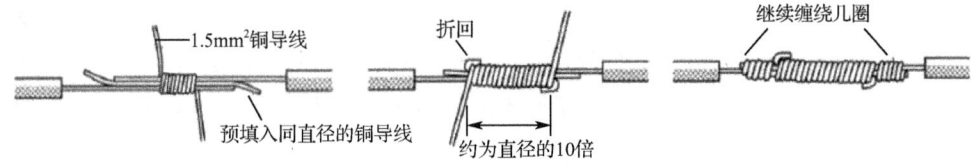

图 11.13.2　大截面单股铜导线连接方法

不同截面单股铜导线的连接方法是，先将细导线的芯线在粗导线的芯线上紧密缠绕 5～6 圈，然后将粗导线芯线的线头折回紧压在缠绕层上，再用细导线芯线在其上继续缠绕 3～4 圈后剪去多余线头即可。

3）多股（7股）铜导线的直接连接

多股铜导线的直接连接如图 11.13.3 所示，首先将剥去绝缘层的多股芯线拉直，将其靠近绝缘层的约 1/3 芯线绞合拧紧，将其余 2/3 芯线成伞状散开并且拉直，另一根需连接的导线芯线也如此处理。第二步,将两伞状芯线相对着插入后并捏平芯线,然后将每一边的芯线线头分作 3 组(2、2、3 股),先将某一边的第 1 组线头翘起并紧密缠绕在芯线上,再将第 2 组线头翘起并紧密缠绕在芯线上,最后将第 3 组线头翘起并紧密缠绕在芯线上。以同样方法缠绕另一边的线头。

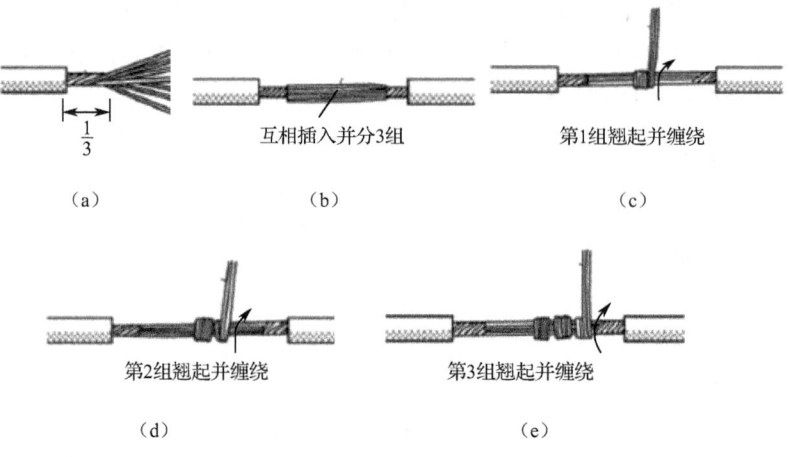

图 11.13.3　多股铜导线的直接连接

4)多股铜导线的分支连接

多股铜导线的分支连接有两种方法,一种方法如图 11.13.4 所示,将支路芯线 90°折弯后与干路芯线并行,然后将线头折回并紧密缠绕在芯线上即可。

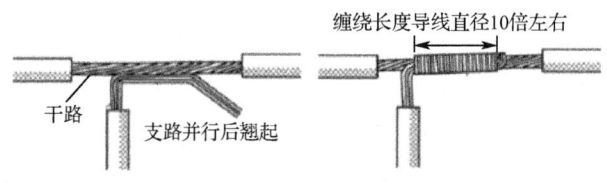

图 11.13.4　多股铜导线的分支连接(1)

另一种方法如图 11.13.5 所示,将支路芯线靠近绝缘层的约 1/8 芯线绞合拧紧,其余 7/8 芯线分为两组(3、4 股),接着用螺丝刀把干路分成两组(3、4 股)。把支路一组(3 股)插入干路芯线当中,另一组放在干路芯线前面,并朝右边按图所示方向缠绕 3~4 圈。再将插入干路芯线当中的那一组朝左边按图所示方向缠绕 4~5 圈,连接好的导线如图 11.13.5 所示。

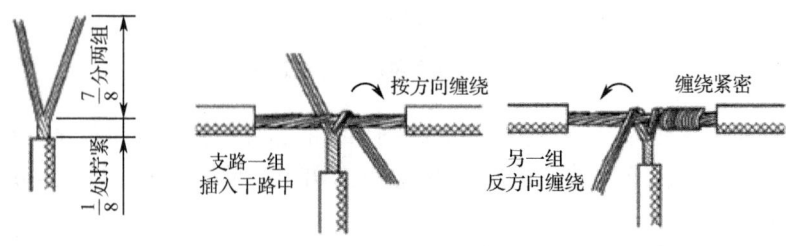

图 11.13.5　多股铜导线的分支连接(2)

5）双芯或多芯电线电缆的连接

双芯护套线、三芯护套线或电缆、多芯电缆在连接时，应注意尽可能将各芯线的连接点互相错开位置，可以更好地防止线间漏电或短路。图11.13.6（a）所示为双芯护套线的连接情况，图11.13.6（b）所示为三芯护套线的连接情况。

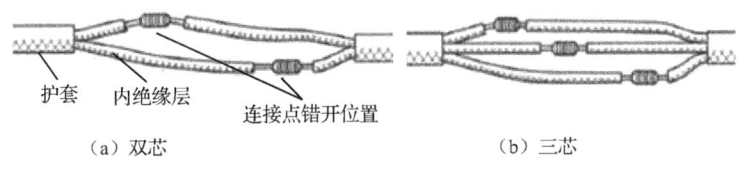

（a）双芯　　　　　　　　　　（b）三芯

图11.13.6　双芯或三芯电线电缆的连接

6）铜导线接头的锡焊

较细的铜导线接头可用大功率（例如150W）电烙铁进行焊接。焊接前应先清除铜芯线接头部位的氧化层和污物。为增加连接可靠性和机械强度，可将待连接的两根芯线先行绞合，再涂上无酸助焊剂，用电烙铁进行焊接即可。焊接中应使焊锡充分熔融渗入导线接头缝隙中，焊接完成的接点应牢固光滑。较粗（一般指截面16mm²以上）的铜导线接头可用浇焊法连接。

3. 导线连接处的绝缘处理

为了进行连接，导线连接处的绝缘层需被去除。导线连接完成后，必须对所有绝缘层已被去除的部位进行绝缘处理，以恢复导线的绝缘性能，恢复后的绝缘强度应不低于导线原有的绝缘强度。导线连接处的绝缘处理通常采用绝缘胶带进行缠裹包扎。一般电工常用的绝缘带有黄蜡带、涤纶薄膜带、黑胶布带、塑料胶带、橡胶胶带等。对于220V线路，也可不用黄蜡带，只用黑胶布带或塑料胶带包缠两层，在潮湿场所使用聚氯乙烯绝缘胶带或涤纶绝缘胶带。绝缘带不应放在温度很高的场合保存，也不能让油性物污染。

1）一般导线接头的绝缘处理

直线型导线接头可按图11.13.7所示方法缠绕进行绝缘处理，从接头左边绝缘完好的绝缘层上开始包缠，包缠两倍带宽后（包缠两圈后）才进入剥除了绝缘层的芯线部分，包到另一端时，也同样包缠在完整绝缘层上两倍带宽后结束。包缠时绝缘带应与导线成55°左右倾斜角，每圈压叠带宽的1/2左右并拉紧，直至包缠到接头右边两圈距离的完好绝缘层处。然后将绝缘带接在绝缘带的尾端，按另一倾斜方向从右向左包缠，每圈压叠带宽的1/2，直至将绝缘带完全包缠住。包缠处理中应用力拉紧胶带，注意不可稀疏，更不能露出芯线，以确保绝缘质量和用电安全。

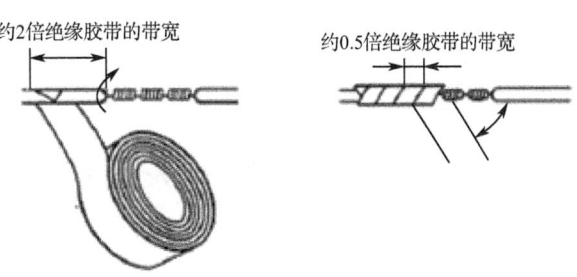

图11.13.7　绝缘胶带缠绕方法

2）T字分支接头的绝缘处理

导线分支接头的绝缘处理基本方法同上，T字分支接头的缠绕方向如图11.13.8所示，走一个T字形的来回，使每根导线上都缠绕两层绝缘胶带，每根导线都应包缠到完好绝缘层的两倍胶带宽度处。

3）十字分支接头的绝缘处理

对导线的十字分支接头进行绝缘处理时，缠绕方向如图 11.13.9 所示，走一个十字形的来回，使每根导线上都缠绕两层绝缘胶带，每根导线也都应缠绕到完好绝缘层的两倍胶带宽度处。

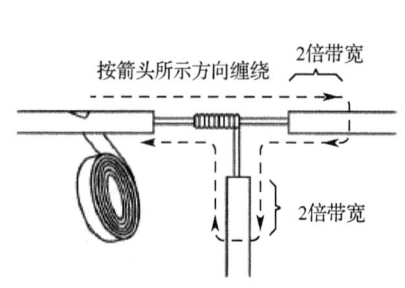

图 11.13.8　T 字分支接头的缠绕

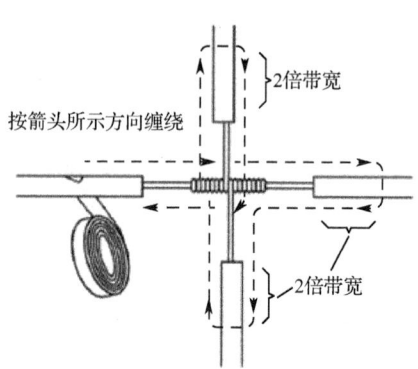

图 11.13.9　十字分支接头的缠绕

四、实训内容

1．使用常用工具，如剥线钳、电工刀或老虎钳等剥离单股铜线和多股铜导线的绝缘层，按照规范操作在规定时间内完成对 1.0mm² 和 0.75mm² 的 7 股铜导线（各 5 根）的绝缘层的剥离。

2．在规定时间内分别参照图 11.13.1、图 11.13.3 和图 11.13.5 的方法完成导线的连接训练。

3．在规定时间内分别完成实训内容 2 导线连接绝缘层恢复的训练。

五、思考与练习

通过查阅相关资料，总结各种导线绝缘层剥离的方法、各种导线不同形式的连接方法和不同连接情况下的绝缘层恢复的操作过程。

11.14　白炽灯的常用开关控制

一、实验目的

1．了解白炽灯的特点及使用。
2．了解触摸开关、墙壁开关、人体感应开关和声控开关的原理。
3．掌握触摸开关、墙壁开关、人体感应开关和声控开关的接线及使用方法。
4．学会漏电开关和熔断器等器件的布线接线。

二、实验原理

1. 低压漏电保护器

低压漏电保护器（漏电断路器或触电保护开关）是一种行之有效的防止低压触电的保护设备。如果在低压网络中发生触电事故或绝缘损坏漏电，它会立即发出警报信号或切断电源，使人身和设备得到保护，起到这种保护作用的设备称为低压漏电保护器。据统计，某城市普遍安装漏电保护器后，触电伤亡人数减少了2/3。可见，安全保护措施的作用不可忽视。

漏电保护器有电压型和电流型两种。由于电压型漏电保护开关安装较复杂，目前使用广泛的是电流型保护开关。它不仅能防止人触电而且能防止漏电造成火灾，既可用于中性点接地系统也可用于中性点不接地系统；既可单独使用也可与保护接地、保护接零共同使用，而且安装方便，值得大力推广。

典型的电流型漏电保护开关工作原理：当电器正常工作时，流经零序互感器的电流大小相等，方向相反，检测输出为零，开关闭合电路正常工作。

当电器发生漏电时，漏电流不通过零线，零序互感器检测到不平衡电流并达到一定数值时，通过放大器输出信号将开关切断。

1）漏电保护器的选用

应根据使用目的地、安装场所、电压等级、被保护回路泄漏电流以及用电设备的接地电阻数值等因素来确定，常用的选择方法有以下三个方面：

（1）根据使用目的来选择。例如直接触电保护是防止人体直接触及电气设备的带电导体而造成的触电伤亡事故。

（2）根据工作电压和使用场所来选择。例如在潮湿场所、建筑工地以及可能受到雨淋或充满水蒸气的地方，由于这些场所触电危险大，所以适宜装动作电流较小（15mA）并能在0.1s内动作的漏电保护器。

（3）根据电路和用电设备的正常泄漏电流来选择。任何供电线路和用电设备的绝缘电阻不可能是无穷大的，都有一定的泄漏电流存在，所以漏电保护器的动作电流不应小于正常的泄漏电流，否则就破坏了供电的可靠性。

2）不宜安装使用漏电保护器的场合

（1）用于消防设备的电源。如火灾报警器、消防警铃、消防水泵、消防专用电梯等。

（2）用于防盗报警的设备电源。

（3）公共场所及高层建筑的通道照明、紧急进出口照明、应急设备电源等。

（4）无人值班或不易被人接触的地下设备或深井电源。

（5）特殊工作环境排水设备、通风设备电源。如井下、地铁、隧道、手术台等。

（6）其他不允许间断停电的设备。

3）使用漏电保护器的注意事项

（1）要正确对待人和物的关系，不要以为安装了漏电保护器，就麻痹大意。认真搞好安全用电的宣传、教育工作，才是搞好安全用电的积极措施。

（2）当发生人体单相触电事故时，漏电保护器才起保护作用。如果人体对地绝缘，只触及两根相线或一相一零时，漏电保护器不动作。

（3）漏电保护器后面的线路是对地绝缘的，如果对地绝缘损坏，漏电超过 15mA 时，漏电保护器也会动作切断电源。所以要求对地绝缘必须良好，否则将经常发生误动作。

（4）漏电保护器动作后，应立即查明动作原因。待事故排除后，才能恢复送电。

2．熔断器

熔断器是一种保护电器，当电流超过规定值并经过足够长的时间后，使熔体熔化，断开所接入的电路，对电路和设备起短路或过载保护作用。

1）熔断器按其结构形式分类

① 有填料封闭式，如 RTO 型、RL1 型、RSO 型（快速熔断器）；

② 无填料封闭式，如 RM10 型；

③ 半封闭插入式，如 RC1A 型；

④ 自复熔断器，这是一种与断路器串联使用的限流元件。当有故障电流时，其熔体（金属钠）迅速气化，形成 3000～4000K 大气压的等离子状态，使故障电流大大降低。当故障消除后又能自动恢复到导电状态，可继续使用，其额定电压为 380V（100A）。

2）熔断器的选用

可从下面三个方面来考虑：

（1）根据使用场合的短路电流大小，选用不同结构形式和相应熔断能力的熔断器。

（2）作为电动机保护用熔断器应考虑电动机的启动电流，一般熔断器的额定电流为电动机额定电流的 2～2.5 倍。

（3）选用 RS 型快速熔断器对硅半导体器件作保护时，一般熔断器的额定电流为器件额定电流的 1.57 倍，在电气传动系统中取 0.8～1 倍。

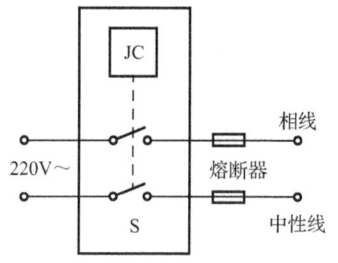

图 11.14.1　漏电开关和熔断器组成

本实验用漏电开关和熔断器组成如图 11.14.1 所示。

3．白炽灯

白炽灯是利用电流在灯丝电阻上的热效应，使灯丝温度上升到白炽温度而发光的。白炽灯有螺口灯头和插口灯头两种。

白炽灯的主要工作部分是灯丝，灯丝用熔点温度高和不易蒸发的钨制成。40W 及以下的灯泡内部抽成真空，40W 及以上的灯泡内部抽成真空后又充有少量氩气或氮气等惰性气体，以减少钨丝挥发，延长灯丝使用寿命。白炽灯发光效率低，大部分电能转化成热能，只有百分之十左右转换成光能。

4．触摸开关

触摸开关为人体感应开关，具有节能、寿命长、无触电、无火花、无污染、抗干扰强、安全等特点。适用于楼道、家庭凉台、地下室等自动关灯的场所。

开关采用发光指示，有足够的亮度以方便夜间寻找开关的位置。人体一接触开关金属面板，开关接通，经过一段时间后关断。

开关采用电灯直流工作方式，完全避免了普通机械式开关开启时 220V 高压对电灯的冲击,从而大大延长了电灯的使用寿命。

5．墙壁开关

开关的种类很多,这里采用的是 86 型单极墙壁开关。

6．人体感应开关

人体感应开关适用于节能灯及日光灯,具有节能、寿命长、无触电、无火花、无污染、抗干扰强、安全等特点。适用于楼道、地下室、洗手间、家庭防盗、自动门等作为自动开关用。开关在光线较暗的环境中能探测到人体活动发出的红外线,能自动开启负载。

7．声控开关

本实验用的是声光控制自动延时式节电开关,具有节能、寿命长、无触电、无火花、无污染、安全等特点。声控开关适用于楼道、家庭凉台、地下室等自动关灯的场所。声控开关采用声音控制方式,使用时只需发出响声电灯即点亮,经过 1 分钟后自动熄灭。声控开关电路设计采用光感器件,控制开关只有在夜间或光线较暗的情况下工作。开关采用电灯直流工作方式,完全避免了普通机械式开关开启时 220V 高压对电灯的冲击,从而大大延长了电灯的使用寿命。

8．实验原理图

本实验参考原理图如图 11.14.2 所示。

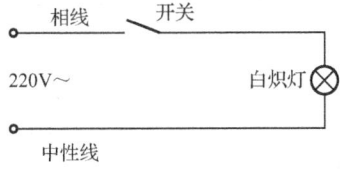

图 11.14.2 实验参考原理图

三、实验器件

本次实验所需器件如表 11.14.1 所示。

表 11.14.1 实 验 器 件

序 号	名 称	器 件 标 号	数 量	备 注
1	220V 电源	漏电断路器、熔断器	1	
2	白炽灯	白炽灯 1	1	
3	触摸开关、墙壁开关、人体感应开关和声控开关		各 1	
4	电线		若干	

四、实验内容

1. 根据原理图画出接线图。
2. 根据原理图和接线图在实训柜内布线接线。
3. 在实验过程中如果出现故障，请认真分析原因并进行故障排除。

五、实验方法

1. 熟悉实验装置的结构及原理。
2. 设计并画出跟原理图对应的布置图。
3. 找出实验用的元器件，熟悉其结构和原理。
4. 用万用表检测其好坏。
5. 进行接线。
6. 用万用表检查接线是否正确。
7. 申请通电检验。
8. 分析测试结果。

六、实验注意事项

1. 接线时必须断开电源。
2. 相线必须接进开关。
3. 接线要牢固，不露铜，不损伤导线绝缘。
4. 人体感应开关在光线亮时不工作，光线较暗时才工作。

七、思考题

1. 白炽灯常用于什么场合？白炽灯常见的故障有哪些？
2. 触摸开关有什么特点？适用于什么场合？
3. 试述漏电保护器的作用及原理。
4. 试述熔断器的作用及原理。
5. 墙壁开关有什么特点？适用于什么场合？
6. 感应开关有什么特点？适用于什么场合？
7. 声控开关有什么特点？适用于什么场合？
8. 声控开关常见的故障有哪些？

11.15 单相电度表直接安装电路

一、实验目的

1. 了解主要电器元件的结构和作用。
2. 学会安装电度表、漏电断路器等器件。
3. 学会用万用表检查安装线路的正确与否。

二、实验原理

1. 电度表

电度表是计量电能的仪表，也叫电能表，俗称火表。电度表分为单相电度表和三相电度表两大类。通常在使用电度表时，必须注意电度表的额定电压要与被测电路电压一致。电度表的额定电流必须稍大于被测电路的最大电流。此外，还要注意被测负载的性质，例如负载为白炽灯时，只要用 P=UI，就可以直接算出被测电路的电流，其负载电流为 I=P/U。但若负载为日光灯时，考虑到感抗的影响，负载电流 I 按下式计算：

$$I = \frac{P}{U \cdot \cos\phi}$$

式中，$\cos\phi$ 为功率因数（例如日光灯的 $\cos\phi$ 取 0.5，电动机的 $\cos\phi$ 取 0.7 左右）。

1）单相交流电度表的结构

单相交流感应式电度表的结构主要组成部分有电压线圈、电流线圈、转盘、转轴、上下轴承、蜗杆、永久磁铁、磁轭、计度器、支架、外壳、接线端钮等组成。工作时，当电压线圈和电流线圈通过交变电流，就有交变的磁通穿过转盘，在转盘上感应产生涡流，这些涡流与交变的磁通互相作用产生电磁力，从而使转盘转动。计度器通过齿轮比把电度表转盘的转数变为与之对应的电能指示值。转盘转动后，涡流与永久磁铁的磁力线相切割，受一反向的磁场力作用，从而产生制动力矩，致使转盘以某一速度旋转，其转速与负载功率的大小成正比。

2）电度表使用

使用电度表应注意下列事项：

（1）接线前必须分清楚电度表的电压端子和电流端子，然后按照技术说明书对号接入。

（2）电度表在额定电压、额定电流的 20%～120%、额定频率 50Hz 的条件下工作时，才能保证标准准确度，偏离以上条件，误差将会增加。

（3）电度表不宜在小于规定电流的 5%和大于额定电流的 15%情况下工作。

（4）停电半年以上的电度表应重新校准，长期使用的电度表须 2～3 年校准一次。

（5）电度表安装时，要距热力系统 0.5m 以上，距地面 0.7～2.0m，并且要力求垂直安装。

2. 实验原理图

实验原理图如图 11.15.1 所示，负载为白炽灯。图中 1、2、3、4 分别表示单相电能表的接线柱编号。

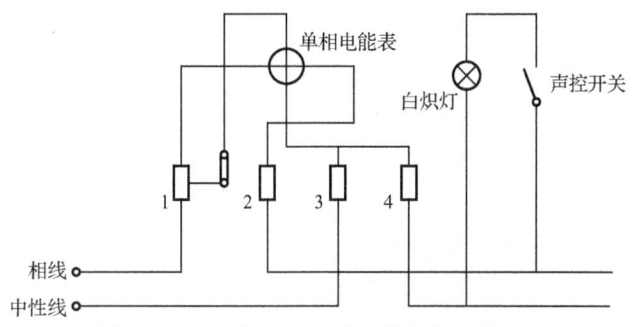

图 11.15.1　单相交流电度表的直接安装电路

三、实验器件

实验器件如表 11.15.1 所示。

表 11.15.1 单相交流电度表的直接安装电路实验器件

序 号	名 称	器 件 标 号	数 量	备 注
1	220V 电源	漏电断路器、熔断器	1	
2	单相电度表	单相电度表	1	
3	声控开关	声控开关	1	
4	白炽灯	白炽灯 1	1	
5	电线		若干	

四、实验内容

1．根据原理图画出接线图。
2．根据原理图和接线图在实训柜内布线接线。
3．用万用表检查电路接线正确与否。
4．故障排除。

五、实验方法

1．熟悉实验装置的结构及原理。
2．设计并画出跟原理图对应的布置图。
3．找出实验用的元器件，熟悉其结构和原理。
4．用万用表检测其好坏。
5．指导教师讲解知识要点和万用表检查电路的方法，并操作示范。
6．开始进行接线。
7．用万用表检查接线是否正确。
8．申请通电检验。
9．分析测试结果。

六、实验注意事项

1．接线时必须断开电源。
2．相线必须接进开关。
3．接线要牢固，不露铜，不损伤导线绝缘。
4．使用万用表要注意挡位和量程的选择，以免烧坏。

七、思考题

1．描述单相电度表的结构和工作原理。
2．单相电度表接线要注意哪些注意事项？

11.16　照明线路的安装及白炽灯的常用控制方法

一、实训目的

通过对室内照明线路安装，掌握照明线路安装的基本技能，了解照明线路及动力线路敷设的一般方法。

二、实训器材

闸刀开关、熔断器、日光灯、白炽灯、一开五孔插座、单刀双掷开关和导线等。

三、实训内容

常用照明线路按图 11.16.1 所示安装。每个负载（如白炽灯）都由单独的开关控制，再和插座一起并联在 220V 的单相交流电源上。说明：开关 S_3 可以用一开五孔插座中的开关代替，开关 S_1 和 S_2 为 2 个独立的单刀双掷开关。

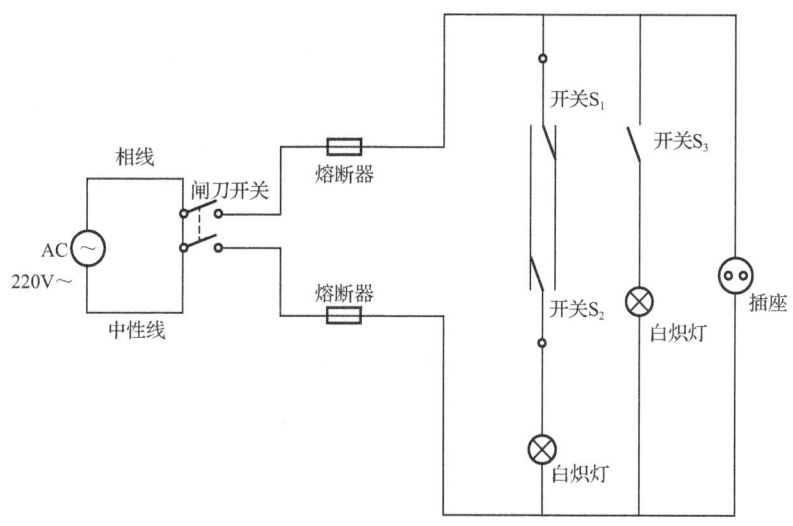

图 11.16.1　常用照明线路的安装

1. 定位

先确定线路的走向和各用电器的具体位置，然后用粉线袋画线（本实验可以不做这一步），确定线卡的位置，直线部分每隔 150～300mm 安装一个线卡，其他部分每隔 50～100mm 安装一个线卡。

2. 敷设护套线

（1）护套线不得直接埋入抹灰层内暗配敷设，也不得在室外露天场所直接明配敷设。

（2）护套线明配敷设时，导线应平直，紧贴在建筑物的敷设面上，不应有松弛、扭绞和曲折现象；弯曲时不应损伤护套和芯线的绝缘层，弯曲半径不应小于导线护套宽度的3倍。

（3）固定护套线的线卡之间的距离一般为150～200mm；线卡距接线盒、灯具、开关、插座等50～100mm处应增加一个固定点。在导线转弯处，应在转弯点两侧50～100mm处增加固定点，将导线固定牢靠。

（4）护套线线路中间不应有接头，分支或接头应在灯座、开关、插座或接线盒内进行。在多尘和潮湿的场所应用密封式接线盒。

（5）护套线与接地体和不发热的管道交叉敷设时，护套层应引入盒内或器具内。护套线进入接线盒或与具体电器连接时，护套层应引入盒内或具体电器内。

（6）在空心楼板板孔内暗配敷设时，不得损伤护套线，并应便于更换导线；在板孔内不得有接头，板孔内应无积水和无脏杂物。

本次实验在工作板上进行，此步骤省略。

3．安装木台的螺丝及固定用电器，并且连接导线

导线的颜色，可以参照表11.11.2选择导线颜色，如果实际中没有要求颜色的导线，也可以选择红线接火线，黑线接中性线，但一定要区别不同颜色，以便检查线路故障。

4．插座的安装

二极插座的接线应该根据插座接线孔的排列顺序连接，插座水平排列，遵守"左零右火"或"上零下火"的原则。三极插座的下面的两个孔是接电源的，左插孔接中性线（接线孔旁有字母N标识），右插孔接火线或相线（接线孔旁有字母L标识），上面的插孔接保护地线。

四、成绩评定

成绩评定可以参照表11.16.1。

表11.16.1 成绩评定表

项 目	技 术 要 求	得 分
原理	原理正确	
导线的选用	导线选用合适（线径和颜色）	
线路安装	布局合理	
	线卡安装合适	
	线路安装平直、美观	
	线路接头连接合理牢固	
	用电器安装正确	
其他	考勤	
总分		

五、思考题

1．查阅资料总结如何根据导线截面和导线的机械强度选择使用导线？
2．不同的功率的电器如何选择导线？

11.17 单相电动机正反转控制综合实训

一、实训目的

1. 通过单相有功电度表的安装训练，了解住宅照明电路和常用电器电能的计算、配电装置的原理及安装技能。
2. 学会安装单相电动机的布线接线。
3. 学会用万用表检查安装接线的正确与否。

二、实训器材

闸刀开关、单相电度表、白炽灯、单刀双掷开关、单相电机、电子调速器等。

三、相关原理

1. 单相电动机

电容分相式电动机在定子绕组上设有主绕组和副绕组〔启动绕组〕并在启动绕组中串联大容量启动电容器，使通电后主、副绕组的电相角成 90 度，从而能产生较大的启动转矩，使转子启动运转。

对于永久分相式电动机来说，其串接的电容器，当电动机在通电启动或者正常运行时，均与启动绕组串接。由于永久分相式电动机的启动转矩较小，因此适用于排风机、抽风机等要求启动力矩低的电器设备中。电容式启动电动机，由于其运行绕组分正、反相绕制设定，所以只要切换运行绕组和启动绕组的串接方向，即可方便实现电动机逆、顺方向运转。

本实训采用电容分相式电动机。电容分相式电动机有主副两个绕组。在副绕组中接有电容器，使两绕组中的电流和磁场在相位上相差一个角度，组成一台两相电动机。电容分相式电动机构造简单，运转可靠，效率高，转动时噪声低，运用灵活。洗衣机的电动机主副两个绕组的阻值，一般运行绕组（主绕组）的直流电阻约为几欧姆，而启动绕组（副绕组）的直流电阻约为几十欧姆。

2. 电容器

电容器应采用油浸纸介质 CZMS 型 CBB 型电容器，不可以使用漏电大、易击穿的直流电解电容器。电容器最高额定电压不超过 500V。

四、实训内容

1. 单相电度表的接线方式

单相电度表有 4 个接线柱，从左到右编号，分别是 1、2、3 和 4，如图 11.17.1 所示。单相电度表一般有两种接线方式。一种是中国标准产品用的跳入式接线方式：1、3 接进线（电源线），2、4 接出线（负载线路）；另外一种是顺入式接线方式（实践中不常见）：1、2 接进线（电源线），3、4接出线（负载线路）。

2．单相电度表接线方式的辨别

单相电度表接线方式的辨别有两种方法：第一种是根据产品说明书中接线原理图接线，第二种方法是用万用表的R×100挡测电度表1、2接线柱间的电阻值，如果电阻值较小，则1、3是进线端，如果电阻值较大（大于1k），则1、2是进线端。

3．电容分相式电动机的正反转实训

按照图11.17.2所示电路接线，观察电容分相式电动机的正反转现象。注意用绝缘胶布把接头处包好，避免出现事故。

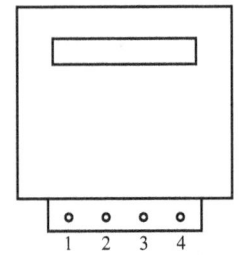

图11.17.1　单相电度表的接线方式

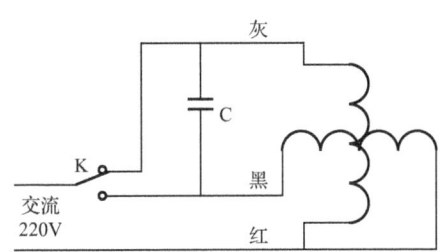

图11.17.2　电容分相式电动机的正反转

4．单相电度表的安装线路图

根据前面介绍的单相电度表的接线方式，画出单相电度表的安装线路图，如图11.17.3所示，图中1、2、3、4分别表示单相电度表的接线柱编号。

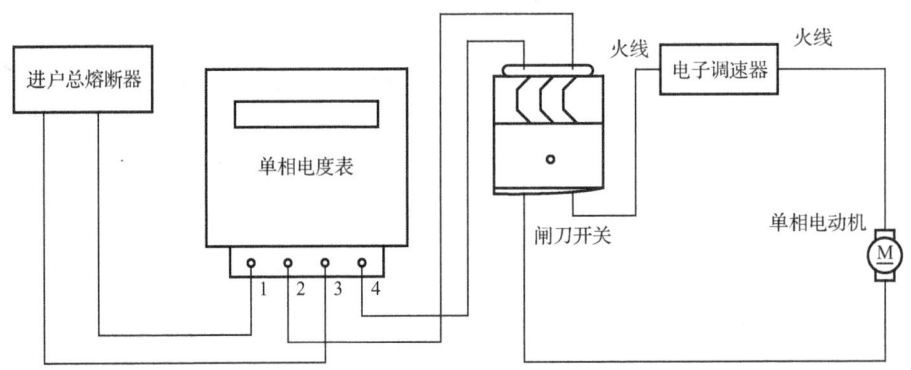

图11.17.3　单相电度表的安装线路图

（1）电度表的固定。将电度表的固定在实验台上，调整电度表的位置，使其侧面和表面分别与墙面和地面垂直。

（2）按图11.17.3接线。

（3）检查线路，通电实验。把电度表线路接上适当的负载后，用万用表检查电路接线正确与否。再接上220V单相交流电，检查整个线路，确认无误后，合上闸刀开关通电，观察电度表的工作情况。

（4）改变负载的大小，观察电度表的转速情况；改变电度表的倾斜角度，观察电度表的转速情况。

五、成绩评定

成绩评定可以参照表 11.17.1。

表 11.17.1　成绩评定表

项　目	技 术 要 求	得　分
原理	电度表接线原理正确	
导线的选用和布局	导线选用合适（线径和颜色）	
	线路布局合理	
线路安装	电度表固定牢固且符合要求	
	线卡安装合适	
	线路安装平直、美观	
	线路接头连接合理牢固	
	用电器安装正确	
其他	考勤	
总分		

六、实训注意事项

1．接线时必须断开电源。
2．相线必须接进开关。
3．接线要牢固，不露铜，不损伤导线绝缘。
4．使用万用表要注意挡位和量程的选择，以免烧坏。

七、思考题

1．试述电容分相式电动机的原理。
2．试述电容分相式电动机的特点。
3．电容器的使用要注意哪些事项？

11.18　单相电度表间接安装实验

一、实验目的

1．了解主要电器元件的结构和作用。
2．学会安装电流互感器的布线接线。
3．学会用万用表检查安装接线的正确与否。

二、实验原理

1. 电流互感器

若被测电路的电流很大，有时在几十安以上，就使得仪表的容量太小而不能直接串接在被测电路中去进行测量。为了扩大电流表量程，利用互感器把大电流变为电流表能测量的小电流，实际上就是升压变压器，叫作电流互感器。在仪表读数和实际数值之间，就出现倍数关系，可以按变流比进行换算。

电流互感器二次侧标有"K1（S1）"或"＋"的接线柱要与电度表电流线圈的进线柱连接，标有"K2（S2）"或"－"的接线柱要与电度表的出线柱连接，不可接反，电流互感器的一次侧标有"L1（P1）"或"＋"的接线柱，应接电源进线，标有"L2（P2）"或"－"的接线柱应接出线。

电流互感器二次侧的"K2（S2）"或"－"接线柱外壳和铁芯都必须可靠地接地。

2. 电路图

单相电度（能）表间接安装电路如图 11.18.1 所示，其中，1、2、3、4 分别为电度（能）表的接线柱的编号。

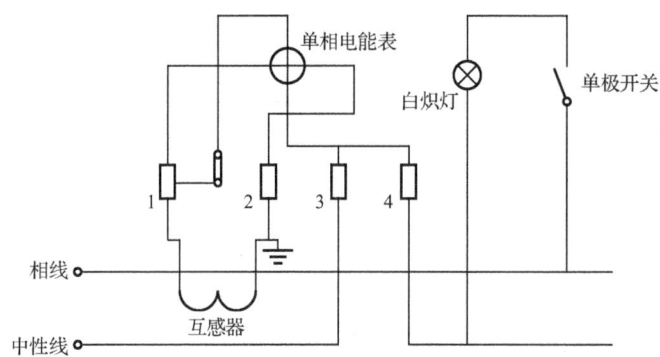

图 11.18.1　单相电度（能）表间接安装电路

三、实验器件

实验器件如表 11.18.1 所示。

表 11.18.1　单相电度表间接安装电路实验器件

序　号	名　称	器件标号	数　量	备　注
1	220V 电源	漏电断路器、熔断器	1	
2	单相电度表	单相电度表	1	
3	墙壁开关	墙壁开关	1	
4	白炽灯	白炽灯 1	1	
5	电流互感器	电流互感器	1	
6	电线		若干	

四、实验内容

1. 根据原理图画出接线图。
2. 根据原理图和接线图在实训柜内布线接线。
3. 用万用表检查电路接线正确与否。
4. 故障排除。

五、实验方法

1. 熟悉实验装置的结构及原理。
2. 设计并画出跟原理图对应的布置图。
3. 找出实验用的元器件,熟悉其结构和原理。
4. 用万用表检测其好坏。
5. 指导教师讲解知识要点和万用表检查电路的方法,并操作示范。
6. 开始进行接线。
7. 用万用表检查接线是否正确。
8. 申请通电检验。
9. 分析测试结果。

六、实验注意事项

1. 接线时必须断开电源。
2. 相线必须接进开关。
3. 接线要牢固,不露铜,不损伤导线绝缘。
4. 使用万用表要注意挡位和量程的选择,以免烧坏。

七、思考题

1. 什么叫电流互感器?
2. 试述电流互感器的用途?
3. 电流互感器的使用要注意哪些事项?

11.19 三相异步电动机的直接启动

一、实验目的

1. 了解电流表与电压表的特点及使用。
2. 了解电流表与电压表的原理。
3. 掌握电流表与电压表的接线及使用方法。

二、实验原理

1. 电流表与电压表

电流表与电压表又称安培表与伏特表，分别用于测量电路中的电流与电压。按其工作原理不同可分为磁电式、电磁式和电动式三类。其中，电动式仪表用可动线圈代替电磁式仪表中的可动铁片，消除了磁滞和涡流的影响，提高了仪表的测量精确度。

测量线路电流时，电流表必须串入被测电路。用直流电流表测量直流电流时，其接线必须使电流表的正端钮接被测电路的高电位端、负端钮接被测电路的低电位端；用交流电流表测量交流电流时，其接线不分极性，只要在测量量程范围内将它串入被测电路即可。

测量线路电压时，必须将电压表与被测电路并联。

使用电流表与电压表，必须正确选择仪表量程与精度等级，并在仪表量程允许范围内测量。如需扩大量程，直流电流表可加大固定线圈线径或采用固定线圈与活动线圈串、并联的方法，直流电压表可串联分压电阻，交流电流表与交流电压表均可加接电流互感器或电压互感器。

2. 实验电路图

三相异步电动机的直接启动测量实验电路如图 11.19.1 所示。

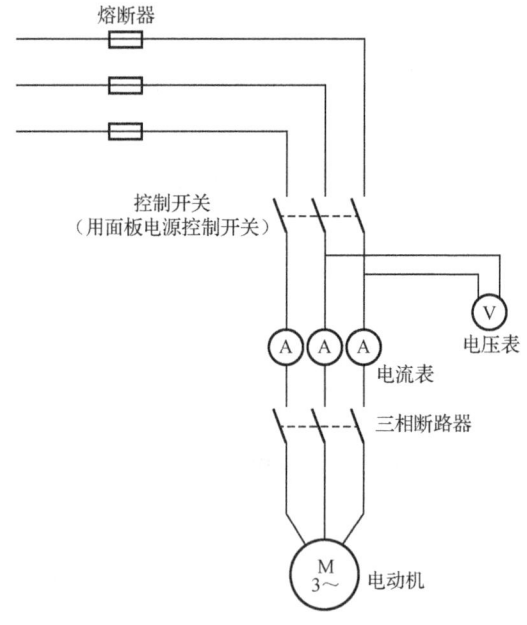

图 11.19.1　三相异步电动机的直接启动测量实验电路

三、实验器件

实验器件如表 11.19.1 所示。

表 11.19.1　三相异步电动机的直接启动测量实验器件

序号	名称	器件标号	数量	备注
1	380V 电源	三相电源输出	1	
2	熔断器	采用控制箱里的保护		这里不接
3	电流表	电流表 Iu、Iv、Iw	3	
4	电压表	电压表	1	
5	三相断路器	三相断路器	1	
6	三相电动机	三相电动机	1	
7	电线		若干	

四、实验内容

1．根据原理图画出接线图。
2．根据原理图和接线图在实训柜内布线接线。
3．故障排除。

五、实验方法

1．熟悉实验装置的结构及原理。
2．设计并画出跟原理图对应的接线图。
3．找出实验用的元器件，熟悉其结构和原理。
4．用万用表检测其好坏。
5．进行接线。
6．用万用表检查接线是否正确。
7．申请通电检验。
8．分析测试结果。

六、实验注意事项

1．接线时必须断开电源。
2．控制箱里有短路保护，这里熔断器不接。
3．接线要牢固，不露铜，不损伤导线绝缘。

七、思考题

1．电压表分为几种方式？
2．电压表怎样接入电路？

11.20　常用低压电器的使用及三相电动机的正反转控制综合实训

一、实训目的

1．了解接触器、热继电器和按钮开关等电器的结构及其使用方法。

2．用继电器控制电路对异步电动机进行点动、启动、停车控制。
3．用继电器控制电路对异步电动机进行正、反转控制。

二、实训原理

1．交流接触器、热继电器、按钮开关的结构及使用

交流接触器是一种利用电磁力带动触头接通或断开电动机主电路的电磁开关。交流接触器主要由电磁系统和触头系统两部分组成，其中电磁系统包括线圈、动铁芯和静铁芯。触头系统分为二种，一种接在主电路中允许通过电流较大，称为主触头；另一种接在控制电路中，通过电流较小，称为辅助触头。根据线圈未通电之前的状态不同，触点可分为常开触头（或动开触头）和常闭触头（或动断触头）。交流接触器的实物如图 11.20.1 所示，接触器符号如图 11.20.2 所示。

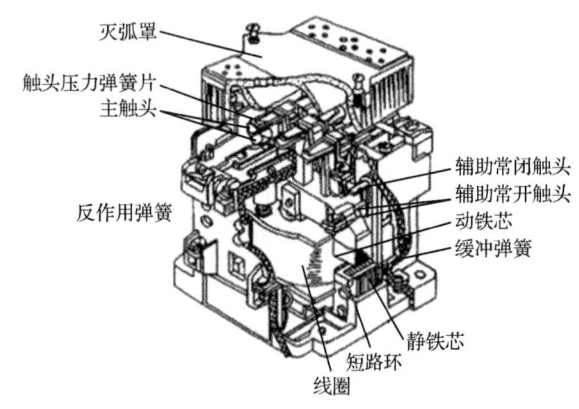
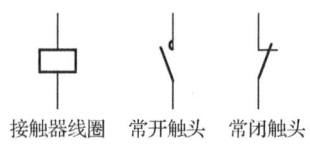

图 11.20.1　交流接触器实物图　　　　　图 11.20.2　接触器符号

接触器在电磁线圈通电后，动、静铁芯之间产生电磁吸力，动铁芯被吸引而向下运动，与此同时，和它连在一起的触头动作，使常开主触头和常开辅助触头闭合，常闭辅助触头断开。线圈失电时，电磁力消失，因受弹簧的作用动铁芯恢复原位，常开触头释放，常闭触头闭合。

用于控制交流电动机的接触器，通常有三对常开主触头，二对常开辅助触头和二对常闭辅助触头，工作时可根据需要选择使用。接触器的线圈和各种触头在电路中用同一字母表示。为防止主触头断开时，产生电弧而烧坏触头，有些接触器装有灭弧装置。为消除交流接触器工作时铁芯的颤动，在铁芯端面的一部分套有一个短路环。

热继电器是对电动机进行过载保护的一种常用继电器，它根据电流的热效应原理制成，如图 11.20.3 所示是它的结构示意图，其中发热元件一般由电阻值不大的电阻丝或电阻片构成，直接串接在被保护的电动机主电路中；双金属片是由二种热膨胀系数不同的金属片碾压而成，上层金属片热膨胀系数小，下层金属片热膨胀系数大，双金属片紧贴发热元件，其一端固定在支架上，另一端与扣板自由接触。当电动机在额定负载下运行时，通过发热元件的电流是额定电流，这个电流不足以使热继电器动作。当电动机过载时，通过发热元件的电流超过额定值，产生的热量使双金属片受热变形，弯向膨胀系数小的一侧，即向上弯曲，使双金属片右端与扣板脱开，在弹簧作用下，扣板向左转动，将常闭触头断开。此常闭触头串在接触器

线圈电路中，在触头断开时，切断接触器线圈电路，从而切断主电路，保护电动机。由于热继电器是依靠发热元件通电后使双金属片变形而动作的，出现触头断开动作，需要有一个热量积累的过程。对于短时过载，热继电器不会立即动作，所以它只适用于作电动机的长期过载保护，不能作为短路保护。热继电器符号如图11.20.4所示。

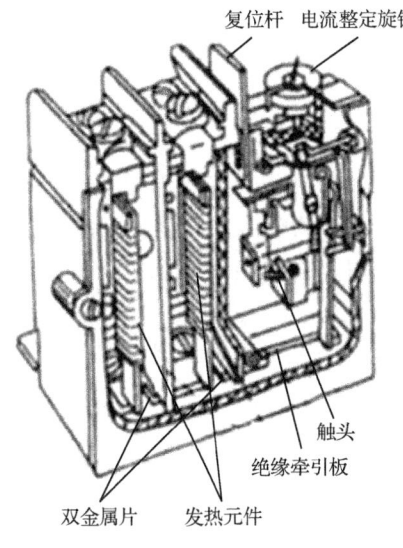

图11.20.3 热继电器内部结构示意图

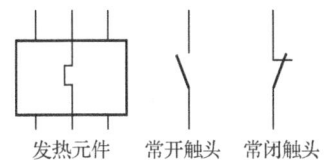

图11.20.4 热继电器符号

按钮开关是继电接触控制电路中最常用的指令电器，用于发出"接通"和"断开"指令信号，起到控制电动机的目的。按钮的内部结构如图11.20.5所示。它由一对常开触头、一对常闭触头、复位弹簧和按钮帽组成。手没有按动控钮之前，按钮开关的工作状态称常态，常态下断开的触头称为常开触头。手按动按钮时，触头状态随即改变，常闭触头断开，常开触头随之闭合。松开按钮时，因复位弹簧的作用，各触头立即恢复常态，常开触头先复位断开，常闭触头后复位闭合。按钮开关触头符号如图11.20.6所示。

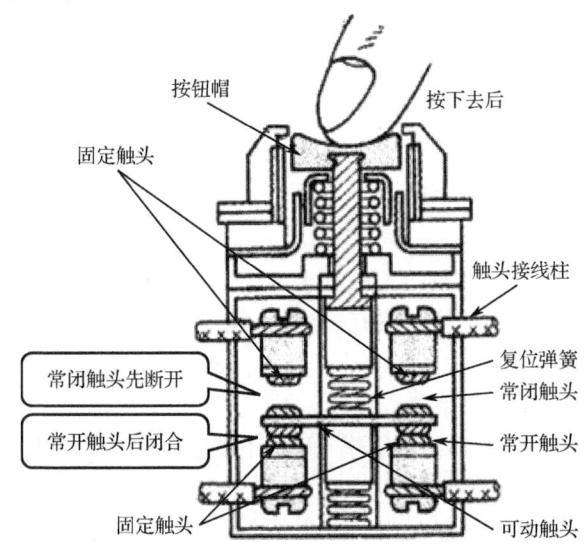

图11.20.5 按钮开关的内部结构图

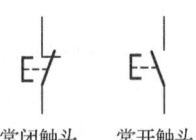

图11.20.6 按钮开关触头符号

2. 点动控制电路

点动控制电路主要由按钮、接触器组成，如图 11.20.7 所示。按下启动按钮 SB，接触器 C 的线圈得电，接触器常开触头闭合，电动机得电运转。松开启动按钮 SB，由于复位弹簧的作用，使按钮复位，常开触点断开，接触器的线圈失电，电动机停转。如此按下、松开启动按钮，使电动机断续通电，从而实现点动控制。

3. 自锁环节

点动控制只能使电动机在按下按钮时运转，松开按钮就停止运行，为实现电动机长期连续运行，需要加入自锁环节。自锁环节的实现是在按钮开关的触头二端并联上接触器 C 的一个辅助常开触头。当按下按钮 SB_1 时，接触器 C 的线圈得电，接触器 C 的主触头闭合，电动机得电运转，与此同时并联在 SB_1 上的接触器 C 的常开辅助触头也闭合，这样即使松开按钮，SB_1 常开触头复位，但接触器线圈仍然有电流通过，因此电动机可继续运行。这种依靠接触器自身辅助常开触头闭合而使线圈保持通电的作用称为"自锁"（或"自保"），起自锁作用的触头称为自锁触头。为使自锁后的电动机可以停车，在接触器线圈电路中再串入一个带常闭触头的停止按钮 SB_2 即可。带自锁环节的控制电路如图 11.20.8 所示。

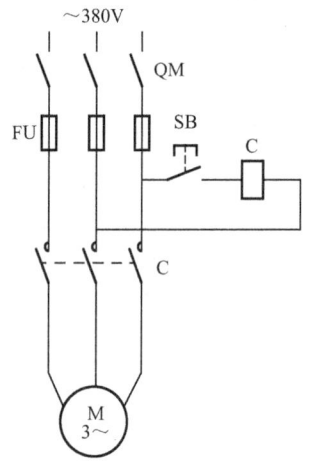
图 11.20.7 点动控制电路

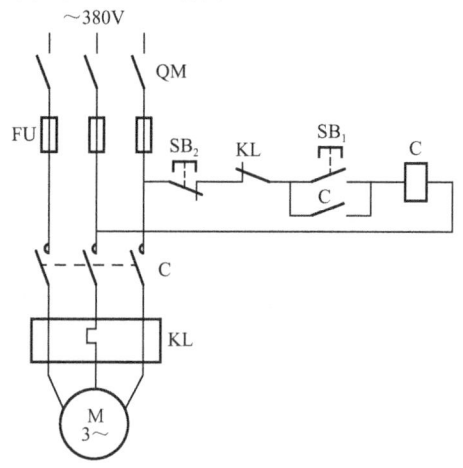
图 11.20.8 启动、停车、加保护控制电路

4. 保护环节

为确保电动机正常运行，防止由于短路、过载、欠压等事故造成的危害，在电动机主电路和控制电路中必须具有各种保护装置。保护装置一般有短路保护、过载保护、失压保护和过流保护等。

短路保护通常采用熔断器，过载保护通常采用热继电器。

注意：热继电器与熔断器两者在电路中所起作用不同，两者不能互相代替，在保护环节中，它们互相补充，都不可缺少，如图 11.20.8 所示。

电动机运行时由于外界原因，突然断电又重新供电，在未加防范的情况下，容易出现事故，因此在控制电路中应有失压保护环节，确保断电后在工作人员没有重新操作的情况下，电机不能自行运转。如电源电压太低,会影响电动机的正常运行(电磁转矩与电压平方成正比),因此,在控制电路中应有欠压保护环节。凡是应用接触器并具有自锁环节的继电接触控制电路,本身都具有失压保护和欠压保护的环节,当电源电压突然中断或严重欠压时,接触线圈产生的电磁力为零或很小,由于弹簧的作用,动铁芯复位,使主电路切断、并失去自锁,电机停止运行。而当电源重新恢复正常供电时,接触线圈不能自行通电,电动机不能自行启动。只有操作人员在有准备的情况下再次按下启动按钮,电动机才能启动,从而实现失压和欠压保护。

5. 联锁环节

几只控制电路通过辅助触头之间相互联结,实现彼此之间相互联系又相互制约的作用,叫作互"联锁"。实现联锁控制的触头叫联锁触头。继电接触控制电路,通过接触器、继电器之间的相互联锁,可以实现多台设备按生产工艺进行工作,是实现自动控制及保护的重要环节。

本实验通过三相异步电动机正、反转控制电路,说明联锁环节的作用。我们知道改变三相异步电动机的旋转方向,只需改变引入三相异步电动机三相电源的相序即可。这可以通过二个接触器来实现。

如图 11.20.9 所示,按下启动按钮 SB_1,接触器 C_1 的线圈通电并自锁,接触器 C_1 的主触头闭合,电动机按正相序正向运转,如按下启动按钮 SB_2,接触器 C_2 的线圈通电并自锁,接触器 C_2 的主触头闭合,电动机因 L_1、L_2 两相与电动机接线换相,电动机按反相序反向运转。但是,这个电路存在一个非常严重的问题。即当电动机正转运行时,如再按 SB_2 时会出现接触器 C_1 和接触器 C_2 的线圈同时得电闭合,造成 L_1 和 L_2 两相电源短路故障,因此必须严加防范。必须设法使两个接触器在任何情况下都不能同时通电。我们可以利用两只接触器的常闭辅助触头形成联锁环节,如图 11.20.10 所示,分别将一只接触器的常闭辅助触头串联到另一只接触器线圈所在的支路里。当正转接触器 C_1 的线圈通电时,串联在反转接触器 C_2 的线圈支路中的接触器 C_1 常闭触头已经断开,从而切断了接触器 C_2 的线圈支路,这时即使按下反转启动按钮 SB_2,接触器 C_2 的线圈也不会通电。

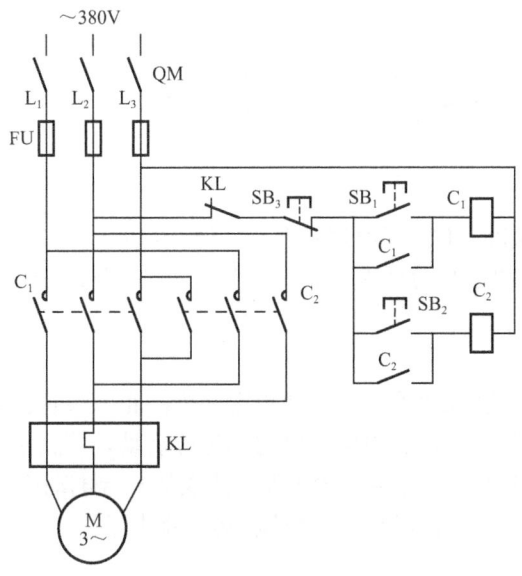

图 11.20.9 不带联锁的正、反转控制电路

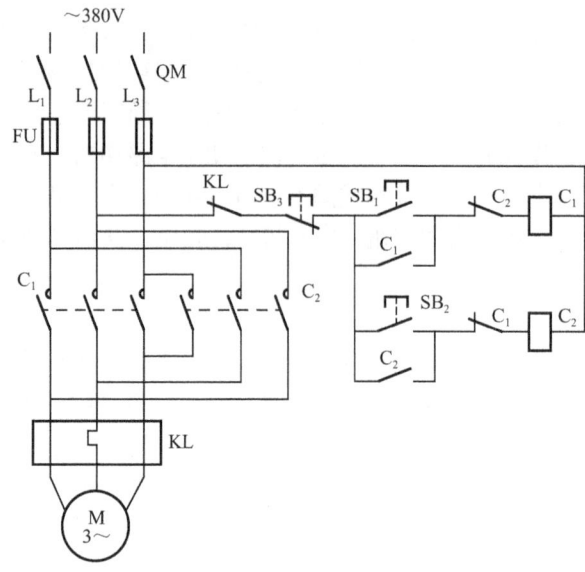

图 11.20.10 带有联锁的正、反转控制电路

同理,在反转接触器 C_2 的线圈通电时,即使按下正转启动按钮 SB_1,正转让接触器 C_1 的线圈也不会通电,保证了电路的正常工作。

三、实训内容和步骤

1. 按图 11.20.7 连接线路,接线时要按一定顺序进行。主回路可按三相电动机—接触器主触头—熔断器三相负荷开关—三相电源顺序进行,控制电路按 SB—接触器线圈 C,然后将两端接入电源两根火线上。经教师检查无误后,进行"点动"控制操作。

2. 按图 11.20.8 接线,即在点动控制电路中加入停止按钮 SB_2,自锁触头 C 和热继电器常闭触头。在主电路中接入发热元件。进行启动、停止控制操作。

3. 按图 11.20.10 接线,经教师检查后,再接通电源。闭合负荷开关 QM,按下 SB_1 使电动机启动,并观察电机转向。按 SB_2 验证联锁触头的作用。然后按 SB_3 使电动机停转,再按下 SB_2 使电动机重新启动,观察电动机的旋转方向。

四、实训设备

三相鼠笼式异步电动机 1 台;交流接触器(ＴＳ-B-11)2 块;热继电器(ＴＳ-B-12)1 块;按钮开关(ＴＳ-B-15)1 块;负荷开关(ＴＳ-B-18)1 块;导线若干。

五、思考题

1. 详细分析带短路及过载保护的三相异步电动机的正、反转控制电路。
2. 绘出可以在两地对同一台三相异步电动机进行启动、停止及反转控制的电路。
3. 绘出对两台电动机进行顺序控制的电路,要求第一台电动机启动以后第二台电动机才能启动,第一台电动机停止运行则第二台电动机必然停止运行。

习题 11

11.1 误差如何分类?有哪些表示方法?它们如何计算?

11.2 安全用电包括哪些内容?安全电压值和安全漏电流分别是多少?

11.3 常见的触电方式有哪几种?如何进行触电急救?

11.4 什么是绝缘材料?常见的绝缘材料有哪些?

11.5 总结常用电工工具和电工仪表在使用过程中应该注意的问题。

11.6 总结常用电器在选用和使用过程中应该注意的问题。

11.7 照明线路的导线截面的选择原则是什么?

11.8 照明线路的常见故障有哪几种?

11.9 简述交流接触器的选用原则。

参 考 书 目

1. 邱关源. 电路（第五版）. 北京：高等教育出版社，2006.
2. 李瀚荪. 电路分析基础（第4版）. 北京：高等教育出版社，2006.
3. 王慧玲. 电路基础. 北京：高等教育出版社，2007.
4. James W Nilsson 等. 电路（第10版）. 周玉坤，等，译. 北京：电子工业出版社，2015.
5. 胡翔骏. 电路分析（第2版）. 北京：高等教育出版社，2007.
6. 嵇英华，刘清. 电路分析. 北京：电子工业出版社，2012.
7. 郭木森. 电工学（第三版）. 北京：高等教育出版社，2001.
8. 周围. 电路分析基础. 北京：人民邮电出版社，2003.
9. 史健芳. 电路基础. 北京：人民邮电出版社，2006.
10. 沈元隆. 电路分析基础. 北京：人民邮电出版社，2008.
11. 王廷才. 电工电子技术 EDA 仿真实验. 北京：机械工业出版社，2003.
12. 胡建萍，马金龙，王宛苹，等. 电路分析. 北京：科学出版社，2006.
13. C A 狄苏尔，葛守仁. 电路基本理论. 北京：人民教育出版社，1979.
14. 周长源，电路理论基础. 北京：高等教育出版社，1990.
15. 徐淑华. 电工电子技术（第4版）. 北京：电子工业出版社，2017.
16. 刘文豪. 电路与电子技术. 北京：科学出版社，2006.
17. 康华光. 电子技术基础：模拟部分（第五版）. 北京：高等教育出版社，2006.
18. 张国平，曾高荣. 模拟电子技术简明教程. 北京：电子工业出版社，2013.
19. 汪名杰，夏良. 考研专业课真题必练——模拟电路. 北京：北京邮电大学出版社，2013.
20. 谢芳森，等. 数字电子技术. 第一版. 北京：电子工业出版社，2012年.
21. 李景宏，等. 数字逻辑与数字系统. 第五版. 北京：电子工业出版社，2017年.
22. 阎石. 数字电子技术基础. 第六版. 北京：高等教育出版社，2016年.
23. 康华光，等. 电子技术基础：数字部分. 第六版. 北京：高等教育出版社，2014年.
24. Multisim User Guide. Interactive Image Technology Ltd. Canada, 2001
25. Allan H.Robbins Wilhelm C.Miller Circuit Analysis, Second Edition: First published by Delmar, a division of Thomson Learning, United States of America, 2000.
26. William H.Hayt, Jr., Jack E.Kemmerly, Steven M.Durbin, Engineering Circuit Analysis, Sixth Edition: The McGraw-Hill Companies, Inc., 2002.

反侵权盗版声明

电子工业出版社依法对本作品享有专有出版权。任何未经权利人书面许可,复制、销售或通过信息网络传播本作品的行为,歪曲、篡改、剽窃本作品的行为,均违反《中华人民共和国著作权法》,其行为人应承担相应的民事责任和行政责任,构成犯罪的,将被依法追究刑事责任。

为了维护市场秩序,保护权利人的合法权益,我社将依法查处和打击侵权盗版的单位和个人。欢迎社会各界人士积极举报侵权盗版行为,本社将奖励举报有功人员,并保证举报人的信息不被泄露。

举报电话:(010)88254396;(010)88258888
传　　真:(010)88254397
E-mail:　dbqq@phei.com.cn
通信地址:北京市海淀区万寿路 173 信箱
　　　　　电子工业出版社总编办公室
邮　　编:100036